U0351976

材料科学与工程著作系列

HEP Series in Materials Science and Engineering

HEP
MSE

# 无机材料
# 晶体结构学概论

## Introduction to Crystallology of
## Inorganic Materials

毛卫民　编著

WUJI CAILIAO JINGTI JIEGOUXUE GAILUN

高等教育出版社·北京

**图书在版编目（C I P）数据**

无机材料晶体结构学概论 / 毛卫民编著. -- 北京：
高等教育出版社，2019.12
ISBN 978-7-04-052999-9

Ⅰ．①无…　Ⅱ．①毛…　Ⅲ．①无机材料-晶体结构-
高等学校-教材　Ⅳ．①TB321

中国版本图书馆 CIP 数据核字（2019）第 253828 号

无机材料晶体结构学概论
WUJI CAILIAO JINGTI JIEGOUXUE GAILUN

| 策划编辑 | 刘占伟　刘剑波 | 责任编辑 | 刘占伟 | 封面设计 | 姜　磊 | 版式设计 | 王艳红 |
| 插图绘制 | 于　博 | 责任校对 | 张　薇 | 责任印制 | 尤　静 | | |

| 出版发行 | 高等教育出版社 | 咨询电话 | 400-810-0598 |
| 社　　址 | 北京市西城区德外大街4号 | 网　　址 | http://www.hep.edu.cn |
| 邮政编码 | 100120 | | http://www.hep.com.cn |
| 印　　刷 | 涿州市星河印刷有限公司 | 网上订购 | http://www.hepmall.com.cn |
| 开　　本 | 787mm×1092mm　1/16 | | http://www.hepmall.com |
| 印　　张 | 22.75 | | http://www.hepmall.cn |
| 字　　数 | 410 千字 | 版　　次 | 2019 年 12 月第 1 版 |
| 插　　页 | 1 | 印　　次 | 2019 年 12 月第 1 次印刷 |
| 购书热线 | 010-58581118 | 定　　价 | 79.00 元 |

本书如有缺页、倒页、脱页等质量问题，请到所购图书销售部门联系调换
版权所有　侵权必究
物 料 号　52999-00

# 前　言

改革开放 40 年以来，中国的材料工业取得了举世瞩目的成就。当前，中国几乎所有主要工程结构材料的产量和产能都稳居世界第一位。然而，从技术质量的角度来看，中国材料工业距离世界先进水平还有显著的差距。许多产品的技术含量和附加值偏低，一些重要的高技术、高附加值材料还需要大量进口。面对复杂多变的国际局势，我国只有把自身的工业体系做好、做强，才能立于不败之地。尤其在材料领域，要把长期以来片面追求短期效益和产能的高速发展模式转变为更多地基于科技创新的高质量、可持续发展模式。为此，需要培养更多的高素质研究生人才。这些人才不仅要支撑创新性基础材料的研究，还需更多地投身于创新型材料制造业相关技术的研发。

工程上的"材料"被定义为用以制造有用物件的物质；显而易见，在现代社会中人类生产和制造的材料比比皆是。绝大部分固体材料都属于晶体材料，因此作为晶体学重要组成部分的"晶体结构学基本原理"是一切工程专业，尤其是材料科学与工程专业必备的基础知识。同时，相关知识的工程应用也是推动材料科技发展的重要途径和手段。对于本科毕业后在材料科学与工程领域继续深造的研究生来说，更加需要完善而深入的材料晶体结构学理论与应用技术的支撑，以应对高新材料研究的严峻挑战以及科技创新发展的巨大需求。

然而，当前材料专业的研究生培养在晶体结构学课程教学方面却面临着种种难题，不容乐观。首先，各校招收的研究生来源于不同学校，具有不同的专业背景，因此具有明显不同的晶体结构学基础，即或有或无、或多或少、或深或浅。其次，即使新生的本科学习阶段涉及初步的晶体结构学知识，通常也只体现在镶嵌或依附于各种专业课程内若干学时的讲授。晶体结构学自身的关键概念和原则思路并未得到足够的重视，以致经常出现不严谨的阐述，并引起学生的误解，给后续的深入学习带来了障碍。例如，关于晶系普遍而典型的不严谨表述称：根据晶胞的 6 个参数把晶体归纳为七大晶系。于是，常见的习题为"判断单胞常数为 $a=b=c$ 且 $\alpha=\beta=\gamma=90°$ 的晶体所属晶系"时，"正确"的答案为：该晶体一定属于立方晶系。但是，单胞常数的约束条件只是判断晶系的必要条件之一，不是充分条件。在本科学习时通常不会涉及更深入的晶体结构分析，因此这类不严谨甚至错误的教学讲述并不会马上对学生产生影响。但进入研究生阶段后，作深入晶体结构分析时，以往不严谨的概念就会给学生带来很大的困扰。再有，本科学习阶段通常不涉及利用晶体结构知识作更深入的晶体结构分析，因此所学的知识往往滞留在书本上，学生并没有真正掌握分析新材料中各种晶体结构参数的实际能力。另外，目前在众多发表的文献中作结构的衍射分析时常常用一套或多套符号标示衍射峰，其间既不给出衍射峰的晶体学指数，也不对衍射峰作强度分析。这些不可靠的分析手法和习惯不仅易使结果出现谬误，而且也会误导学生对晶体结构分析工作的理解。诸如上述问题无疑不利于满足高新材料研究在创新科技发展上的需求。

鉴于科技与工业发展对高素质材料专业人才的需求以及目前材料科学与工程学科在晶体结构学教学方面的状况和困扰，作者基于 30 年从事晶体结构学的教学经验和体会撰写了本教材，以奉献给材料学科的研究生、相关的教学工作者以及广大读者。面对选修本课程学生专业背景的巨大差异，本教材从零基础开始阐述晶体结构学的系统知识，主要涉及晶体的对称性、结构、取向与织构、缺陷等内容。教材特别注重各部分知识的衔接及连续性。内容的阐述模式可使没有相关基础的学生有机会简略地从头学习晶体结构学的基础原理，同时也注意使已有一定基础的学生能以新的形式从另一个角度理解和复习已学过的知识。本教材内容虽然没有进行大量的理论推导，但特别强化所讲述原理的科学严谨性，以纠正学生对相关知识的误解，使学生从宏观上更好地把握各种概念。晶体学及相关晶体结构学知识的本性决定了其许多内容会比较抽象，将给学生的理解带来一定的困难。本教材因此特别注意不专门追求晶体学理论自身的系统性，而是从材料科学与工程学科属于"工科"这一特征出发，尽量以实际可视的"去抽象化"方式完整地介绍相关内容，以降低学生抽象思考的负担。另一方面，为进一步满足工科专业对晶体结构学知识的实际应用需求，本教材尽量以工程实用化的形式把所阐述的各部分内容与实际应用结合在一起。总之，本教材力图体现从零开始、科学严谨、去抽象化、工程实用化等特点，尝试一定程度地满足材料工程制造业创新发展对人才培养的需求。

本教材规划的课程教学内容突出或强调了以下知识点或实用方法：介绍了 X 射线衍射和背散射电子衍射的技术原理和分析方法。全面提供了 X 射线衍射强度分析所需的各种参数，为借助本教材直接实现强度分析奠定了基础。阐述了 7 种晶系和 14 种点阵划分的本质依据，借以纠正现存的误解。突出了从晶体学晶系、点阵、点群、空间群等多种对称性的角度全面观察和理解晶体结构的重要性和必要性。阐述了 X 射线衍射强度的计算在晶体结构分析与单胞常数的确定、非典型原子位置坐标的确认、原子概率占位计算等方面的应用。举例介绍了未知物质晶体结构测定的思路。在多晶体织构分析原理的基础上介绍了若干织构定量计算的方法。简述了空位浓度及其热力学参数的测定方法。探讨了在透射电子显微镜观察的基础上如何判定位错的临界分切应力，以及位错密度的测定原则及其不可靠性。简介了金属氧化膜引起表面位错聚集的计算及氧化膜因此承受应力的观念。分析了多晶体取向差分布密度在小角度取向差区域内可能存在的问题。

本教材讲述内容估计需用 40~50 学时，建议教学过程中配合适当的 X 射线衍射、X 射线极图测量、背散射电子衍射等分析实验。根据实际不同教学目的的需求，可在相关课程中适当地删减或调整教材内容。本教材设置了关键词索引，以便读者在学习过程中查阅相关的概念或表述。为了便于读者自学或复习，本教材每章都给出了思考题和练习题，并将参考答案附在书后，以供参考。

高等教育出版社邀请了若干评审专家，为本教材的撰写提供了宝贵的修改意见，这些意见已经体现在书稿中。在此，特向各位专家表示衷心的感谢。另外，内蒙古科技大学李一鸣博士为本教材的编写提供了全面的支持与配合，不仅提供了大量实验数据，还为本教材的顺利完成，尤其是工程实用化的推进提供了重要的支撑。本书的编写工作得到内蒙古自治区教育厅及内蒙古科技大学研究生优质课程项目"晶体学理论课程建设"的资助（资助号：902310511），书中塑性变形晶体学部分内容的完成也得到国家自然科学基金的资助（项目号：51571024），在此一并表示感谢。

由于作者学识水平有限，书中谬误在所难免，欢迎读者予以指正。

作者
2019 年 2 月

# 目　录

# 第 1 章
# 晶体的基本对称结构
# 及其 X 射线检测

## 本章提要

在引入晶体的概念、定义、特征的基础上，介绍了晶体的基本点对称性和平移对称性。以穷举法为基本原则论证了晶体可能的旋转对称性。阐述了用晶系和点阵表达晶体主要点对称特征和平移对称特征的原理。介绍了晶体中晶面、晶向的表达方式及其内在的几何关系。简介了反映 X 射线多晶体衍射规律的布拉格方程，以及影响衍射强度的多重性因子、角度因子、温度因子、吸收因子、结构因子和点阵消光规律等诸多因素。给出了多晶体衍射理论相对强度的计算方法，并简述了借助 X 射线衍射规律判断晶体所属晶系的原则。

我们周围的客观世界是由物质构成的，用以制造有用物件的物质称为材料。观察人类生存的物质环境可以发现，人们直接接触的物质世界与野外自然环境下的存在巨大差别。我们在衣、食、住、行过程中所接触的各种设施、器具、工具、用具都是用各种材料制造出来的。根据构成材料的不同物质及其化学成分和相应特性，可以大体将材料分为有机材料和无机材料两大类型，其中无机材料包括金属材料和无机非金属，是极为重要而广泛使用的工程材料[1]。不同的无机材料在原子微观排列结构上存在各自不同的特征，因而也导致了不同的工程特性。

随着社会的进步和现代科技的发展，人们对工程材料性能的要求日益提高，各种新型材料及相关材料技术不断涌现。新材料的发展不仅越来越趋于多样化、高技术化，而且其微观结构越来越复杂，甚至其结构形态也突破了人们传统的认识范围。材料科学与技术的高速发展迫使人们不断地提高对材料及相应微观结构的认识水平。因此，在原有材料结构知识的基础上更深入、更全面地掌握材料结构方面的系统知识可以为推进材料科技的发展奠定更扎实的研究与探索的基础。

## 1.1　晶体及其基本特性

### 1.1.1　晶体的基本概念

利用现代高分辨电子显微镜可以直接观察许多固体物质内部原子的微观排列结构。图 1.1[1-6] 给出了高分辨电子显微镜观察到的一些单质和化合物等不同物质内部原子排列的现象。在分析化合物时（如图 1.1d[4]、e[5] 和 f[6]），根据所观察到的一个个亮斑的尺寸、明暗程度、几何位置等参数以及对该物质的化学成分分析和电子显微镜原理可以判断出每种亮斑所对应的原子。观察发现，物质内部原子的排列通常存在着某种规律性，即原子排列不是杂乱无章的，而是以一定规则呈有顺序、周期性、长距离地重复排列，或称长程有序排列。研究表明，世界上绝大多数固体物质内部的原子都会呈现出长程有序排列的现象。

从化学组分的角度观察，组成物质最基本的单元为原子、离子、分子、原子团等，称为结构基元。无机晶体的结构基元通常含有一个或若干个原子态（游离态）或离子态（化合态）的原子，其尺寸非常小，往往低于 1 nm（1 nm = $10^{-9}$ m）。X 射线衍射的结果表明，由结构基元进行三维长程有序排列而构成的一切固体物质称为晶体，因此固体物质是否为晶体的主要依据在于其内部原子层面的微观粒子是否组成了三维长程有序排列的结构。晶体的诸如物理性

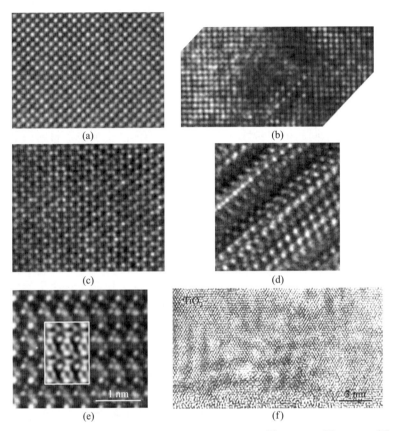

**图 1.1** 固体物质内部原子的规则排列现象：（a）Al[1]；（b）Fe[2]；（c）Si[3]；
（d）SiC[4]；（e）Al$_2$CuMg[5]；（f）TiO$_2$[6]

质、化学性质、几何形态等各种性质都与其内部长程有序的周期性结构紧密
相连。

材料科学研究表明，地球上大部分固体物质都属于晶体。而且，在宇宙空
间的其他天体上也普遍存在着晶体物质。分析飞落到地球上的陨石了解到，陨
石基本上是由晶体组成的。晶体也普遍存在于有机乃至有生命的物质中，因此
晶体的存在具有普遍性。

为促进材料科技的稳固发展，晶体学的相关内容成为材料科学与工程领域
基础理论的重要组成部分。晶体学是以晶体为研究对象的一门自然科学。大多
数工程材料内部的结构基元均呈三维长程有序排列，从而使材料具备了晶体
特征。

但多数情况下实际晶体的结构基元并不能完美地实现以三维长程有序的方

式排列。在长程排列的一些微观局部存在着不同类型的偏离有序排列的现象。晶体中偏离有序排列的微观区域称为晶体缺陷。晶体缺陷的存在会明显影响材料的工程性能，因而相关原理也是材料科学与工程基本晶体结构理论中不可缺少的组成部分。长程有序的排列是晶体物质基本的特征，同时在其结构基元的长程有序排列中也包含着结构缺陷。工程材料结构基元三维长程有序排列导致了材料的一些晶体学本质特性，而晶体缺陷会造成材料在其晶体学本质特性基础之上又出现了不同的工程特性。由此，本书的内容主要涉及材料的晶体特性和缺陷特性两方面的内容。

## 1.1.2　晶体的对称特征

　　观察和分析晶体的三维周期性重复排列的现象时，通常需要对晶体实施某种平移、旋转或其他几何操作，相应的平移尺寸往往与结构基元的尺寸相当，非常小。因此通常把由极其大量的原子规则堆砌而成的宏观晶体看做三维无限大的物体。若对晶体实施某种几何操作，则操作后会使晶体各原子的位置发生变化。使各原子及其周围坐标空间内所有几何点的位置发生变化，则变化后晶体的结构状态与变化前正好相同的操作称为对称操作。对所有晶体都可以实施一定数量的对称操作，因此晶体具备对称性。

　　以图 1.1a 中的晶体为例，设图 1.2a 所示规则排列晶体的原子为一个无限大的区域。对该晶体作几何操作，使晶体沿着图中左上侧（显示两个原子间距）的矢量所指示的方向平行移动一个矢量距离，或如此移动若干整数倍的该矢量距离（图 1.2b），若只观察始终保持不动的黑色框线所围住的有限区域，则可以发现黑色框线内的原子排列结构状态在操作前后没有发生任何变化，因此这种几何操作就是一种对称操作。上述实施的几何操作为平移，所以这种对

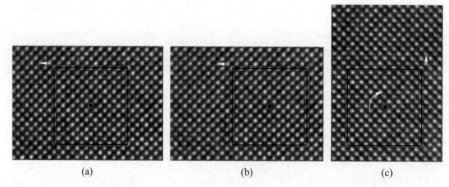

|　　(a)　　|　　(b)　　|　　(c)　　|

**图 1.2**　晶体的对称操作：（a）无限大晶体中的有限局部；（b）平移对称操作；
（c）旋转对称操作

称操作称为对称平移操作。设一个轴线垂直图 1.2b 所示的原子面，并穿过黑色框线内中心部位的方形黑色符号。如果对该晶体再作几何操作，使原子面绕穿过方形黑色符号的轴线顺时针转 90°（图 1.2c）；若仍只观察始终保持不动的黑色框线所围住的有限区域，则可以发现黑色框线内的原子排列情况结构状态在操作前后还是没有发生任何变化，因此这种几何操作也是一种对称操作。由于所实施的几何操作为旋转，这种对称操作称为对称旋转操作。对任何晶体都可以实施平移对称操作和旋转对称操作，因此晶体一定具备平移对称性和旋转对称性。

### 1.1.3 晶体的基本共性

晶体都具备其结构基元三维长程有序排列的这一共有特性（图 1.1）使得所有晶体都会呈现一些基本的共同性质（参见图 1.3）。

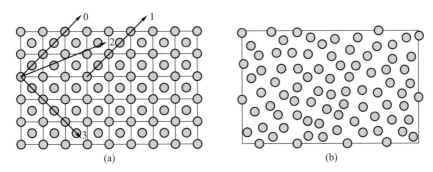

**图 1.3** 观察结构基元长程有序排列(a)造成基本共性及非长程有序排列(b)示意图

如果借助微观平移的方式在不同部位观察宏观无限大晶体的某性质时发现其性质相同，则反映了晶体该性质的平移对称性，也称为均匀性。当观察晶体某性质的方向从图 1.3a 中的方向 0 平移到方向 1 时，该方向上原子排列的规则不变，如排列密度不变，因而所观察的性能不变。然而，若改变观察宏观性质的方向，如从图 1.3a 中的方向 0 偏转到方向 2 时原子排列的规则发生改变，如排列密度改变，因而所观察的各种性能也会改变，称为各向异性。另外，晶体具有自发地形成规则几何外形的特征，称为自限性。不同晶体学平面作为表面时会因原子排列密度、键性质的不同而造成不同的表面能；物质热力学自发过程会造成晶体尽可能以低表面能的晶面作为表面，进而形成了规则的几何外形。当观察晶体某性质的方向从图 1.3a 中的方向 0 转换到方向 3 时，方向 3 上原子排列的规则与方向 1 相同，如排列密度相同，因而所观察的物理、化学等性能不变或相同，反映出相关性能的旋转对称性。晶体三维长程有序排列的特性使得其结构中原子间的键合类型单一，或只存在有限的几种键能。当温度上升造成某类结合键不能维持而遭破坏时，晶体中这一类的结合键会同时全部被破坏，使得晶体原子在特定温度点因可以实现互相流动而转变成液体；因此所有晶体都会有固定的熔点。

在一定的条件下，晶体内部的结构基元可以转化成非长程有序排列的状态，从而使其结构特征发生质的变化。如含有放射性元素的矿物晶体，会受到放射性蜕变时所发生的 α 射线的辐照作用，使晶体有序结构遭到破坏，称为玻璃化或非晶化。常规玻璃内的结构基元并不呈现长程有序排列（图 1.3b），但在特点条件下玻璃内部结构的结构基元也可以被调整成长程有序排列的方式，称为退玻璃化或晶化。激冷凝固可造成金属固体无法获得长程有序结构，但在高温下长时间加热又可以使其结构基元转变成长程有序状态。当晶体内部的结构基元为长程有序排列时，其内能最小。因此，对于同一物质的不同凝聚态来说，晶态是最稳定的。晶体的玻璃化过程必然与能量的输入或物质成分的变化相关联；而晶化过程却可以自发产生，从而转向更加稳定的晶态。由此可见，晶化是自发过程而非晶化是非自发过程。与无序排列相比，结构基元的长程有序排列会明显减小所需的排列空间（图 1.3），因而使其密度升高。

## 1.2 晶体的基本对称性

### 1.2.1 平移对称性与点阵理论

在材料学领域通常会选取特定的晶体学方法表达晶体的平移对称性。设想一个由 A、B 两种原子构成的一维周期性排列的晶体如图 1.4a 所示，晶体中原子通常沿一维排列成直线。同类原子排列的周期长度为 $a$，即最近邻 A 原子间的间距和最近邻 B 原子间的间距都是 $a$。A、B 原子沿直线周期性排列的特点可以抽象成间距为 $a$ 且排列成直线的一系列几何点（图 1.4b）。把长度为 $a$ 的矢量 $a$ 沿直线以平移量 $a$ 为步长不断重复平移就可以构造出由这些几何点组成的直线，其中矢量 $a$ 为最小的平移单元。如果把该晶体扩展成由 A、B、C 3 种原子构成的二维周期性排列的晶体（图 1.4c），原子沿另一维空间的周期长度为 $b$，且 $a$ 方向与 $b$ 方向的夹角为 $\gamma$；则同类原子沿二维平面排列的周期长度分别是 $a$ 和 $b$。A、B、C 原子沿二维平面周期性排列的特点可以抽象成间距分别为 $a$、$b$ 且排列成平面的一系列几何点（图 1.4d）。把长度为 $a$ 和 $b$ 的矢量 $a$ 和 $b$ 所组成的平行四边形在平面上分别以平移量 $a$、$b$ 为步长沿矢量 $a$、$b$ 方向不断重复平移并组合排列，就可以构造出由这些几何点组成的平面，其中矢量 $a$、$b$ 及其夹角 $\gamma$ 组成的平行四边形为最小的平移单元。同理，如果把该晶体扩展成由一种或多种原子构成的三维周期性排列的晶体，原子沿第三维空间的周期长度为 $c$，且与 $\boldsymbol{a}$、$\boldsymbol{b}$ 方向的夹角分别为 $\beta$、$\alpha$；则同类原子沿三维空间排列的周期长度分别是 $a$、$b$ 和 $c$。A、B、C 原子沿三维空间周期性排列的特点(图 1.4e)可以抽象成间距分别为 $a$、$b$、$c$ 且三维规则排列的一系列几何点。在三维空间内把长度为 $a$、$b$、$c$ 的矢量 $\boldsymbol{a}$、$\boldsymbol{b}$、$\boldsymbol{c}$ 所构成的平行六面体分别以平移量 $a$、$b$、$c$ 为步长沿矢量 $\boldsymbol{a}$、$\boldsymbol{b}$、$\boldsymbol{c}$ 的方向不断重复平移并组合排列就可以构造出由三维几何点组成的阵列，其中矢量 $\boldsymbol{a}$、$\boldsymbol{b}$、$\boldsymbol{c}$ 及其夹角 $\alpha$、$\beta$、$\gamma$ 组成的平行六面体为最小的平移单元(图 1.4f)。由这些三维几何点组成的无限阵列中每一个几何点与其他所有的几何点有完全相同的环境，这种几何点组成的阵列

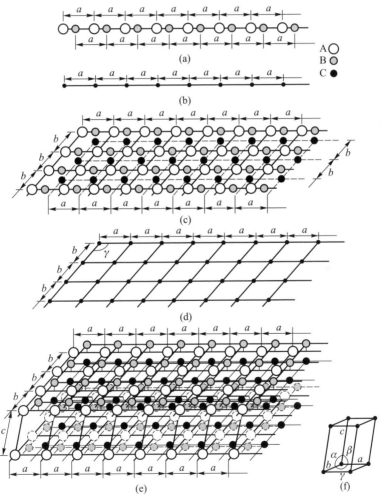

**图 1.4** 周期性排列的原子与点阵的关系[7]

称为点阵，每个几何点称为阵点。上述分析表明，点阵实际上表达的是晶体中每个几何点，包括每一类原子之间和各原子间每一类空隙之间的平移规律，利用点阵可以很方便地描述实际晶体必然存在的平移对称性。三维空间内由 $a$、$b$、$c$ 3 个单位平移矢量构成的平行六面体称为点阵的单胞（如图 1.4f）。描述各种不同晶体的平移对称性时可能需要采用不同的点阵，但所有点阵的单胞都必须是平行六面体；因为只有平行六面体才可以很方便地通过周期性平移而填满三维空间，且填充完成后在平行六面体之间即不存在空隙，也不存在重叠。

在三维点阵中可以有不同的获取平行六面体单胞的方法。图 1.5 给出了 Ⅰ、Ⅱ、Ⅲ、Ⅳ 4 种在三维点阵中获取的单胞。无论采用哪种单胞，通过相应平行六面体的周期性平移都可以填满三维空间。可以看出，每个单胞顶角上的阵点由周围与该阵点相交的 8 个单胞共享，即每个单胞只占有该阵点的 1/8。如果单胞的棱边上有阵点，则每个阵点由周围与该阵点相交的 4 个单胞共享，每个单胞只占有该阵点的 1/4；同理，每个单胞表面上的阵点由周围与该阵点相交的两个单胞共享，每个单胞只占有该阵点的 1/2。只有不与单胞顶角、棱边或表面接触的阵点才由单胞单独占有。由此可见，单胞 Ⅰ 和 Ⅱ 含有两个阵点，单胞 Ⅲ 和 Ⅳ 只含有一个阵点。只含有一个阵点的单胞称为初基单胞，从初基单胞的角度观察点阵时，该点阵称为初基点阵。

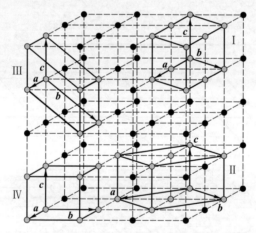

**图 1.5　点阵单胞的选取**（灰色阵点为属于单胞的阵点）

一个点阵的单胞可以有无穷多种不同的选取方法，但为了方便对晶体中各结构特征的研究，人们还是根据实际需要约定了常规的点阵单胞选取方法。其基本原则主要包括，在可能的情况下使所选择单胞平行六面体 $a$、$b$、$c$ 矢量的长度尽量相等，同时使其夹角 $\alpha$、$\beta$、$\gamma$ 尽量相等，且尽量等于 $\pi/2$；在此基础上，单胞的体积应尽可能小。这些针对单胞 *a*、*b*、*c* 矢量长度和夹角 $\alpha$、$\beta$、$\gamma$ 的选择原则主要与晶体中同时存在的旋转对称性有关。

## 1.2.2 点对称性与点对称操作

根据晶体中存在的旋转对称性，在对晶体作旋转对称操作的过程中，晶体内许多点都因为迁动而改变了实际位置，但旋转操作时位于旋转轴上的所有点都没有改变位置。在对称操作过程中保持空间至少有一个不动点的操作称为点对称操作。显然，旋转对称操作属于点对称操作。对所有晶体都可以实施适当的点对称操作，因此晶体具备点对称性；旋转轴为旋转对称操作的对称元素。多数点对称操作都具备一个对称元素。在图 1.1a 所示的结构中可以找到垂直于观察面的平面，当该平面正直切过一排竖直排列或水平排列的原子时，则作为对称元素的该平面两侧原子的排列呈镜面对应，即该平面为镜面时可以对两侧的原子作镜面对称操作，称为平面反映；在这个对称操作中镜面上的所有点都不会改变位置。也有可能在一些晶体中找到某些特征点，可以对空间所有点相对于该特征点作反演对称操作；以这类特征点为三维坐标系原点 $(0, 0, 0)$，反演操作把空间所有点的坐标 $(x, y, z)$ 转变成 $(-x, -y, -z)$ 之后，若晶体的结构状态与操作前完全相同即为对称操作。在这个操作中除了原点外所有的点都会改变位置，原点成了唯一的不动点，该原点称为反演中心或对称中心，是反演操作的对称元素。晶体中的许多其他点也可以成为反演中心。显然，这里描述的平面反映和反演都是点对称操作。图 1.6 表示一竖直平面垂直切入纸面，以此平面迹线为镜面所作的平面反映操作等同于绕镜面法线作 $180°$ 旋转后，再以法线与镜面的交点 (中心白圈) 为反演中心作反演操作；因此平面反映是由旋转和反演两个操作组合而成的复合操作；复合操作中各操作执行的先后顺序并不影响操作的结果。由旋转和反演组合而成的复合操作称为旋转反演操作，其中的旋转轴是该操作的对称元素，称为旋转反演轴。

在三维空间内若只借助旋转操作就能把一个位置转换到另一位置，则这两个位置彼此同宇。如果把三维空间一个位置转换到另一位置的过程中经历了一次反演操作，或经历了奇数次反演操作，则这两个位置是不同宇的。平面反映操作因此也会造成操作前、后的位置不同宇。可以用左手和右手的关系理解同宇的概念。对左手作任何旋转操作后左手仍为左手，不会变成右手；但对左手作反演操作后左手就变成了右手 (图 1.6a)。左手和右手均是三维物体，因此需要在三维空间里理解同宇的概念。如果把左手和右手看做二维空间的平面图形，则手在第三维空间没有变化，手心和手背没有区别；因而左手和右手也没有区别了 (图 1.6b)。相对于坐标原点对二维空间的手作反演操作等同于绕观察面法线作 $180°$ 旋转操作；在互相垂直的 3 个方向作 $180°$ 旋转操作都可以使

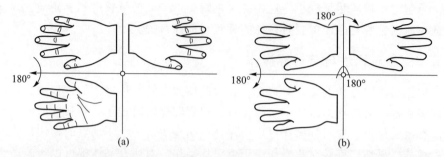

**图 1.6**　平面反映操作及同宇概念示意图：（a）三维空间左右手间的平面反映
对称关系与 180°旋转加反演操作[7]；（b）二维空间手的纯旋转对称关系

手的图形重叠变换，无法造成不同宇的情况（图 1.6b）。

人们熟知，绕任何物体的任一方向旋转 $2\pi$ 后，物体都会恢复到旋转前的状态；因此 $2\pi$ 旋转操作是永远存在的点对称操作，称为恒等操作。恒等操作的旋转轴取任意方向都不影响操作的结果，因此恒等操作没有对称元素。如果存在旋转角 $\omega<2\pi$ 的旋转对称操作，则总会存在旋转次数 $n$ 使得 $n\omega=2\pi$，以满足旋转 $2\pi$ 后物体必然恢复到旋转前状态的限制条件。如果晶体存在旋转为 $\omega=2\pi/n$ 的旋转对称操作，则称之为 $n$ 次对称操作，相应的对称性和旋转轴称为 $n$ 次对称性和 $n$ 次对称轴，或 $n$ 次轴。可以看出，由于存在 $n\omega=2\pi$ 的限制，具有 $n$ 次对称性的晶体绕相应 $n$ 次轴作 $\omega$ 或 $-\omega$ 的旋转都是对称操作。

### 1.2.3　晶体可能的旋转对称性

从点阵形成过程可以看出，以特定平行六面体为单胞的点阵只是表达了晶体的平移对称性，点阵并不能反映出晶体所具备的点对称性。如果人为地给点阵附加旋转对称性的特征，则可以尝试推导长程有序晶体中可能存在的旋转对称操作。

观察点阵中一个点阵平面上间距为 $a$ 的两个阵点 $p11$ 和 $p12$，如图 1.7 所示。如果绕垂直于该点阵平面且穿过任一阵点有转角为 $\omega$ 的 $n$ 次对称轴，则绕过 $p11$ 点 $n$ 次轴作 $\omega$ 旋转可使阵点 $p12$ 转到 $p21$ 的位置；同理，绕过 $p12$ 点 $n$ 次轴作 $-\omega$ 旋转可使阵点 $p11$ 转到 $p22$ 的位置。这两种旋转都是对称操作，因此 $p21$ 和 $p22$ 位置也应有阵点，二者之间的连线平行于 $p11p12$，且连线的长度应为 $a$ 的整数倍，设为 $ma$，$m$ 为整数。根据图 1.7 所示的几何关系有 $ma=-2a\cdot\cos\omega+a$，由此得到 $\cos\omega=(1-m)/2$。注意到 $\cos\omega$ 只能在 $-1$ 和 $1$ 之间取值，因此整数 $m$ 只可能是 $-1$、$0$、$1$、$2$ 或 $3$；由此可以计算出 $\omega$ 的取值只能是 $0$ 或 $2\pi=2\pi/1$、$\pi/3=2\pi/6$、$\pi/2=2\pi/4$、$2\pi/3$ 和 $\pi=2\pi/2$；即根据 $\omega=$

$2\pi/n$ 的限制和这里给出的穷举证明[3]，晶体中只可能存在 1 次以及 6、4、3、2 次对称性。图 1.6 所示的由 2 次旋转与反演组合成的平面反映属于 2 次对称性，涉及 2 次旋转反演操作。同理，如果 6、4、3 次旋转操作分别与反演组合可分别构成 6、4、3 次旋转反演操作，分别归属于 6、4、3 次对称性。反演本身不包括旋转操作，与 1 次旋转操作组合后仍是反演操作。因而反演属于 1 次对称性的范围。图 1.8 给出了原子排列绕观察面法线具备 1、2、3、4、6 次对称性的晶体。

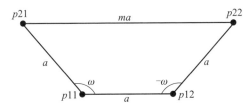

**图 1.7** 点阵对所附加旋转对称性的几何约束

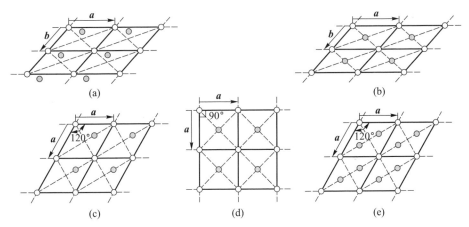

**图 1.8** 绕所观察白色与灰色原子排列的平面法线具备 1 次(a)、2 次(b)、3 次(c)、4 次(d)、6 次(e)对称性的晶体[7]

## 1.2.4 点对称操作的坐标变换及常用符号

实施点对称操作时除不动点外，会造成三维空间所有点的坐标位置都发生变化。设在以 $(0,0,0)$ 为原点位置的 $O\text{-}XYZ$ 空间直角坐标系中过原点且平行于 $Z$ 轴的方向为一个旋转轴，实施旋转操作后除了转轴上的点外，空间的所有点都会改变位置。当绕该轴顺时针旋转 $\omega$ 角时(图 1.9)，可如下计算点坐标

$(x, y, z)$经旋转后的坐标$(x', y', z')$：

$$\begin{cases} x' = x\cos \omega - y\sin \omega + z \cdot 0 \\ y' = x\sin \omega + y\cos \omega + z \cdot 0 \\ z' = x \cdot 0 + y \cdot 0 + z \cdot 1 \end{cases}$$

其矩阵运算为

$$\begin{bmatrix} x' \\ y' \\ z' \end{bmatrix} = \begin{bmatrix} \cos \omega & -\sin \omega & 0 \\ \sin \omega & \cos \omega & 0 \\ 0 & 0 & 1 \end{bmatrix} \begin{bmatrix} x \\ y \\ z \end{bmatrix} \tag{1.1}$$

$\omega = \pi/2$、$\pi$ 或 $2\pi$(即 0)时的变换矩阵分别为

$$\begin{bmatrix} 0 & -1 & 0 \\ 1 & 0 & 0 \\ 0 & 0 & 1 \end{bmatrix}、\begin{bmatrix} -1 & 0 & 0 \\ 0 & -1 & 0 \\ 0 & 0 & 1 \end{bmatrix} \quad 或 \quad \begin{bmatrix} 1 & 0 & 0 \\ 0 & 1 & 0 \\ 0 & 0 & 1 \end{bmatrix}。$$

可以推导出当点对称操作为以坐标原点为中心的反演或以 $XOY$ 面为镜面的平面反映操作时的变换矩阵分别为

$$\begin{bmatrix} -1 & 0 & 0 \\ 0 & -1 & 0 \\ 0 & 0 & -1 \end{bmatrix} \quad 或 \quad \begin{bmatrix} 1 & 0 & 0 \\ 0 & 1 & 0 \\ 0 & 0 & -1 \end{bmatrix}。$$

以此也可以借助简单的空间解析几何推导出直角坐标系中其他点对称操作的变换矩阵。可以借助组合成复合操作的各操作矩阵的乘积矩阵来表达复合操作的操作矩阵。这里，变换矩阵为相应点对称操作的数学表达式，是该点对称操作可作用于空间任何几何点的集中抽象形式。

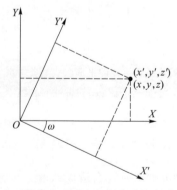

**图 1.9**　点对称操作造成空间任意点坐标位置的变换

表 1.1 给出了全部可能存在的 10 种点对称操作的名称、晶体学规定的国

际符号及其操作元素的图形符号。在专业文献中经常会读到相关内容。后续的内容将经常用到这些名称和符号。其中平面反映与 2 次旋转反演是同一类操作的两种名称，对其国际符号有 $m = \bar{2}$。

表 1.1 可能存在的 10 种点对称操作名称、国际符号及其操作元素的图形符号

| 操作名称 | 对称元素名称 | 国际符号 | 垂直于投影面的图形 | 平行于投影面的图形 |
|---|---|---|---|---|
| 恒等操作 | | 1 | | |
| 2 次旋转操作 | 2 次旋转轴/2 次轴 | 2 | ● | → |
| 3 次旋转操作 | 3 次旋转轴/3 次轴 | 3 | ▲ | |
| 4 次旋转操作 | 4 次旋转轴/4 次轴 | 4 | ◆ | |
| 6 次旋转操作 | 6 次旋转轴/6 次轴 | 6 | ⬡ | |
| 反演操作 | 反演中心 | $\bar{1}$ | ○ | ○ |
| 平面反映操作（2 次旋转反演操作） | 镜面（2 次旋转反演轴） | $m(\bar{2})$ | ── | ╱ |
| 3 次旋转反演操作 | 3 次旋转反演轴 | $\bar{3}$ | ◬ | |
| 4 次旋转反演操作 | 4 次旋转反演轴 | $\bar{4}$ | ◈ | |
| 6 次旋转反演操作 | 6 次旋转反演轴 | $\bar{6}$ | ⬢ | |

注：当反演或旋转反演操作中的反演中心不在 $z=0$ 的位置时，要注明反演中心的 $z$ 坐标值（如1/2、1/4…）。对 2 次旋转轴、镜面等其他平行于投影面且不在 $z=0$ 的位置的对称元素也需作类似处理。

## 1.2.5　7 种晶系的划分及其单胞边角关系的限制

根据不同晶体所具备的 1、2、3、4、6 次点对称性及其点对称操作相互组合的主要特征，采用穷举证明法[3]可以把所有可能存在的晶体归类，进而划分出 7 种晶系。表 1.2 给出了 7 种晶系的名称及其主要点对称特征。其中三斜晶系具备任意方向的 1 次对称性，单斜晶系、四方晶系、三方晶系、六方晶系分别具备单一方向的 2、4、3、6 次对称轴。垂直于四方晶系、三方晶系、六方晶系的 4、3、6 次对称轴的方向还可以有 2 次对称轴，使晶体的点对称性提高。正交晶系具备两个互相垂直方向的 2 次对称轴，可以证明，在这种对称条件下与这两个方向同时垂直的第三个方向也一定具备 2 次对称轴。立方晶系有两个互不平行的 3 次对称轴，可以证明，在这种对称条件下立方晶系一定有 4 个互相都不平行的 3 次对称轴；同时立方晶系单胞的 $a$、$b$、$c$ 方向可以是 2 次或 4 次对称轴。

表 1.2　7 种晶系的主要点对称特征及其单胞的边角关系

| 序号 | 晶系 | 主要点对称性特征 | 主要点对称性特征对点阵单胞的限制 | |
|---|---|---|---|---|
| | | | 单胞边长 | 各边间夹角关系 |
| 1 | 三斜 | 1 次对称性 | $a \neq b \neq c$ | $\alpha \neq \beta \neq \gamma$ |
| 2 | 单斜 | 单向 2 次对称性 | $a \neq b \neq c$ | $\alpha = \beta = 90° \neq \gamma$ |
| 3 | 正交 | 两个互相垂直的 2 次对称性 | $a \neq b \neq c$ | $\alpha = \beta = \gamma = 90°$ |
| 4 | 四方 | 单向 4 次对称性 | $a = b \neq c$ | $\alpha = \beta = \gamma = 90°$ |
| 5 | 立方 | 两个互不平行的 3 次对称性 | $a = b = c$ | $\alpha = \beta = \gamma = 90°$ |
| 6 | 三方（或菱形） | 单向 3 次对称性 | $a = b \neq c (a = b = c)$ | $\alpha = \beta = 90°,\ \gamma = 120°$ ($\alpha = \beta = \gamma$) |
| 7 | 六方 | 单向 6 次对称性 | $a = b \neq c$ | $\alpha = \beta = 90°,\ \gamma = 120°$ |

如果把代表每种晶体平移对称性的点阵及其单胞附加上该晶系所具备的主要点对称特征，并参照上述点阵单胞的选取原则确定单胞，则可以证明，各晶系点阵单胞各边的长度和各边之间夹角有表 1.2 所示的各种关系或约束条件。在给点阵及其单胞添加相应主要点对称特征时，通常把单斜、四方、三方、六方等晶系的非 1 次对称轴加在 $c$ 矢量方向，把正交晶系的 3 个互相垂直的 2 次对称轴分别加在 $a$、$b$、$c$ 矢量方向，把立方晶系的 4 个互不平行的 3 次对称轴分别加在立方晶体单胞的 4 个体对角线方向。

这里需要特别注意，对自身只表达平移对称性而不具备点对称性的点阵额外附加了晶体所具备的主要点对称特征之后，点阵才呈现点对称性；是晶体所具有的主要点对称特征决定了晶体所属的晶系，并因而进一步决定了该晶系所对应点阵单胞边、角关系的限制条件。如果只知道点阵单胞边、角关系，不了解相应晶体的点对称特征，并不能因此推导出该点阵所属的晶系。即使是单胞的边角关系符合高对称性晶系的条件，也不能说明相应的晶体一定属于高对称性晶系。由此可见，表 1.2 中所列各边、角关系中不等号"≠"的意思是表示，这里晶体的点对称性并"不要求"符号两侧的单胞参数相等，但不是说不允许相等。如图 1.10 所示，由灰原子与黑原子组成了左右两个晶体单胞，其单胞常数均为 $a=b=c$ 和 $\alpha=\beta=\gamma=90°$，左侧单胞体对角线方向均为 3 次对称轴，属立方晶体，右侧单胞体对角线方向不可能是 3 次对称轴，属非立方晶体。在真实晶体中也存在类似的情况。例如，在很多情况下硫化铁（$FeS_2$）属于立方晶系，但特定情况下确实发现 $FeS_2$ 晶体的单胞常数 $a=b=c=0.541\ 7$ nm，且 $\alpha=\beta=\gamma=90°$，根据点对称性它只能属于三斜晶系[8]。晶体单胞的边角关系决定了晶体的平移对称关系，并不能反映出其点对称性，因此无法根据单胞边角关系准确判断其所属的晶系。反之，如果知道了晶体所属的晶系，则该晶体单胞的边角关系就不能违反表 1.2 所给出的约束条件。

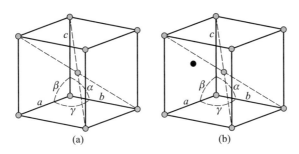

**图 1.10**　灰原子与黑原子组成的晶体单胞常数均为 $a=b=c$ 和 $\alpha=\beta=\gamma=90°$ 时，
左侧单胞（a）为立方晶体而右侧单胞（b）为非立方晶体

## 1.2.6　14 种布拉维点阵

从晶体的平移对称特性出发，也可以在同时考虑可能的点对称性的前提下借助穷举法[9]对所有晶体的点阵作归类处理，进而划分出 14 种不同的点阵，或称为 14 种布拉维点阵。参照表 1.2 所示各晶系单胞边角关系，可以直接得出 7 种由初基单胞构成的布拉维点阵，由初基单胞构成的初基点阵标记为 $P$，也称为简单点阵。应注意的是，三方晶系有两种单胞边角关系的约束条件，其中一种与六方晶系完全相同（表 1.2），均表达为 $a = b \neq c$、$\alpha = \beta = 90°$ 和 $\gamma = 120°$；从平移对称规律的角度出发，这两种平移对称性完全一样，通常统一标识为六方 $P$ 点阵。如图 1.11 所示，假设只用黑点和白点表示点阵中的阵点，则黑点所构成的边长为 $a'$、$b'$、$c'$，夹角为 $\alpha'$、$\beta'$、$\gamma'$ 的平行六面体为该点阵的初基单胞，且有 $a' = b' \neq c'$、$\alpha' = \beta' = 90°$ 和 $\gamma' = 120°$；三方晶系和六方晶系中都有符合这种平移规律的晶体，且单胞 $c'$ 矢量方向应为 3 次轴或 6 次轴。如果按照图 1.11 所示的位置在单胞 $c'$ 方向 $c'/3$ 和 $2c'/3$ 高处添加灰色的阵点，则 $c'$ 方向不再可能是 6 次轴，只可能是 3 次轴；所对应的晶系只可能是三方晶系。这种三方晶系的单胞可以按照图 1.11 的方式取为 $a = b = c$ 和 $\alpha = \beta = \gamma$ 的菱形单胞（表 1.2），所构成的初基点阵标记为 $R$。此时如果仍按照原来 $a' = b' \neq c'$、$\alpha' = \beta' = 90°$ 和 $\gamma' = 120°$ 的方式取单胞，则一个单胞内会包括 3 个阵点。

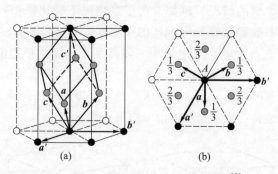

**图 1.11**　三方晶系菱形 $R$ 单胞的选取[7]

在保持相应晶系对点阵单胞边、角关系限制的条件下，还可以从初基点阵出发推导出另外其他 7 种布拉维点阵[9]；其推导方法是在初基点阵单胞内加入一些新的阵点，通过点阵单胞的有心化而获得。阵点不能随意加入，加入新阵点后首先要看新的阵点排列是否还构成点阵，即这一点阵是否可以形成无限阵列并且所有阵点都有完全相同的环境；同时，所得到的点阵还应确实是一个新的点阵。这类新点阵的单胞包含了多个阵点，称为非初基的复式单胞。用这些复式单胞十分便于在相应晶系内讨论平移对称性，所以常被人们采纳，称为惯用单胞。

在由复式单胞构成的新点阵中仍可找出只有一个阵点的初基单胞，并且可以通过该初基单胞的点阵矢量平移将整个空间点阵再现出来。但是这种初基单胞本身不能以简洁清晰的方式反映出晶系主要点对称特征对单胞边、角关系的限制。如图 1.12，正交体心点阵惯用单胞包含 2 个阵点，如果采用一个阵点的初基单胞，则正交晶系对点阵矢量间互相垂直的要求（表 1.2）不能在单胞中体现出来。因此，人们才制订出在可能的情况下使所选择点阵单胞六面体 $a$、$b$、$c$ 矢量的长度尽量相等，同时使其夹角 $\alpha$、$\beta$、$\gamma$ 尽量相等且尽量等于 $\pi/2$ 等选取原则。表 1.3 和图 1.13 给出了描述晶体平移对称性的 14 种布拉维点阵、相应的皮尔逊符号以及一个单胞内的阵点数，其中初基 $P$ 点阵的单胞只有一个阵点；$R$ 点阵的单胞依照取单胞的方式可以是一个或 3 个阵点；体心点阵的单胞中在体中心加了一个阵点，使单胞共含有两个阵点，标记为 I；面心点阵的单胞中在 6 个表面的中心各加了一个阵点，使单胞共含有 4 个阵点，标记为 F；底心点阵的单胞通常在 $c$ 或 $b$ 矢量所对应面的中心，即 $a$ 与 $b$ 矢量或 $c$ 与 $a$ 矢量所决定的单胞面中心加了一个阵点，使单胞共含有两个阵点，标记为 $C$ 或 $B$。其中，正交晶体 $C$ 点阵表示与单胞 $c$ 矢量垂直面的中心有一个阵点；正交晶体也可以有 $A$ 点阵或 $B$ 点阵，即与单胞 $a$ 矢量或 $b$ 矢量垂直面的中心有一个阵点。这两个点阵与 $C$ 点阵等价，并不是独立的点阵；将 $a$、$b$、$c$ 3 个互相垂直的矢量互换位置就可以在 $A$、$B$、$C$ 3 个点阵之间切换。法国科学家布拉维经过穷举法推导，证明只可能有这 14 种点阵。

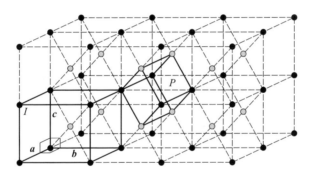

**图 1.12** 体心正交点阵的惯用单胞 I 和相应初基单胞[7]

**表 1.3** 14 种布拉维点阵及其一个单胞内的阵点数

| 序号 | 晶系 | 皮尔逊符号 | 初基 | 底心 | 体心 | 面心 |
|------|------|------------|------|------|------|------|
| 1 | 三斜 | $a$ | $P/1$ | | | |
| 2 | 单斜 | $m$ | $P/1$ | $B/2$ | | |
| 3 | 正交 | $o$ | $P/1$ | $C/2$ | $I/2$ | $F/4$ |
| 4 | 四方 | $t$ | $P/1$ | | $I/2$ | |
| 5 | 立方 | $c$ | $P/1$ | | $I/2$ | $F/4$ |
| 6 | 六方 | $h$ | $P/1$ | | | |

续表

| 序号 | 晶系 | 皮尔逊符号 | 初基 | 底心 | 体心 | 面心 |
|---|---|---|---|---|---|---|
| 7 | 三方（菱形） | h | R/1、3 | | | |

注：三方 R 点阵采用六角坐标系时一个单胞内有 3 个阵点，也可以有单斜 A、正交 A、正交 B 等底心等效点阵。

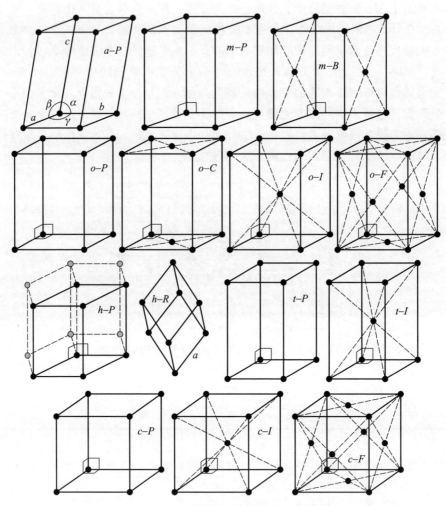

**图 1.13**　14 种布拉维点阵的单胞[7]

### 1.2.7 非晶体

非晶质状态是物质结构的一种状态，也称为非晶态、无定型态或玻璃态。非晶态固体物质的结构仅具有短程有序的排列，即一个结构基元在较小的范围内与其近邻的几个结构基元间保持着有序的排列，而没有长程有序的排列。这些固体物质称为非晶体。

非晶物质有一些共同的性质：它们没有固定的熔点，通常会在一定的温度范围内从液态经过熔融状态到固态，发生一个连续变化的过程。这个温度范围称为转变区。各向同性也是非晶物质共有的特性，这种各向同性反映在光学、力学、电学及热学等许多方面。另外，非晶物质没有规则稳定的几何外形。

通常的晶体物质从液态冷却至熔点后会释放出全部的结晶潜热而转变成晶态固体物质。如果液态物质在凝固过程中具备如下条件则有可能转变成非晶态：凝固时相变位垒很高，相变潜热不能及时得到释放；液体接近凝固温度时黏度很大，原子不容易借助交换位置而规则排列；结晶核的形核功很大，熔体中没有促进结晶的非自发核心；原子的配位数较小等。由此可见，非晶物质处于不稳定状态，且具有较高的内能。从结构化学的角度看，离子键、金属键及共价键的物质均不容易生成非晶态。只有原子结合键的性质处于小配位数的离子-共价键或金属-共价键之间的过渡状态时才容易生成非晶态。

常见的非晶体有玻璃、石蜡、沥青等。由于黏度特性，以及其表面特性、光学特性、电学特性、磁学特性等种种可能的优良性能，可以在许多特定的场合把非晶体用作工程材料。

## 1.3 晶体的晶向、晶面及其几何关系

### 1.3.1 晶向指数的常规表达方法

图 1.1 中可以观察到，在三维周期性排列晶体的不同方向上，原子排列的密度有显著的差异。为了便于分析讨论原子在不同方向上排列的特性，需要采用专门的方式描述不同的晶体方向，即采用晶向指数。点阵集中表达了晶体内原子长程排列的周期性规律，因此晶向指数也可应用于描述点阵中的不同方向。设想以晶系单胞矢量 $a$、$b$、$c$ 为基础构成点阵，其中连接任意两个阵点的矢量 $r$ 都可以称为晶向，且有

$$r = p \cdot a + m \cdot b + n \cdot c \tag{1.2}$$

式中，$p$、$m$、$n$ 为点阵平移的任意整数倍；如果所对应点阵为有心点阵，则 $p$、$m$、$n$ 也可取值为点阵相应 $\pm 1/2$ 平移的任意整数倍。把 $p$、$m$、$n$ 成比例地

简约成 3 个互质的整数 $u$、$v$、$w$，则可用 $[uvw]$ 表达矢量 $r$ 的晶向指数。如果 $u$、$v$、$w$ 中有负数，取负数的绝对值，并在这个数字上面加一横线；如 $u:v:w = -1/2:1/2:1 = -1:1:2$ 的晶向指数表示为 $[\bar{1}12]$。

确定一阵点矢量的晶向指数 $[uvw]$ 时可先平移点阵矢量，使其起点与点阵原点重合，然后对点阵坐系中该点阵矢量末端阵点的坐标 $p$、$m$、$n$ 作上述简约处理，即可获得晶向指数 $[uvw]$。图 1.14 给出了点阵坐标系内一些点阵矢量晶向指数的示例。互相平行且同向的点阵矢量，其晶向指数相同；晶向指数 $[uvw]$ 和 $[\bar{u}\bar{v}\bar{w}]$ 互相平行但方向相反。

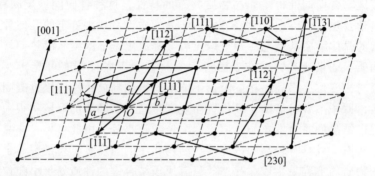

**图 1.14**　点阵坐标系内晶向指数的确定（空心圈为虚拟的单胞体心阵点）

如图 1.1 和图 1.3a 所示，实际晶体总会有一定的点对称性，这些点对称性也可以附加在其所对应的点阵中（如图 1.7）。因此晶体及其点阵中的某些互相不平行的各种晶向有可能具有完全相同的结构状态和环境，即经过相应点对称操作后晶向本身和其周围环境可以完全重叠。因此，这些互相不平行的晶向也是等价的。把点阵中所有等价的晶向归结成具有共性的一组晶向，称为晶向族，用 $<uvw>$ 表示。如立方晶体内的 $[100]$、$[010]$、$[001]$、$[\bar{1}00]$、$[0\bar{1}0]$ 和 $[00\bar{1}]$ 同属于晶向族 $<100>$。同一晶向族内晶向的数目与晶体的点对称性有关，例如高对称性立方晶体任一 $[uvw]$ 晶向中 $u$、$v$、$w$ 3 个字符互相调换位置后形成的不同晶向同属于一个晶向族，其全排列为 6；$u$、$v$、$w$ 3 个字符取为正值或负值并任意组合后所有可能的晶向也同属于一个晶向族，其可能的组合总数为 $2×2×2 = 8$。因此，立方晶体 $<uvw>$ 晶向族内最高可以有 $6×8 = 48$ 种不同指数形式的晶向。高对称性四方晶体同一 $<uvw>$ 晶向族中只有 $u$、$v$ 两个字符可以互换位置，$u$、$v$、$w$ 3 个字符可取正、负值并任意组合，其 $<uvw>$ 晶向族内最高可以有 $2×8 = 16$ 种不同指数形式的晶向。基于 $R$ 单胞的高对称性三方晶体中同一 $<uvw>$ 晶向族的 $u$、$v$、$w$ 3 个字符可以任意互换位置，但 3 个字符只能同时改变其正、负值，$<uvw>$ 晶向族内可以有 $6×2 = 12$ 种不同指数形式的晶向。正交晶体中同一<$uvw$>晶向族的 $u$、$v$、$w$ 3 个字符不能互换位置，$u$、$v$、$w$ 3 个字符可以取正、负值并任意组合，其<$uvw$>晶向族内最高可以有 8 种不同指数形式的晶向。单斜晶体中同一<$uvw$>晶向族的 $u$、$v$、$w$ 3 个字符不能互换位置，$u$ 和 $v$ 两个字符可以同时改变正、负值，$u$、$v$、$w$ 3 个字符也可以同时改变正、负值，其<$uvw$>晶向族内可以有 $2×2=4$ 种不同指数形式的晶向。三斜晶体中同一<$uvw$>晶向族的 $u$、$v$、$w$ 3 个字符不能互换位置，$u$、$v$、$w$ 3 个字符只能同时改变正、负值，其<$uvw$>晶向族内可以有两种不同指数形式的晶向。当不同晶系任一晶向族<$uvw$>中的 $u$、$v$ 或 $w$ 3 个字符取值为 0 时就会丧失正、负值变化的可能而减少晶向的数目，当 3 个字符间出现字符与字符数值相等的情况时也会使其调换位置的可能性下降；由此可以计算出相应晶向族内的晶向数目。如立方晶体晶向族<100>的晶向数目为 6，<111>的晶向数目为 8。同一晶系中点对称性较低的晶体，其<$uvw$>晶向族内不同指数的晶向数目可能会减少一半（参见 2.2 节）。

## 1.3.2　晶面指数的常规表达方法

从图 1.1 可以判断出，在三维周期性排列晶体的不同平面上，原子排列的密度和规则会有差异。为了便于分析讨论原子在不同面上排列的特性，需要采用专门表达晶体平面的方式，即晶面指数；晶体中的平面可简称晶面。点阵中由阵点组成的平面表达了真实晶体中相应晶体平面上原子分布和排列的规则。

点阵中一个由阵点组成的平面会与过原点的 $\boldsymbol{a}$、$\boldsymbol{b}$、$\boldsymbol{c}$ 3 个矢量所在的坐标轴分别相交于某阵点位置（图 1.15）。设 3 个相交阵点与原点的距离，即 3 个截距分别为 $pa$、$mb$、$nc$，再设 $1/p=h$、$1/m=k$、$1/n=l$，因此 $a/h=pa$、$b/k=mb$、$c/l=nc$ 也是该阵点平面在 3 个坐标轴上截距的长度。通常把 $h$、$k$、$l$ 简约成互质的整数后用（$hkl$）作为晶面指数，称为米勒指数。当 $p$、$m$、$n$ 不是整数时（$hkl$）与 3 个坐标轴的交点也可能不是阵点位置。当点阵平面平行于某一坐标轴时，相应截距的倒数为零，即晶面指数中会出现 0，如（$hk0$）、（$h00$）等。另外，（$hkl$）和（$\bar{h}\bar{k}\bar{l}$）是完全相同的面，只是观察（$hkl$）和（$\bar{h}\bar{k}\bar{l}$）面时所选晶面的法向相反。因为可以对指数值 $h$、$k$、$l$ 作化整和互质处理，不论晶面的位置选在何处，互相平行晶面的晶面指数相同。根据晶体检测技术的需要，有时 $h$、$k$、$l$ 值也会有公因子，如（200）、（224）等[7]。

如果把实际晶体的点对称性附加在其所对应的点阵中，可以发现晶体及其点阵中某些互相不平行的各种晶面有可能具有完全相同的结构状态和环境，即经过相应点对称操作后晶面本身和其周围环境可以完全重叠。因此，这些互相不平行的晶面也是等价的。可以把点阵中所有等价的晶面归结成具有共性的一

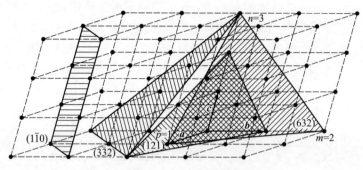

**图 1.15**　点阵坐标系内晶面指数的确定

组晶面，称为晶面族，用 {hkl} 表示。如立方晶体内的 (111)、($\bar{1}$11)、(1$\bar{1}$1)、(11$\bar{1}$)、($\bar{1}\bar{1}\bar{1}$)、($\bar{1}$1$\bar{1}$)、($\bar{1}\bar{1}$1) 和 (1$\bar{1}\bar{1}$) 同属于晶向族 {111}。

### 1.3.3　六方晶系的晶向指数和晶面指数

对六方晶系，以常规平行六面体的方式表达单胞时，不能很好地体现其 3 次或 6 次对称性，因此材料学经常用 3 个 $a = b \neq c$、$\alpha = \beta = 90°$、$\gamma = 120°$ 的平行六面体单胞拼成一个六面柱体，如图 1.13 所示的 h-P 点阵单胞及其所拼成的六面柱体。这种六面柱体便于讨论与 3 次或 6 次对称相关的问题[7]。

如图 1.16a，把原单胞 $a$ 和 $b$ 矢量轴分别换成 $a_1$ 和 $a_2$ 轴，保留 $c$ 矢量轴；同时令矢量 $a_3 = -(a_1 + a_2)$，由此构成了 $a_1$、$a_2$、$a_3$、$c$ 4 轴坐标系。4 轴坐标系提供了 4 个坐标参数，而空间任一晶向只需要独立的 3 个参数表达，并不需要第 4 个参数。因此 4 轴坐标系中第 4 个坐标轴 $a_3$ 并不是独立的，它与 $a_1$ 和 $a_2$ 在同一个平面，且有约束条件

$$a_1 + a_2 + a_3 = 0 \tag{1.3}$$

参照 3 轴坐标晶向指数的确定方式，在 4 轴坐标中任一晶向的晶向指数可表达为 [uvtw]，其中 $u$、$v$、$t$ 和 $w$ 是以该晶向上任一阵点为原点，在晶向上距原点最近阵点的 4 个坐标分量；其中 $u$、$v$、$t$ 3 个参数互相不独立，否则表达晶向的参数不具备唯一性，参照式 (1.3) 应该有约束条件

$$u + v + t = 0 \tag{1.4}$$

在这个约束条件下用 [uvtw] 标示晶向既可以表达出晶体的 3 次或 6 次对称特征，又能唯一地表达相关的晶向。图 1.16b 以晶向指数 [$\bar{1}$10w]、[$\bar{1}$01w]、[21$\bar{1}$w]、[11$\bar{2}$w]、[15$\bar{4}$w] 为例显示了 $u$、$v$、$t$ 3 个参数相互约束的关系。然而，在一些情况下仍然需要采用常规的方法确定六方晶系的晶向，即在这里 $a_1$、$a_2$、$c$ 3 个坐标轴的系统中采用图 1.14 所示的方法确定晶向指数。这样一

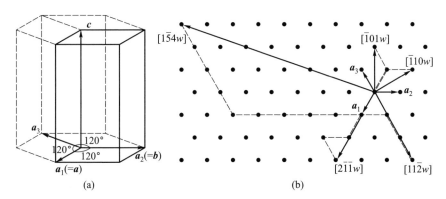

**图 1.16** 六方晶体中 4 轴坐标系与 3 轴坐标系的关系(a)及确定晶向时 $u$、$v$、$t$ 3 个参数的关系(b)

来，$[\bar{1}10w]$、$[\bar{1}01w]$、$[2\bar{1}\bar{1}w]$、$[11\bar{2}w]$、$[1\bar{5}4w]$ 5 个晶向则会分别标定为 $[\bar{1}1w]$、$[\bar{2}1w]$、$[30w]$、$[33w]$、$[\bar{3}9w]$。

$a_1$、$a_2$、$a_3$、$c$ 4 轴坐标系和 $a_1$、$a_2$、$c$ 3 轴坐标系所标定的晶向指数有明显差异。如果 4 轴坐标系晶向指数 $[uvtw]$ 与 3 轴坐标系晶向指数 $[UVW]$ 为同一个晶向，则二者之间的换算关系为

$$U = 2u + v, \quad V = u + 2v, \quad W = w \tag{1.5}$$

或

$$u = \frac{1}{3}(2U - V), \quad v = \frac{1}{3}(2V - U), \quad t = -(u + v), \quad w = W \tag{1.6}$$

完成换算后，需将所获得的数字转化为互质的整数。图 1.17a 在 4 轴坐标系内给出了一些 4 轴坐标晶向指数和所对应的 3 轴坐标晶向指数的实例。

4 轴坐标系的晶面指数用 $(hkil)$ 表示。与 3 轴坐标系确定晶面指数的方法类似，先分别确定出晶面在 4 个坐标轴上的截距各是 $a_1$、$a_2$、$a_3$、$c$ 4 个基本矢量长度的倍数，将这些倍数值的倒数转化为互质的整数后就获得了 4 个指数 $h$、$k$、$i$、$l$；其中 $h$、$k$、$i$ 值之间并不完全互相独立，其相互关系为

$$h + k + i = 0 \tag{1.7}$$

根据六方晶系 3 轴坐标系和 4 轴坐标系类似的确定晶面指数的原则，可以很容易地在二者之间作晶面指数换算。只要在 3 轴坐标的面指数 $(hkl)$ 的 $k$ 和 $l$ 间加上 $i = -(h+k)$ 即得 4 轴坐标的面指数 $(hkil)$。图 1.17b 在 4 轴坐标系内给出了一些 4 轴坐标晶面指数和所对应的 3 轴坐标晶面指数的实例。

可以看出，在六方晶体中 $(01\bar{1}0)$ 和 $(\bar{1}100)$ 是相互对称的等价面，$[2\bar{1}\bar{1}0]$ 和 $[11\bar{2}0]$ 是相互对称的等价方向，如此用 4 轴坐标系的 4 个坐标参数表达可使

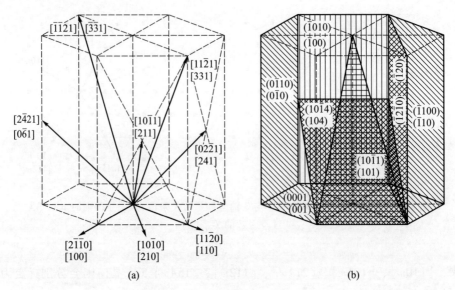

**图 1.17**　六方晶体中 4 轴坐标系与 3 轴坐标系晶向指数(a)及晶面指数(b)举例[7]

等价的面和方向具有类似的参数值，不同的只是这些参数的正、负和相互位置，因此采用 4 个坐标参数可以反映相关的对称性。如果采用 3 轴坐标系的 3 个坐标参数表达，则这些面和方向表现为($0\bar{1}0$)和($\bar{1}10$)以及[ 100 ]和[ 110 ]，从坐标参数中不能直接看出这些面或方向的等价特征。因此，实际上常采用 4 轴坐标系表达六方晶体的晶面和晶向。

　　高对称性六方晶体同一<*uvtw*>晶向族中 *u*、*v* 可以看做独立变化的参数，而 *t* 与 *u*、*v* 有固定关系，不能自由变动，因此 *u*、*v* 和 *t* 不能单独改变正负号；*w* 可以单独改变正负号，但不能和其他指数换位；*u*、*v* 和 *t* 可以互相调换位置；其<*uvtw*>晶向族内最高可以有 2×2×6＝24 种不同指数形式的晶向。同理，{*hkil*}晶面族最高也可以有 24 种不同指数形式的晶面。如果认为(*hkil*)和($\overline{hkil}$)不是同一个面，则晶面族所包含等价晶面的数目应减少一半。六方晶系中点对称性较低的晶体，其<*uvtw*>晶向族和{*hkil*}晶面族内不同指数的晶向数目可能会减少一半。如果同值指数重复出现或为 0，则等价晶面或晶向的数目也会减少。

　　如图 1.11 所示，当三方晶系用 $a=b\neq c$、$\alpha=\beta=90°$、$\gamma=120°$ 的限制条件选取单胞时，其晶向指数和晶及面指数也可以采用六方晶系的 4 轴坐标系表达。

## 1.3.4 晶面的多重性因子

不同晶系中$\{hkl\}$所包含的等价面的数目称为晶面的多重性因子，简称多重性因子，用$P$表示；等价面数目的分析和推算方法与晶向族的推演方法一样，所得结果也相同[7]。表1.4给出了不同晶系高对称晶体不同晶面的多重性因子$P$；同一晶系中可能会出现对称性较低的晶体，其$P$值会有所减少。如果认为$(hkl)$和$(\bar{h}\bar{k}\bar{l})$不是同一个面，则每个晶面族所包含等价晶面的数目应减少一半。

**表 1.4　不同晶系高对称晶体不同晶面的多重性因子$P$**

| 晶系 | 晶面指数 | $P$ | 晶系 | 晶面指数 | $P$ |
|---|---|---|---|---|---|
| 三斜 | $hkl$ | 2 | 三方 | $hkil$, $hh\bar{2}hl$, $hki0$ | 12 |
| 单斜 | $hkl$ | 4 | | $h0\bar{h}l$, $hh\bar{2}h0$, $h0\bar{h}0$ | 6 |
| | $h0l$, $0k0$ | 2 | | $000l$ | 2 |
| 正交 | $hkl$ | 8 | 六方 | $hkil$ | 24 |
| | $hk0$, $h0l$, $0kl$ | 4 | | $hh\bar{2}hl$, $h0\bar{h}l$, $hki0$ | 12 |
| | $H00$, $0k0$, $00l$ | 2 | | $hh2\bar{h}0$, $h0\bar{h}0$ | 6 |
| | | | | $000l$ | 2 |
| 四方 | $hkl$ | 16 | 立方 | $hkl$ | 48 |
| | $hhl$, $h0l$, $hk0$ | 8 | | $hhl$, $hk0$ | 24 |
| | $hh0$, $h00$ | 4 | | $hh0$ | 12 |
| | $00l$ | 2 | | $hhh$ | 8 |
| | | | | $h00$ | 6 |

## 1.3.5 晶面、晶向的几何关系

如图1.18所示，在一个晶体的$(001)$面上可以观察到不同的晶面及其相互平行面的间距。观察发现，不仅不同的单胞常数会影响面间距，而且晶面指数也有影响；$h$、$k$、$l$指数的绝对值越高，面间距越小。

设某$(hkl)$面过点阵原点，则与其平行的近邻$(hkl)$面与3个点阵坐标轴相交的截距分别为$a/h$、$b/k$、$c/l$（图1.19，并参照图1.15）；按比例调整$h$、$k$、$l$值可使得相应的$(hkl)$面与原点最接近。令$d_{hkl}$为原点到该与原点最近的$(hkl)$面的垂直距离，$d_{hkl}$即为$(hkl)$面的晶面间距，相应的矢量$\boldsymbol{d}_{hkl}$与单胞矢量$\boldsymbol{a}$、$\boldsymbol{b}$、

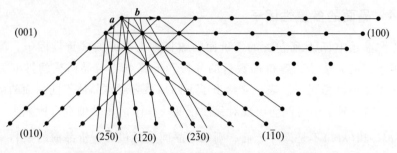

**图 1.18**　从晶体（001）面观察不同晶面的面间距

$c$ 的夹角分别为 $\alpha_1$、$\alpha_2$、$\alpha_3$（图 1.19），则有

$$d_{hkl} = \frac{a}{h}\cos\alpha_1 = \frac{b}{k}\cos\alpha_2 = \frac{c}{l}\cos\alpha_3,$$

$$d_{hkl}^2\left[\left(\frac{h}{a}\right)^2 + \left(\frac{k}{b}\right)^2 + \left(\frac{l}{c}\right)^2\right] = \cos^2\alpha_1 + \cos^2\alpha_2 + \cos^2\alpha_3 \tag{1.8}$$

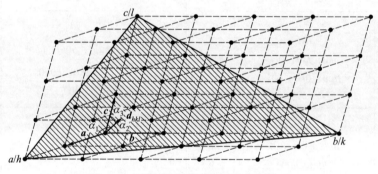

**图 1.19**　用以确定晶面间距的几何关系

单胞矢量 $a$、$b$、$c$ 的夹角均为 90° 的正交、四方、立方晶体恒有 $\cos^2\alpha_1 + \cos^2\alpha_2 + \cos^2\alpha_3 = 1$，因此参照式（1.8）可求出正交、四方、立方晶体中（$hkl$）面的面间距，分别为

$$d_{hkl} = \frac{1}{\sqrt{\dfrac{h^2}{a^2} + \dfrac{k^2}{b^2} + \dfrac{l^2}{c^2}}} \tag{1.9}$$

$$d_{hkl} = \frac{1}{\sqrt{\dfrac{h^2 + k^2}{a^2} + \dfrac{l^2}{c^2}}} \tag{1.10}$$

$$d_{hkl} = \frac{a}{\sqrt{h^2 + k^2 + l^2}} \qquad (1.11)$$

另外,根据六方晶系单胞矢量的几何关系也可以推导出其 $(hkl)$ 面的面间距

$$d_{hkl} = \frac{1}{\sqrt{\dfrac{4}{3}\dfrac{h^2 + hk + k^2}{a^2} + \dfrac{l^2}{c^2}}} \qquad (1.12)$$

根据晶体晶面、晶向指数确定的原则可以证明,对于立方晶系始终有 $(hkl)$ 晶面垂直于 $[hkl]$ 晶向,或 $[hkl]$ 是 $(hkl)$ 的法向。对于四方晶系和正交晶系,其 $(hkl)$ 晶面的法向晶向指数分别为 $\left[h;\ k;\ \dfrac{a^2}{c^2}l\right]$ 和 $\left[\dfrac{h}{a^2};\ \dfrac{k}{b^2};\ \dfrac{l}{c^2}\right]^{[10]}$。如果用 3 轴坐标系指数表示六方晶系任意一个晶面的法向,则为 $\left[2h+k;\ h+2k;\ \dfrac{3a^2}{2c^2}l\right]$。反之,对于四方晶系和正交晶系,与 $[uvw]$ 晶向垂直晶面的晶体学指数分别为 $\left[u;\ v;\ \dfrac{c^2}{a^2}w\right]$ 和 $[a^2u;\ b^2v;\ c^2w]$。六方晶系中与任意一个 3 轴坐标系晶向 $[UVW]$ 垂直的晶面指数则为 $\left[2U-V;\ 2V-U;\ \dfrac{2c^2}{a^2}W\right]$。

设 $\omega$ 为晶体内两晶面间的夹角,则式(1.13)、式(1.14)、式(1.15)和式(1.16)分别表达了立方、四方、正交和六方晶体内 $\omega$ 余弦值的计算方法

$$\cos\omega = \frac{h_1 h_2 + k_1 k_2 + l_1 l_2}{\sqrt{(h_1^2 + k_1^2 + l_1^2)(h_2^2 + k_2^2 + l_2^2)}} \qquad (1.13)$$

$$\cos\omega = \frac{(h_1 h_2 + k_1 k_2)/a^2 + l_1 l_2/c^2}{\sqrt{[(h_1^2 + k_1^2)/a^2 + l_1^2/c^2][(h_2^2 + k_2^2)/a^2 + l_2^2/c^2]}} \qquad (1.14)$$

$$\cos\omega = \frac{h_1 h_2/a^2 + k_1 k_2/b^2 + l_1 l_2/c^2}{\sqrt{(h_1^2/a^2 + k_1^2/b^2 + l_1^2/c^2)(h_2^2/a^2 + k_2^2/b^2 + l_2^2/c^2)}} \qquad (1.15)$$

$$\cos\omega = \frac{4[h_1 h_2 + (h_1 k_2 + k_1 h_2)/2 + k_1 k_2]/3a^2 + l_1 l_2/c^2}{\sqrt{[4(h_1^2 + h_1 k_1 + k_1^2)/3a^2 + l_1^2/c^2][4(h_2^2 + h_2 k_2 + k_2^2)/3a^2 + l_2^2/c^2]}}$$

$$(1.16)$$

由此可以计算出晶体内两晶面间的夹角 $\omega$。

根据各晶面与其法线方向的几何关系以及上述各夹角公式,可以计算晶体内任意晶面间、晶向间、晶向与晶面法向间的夹角。

如果获得了晶体单胞的 6 个单胞常数 $a$、$b$、$c$、$\alpha$、$\beta$、$\gamma$,则可以如下计

算单胞的体积：

$$V = abc\sqrt{1 - \cos^2\alpha - \cos^2\beta - \cos^2\gamma + 2\cos\alpha\cos\beta\cos\gamma} \tag{1.17}$$

显然对于立方、四方、正交、六方晶体单胞的体积分别为 $a^3$、$a^2c$、$abc$、$\sqrt{3}\,a^2c/2$。

### 1.3.6　晶带定律

点阵中平行于某一晶向的所有可能的阵点平面合在一起称为一个晶带（如图 1.20），该晶向为这个晶带的晶带轴。研究发现，两个晶带轴相交后所构成的平面一定是晶面，或阵点平面，这一规律称为晶带定律。如果两个晶带轴为 $(u_1v_1w_1)$ 和 $(u_2v_2w_2)$，则对二者所构成的晶面 $(hkl)$ 有

$$h : k : l = \begin{vmatrix} v_1 & w_1 \\ v_2 & w_2 \end{vmatrix} : \begin{vmatrix} w_1 & u_1 \\ w_2 & u_2 \end{vmatrix} : \begin{vmatrix} u_1 & v_1 \\ u_2 & v_2 \end{vmatrix} \tag{1.18}$$

任何两个互相不平行的晶面 $(h_1k_1l_1)$ 和 $(h_2k_2l_2)$ 都会相交于一晶向，因此它们可以同属于一个晶带，可用 $[uvw]$ 表示其晶带轴；且有

$$u : v : w = \begin{vmatrix} k_1 & l_1 \\ k_2 & l_2 \end{vmatrix} : \begin{vmatrix} l_1 & h_1 \\ l_2 & h_2 \end{vmatrix} : \begin{vmatrix} h_1 & k_1 \\ h_2 & k_2 \end{vmatrix} \tag{1.19}$$

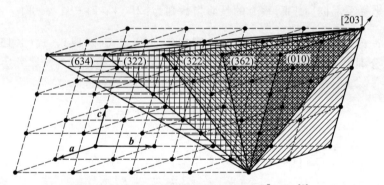

**图 1.20**　组成晶带的晶面（晶带轴为 $[\bar{2}03]$）[7]

参考图 1.18，在一组互相平行的 $(hkl)$ 面中选取过点阵原点的面；令 $u$、$v$、$w$ 为该 $(hkl)$ 面上一个阵点的坐标，则原点到该阵点的晶向为 $[uvw]$；因此 $(hkl)$ 面上任何 $[uvw]$ 晶向均与 $(hkl)$ 面平行。根据图 1.19 所示的几何关系及式 (1.8)，$(hkl)$ 面法向矢量 $d_{hkl}$ 返回到 $\boldsymbol{a}$、$\boldsymbol{b}$、$\boldsymbol{c}$ 3 个基本矢量方向上的投影分别为 $h/a$、$k/b$、$l/c$，$[uvw]$ 晶向矢量的投影分别为 $ua$、$vb$、$wc$；鉴于这两个矢量互相垂直及其点乘为 0 的特点，可以推导出晶带方程

$$hu + kv + lw = 0 \tag{1.20}$$

即平行于 $(hkl)$ 面的任何 $[uvw]$ 晶向与 $(hkl)$ 面都满足晶带方程(图 1.20)。

# 1.4 X 射线衍射的晶体学基础

X 射线衍射是目前分析与研究材料结构最主要和最常用的技术手段。相关的基础知识已为人们所熟悉。为方便本书对晶体及其结构的分析和讨论,这里就 X 射线衍射学中的相关要点做扼要的归纳。

## 1.4.1 布拉格方程

X 射线穿过物质时,会被物质散射、吸收,只有一部分会穿过物质而形成透射。散射的 X 射线分为相干散射和不相干散射。物质散射 X 射线时主要是物质原子的核外电子与 X 射线相互作用。入射 X 射线的电场使原子核外电子发生受迫振动,从而使原子成为新的电磁波源,并向空间各个方向辐射 X 射线电磁波。在这些 X 射线电磁波中,波长高于入射 X 射线且光子能量低于入射 X 射线光子的散射称为不相干散射。如果散射 X 射线电磁波的波长和频率都与入射 X 射线相同,则散射波之间可以发生干涉现象,因此这种散射称为相干散射。相干散射并不损失入射 X 射线的能量,只是会改变其传播方向。物质受入射 X 射线照射部位的原子都会辐射出相干散射波,大量原子散射波干涉的结果即为 X 射线的衍射现象。

当一束平行的 X 射线照射到原子规则排列的物质晶体上时,各原子都会向空间各个方向辐射与入射 X 射线波长相同的相干散射波,如图 1.21 中各原子向外扩展的虚线所示。设图 1.21 所标示原子面的面间距为 $d$,波长为 $\lambda$ 的入射 X 射线与该面夹角为 $\theta$,则 $\theta$ 为特定值时可如图 1.21 所示,在与入射线夹角为 $2\theta$ 的方向获得衍射 X 射线。此时角 $\theta$ 与波长 $\lambda$ 及面间距 $d$ 的关系符合布拉格方程,即

$$2d\sin\theta = n\lambda \tag{1.21}$$

式中,$n$ 为整数,称为反射级数。

分析图 1.21 可知,式(1.21)中 $2d\sin\theta$ 所表达的是 X 射线照射到互相平行的不同原子面且在衍射方向同一位置获得衍射线时各衍射线的光程差;而布拉格方程表明,只有在光程差是入射波长的整数倍时才会在 $2\theta$ 方向上获得衍射线,即各原子的相干散射始终保持相位相同,且均可增强 $2\theta$ 方向上的衍射线强度。此时入射线方向与衍射线方向刚好相对于所观察的原子面呈镜面对称,即似乎原子面在反射入射 X 射线。但这是由衍射造成的反射,不符合布拉格方程及图 1.21 所示的几何关系时反射不会发生。因此,布拉格方程及相应的照射几何条件是发生 X 射线衍射的必要条件。应该注意,当被照射物质的表

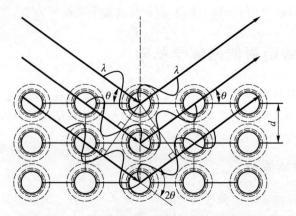

**图 1.21 X 射线照射规则排列原子所形成的衍射**

面与图 1.21 所示的原子面不平行时，发生 X 射线反射的面是原子面而不是物质表面。

布拉格方程中反射级数 $n$ 的存在不利于对衍射规律作简洁的分析，因此通常会把方程中的 $d$ 和 $n$ 作合并处理。设 $d_{hkl}$ 为 $(hkl)$ 面的面间距，则有

$$2d_{HKL}\sin\theta = \lambda, \qquad 其中 \quad d_{HKL} = \frac{d_{hkl}}{n} \qquad (1.22)$$

这里，$(HKL)$ 称为干涉面，且有 $d_{HKL} \le d_{hkl}$，如 $d_{422}$、$d_{633}$ 分别是 $d_{211}$ 的二分之一、三分之一。$(HKL)$ 面不一定是晶体中真实存在的原子面，但为了对布拉格方程作简化处理，可以认为它们是特地引入的 X 射线反射面。

### 1.4.2 多晶体衍射强度

一束 X 射线照射到多晶体试样后会获得不同强度的各类衍射线。衍射线强度 $I$ 受很多因素影响，且可表达为

$$I = \frac{I_0}{32\pi R}\frac{e^4}{m^2 c^4}\frac{\lambda^3}{V^2}vF_{HKL}^2 P_{HKL}\frac{1+\cos^2\theta}{\sin^2\theta\cos\theta}\exp[-2M(\theta)]A(\theta) \qquad (1.23)$$

式中，$I_0$ 为入射线强度；$V$ 为晶体单胞体积；$e$ 为电子的电荷；$c$ 为光速；$\lambda$ 为入射线波长；$m$ 为电子的质量；$F_{HKL}$ 为 $(HKL)$ 晶面结构因子；$P_{HKL}$ 为 $(HKL)$ 晶面的多重性因子；$\theta$ 为半衍射角（$2\theta$ 为全衍射角）；$v$ 为被 X 射线照射多晶试样区域内参与衍射的体积；$R$ 为试样到衍射线强度记录处的距离；$A(\theta)$ 为吸收因子；$\exp[-2M(\theta)]$ 为温度因子。其中，$I_0$、$R$、$e$、$m$、$c$、$V$、$v$ 和 $\lambda$ 对各衍射线均相等，所以可令

$$\kappa = \frac{I_0}{32\pi R}\frac{e^4}{m^2 c^4}\frac{\lambda^3}{V^2}v \qquad (1.24)$$

把与 $\theta$ 直接有关的各项归纳在一起,可令

$$S(\theta) = \frac{1 + \cos^2\theta}{\sin^2\theta\cos\theta}\exp[-2M(\theta)]A(\theta) = f(\theta)\exp[-2M(\theta)]A(\theta)$$

$$(1.25)$$

式中,$f(\theta)$ 称为角度因子,因此式(1.23)可转变为

$$I_{HKL} = \kappa F_{HKL}^2 P_{HKL}f(\theta)\exp[-2M(\theta)]A(\theta) = \kappa F_{HKL}^2 P_{HKL}S(\theta) \quad (1.26)$$

令各衍射线的相对衍射强度为 $I'$ 或 $I_{HKL}^*$,则有

$$I' = \frac{I_{HKL}}{S(\theta)} = \kappa F_{HKL}^2 P_{HKL}, \qquad I_{HKL}^* = F_{HKL}^2 P_{HKL}f(\theta)\exp[-2M(\theta)]A(\theta)$$

$$(1.27)$$

式中 $I_{HKL}^* = I_{HKL}/\kappa$ 为衍射强度中与 {HKL} 面指数有关的相对衍射强度。可见相对衍射强度与结构因子的平方 $F_{HKL}^2$ 以及多重性因子 $P_{HKL}$ 成正比。另外,与 $\theta$ 有关的函数 $S(\theta)$ 会受到角度因子 $f(\theta)$、温度因子 $\exp[-2M(\theta)]$ 和吸收因子 $A(\theta)$ 的影响。

图 1.22a 给出了 X 射线多晶衍射装置示意图,其中 X 射线自 X 射线管射出并照射到试样台上的待测多晶试样,进而产生衍射 X 射线并由衍射计数器记录衍射强度。如图 1.22a 所示,使 X 射线管和衍射强度计数器同步相对于样品台作 $\theta$ 和 $2\theta$ 角度旋转,即可记录到该样品不同 $\theta$ 时的衍射强度。图 1.22b 给出了多晶纯铁在波长为 0.071 nm(Mo 靶)的 X 射线照射下获得的衍射峰分布。可以看出,对于铁基铁素体合金可以测得其 {110}、{200}、{211}、{220}、{310} 等一系列不同 {HKL} 指数的衍射强度值。

在物质或多晶体材料的结构分析过程中经常会涉及使用 X 射线衍射获取如图 1.22 所示的衍射谱,其中包括在许多 $\theta$ 角位置获得强弱不同的一组衍射强度 $I_{HKL}$。如式(1.23)所示,$I_{HKL}$ 包含的入射线强度 $I_0$ 是一个与衍射时间、衍射束尺寸、衍射光阑尺寸等诸多实验条件相关的参数;不同设备、不同操作人测量的 $I_{HKL}$ 会有明显的系统性差异。为了克服这一缺陷,使不同设备、不同操作人测量的系列 $I_{HKL}$ 有可比性,可对不同检测结果作可比性处理。在实测 X 射线衍射谱的一组 $I_{HKL}$ 中选出数值最高的一个,用 $I_{\max}$ 表达;或按式(1.27)计算的一组 $I_{HKL}^*$ 中选出数值最高的,用 $I_{\max}^*$ 表达。然后定义归百相对强度 $I_{HKL-B}$ 或 $I_{HKL-B}^*$ 为

$$I_{HKL-B} = 100 \times \frac{I_{HKL}}{I_{\max}}, \qquad I_{HKL-B}^* = 100 \times \frac{I_{HKL}^*}{I_{\max}^*} \quad (1.28)$$

式中,$I_{HKL-B}$ 为实测归百强度;$I_{HKL-B}^*$ 为理论归百强度。这样最高值衍射强度转变为 100,由此可实现衍射数据之间的对比,便于晶体结构分析。

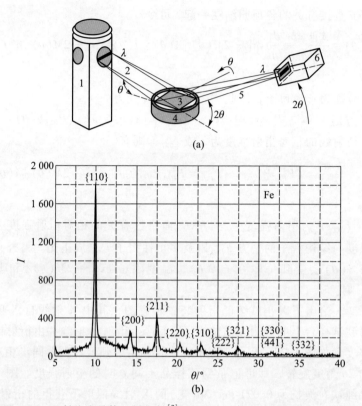

**图 1.22** X 射线多晶体试样衍射[7]：（a）多晶体试样衍射装置示意图；
（b）多晶纯铁的 X 射线衍射谱（X 射线波长：0.071 nm）

1—X 射线管；2—入射 X 射线；3—多晶试样；4—试样台；5—衍射 X 射线；6—衍射强度计数器

## 1.4.3　温度因子

如式(1.23)所示，温度因子为 $\exp[-2M(\theta)]$，对 $M$ 有

$$\begin{cases} M(\theta) = \dfrac{6h^2 T}{m_a k \Theta^2}\left[\Phi\left(\dfrac{\Theta}{T}\right) + \dfrac{\Theta}{4T}\right]\dfrac{\sin^2\theta}{\lambda^2} = B\dfrac{\sin^2\theta}{\lambda^2} \\[4mm] B = \dfrac{6h^2 T}{m_a k \Theta^2}\left[\Phi\left(\dfrac{\Theta}{T}\right) + \dfrac{\Theta}{4T}\right] \end{cases} \qquad (1.29)$$

式中，$h = 6.626\,075\,5\times10^{-34}$ J·s，为普朗克常量；$k = 1.380\,658\times10^{-23}$ J/K，为玻尔兹曼常量；$m_a$ 为原子平均质量（原子质量常量 1 u = 1.660\,540\,2 × $10^{-27}$ kg）；$\lambda$ 为入射线波长；$\theta$ 为半衍射角（$2\theta$ 为全衍射角）；$T$ 为温度（单位 K，0 ℃ 为 273.15 K）；$\Theta$ 为特征温度；$\Phi$ 为德拜函数。

$h$、$k$、$m_a$、$\lambda$、$\theta$、$T$ 等为已知或可知参数；可在表 1.5 中查阅特征温度 $\Theta$，并根据相应的 $\Theta/T$ 值在表 1.6 中查阅并内插计算出与德拜函数 $\Phi$ 相关的 $[\Phi(\Theta/T) + \Theta/(4T)]$ 值，再代入式（1.29）即求得 $B$ 值，进而求得 $M(\theta)$，并计算出温度因子 $\exp[-2M(\theta)]$。

**表 1.5**　一些单质和化合物的特征温度 $\Theta$ 值[11-13]

| 金属 | $\Theta/K$ | 金属 | $\Theta/K$ | 金属 | $\Theta/K$ | 金属 | $\Theta/K$ |
|------|------|------|------|------|------|------|------|
| Ag | 210 | Hf | 213 | Pb | 88 | Ta | 245 |
| Al | 400 | Hg | 95 | Pd | 275 | Ti | 350 |
| Au | 175 | In | 100 | Pt | 230 | Tl | 96 |
| Be | 900 | Ir | 285 | Rb | 56 | U | 229 |
| Bi | 100 | K | 126 | Re | 200 | V | 380 |
| Ca | 230 | La | 150 | Rh | 370 | W | 310 |
| Cd | 168 | Li | 510 | Ru | 400 | Zn | 235 |
| Co | 410 | Mg | 320 | Sb | 140 | Zr | 280 |
| Cr | 485 | Mn | 350 | Se | 90 | 金刚石 | 2 230 |
| Cs | 38 | Mo | 380 | Si | 790 | 石墨 | 760 |
| Cu | 320 | Na | 202 | 白 Sn | 170 | | |
| Fe | 453 | Ni | 375 | 灰 Sn | 260 | | |
| Ge | 374 | Os | 250 | Sr | 170 | | |
| LiB | 670 | NaBr | 238 | RbF | 267 | CsBr | 125 |
| LiCl | 420 | NaI | 197 | RbI | 194 | CsI | 102 |
| LiBr | 340 | KF | 335 | RbBr | 149 | AgCl | 180 |
| LiI | 280 | KCl | 240 | RbI | 122 | AgBr | 140 |
| NaF | 445 | KBr | 192 | CsF | 245 | BN | 600 |
| NaCl | 297 | KI | 173 | CsCl | 175 | $SiO_2$ | 255 |

**表 1.6**　不同 $\Theta/T$ 值时与德拜函数相关的 $[\Phi(\Theta/T) + \Theta/(4T)]$ 值[11]

| $\Theta/T$ | $\Phi(\Theta/T) + \Theta/(4T)$ | $\Theta/T$ | $\Phi(\Theta/T) + \Theta/(4T)$ |
|------|------|------|------|
| 0.0 | 1.000 | 0.2 | 1.001 |

| $\Theta/T$ | $\Phi(\Theta/T) + \Theta/(4T)$ | $\Theta/T$ | $\Phi(\Theta/T) + \Theta/(4T)$ |
|---|---|---|---|
| 0.4 | 1.004 | 4 | 1.388 |
| 0.6 | 1.010 | 5 | 1.446 |
| 0.8 | 1.018 | 6 | 1.771 |
| 1.0 | 1.028 | 7 | 1.984 |
| 1.2 | 1.040 | 8 | 2.205 |
| 1.4 | 1.054 | 9 | 2.433 |
| 1.6 | 1.069 | 10 | 2.664 |
| 1.8 | 1.087 | 12 | 3.317 |
| 2.0 | 1.107 | 14 | 3.614 |
| 2.5 | 1.164 | 16 | 4.103 |
| 3.0 | 1.233 | 20 | 5.082 |

## 1.4.4　吸收因子

　　背散射衍射条件下物质对 X 射线的吸收相对较弱,吸收因子 $A(\theta)$ 不仅与 $\theta$ 有关,而且与元素的质量衰减系数 $\mu_r$ 及入射线的波长 $\lambda$ 相关。可在表 1.7 获知各元素在反射不同入射线波长时圆柱状粉末试样的质量衰减系数 $\mu_r$;随后根据 $\mu_r$ 值在表 1.8 和表 1.9 中查阅并内插计算出 $A(\theta)$ 值。当质量衰减系数 $\mu_r>5$ 时仅有 $A(\theta)$ 的相对值,因此表 1.9 中把 $\theta=90°$ 时的吸收因子确定为 100,并随 $\theta$ 值的降低依次给出随之降低的 $A(\theta)$ 值。注意,当试样的几何形状变化时,需根据 X 射线光路的变化和相应衰减规律适当调整吸收因子。例如对于平板试样有 $A(\theta)=1/2\mu_r^{[12]}$,此时吸收因子与 $\theta$ 无关。

表 1.7　不同元素的质量衰减系数 $\mu_r$[11]

| 元素 | 原子序数 | $\lambda/nm$ | | | | | | |
|---|---|---|---|---|---|---|---|---|
| | | Ag-K$_\alpha$ | Mo-K$_\alpha$ | Cu-K$_\alpha$ | Ni-K$_\alpha$ | Co-K$_\alpha$ | Fe-K$_\alpha$ | Cr-K$_\alpha$ |
| | | 0.056 08 | 0.071 07 | 0.154 2 | 0.165 9 | 0.179 0 | 0.193 7 | 0.229 1 |
| H | 1 | 0.370 | 0.38 | 0.46 | 0.47 | 0.48 | 0.49 | 0.55 |
| He | 2 | 0.16 | 0.18 | 0.37 | 0.43 | 0.52 | 0.64 | 0.86 |

| 元素 | 原子序数 | λ/nm | | | | | | |
|---|---|---|---|---|---|---|---|---|
| | | Ag-K$_\alpha$ | Mo-K$_\alpha$ | Cu-K$_\alpha$ | Ni-K$_\alpha$ | Co-K$_\alpha$ | Fe-K$_\alpha$ | Cr-K$_\alpha$ |
| | | 0.056 08 | 0.071 07 | 0.154 2 | 0.165 9 | 0.179 0 | 0.193 7 | 0.229 1 |
| Li | 3 | 0.187 | 0.22 | 0.68 | 0.87 | 1.13 | 1.48 | 2.11 |
| Be | 4 | 0.22 | 0.30 | 1.35 | 1.80 | 2.42 | 3.24 | 4.74 |
| B | 5 | 0.30 | 0.45 | 3.06 | 3.79 | 4.67 | 5.80 | 9.37 |
| C | 6 | 0.42 | 0.70 | 5.50 | 6.76 | 8.50 | 10.7 | 17.9 |
| N | 7 | 0.60 | 1.10 | 8.51 | 10.7 | 13.6 | 17.3 | 27.7 |
| O | 8 | 0.80 | 1.50 | 12.7 | 16.2 | 20.2 | 25.2 | 40.1 |
| F | 9 | 1.0 | 1.93 | 17.5 | 21.5 | 36.6 | 33.0 | 51.6 |
| Ne | 10 | 1.41 | 2.67 | 24.6 | 30.2 | 37.2 | 46.0 | 72.7 |
| Na | 11 | 1.75 | 3.36 | 30.9 | 37.9 | 46.2 | 56.9 | 92.5 |
| Mg | 12 | 2.27 | 4.38 | 40.6 | 47.9 | 60.0 | 75.7 | 120 |
| Al | 13 | 2.74 | 5.30 | 48.7 | 58.4 | 73.4 | 92.8 | 149 |
| Si | 14 | 3.44 | 6.70 | 60.3 | 75.8 | 94.1 | 116 | 192 |
| P | 15 | 4.20 | 7.98 | 73.0 | 90.5 | 113 | 141 | 223 |
| S | 16 | 5.15 | 10.3 | 91.3 | 112 | 139 | 175 | 273 |
| Cl | 17 | 5.86 | 11.62 | 103 | 126 | 158 | 199 | 308 |
| Ar | 18 | 6.40 | 12.55 | 113 | 141 | 174 | 217 | 341 |
| K | 19 | 8.05 | 16.7 | 143 | 179 | 218 | 269 | 425 |
| Ca | 20 | 9.66 | 19.8 | 172 | 210 | 257 | 317 | 508 |
| Sc | 21 | 10.5 | 21.1 | 185 | 222 | 273 | 338 | 545 |
| Ti | 22 | 11.8 | 23.7 | 204 | 247 | 304 | 377 | 603 |
| V | 23 | 13.3 | 26.5 | 227 | 275 | 339 | 422 | 77.3 |
| Cr | 24 | 15.7 | 30.4 | 259 | 316 | 392 | 490 | 89.9 |
| Mn | 25 | 17.4 | 33.5 | 284 | 348 | 431 | 63.6 | 99.4 |
| Fe | 26 | 19.9 | 38.3 | 324 | 397 | 59.5 | 72.8 | 115 |
| Co | 27 | 21.8 | 41.6 | 654 | 54.4 | 65.9 | 80.6 | 126 |
| Ni | 28 | 25.0 | 47.4 | 49.3 | 61.0 | 75.1 | 93.1 | 145 |

| 元素 | 原子序数 | λ/nm | | | | | | |
|---|---|---|---|---|---|---|---|---|
| | | Ag-K$_\alpha$ | Mo-K$_\alpha$ | Cu-K$_\alpha$ | Ni-K$_\alpha$ | Co-K$_\alpha$ | Fe-K$_\alpha$ | Cr-K$_\alpha$ |
| | | 0.056 08 | 0.071 07 | 0.154 2 | 0.165 9 | 0.179 0 | 0.193 7 | 0.229 1 |
| Cu | 29 | 26.4 | 49.7 | 52.7 | 65.0 | 79.8 | 98.8 | 154 |
| Zn | 30 | 28.2 | 54.8 | 59.0 | 72.1 | 88.5 | 109 | 169 |
| Ga | 31 | 30.8 | 57.3 | 63.3 | 76.9 | 94.3 | 116 | 179 |
| Ge | 32 | 33.5 | 63.4 | 69.4 | 84.2 | 104 | 128 | 196 |
| As | 33 | 36.5 | 69.5 | 76.5 | 93.8 | 115 | 142 | 218 |
| Se | 34 | 38.5 | 74.0 | 82.8 | 101 | 125 | 152 | 235 |
| Br | 35 | 42.3 | 82.2 | 92.6 | 112 | 137 | 169 | 264 |
| Kr | 36 | 45.0 | 88.1 | 100 | 122 | 148 | 182 | 285 |
| Pb | 37 | 48.2 | 94.4 | 109 | 133 | 161 | 197 | 309 |
| Sr | 38 | 52.1 | 101.1 | 119 | 145 | 176 | 214 | 334 |
| Y | 39 | 55.5 | 109.9 | 129 | 158 | 192 | 235 | 360 |
| Zr | 40 | 61.1 | 17.2 | 143 | 173 | 211 | 260 | 391 |
| Nb | 41 | 65.8 | 18.7 | 153 | 183 | 225 | 279 | 415 |
| Mo | 42 | 70.7 | 20.2 | 164 | 197 | 242 | 299 | 439 |
| Ru | 44 | 79.9 | 23.4 | 185 | 221 | 272 | 337 | 488 |
| Rh | 45 | 13.1 | 25.3 | 198 | 240 | 293 | 364 | 522 |
| Pd | 46 | 13.8 | 26.7 | 207 | 254 | 308 | 376 | 545 |
| Ag | 47 | 14.8 | 28.6 | 223 | 276 | 332 | 402 | 585 |
| Cd | 48 | 15.5 | 29.9 | 234 | 289 | 352 | 417 | 608 |
| In | 49 | 16.5 | 31.8 | 252 | 307 | 366 | 440 | 648 |
| Sn | 50 | 17.4 | 33.3 | 265 | 322 | 382 | 457 | 681 |
| Sb | 51 | 18.6 | 35.3 | 284 | 342 | 404 | 482 | 727 |
| Te | 52 | 19.1 | 36.1 | 289 | 347 | 410 | 488 | 742 |
| J | 53 | 20.9 | 39.2 | 314 | 375 | 442 | 527 | 808 |
| Xe | 54 | 22.1 | 41.3 | 330 | 392 | 463 | 552 | 852 |
| Cs | 55 | 23.6 | 43.3 | 347 | 410 | 486 | 579 | 844 |

续表

| 元素 | 原子序数 | $\lambda/\mathrm{nm}$ | | | | | | |
|------|------|------|------|------|------|------|------|------|
| | | Ag-K$_\alpha$ | Mo-K$_\alpha$ | Cu-K$_\alpha$ | Ni-K$_\alpha$ | Co-K$_\alpha$ | Fe-K$_\alpha$ | Cr-K$_\alpha$ |
| | | 0.056 08 | 0.071 07 | 0.154 2 | 0.165 9 | 0.179 0 | 0.193 7 | 0.229 1 |
| Ba | 56 | 24.5 | 45.2 | 359 | 423 | 501 | 599 | 819 |
| La | 57 | 26.0 | 47.9 | 378 | 444 | — | 632 | 218 |
| Ce | 58 | 28.4 | 52.0 | 407 | 476 | 549 | 636 | 235 |
| Pr | 59 | 29.4 | 54.5 | 422 | 493 | — | 624 | 251 |
| Nd | 60 | 30.5 | 57.0 | 437 | 510 | — | 651 | 263 |
| Sm | 62 | 33.1 | 62.3 | 467 | 519 | — | 183 | 289 |
| Eu | 63 | 35.0 | 65.9 | 461 | 498 | — | 193 | 306 |
| Gd | 64 | 35.8 | 68.0 | 470 | 509 | — | 199 | 316 |
| Tb | 65 | 37.5 | 71.7 | 435 | 140 | — | 211 | 333 |
| Dy | 66 | 39.1 | 95.0 | 462 | 146 | — | 220 | 345 |
| Ho | 67 | 41.3 | 79.3 | 128 | 153 | — | 232 | 361 |
| Er | 68 | 42.6 | 82.0 | 133 | 159 | — | 242 | 370 |
| Tu | 69 | 44.8 | 86.3 | 139 | 168 | — | 257 | 387 |
| Yb | 70 | 46.1 | 88.7 | 144 | 174 | — | 265 | 396 |
| Lu | 71 | 48.4 | 93.2 | 151 | 184 | — | 281 | 414 |
| Hf | 72 | 50.6 | 96.9 | 157 | 191 | — | 291 | 426 |
| Ta | 73 | 52.2 | 100.7 | 164 | 200 | 246 | 305 | 440 |
| W | 74 | 54.6 | 105.4 | 171 | 209 | 258 | 320 | 456 |
| Os | 76 | 58.6 | 112.9 | 186 | 226 | 278 | 346 | 480 |
| Ir | 77 | 61.2 | 117.9 | 194 | 237 | 292 | 362 | 498 |
| Pt | 78 | 64.2 | 123 | 205 | 248 | 304 | 376 | 518 |
| Au | 79 | 66.7 | 128 | 214 | 260 | 317 | 390 | 537 |
| Hg | 80 | 69.3 | 132 | 223 | 272 | 330 | 404 | 552 |
| Tl | 81 | 71.7 | 136 | 231 | 282 | 341 | 416 | 568 |
| Pb | 82 | 74.4 | 141 | 241 | 294 | 354 | 429 | 585 |
| Bi | 83 | 78.1 | 145 | 253 | 310 | 372 | 448 | 612 |

续表

| 元素 | 原子序数 | $\lambda$/nm | | | | | | |
|---|---|---|---|---|---|---|---|---|
| | | $\text{Ag-K}_\alpha$ | $\text{Mo-K}_\alpha$ | $\text{Cu-K}_\alpha$ | $\text{Ni-K}_\alpha$ | $\text{Co-K}_\alpha$ | $\text{Fe-K}_\alpha$ | $\text{Cr-K}_\alpha$ |
| | | 0.056 08 | 0.071 07 | 0.154 2 | 0.165 9 | 0.179 0 | 0.193 7 | 0.229 1 |
| Rn | 86 | 84.7 | 159 | 278 | 341 | — | 476 | 657 |
| Ra | 88 | 91.1 | 172 | 304 | 371 | 433 | 509 | 708 |
| Th | 90 | 97.0 | 143 | 327 | 399 | 460 | 536 | 755 |
| U | 92 | 104.2 | 153 | 352 | 423 | 488 | 566 | 805 |

**表 1.8**  低衰减系数 $(\mu_r<5)$ 圆柱状粉末试样的吸收因子 $A(\theta)$ [11]

| $\mu_r$ \ $\sin^2\theta$ / $\theta$ | 0 / 0° | 0.030 2 / 10° | 0.117 0 / 20° | 0.250 0 / 30° | 0.413 2 / 40° | 0.586 8 / 50° | 0.750 0 / 60° | 0.883 0 / 70° | 0.969 9 / 80° | 1.00 / 90° |
|---|---|---|---|---|---|---|---|---|---|---|
| 0.0 | 1.000 0 | 1.000 0 | 1.000 0 | 1.000 0 | 1.000 0 | 1.000 0 | 1.000 0 | 1.000 0 | 1.000 00 | 1.000 0 |
| 0.1 | 0.847 | 0.847 5 | 0.948 1 | 0.848 6 | 0.849 3 | 0.849 9 | 0.850 | 0.850 2 | 0.850 5 | 0.851 |
| 0.2 | 0.712 | 0.713 5 | 0.715 0 | 0.716 5 | 0.718 1 | 0.720 0 | 0.722 2 | 0.724 5 | 0.727 0 | 0.729 |
| 0.3 | 0.600 | 0.602 2 | 0.605 0 | 0.608 2 | 0.612 0 | 0.617 0 | 0.622 1 | 0.625 2 | 0.631 0 | 0.635 |
| 0.4 | 0.510 | 0.513 5 | 0.516 2 | 0.520 0 | 0.524 5 | 0.530 8 | 0.539 0 | 0.546 0 | 0.551 0 | 0.556 |
| 0.5 | 0.435 | 0.436 2 | 0.440 1 | 0.446 5 | 0.454 0 | 0.462 6 | 0.472 0 | 0.480 0 | 0.487 5 | 0.490 |
| 0.6 | 0.639 | 0.370 9 | 0.375 9 | 0.383 2 | 0.391 0 | 0.402 0 | 0.414 5 | 0.425 5 | 0.433 0 | 0.436 |
| 0.7 | 0.314 | 0.316 0 | 0.322 0 | 0.331 1 | 0.342 0 | 0.355 5 | 0.369 0 | 0.380 1 | 0.389 9 | 0.393 |
| 0.8 | 0.268 | 0.270 1 | 0.276 2 | 0.286 2 | 0.298 5 | 0.313 0 | 0.327 8 | 0.341 0 | 0.352 0 | 0.356 |
| 0.9 | 0.230 | 0.232 0 | 0.238 5 | 0.250 0 | 0.264 0 | 0.279 2 | 0.294 5 | 0.308 8 | 0.319 8 | 0.324 |
| 1.0 | 0.197 7 | 0.200 2 | 0.207 5 | 0.219 0 | 0.238 8 | 0.250 7 | 0.267 2 | 0.281 0 | 0.291 0 | 0.295 |
| 1.1 | 0.169 8 | 0.172 2 | 0.180 0 | 0.207 0 | 0.207 | 0.225 0 | 0.243 4 | 0.258 2 | 0.268 5 | 0.271 5 |
| 1.2 | 0.145 9 | 0.148 7 | 0.157 1 | 0.170 2 | 0.186 5 | 0.205 2 | 0.223 2 | 0.238 1 | 0.247 3 | 0.251 0 |
| 1.3 | 0.125 6 | 0.128 5 | 0.137 5 | 0.151 2 | 0.168 0 | 0.187 0 | 0.205 0 | 0.220 2 | 0.230 3 | 0.233 5 |
| 1.4 | 0.108 4 | 0.111 5 | 0.120 2 | 0.134 2 | 0.151 8 | 0.171 0 | 0.189 2 | 0.204 4 | 0.218 4 | 0.218 0 |
| 1.5 | 0.092 8 | 0.096 7 | 0.106 0 | 0.120 0 | 0.137 4 | 0.156 9 | 0.174 9 | 0.190 0 | 0.201 2 | 0.205 0 |
| 1.6 | 0.081 1 | 0.084 1 | 0.094 0 | 0.108 5 | 0.126 0 | 0.145 2 | 0.163 2 | 0.180 8 | 0.190 0 | 0.193 2 |
| 1.7 | 0.071 0 | 0.074 4 | 0.083 9 | 0.098 0 | 0.115 3 | 0.134 5 | 0.152 5 | 0.167 9 | 0.178 3 | 0.182 4 |

| $\sin^2\theta$ | 0 | 0.030 2 | 0.117 0 | 0.250 0 | 0.413 2 | 0.586 8 | 0.750 0 | 0.883 0 | 0.969 9 | 1.00 |
|---|---|---|---|---|---|---|---|---|---|---|
| $\mu_r$ ＼ $\theta$ | 0° | 10° | 20° | 30° | 40° | 50° | 60° | 70° | 80° | 90° |
| 1.8 | 0.061 5 | 0.069 5 | 0.074 7 | 0.088 8 | 0.106 3 | 0.125 0 | 0.142 6 | 0.158 0 | 0.169 2 | 0.173 0 |
| 1.9 | 0.053 7 | 0.057 1 | 0.067 0 | 0.081 2 | 0.098 3 | 0.117 1 | 0.134 6 | 0.149 6 | 0.160 5 | 0.164 4 |
| 2.0 | 0.047 1 | 0.050 2 | 0.060 0 | 0.074 1 | 0.091 4 | 0.109 9 | 0.127 1 | 0.142 0 | 0.152 8 | 0.156 7 |
| 2.1 | 0.041 6 | 0.045 0 | 0.054 5 | 0.068 3 | 0.085 6 | 0.103 9 | 0.120 5 | 0.134 8 | 0.145 5 | 0.149 3 |
| 2.2 | 0.036 7 | 0.040 2 | 0.050 0 | 0.063 6 | 0.080 0 | 0.096 1 | 0.114 6 | 0.127 7 | 0.138 8 | 0.142 6 |
| 2.3 | 0.032 4 | 0.035 6 | 0.045 3 | 0.058 8 | 0.074 8 | 0.090 1 | 0.108 3 | 0.122 5 | 0.133 0 | 0.136 5 |
| 2.4 | 0.028 7 | 0.031 7 | 0.041 2 | 0.054 8 | 0.070 6 | 0.085 9 | 0.103 7 | 0.116 9 | 0.127 1 | 0.130 9 |
| 2.5 | 0.025 5 | 0.028 8 | 0.038 0 | 0.051 0 | 0.066 5 | 0.081 2 | 0.097 8 | 0.112 0 | 0.122 0 | 0.125 6 |
| 2.6 | 0.022 7 | 0.025 8 | 0.034 9 | 0.047 8 | 0.063 1 | 0.077 7 | 0.094 7 | 0.107 3 | 0.117 3 | 0.121 1 |
| 2.7 | 0.020 2 | 0.023 3 | 0.032 2 | 0.044 7 | 0.059 4 | 0.073 7 | 0.090 3 | 0.103 2 | 0.113 1 | 0.116 7 |
| 2.8 | 0.018 03 | 0.021 2 | 0.030 0 | 0.042 0 | 0.056 3 | 0.070 2 | 0.087 0 | 0.099 8 | 0.109 5 | 0.112 7 |
| 2.9 | 0.016 07 | 0.019 0 | 0.027 7 | 0.039 5 | 0.053 4 | 0.067 1 | 0.083 3 | 0.096 0 | 0.105 6 | 0.108 9 |
| 3.0 | 0.014 36 | 0.017 3 | 0.026 2 | 0.037 5 | 0.051 0 | 0.064 0 | 0.079 7 | 0.091 4 | 0.099 3 | 0.105 4 |
| 3.1 | 0.012 88 | 0.015 8 | 0.024 4 | 0.035 6 | 0.049 0 | 0.062 7 | 0.076 6 | 0.089 0 | 0.098 4 | 0.102 1 |
| 3.2 | 0.011 59 | 0.014 2 | 0.022 8 | 0.033 8 | 0.046 8 | 0.060 4 | 0.074 0 | 0.086 2 | 0.095 6 | 0.099 0 |
| 3.3 | 0.010 49 | 0.013 0 | 0.021 5 | 0.032 1 | 0.044 7 | 0.058 2 | 0.071 5 | 0.083 6 | 0.092 8 | 0.096 1 |
| 3.4 | 0.009 55 | 0.012 1 | 0.020 5 | 0.030 6 | 0.043 0 | 0.056 1 | 0.069 1 | 0.081 0 | 0.090 0 | 0.093 8 |
| 3.5 | 0.008 71 | 0.011 1 | 0.019 2 | 0.029 3 | 0.041 3 | 0.054 1 | 0.067 0 | 0.078 6 | 0.087 4 | 0.090 6 |
| 3.6 | 0.007 96 | 0.010 6 | 0.017 9 | 0.028 1 | 0.039 9 | 0.052 1 | 0.064 9 | 0.076 2 | 0.085 0 | 0.088 1 |
| 3.7 | 0.007 29 | 0.009 88 | 0.017 1 | 0.027 0 | 0.038 4 | 0.050 4 | 0.062 8 | 0.074 2 | 0.082 8 | 0.085 8 |
| 3.8 | 0.006 70 | 0.009 28 | 0.016 2 | 0.026 0 | 0.037 0 | 0.048 9 | 0.061 1 | 0.072 2 | 0.080 6 | 0.083 6 |
| 3.9 | 0.006 17 | 0.008 67 | 0.015 5 | 0.025 0 | 0.035 8 | 0.047 3 | 0.059 5 | 0.070 1 | 0.078 6 | 0.081 5 |
| 4.0 | 0.005 68 | 0.008 10 | 0.014 7 | 0.023 9 | 0.034 7 | 0.045 8 | 0.057 6 | 0.068 2 | 0.076 4 | 0.079 4 |
| 4.1 | 0.005 25 | 0.007 55 | 0.014 0 | 0.023 0 | 0.033 5 | 0.044 5 | 0.055 9 | 0.066 3 | 0.074 5 | 0.077 4 |
| 4.2 | 0.004 88 | 0.007 15 | 0.013 4 | 0.022 2 | 0.032 4 | 0.043 2 | 0.054 4 | 0.064 5 | 0.072 6 | 0.075 5 |
| 4.3 | 0.004 53 | 0.006 78 | 0.012 8 | 0.021 5 | 0.031 5 | 0.042 0 | 0.052 8 | 0.063 0 | 0.071 0 | 0.073 8 |
| 4.4 | 0.004 20 | 0.006 41 | 0.012 4 | 0.020 7 | 0.030 5 | 0.040 8 | 0.051 7 | 0.061 5 | 0.069 2 | 0.072 1 |

续表

| $\mu_r$ \ $\sin^2\theta$ | 0 | 0.030 2 | 0.117 0 | 0.250 0 | 0.413 2 | 0.586 8 | 0.750 0 | 0.883 0 | 0.969 9 | 1.00 |
|---|---|---|---|---|---|---|---|---|---|---|
| $\theta$ | 0° | 10° | 20° | 30° | 40° | 50° | 60° | 70° | 80° | 90° |
| 4.5 | 0.003 91 | 0.006 04 | 0.011 9 | 0.020 1 | 0.029 7 | 0.039 8 | 0.050 2 | 0.060 0 | 0.067 7 | 0.070 5 |
| 4.6 | 0.003 64 | 0.005 69 | 0.011 4 | 0.019 5 | 0.028 9 | 0.038 8 | 0.049 2 | 0.058 7 | 0.066 2 | 0.068 9 |
| 4.7 | 0.003 40 | 0.005 39 | 0.011 0 | 0.018 8 | 0.028 1 | 0.037 8 | 0.047 9 | 0.057 4 | 0.065 0 | 0.067 5 |
| 4.8 | 0.003 16 | 0.005 18 | 0.010 6 | 0.018 3 | 0.027 4 | 0.037 0 | 0.046 7 | 0.056 0 | 0.063 6 | 0.066 1 |
| 4.9 | 0.002 94 | 0.004 92 | 0.010 3 | 0.017 8 | 0.026 7 | 0.036 1 | 0.045 7 | 0.055 0 | 0.062 2 | 0.064 7 |
| 5.0 | 0.002 75 | 0.004 68 | 0.010 0 | 0.017 3 | 0.026 0 | 0.035 2 | 0.044 8 | 0.054 0 | 0.061 0 | 0.063 5 |

**表 1.9**　高衰减系数($\mu_r>5$)圆柱状粉末试样的相对吸收因子 $A(\theta)$ [标定 $A(90°)=100$]

| $\mu_r$ \ $\sin^2\theta$ | 0 | 0.030 2 | 0.117 0 | 0.250 0 | 0.413 2 | 0.586 8 | 0.750 0 | 0.883 0 | 0.969 9 | 1.00 |
|---|---|---|---|---|---|---|---|---|---|---|
| $\theta$ | 0° | 10° | 20° | 30° | 40° | 50° | 60° | 70° | 80° | 90° |
| 5.0 | 4.34 | 7.28 | 15.83 | 27.33 | 40.85 | 55.54 | 70.8 | 84.8 | 94.7 | 100 |
| 5.5 | 3.50 | 6.44 | 14.90 | 26.35 | 39.90 | 54.76 | 70.0 | 84.3 | 94.5 | 100 |
| 6.0 | 2.91 | 5.81 | 14.19 | 25.57 | 39.06 | 53.89 | 69.3 | 83.9 | 94.4 | 100 |
| 6.5 | 2.44 | 5.32 | 13.59 | 24.92 | 38.40 | 53.27 | 68.9 | 83.6 | 94.3 | 100 |
| 7.0 | 2.12 | 4.96 | 13.12 | 24.35 | 37.82 | 52.74 | 68.4 | 83.4 | 94.2 | 100 |
| 7.5 | 1.83 | 4.67 | 12.75 | 23.88 | 37.47 | 52.25 | 68.0 | 83.1 | 94.1 | 100 |
| 8.0 | 1.61 | 4.39 | 12.36 | 23.47 | 36.85 | 51.83 | 67.7 | 82.9 | 94.0 | 100 |
| 8.5 | 1.44 | 4.17 | 12.05 | 23.11 | 36.45 | 51.48 | 67.4 | 82.7 | 93.95 | 100 |
| 9.0 | 1.26 | 3.98 | 11.78 | 22.76 | 36.10 | 51.14 | 67.1 | 82.5 | 93.9 | 100 |
| 9.5 | 1.14 | 3.82 | 11.57 | 22.50 | 35.80 | 50.88 | 66.9 | 82.3 | 93.85 | 100 |
| 10 | 1.02 | 3.69 | 11.37 | 22.24 | 35.54 | 50.60 | 66.7 | 82.2 | 93.8 | 100 |
| 11 | 0.84 | 3.50 | 11.06 | 21.84 | 35.09 | 50.16 | 66.3 | 82.0 | 93.7 | 100 |
| 12 | 0.69 | 3.32 | 10.78 | 21.50 | 34.71 | 49.75 | 66.0 | 81.8 | 93.6 | 100 |
| 13 | 0.59 | 3.15 | 10.53 | 21.18 | 34.35 | 49.40 | 65.7 | 81.6 | 93.5 | 100 |
| 14 | 0.50 | 3.03 | 10.30 | 20.92 | 34.09 | 49.17 | 65.5 | 81.4 | 93.45 | 100 |
| 15 | 0.44 | 2.93 | 10.08 | 20.72 | 33.85 | 48.94 | 65.3 | 81.3 | 93.4 | 100 |
| 16 | 0.39 | 2.86 | 9.90 | 20.52 | 33.66 | 48.73 | 65.1 | 81.2 | 93.4 | 100 |

| $\mu_r$ \ $\sin^2\theta$ | 0 | 0.030 2 | 0.117 0 | 0.250 0 | 0.413 2 | 0.586 8 | 0.750 0 | 0.883 0 | 0.969 9 | 1.00 |
|---|---|---|---|---|---|---|---|---|---|---|
| $\theta$ | 0° | 10° | 20° | 30° | 40° | 50° | 60° | 70° | 80° | 90° |
| 17 | 0.35 | 2.80 | 9.73 | 20.37 | 33.47 | 48.57 | 65.0 | 81.1 | 93.35 | 100 |
| 18 | 0.31 | 2.75 | 9.57 | 20.22 | 33.30 | 48.42 | 64.9 | 81.0 | 93.35 | 100 |
| 19 | 0.28 | 2.72 | 9.45 | 20.06 | 33.16 | 48.28 | 64.8 | 80.95 | 93.3 | 100 |
| 20 | 0.25 | 2.70 | 9.35 | 19.93 | 33.01 | 48.16 | 64.7 | 80.9 | 93.3 | 100 |
| 25 | 0.16 | 2.60 | 9.17 | 19.55 | 32.58 | 47.86 | 64.3 | 80.7 | 93.3 | 100 |
| 30 | 0.11 | 2.51 | 9.03 | 19.26 | 32.20 | 47.55 | 64.0 | 80.5 | 93.3 | 100 |
| 35 | 0.08 | 2.42 | 8.90 | 19.04 | 31.94 | 47.29 | 63.8 | 80.3 | 93.2 | 100 |
| 40 | 0.06 | 2.35 | 8.80 | 18.78 | 31.75 | 47.07 | 63.6 | 80.2 | 93.2 | 100 |
| 45 | 0.05 | 2.30 | 8.72 | 18.65 | 31.61 | 46.90 | 63.5 | 80.1 | 93.2 | 100 |
| 50 | 0.04 | 2.26 | 8.64 | 18.54 | 31.50 | 46.75 | 63.4 | 79.95 | 93.1 | 100 |
| 60 | 0.03 | 2.22 | 8.56 | 18.42 | 31.37 | 46.60 | 63.2 | 79.9 | 93.1 | 100 |
| 70 | 0.02 | 2.20 | 8.49 | 18.33 | 31.27 | 46.46 | 63.2 | 79.9 | 93.1 | 100 |
| 80 | 0.015 | 2.18 | 8.43 | 18.27 | 31.20 | 46.35 | 63.1 | 79.8 | 93.0 | 100 |
| 90 | 0.013 | 2.17 | 8.37 | 18.23 | 31.15 | 46.27 | 63.05 | 79.8 | 93.3 | 100 |
| 100 | 0.01 | 2.16 | 8.33 | 18.19 | 31.10 | 46.20 | 63.0 | 79.8 | 92.9 | 100 |
| ∞ | 0.00 | 2.07 | 8.03 | 17.77 | 30.55 | 45.80 | 62.6 | 79.5 | 92.8 | 100 |

## 1.4.5　结构因子

多晶体衍射强度与结构因子的平方 $F_{HKL}^2$ 成正比。利用相对衍射强度可以推测晶体的结构因子。结构因子通常是反映晶体中原子结构状况的核心数据。

设某晶体单胞内第 1 个原子位于原点 $O$，坐标为 $(0,0,0)$；单胞内第 $j$ 个原子的坐标为 $(x_j,y_j,z_j)$。如图 1.23 所示，两原子位置间的矢量 $r_j$ 为 $r_j = x_j a + y_j b + z_j c$，其中 $a$、$b$、$c$ 为晶体单胞的 3 个基本坐标矢量。设 $I_0$ 和 $I$ 分别表示入射和衍射 X 射线方向的单位矢量，则同一束入射 X 射线分别照射到第 1 个和第 $j$ 个原子的光程差为 $r_j I_0 < 0$，X 射线在第 1 个和第 $j$ 个原子散射后在衍射方向到达同一位置的光程差为 $r_j I > 0$。因此，衍射完成后所造成的总光程差 $\delta_j$ 为

$$\delta_j = r_j I - r_j I_0 = r_j (I - I_0) \tag{1.30}$$

令光程差 $\delta_j$ 造成 X 射线波的周相差为 $\Phi_j$，则参照 X 射线衍射的倒易点阵

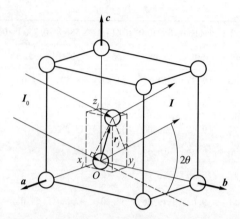

**图 1.23**　晶体单胞内原子位置对结构因子的影响

理论可以利用式(1.30)推导出

$$\varPhi_j = 2\pi \frac{\delta_j}{\lambda} = 2\pi (Hx_j + Ky_j + Lz_j) \tag{1.31}$$

可借助式(1.22)把式(1.31)中的干涉面指数｛$HKL$｝和衍射线波长 $\lambda$ 与图 1.23 中的衍射角 $2\theta$ 联系起来。

令 $A_c$、$A_e$ 分别为晶体单胞内所有原子相干散射的复合振幅因子和电子相干散射的振幅因子，则结构因子 $F_{HKL}$ 定义为

$$F_{HKL} = \frac{A_c}{A_e} \tag{1.32}$$

设一晶体单胞内有 $n$ 个原子，其原子散射因子分别为 $f_1$、$f_2$、$\cdots$、$f_j$、$\cdots$、$f_n$；各原子相干散射线与入射线的周相差分别为 $\varPhi_1$、$\varPhi_2$、$\cdots$、$\varPhi_j$、$\cdots$、$\varPhi_n$；则晶体单胞内各原子相干散射的复合振幅因子为

$$A_c = A_e(f_1 e^{i\varPhi_1} + f_2 e^{i\varPhi_2} + \cdots + f_j e^{i\varPhi_j} + \cdots + f_n e^{i\varPhi_n}) = A_e \sum_{j=1}^{n} f_j e^{i\varPhi_j} \tag{1.33}$$

由此可以推导出结构因子为

$$F_{HKL} = \sum_{j=1}^{n} f_j e^{i\varPhi_j} = \sum_{j=1}^{n} f_j e^{2\pi i(Hx_j + Ky_j + Lz_j)}$$

$$= \sum_{j=1}^{n} f_j \big[ \cos 2\pi (Hx_j + Ky_j + Lz_j) + i\sin 2\pi (Hx_j + Ky_j + Lz_j) \big] \tag{1.34}$$

由式(1.26)可以看出，作 X 射线衍射检测时实际能够获得的是结构因子的平方 $F_{HKL}^2$，且有 $F_{HKL}^2 = F_{HKL} \cdot F_{HKL}^*$，其中 $F_{HKL}^*$ 是 $F_{HKL}$ 的共轭复数。参照式(1.34)可以推导出

$$F_{HKL}^2 = \left[ \sum_{j=1}^{n} f_j \cos 2\pi (Hx_j + Ky_j + Lz_j) \right]^2 + \left[ \sum_{j=1}^{n} f_j \sin 2\pi (Hx_j + Ky_j + Lz_j) \right]^2$$

$$(1.35)$$

不同元素的原子散射因子会随半衍射角正弦值 $\sin\theta$ 与入射线波长 $\lambda$ 的比值 $\sin\theta/\lambda$ 而变化。表 1.10 和表 1.11 给出了不同原子或离子的原子散射因子，从中可以查阅并内插计算出所需的原子散射因子 $f$ 值。

**表 1.10** 轻原子及离子的散射因子 $f$[11]

| $\sin(\theta)/\lambda$ /nm$^{-1}$ | 0 | 1 | 2 | 3 | 4 | 5 | 6 | 7 | 8 | 9 | 10 | 11 |
|---|---|---|---|---|---|---|---|---|---|---|---|---|
| H | 1.0 | 0.81 | 0.48 | 0.25 | 0.13 | 0.07 | 0.04 | 0.03 | 0.02 | 0.01 | 0.00 | 0.00 |
| He | 2.0 | 1.88 | 1.46 | 1.05 | 0.75 | 0.52 | 0.35 | 0.24 | 0.18 | 0.14 | 0.11 | 0.09 |
| Li$^+$ | 2.0 | 1.96 | 1.8 | 1.5 | 1.3 | 1.0 | 0.8 | 0.6 | 0.5 | 0.4 | 0.3 | 0.3 |
| Li | 3.0 | 2.2 | 1.8 | 1.5 | 1.3 | 1.0 | 0.8 | 0.6 | 0.5 | 0.4 | 0.3 | 0.3 |
| Be$^{+2}$ | 2.0 | 2.0 | 1.9 | 1.7 | 1.6 | 1.4 | 1.2 | 1.0 | 0.9 | 0.7 | 0.6 | 0.5 |
| Be | 4.0 | 2.9 | 1.9 | 1.7 | 1.6 | 1.4 | 1.2 | 1.0 | 0.9 | 0.7 | 0.6 | 0.5 |
| B$^{+3}$ | 2.0 | 1.99 | 1.9 | 1.8 | 1.7 | 1.6 | 1.4 | 1.3 | 1.2 | 1.0 | 0.9 | 0.7 |
| B | 5.0 | 3.5 | 2.4 | 1.9 | 1.7 | 1.5 | 1.4 | 1.2 | 1.2 | 1.0 | 0.9 | 0.7 |
| C | 6.0 | 4.6 | 3.0 | 2.2 | 1.9 | 1.7 | 1.6 | 1.4 | 1.3 | 1.16 | 1.0 | 0.9 |
| N$^{+5}$ | 2.0 | 2.0 | 2.0 | 1.9 | 1.9 | 1.8 | 1.7 | 1.6 | 1.5 | 1.4 | 1.3 | 1.16 |
| N$^{+3}$ | 4.0 | 3.7 | 3.0 | 2.4 | 2.0 | 1.8 | 1.66 | 1.56 | 1.49 | 1.39 | 1.28 | 1.17 |
| N | 7.0 | 5.8 | 4.2 | 3.0 | 2.3 | 1.9 | 1.65 | 1.54 | 1.49 | 1.39 | 1.29 | 1.17 |
| O | 8.0 | 7.1 | 5.3 | 3.9 | 2.9 | 2.2 | 1.8 | 1.6 | 1.5 | 1.4 | 1.35 | 1.26 |
| O$^{-2}$ | 10.0 | 8.0 | 5.5 | 3.8 | 2.7 | 2.1 | 1.8 | 1.5 | 1.5 | 1.4 | 1.35 | 1.26 |
| F | 9.0 | 7.8 | 6.2 | 4.45 | 3.35 | 2.65 | 2.15 | 1.9 | 1.7 | 1.6 | 1.5 | 1.35 |
| F$^-$ | 10.0 | 8.7 | 6.7 | 4.8 | 3.5 | 2.8 | 2.2 | 1.9 | 1.7 | 1.55 | 1.5 | 1.35 |
| Ne | 10.0 | 9.3 | 7.5 | 5.8 | 4.4 | 3.4 | 2.65 | 2.2 | 1.9 | 1.65 | 1.55 | 1.5 |
| Na$^+$ | 10.0 | 9.5 | 8.2 | 6.7 | 5.25 | 4.05 | 3.2 | 2.65 | 2.25 | 1.95 | 1.75 | 1.6 |
| Na | 11.0 | 9.65 | 8.2 | 6.7 | 5.25 | 4.05 | 3.2 | 2.65 | 2.25 | 1.95 | 1.75 | 1.6 |
| Mg$^{+2}$ | 10.0 | 9.75 | 8.6 | 7.25 | 5.95 | 4.8 | 3.85 | 3.15 | 2.55 | 2.2 | 2.0 | 1.8 |
| Mg | 12.0 | 10.5 | 8.6 | 7.25 | 5.95 | 4.8 | 3.85 | 3.15 | 2.55 | 2.2 | 2.0 | 1.8 |

| $\sin(\theta)/\lambda$ /nm$^{-1}$ | 0 | 1 | 2 | 3 | 4 | 5 | 6 | 7 | 8 | 9 | 10 | 11 |
|---|---|---|---|---|---|---|---|---|---|---|---|---|
| Al$^{+3}$ | 10.0 | 9.7 | 8.9 | 7.8 | 6.65 | 5.5 | 4.45 | 3.65 | 3.1 | 2.65 | 2.3 | 2.0 |
| Al | 13.0 | 11.0 | 8.95 | 7.75 | 6.6 | 5.5 | 4.5 | 3.7 | 3.1 | 2.65 | 2.3 | 2.0 |
| Si$^{+4}$ | 10.0 | 9.75 | 9.15 | 8.25 | 7.15 | 6.05 | 5.05 | 4.2 | 3.4 | 2.95 | 2.6 | 2.3 |
| Si | 14.0 | 11.35 | 9.4 | 8.2 | 7.15 | 6.1 | 5.1 | 4.2 | 3.4 | 2.95 | 2.6 | 2.3 |
| P$^{+5}$ | 10.0 | 9.8 | 9.25 | 8.45 | 7.5 | 6.55 | 5.65 | 4.8 | 4.05 | 3.4 | 3.0 | 2.6 |
| P | 15.0 | 12.4 | 10.0 | 8.45 | 7.45 | 6.5 | 5.65 | 4.8 | 4.05 | 3.4 | 3.0 | 2.6 |
| P$^{-3}$ | 18.0 | 12.7 | 9.8 | 8.4 | 7.45 | 6.5 | 5.65 | 4.85 | 4.05 | 3.4 | 3.0 | 2.6 |
| S$^{+6}$ | 10.0 | 9.85 | 9.4 | 8.7 | 7.85 | 6.85 | 6.05 | 5.25 | 4.5 | 3.9 | 3.35 | 2.9 |
| S | 16.0 | 13.6 | 10.7 | 8.95 | 7.85 | 6.85 | 6.0 | 5.25 | 4.5 | 3.9 | 3.35 | 2.9 |
| S$^{-2}$ | 18.0 | 14.3 | 10.7 | 8.9 | 7.85 | 6.85 | 6.0 | 5.25 | 4.5 | 3.9 | 3.35 | 2.9 |
| Cl | 17.0 | 14.6 | 11.3 | 9.25 | 8.05 | 7.25 | 6.5 | 5.75 | 5.05 | 4.4 | 3.85 | 3.35 |
| Cl$^{-}$ | 18.0 | 15.2 | 11.5 | 9.3 | 8.05 | 7.25 | 6.5 | 5.75 | 5.05 | 4.4 | 3.85 | 3.35 |
| A | 18.0 | 15.9 | 12.6 | 10.4 | 8.7 | 7.8 | 4.0 | 6.2 | 5.4 | 4.7 | 4.1 | 3.6 |
| K$^{+}$ | 18.0 | 16.5 | 13.3 | 10.8 | 8.85 | 7.75 | 7.05 | 6.44 | 5.9 | 5.3 | 4.8 | 4.2 |
| Ca$^{+2}$ | 18.0 | 16.8 | 14.0 | 11.5 | 9.3 | 8.1 | 7.35 | 6.7 | 6.2 | 5.7 | 5.1 | 4.6 |
| Sc$^{+3}$ | 18.0 | 16.7 | 14.0 | 11.4 | 9.4 | 8.3 | 7.6 | 6.9 | 6.4 | 5.8 | 5.35 | 4.85 |
| Ti$^{+4}$ | 18.0 | 17.0 | 14.4 | 11.9 | 9.9 | 8.5 | 7.85 | 7.3 | 6.7 | 6.15 | 5.65 | 5.05 |
| Rb$^{+}$ | 36.0 | 33.6 | 28.7 | 24.6 | 21.4 | 18.9 | 16.7 | 14.6 | 12.8 | 11.2 | 9.9 | 8.9 |

**表 1.11　重原子的散射因子 $f$** [11]

| $\sin(\theta)/\lambda$ /nm$^{-1}$ | 0 | 1 | 2 | 3 | 4 | 5 | 6 | 7 | 8 | 9 | 10 | 11 | 12 |
|---|---|---|---|---|---|---|---|---|---|---|---|---|---|
| K | 19 | 16.5 | 13.3 | 10.8 | 9.2 | 7.9 | 6.7 | 5.9 | 5.2 | 4.6 | 4.2 | 3.7 | 3.3 |
| Ca | 20 | 17.5 | 14.1 | 11.4 | 9.7 | 8.4 | 7.3 | 6.3 | 5.6 | 4.9 | 4.5 | 4.0 | 3.6 |
| Sc | 21 | 18.4 | 14.9 | 12.1 | 10.3 | 8.9 | 7.7 | 6.7 | 5.9 | 5.3 | 4.7 | 4.3 | 3.9 |
| Ti | 22 | 19.3 | 15.7 | 12.8 | 10.9 | 9.5 | 8.2 | 7.2 | 6.3 | 5.6 | 5.0 | 4.6 | 4.2 |
| V | 23 | 20.2 | 16.6 | 16.5 | 11.5 | 10.1 | 8.7 | 7.6 | 6.7 | 5.9 | 5.3 | 4.9 | 4.4 |

| $\sin(\theta)/\lambda$ /nm$^{-1}$ | | 0 | 1 | 2 | 3 | 4 | 5 | 6 | 7 | 8 | 9 | 10 | 11 | 12 |
|---|---|---|---|---|---|---|---|---|---|---|---|---|---|---|
| Cr | 24 | 21.1 | 17.4 | 14.2 | 12.1 | 10.6 | 9.2 | 8.0 | 7.1 | 6.3 | 5.7 | 5.1 | 4.6 |
| Mn | 25 | 22.1 | 18.2 | 14.9 | 12.7 | 11.1 | 9.7 | 8.4 | 7.5 | 6.6 | 6.0 | 5.4 | 4.9 |
| Fe | 26 | 23.1 | 18.9 | 15.6 | 13.3 | 11.6 | 10.2 | 8.9 | 7.9 | 7.0 | 6.3 | 5.7 | 5.2 |
| Co | 27 | 24.1 | 19.8 | 16.4 | 14.0 | 12.1 | 10.7 | 9.3 | 8.3 | 7.3 | 6.7 | 6.0 | 5.5 |
| Ni | 28 | 25.0 | 20.7 | 17.2 | 14.6 | 12.7 | 11.2 | 9.8 | 8.7 | 7.7 | 7.0 | 6.3 | 5.8 |
| Cu | 29 | 25.9 | 21.6 | 17.9 | 15.2 | 13.3 | 11.7 | 10.2 | 9.1 | 8.1 | 7.3 | 6.6 | 6.0 |
| Zn | 30 | 26.8 | 22.4 | 18.6 | 15.8 | 13.9 | 12.2 | 10.7 | 9.6 | 8.5 | 7.6 | 6.9 | 6.3 |
| Ga | 31 | 27.8 | 23.3 | 19.3 | 16.5 | 14.5 | 12.7 | 11.2 | 10.0 | 8.9 | 7.9 | 7.3 | 6.7 |
| Ge | 32 | 28.8 | 24.1 | 20.0 | 17.1 | 15.0 | 13.2 | 11.6 | 10.4 | 9.3 | 8.3 | 7.6 | 7.0 |
| As | 33 | 29.7 | 25.0 | 20.8 | 17.7 | 15.6 | 13.8 | 12.1 | 10.8 | 9.7 | 8.7 | 7.9 | 7.3 |
| Se | 34 | 30.6 | 25.8 | 21.5 | 18.3 | 16.1 | 14.3 | 12.6 | 11.2 | 10.0 | 9.0 | 8.2 | 7.5 |
| Br | 35 | 31.6 | 26.6 | 22.3 | 18.9 | 16.7 | 14.8 | 13.1 | 11.7 | 10.4 | 9.4 | 8.6 | 7.8 |
| Kr | 36 | 32.5 | 27.4 | 23.0 | 19.5 | 17.3 | 15.3 | 13.6 | 12.1 | 10.8 | 9.8 | 8.9 | 8.1 |
| Rb | 37 | 33.5 | 28.2 | 23.8 | 20.2 | 17.9 | 15.9 | 14.1 | 12.5 | 11.2 | 10.2 | 9.2 | 8.4 |
| Sr | 38 | 34.4 | 29.0 | 24.5 | 20.8 | 18.4 | 16.4 | 14.6 | 12.9 | 11.6 | 10.5 | 9.5 | 8.7 |
| Y | 39 | 35.4 | 29.9 | 25.3 | 21.5 | 19.0 | 17.0 | 15.1 | 13.4 | 12.0 | 10.9 | 9.9 | 9.0 |
| Zr | 40 | 36.3 | 30.8 | 26.0 | 22.1 | 19.7 | 17.5 | 15.6 | 13.8 | 12.4 | 11.2 | 10.2 | 9.3 |
| Nb | 41 | 37.3 | 31.7 | 26.8 | 22.8 | 20.2 | 18.1 | 16.0 | 14.3 | 12.8 | 11.6 | 10.6 | 9.7 |
| Mo | 42 | 38.2 | 32.6 | 27.6 | 23.5 | 20.8 | 18.6 | 16.5 | 14.8 | 13.2 | 12.0 | 10.9 | 10.0 |
| Tc | 43 | 39.1 | 33.4 | 28.3 | 24.1 | 21.3 | 19.1 | 17.0 | 15.2 | 13.6 | 12.3 | 11.3 | 10.3 |
| Ru | 44 | 40.0 | 34.3 | 29.1 | 24.7 | 21.9 | 19.6 | 17.5 | 15.6 | 14.1 | 12.7 | 11.6 | 10.6 |
| Rh | 45 | 41.0 | 35.1 | 29.9 | 25.4 | 22.5 | 20.2 | 18.0 | 16.1 | 14.5 | 13.1 | 12.0 | 11.0 |
| Pd | 46 | 41.9 | 36.0 | 30.7 | 26.2 | 23.1 | 20.8 | 18.5 | 16.6 | 14.9 | 13.6 | 12.3 | 11.3 |
| Ag | 47 | 42.8 | 36.9 | 31.5 | 26.9 | 23.8 | 21.3 | 19.0 | 17.1 | 15.3 | 14.0 | 12.7 | 11.7 |
| Cd | 48 | 43.7 | 37.7 | 32.2 | 27.5 | 24.4 | 21.8 | 19.6 | 17.6 | 15.7 | 14.3 | 13.0 | 12.0 |
| Ln | 49 | 44.7 | 38.6 | 33.0 | 28.1 | 25.0 | 22.4 | 20.1 | 18.0 | 16.2 | 14.7 | 13.4 | 12.3 |
| Sn | 50 | 45.7 | 39.5 | 33.8 | 28.7 | 25.6 | 22.9 | 20.6 | 18.5 | 16.6 | 15.1 | 13.7 | 12.7 |

续表

| $\sin(\theta)/\lambda$ /nm$^{-1}$ | 0 | 1 | 2 | 3 | 4 | 5 | 6 | 7 | 8 | 9 | 10 | 11 | 12 |
|---|---|---|---|---|---|---|---|---|---|---|---|---|---|
| Sb | 51 | 46.7 | 40.4 | 34.6 | 29.5 | 26.3 | 23.5 | 21.1 | 19.0 | 17.0 | 15.5 | 14.1 | 13.0 |
| Te | 52 | 47.7 | 41.3 | 35.4 | 30.3 | 26.9 | 24.0 | 21.7 | 19.5 | 17.5 | 16.0 | 14.5 | 13.3 |
| I | 53 | 48.6 | 42.1 | 36.1 | 31.0 | 27.5 | 24.6 | 22.2 | 20.0 | 17.9 | 16.4 | 14.8 | 13.6 |
| Xe | 54 | 49.6 | 43.0 | 36.8 | 31.6 | 28.0 | 25.2 | 22.7 | 20.4 | 18.4 | 16.7 | 15.2 | 13.9 |
| Cs | 55 | 50.7 | 43.8 | 37.6 | 32.4 | 28.7 | 25.8 | 23.2 | 20.8 | 18.8 | 17.0 | 15.6 | 14.5 |
| Ba | 56 | 51.7 | 44.7 | 38.4 | 33.1 | 29.3 | 26.4 | 23.7 | 21.3 | 19.2 | 17.4 | 16.0 | 14.7 |
| La | 57 | 52.6 | 45.6 | 39.3 | 33.8 | 29.8 | 26.9 | 24.3 | 21.9 | 19.7 | 17.9 | 16.4 | 15.0 |
| Ce | 58 | 53.6 | 46.5 | 40.1 | 34.5 | 30.4 | 27.4 | 24.8 | 22.4 | 20.2 | 18.4 | 16.6 | 15.3 |
| Pr | 59 | 54.5 | 47.4 | 40.9 | 35.2 | 31.1 | 28.0 | 25.4 | 22.9 | 20.6 | 18.8 | 17.1 | 15.7 |
| Nd | 60 | 55.4 | 48.3 | 41.6 | 35.9 | 31.8 | 28.6 | 25.9 | 23.4 | 21.1 | 19.2 | 17.5 | 16.1 |
| Pm | 61 | 56.4 | 49.1 | 42.4 | 36.6 | 32.4 | 29.2 | 26.4 | 23.9 | 21.5 | 19.6 | 17.9 | 16.4 |
| Sm | 62 | 57.3 | 50.0 | 43.2 | 37.3 | 32.9 | 29.8 | 26.9 | 24.4 | 22.0 | 20.0 | 18.3 | 16.8 |
| Eu | 63 | 58.3 | 50.9 | 44.0 | 38.1 | 33.5 | 30.4 | 27.5 | 24.9 | 22.4 | 20.4 | 18.7 | 17.1 |
| Gd | 64 | 59.3 | 51.7 | 44.8 | 38.8 | 34.1 | 31.0 | 28.1 | 25.4 | 22.9 | 20.8 | 19.1 | 17.5 |
| Tb | 65 | 60.2 | 52.6 | 45.7 | 39.6 | 34.7 | 31.6 | 28.6 | 25.9 | 23.4 | 21.2 | 19.5 | 17.9 |
| Dy | 66 | 61.1 | 53.6 | 46.5 | 40.4 | 35.4 | 32.2 | 29.2 | 26.3 | 23.9 | 21.6 | 19.9 | 18.3 |
| Ho | 67 | 62.1 | 54.5 | 47.3 | 41.1 | 36.1 | 32.7 | 29.7 | 26.8 | 24.3 | 22.0 | 20.3 | 18.6 |
| Er | 68 | 63.0 | 55.3 | 48.1 | 41.7 | 36.7 | 33.3 | 30.2 | 27.3 | 24.7 | 22.4 | 20.7 | 18.9 |
| Tu | 69 | 64.0 | 56.2 | 48.9 | 42.4 | 37.4 | 33.9 | 30.8 | 27.9 | 25.2 | 22.9 | 21.0 | 19.3 |
| Yb | 70 | 64.9 | 57.0 | 49.7 | 43.2 | 38.0 | 34.4 | 31.3 | 28.4 | 25.7 | 23.3 | 21.4 | 19.7 |
| Lu | 71 | 65.9 | 57.8 | 50.4 | 43.9 | 38.7 | 35.0 | 31.8 | 28.9 | 26.2 | 23.8 | 21.8 | 20.0 |
| Hf | 72 | 66.8 | 58.6 | 51.2 | 44.5 | 39.3 | 35.6 | 32.3 | 29.3 | 26.7 | 24.2 | 22.3 | 20.4 |
| Ta | 73 | 67.8 | 59.5 | 52.0 | 45.3 | 39.9 | 36.2 | 32.9 | 29.8 | 27.1 | 24.7 | 22.6 | 20.9 |
| W | 74 | 68.8 | 60.4 | 52.8 | 46.1 | 40.5 | 36.8 | 33.5 | 30.4 | 27.6 | 25.2 | 23.0 | 21.3 |
| Re | 75 | 69.8 | 61.3 | 53.6 | 46.8 | 41.1 | 37.4 | 34.0 | 30.9 | 28.1 | 25.6 | 23.4 | 21.6 |
| Os | 76 | 70.8 | 62.2 | 54.4 | 47.5 | 41.7 | 38.0 | 34.6 | 31.4 | 28.6 | 26.0 | 23.9 | 22.0 |
| Ir | 77 | 71.7 | 63.1 | 55.3 | 48.2 | 42.4 | 38.6 | 35.1 | 32.0 | 29.0 | 26.5 | 24.3 | 22.3 |

| $\sin(\theta)/\lambda$ /nm$^{-1}$ | 0 | 1 | 2 | 3 | 4 | 5 | 6 | 7 | 8 | 9 | 10 | 11 | 12 |
|---|---|---|---|---|---|---|---|---|---|---|---|---|---|
| Pt | 78 | 72.6 | 64.0 | 56.2 | 48.9 | 43.1 | 39.2 | 35.6 | 32.5 | 29.5 | 27.0 | 24.7 | 22.7 |
| Au | 79 | 73.6 | 65.0 | 57.0 | 49.7 | 43.8 | 39.8 | 36.2 | 33.1 | 30.0 | 27.4 | 25.1 | 23.1 |
| Hg | 80 | 74.6 | 65.9 | 57.9 | 50.5 | 44.4 | 40.5 | 36.8 | 33.6 | 30.6 | 27.8 | 25.6 | 23.6 |
| Tl | 81 | 75.5 | 66.7 | 58.7 | 51.2 | 45.0 | 41.1 | 37.4 | 34.1 | 31.1 | 28.3 | 26.0 | 24.1 |
| Pb | 82 | 76.5 | 67.5 | 59.5 | 51.9 | 45.7 | 41.6 | 37.9 | 34.6 | 31.5 | 28.8 | 26.4 | 24.5 |
| Bi | 83 | 77.5 | 68.4 | 60.4 | 52.7 | 46.4 | 42.2 | 38.5 | 35.1 | 32.0 | 29.2 | 26.8 | 24.8 |
| Po | 84 | 78.4 | 69.4 | 61.3 | 53.5 | 47.1 | 42.8 | 39.1 | 35.6 | 32.6 | 29.7 | 27.2 | 25.2 |
| At | 85 | 79.4 | 70.3 | 62.1 | 54.2 | 47.7 | 43.4 | 39.6 | 36.2 | 33.1 | 30.1 | 27.6 | 25.6 |
| Rn | 86 | 80.3 | 71.3 | 63.0 | 55.1 | 48.4 | 44.0 | 40.2 | 36.8 | 33.5 | 30.5 | 28.0 | 26.0 |
| Fr | 87 | 81.3 | 72.2 | 63.8 | 55.8 | 49.1 | 44.5 | 40.7 | 37.3 | 34.0 | 31.0 | 28.4 | 26.4 |
| Ra | 88 | 82.2 | 73.2 | 64.6 | 56.5 | 49.8 | 45.1 | 41.3 | 37.8 | 34.4 | 31.5 | 28.8 | 26.7 |
| Ac | 89 | 83.2 | 74.1 | 65.5 | 57.3 | 50.4 | 45.8 | 41.8 | 38.3 | 35.1 | 32.0 | 29.2 | 27.1 |
| Th | 90 | 84.1 | 75.1 | 66.3 | 58.1 | 51.1 | 46.5 | 42.4 | 38.8 | 35.5 | 32.4 | 29.6 | 27.5 |
| Pa | 91 | 85.1 | 76.0 | 67.1 | 58.8 | 51.7 | 47.1 | 43.0 | 39.3 | 36.0 | 32.8 | 30.1 | 27.9 |
| U | 92 | 86.0 | 76.9 | 67.9 | 59.6 | 52.4 | 47.7 | 43.5 | 39.8 | 36.5 | 33.3 | 30.6 | 28.3 |

本章各表中的数据很多来自参考文献[11]，在实际使用表中数据时需注意数据的更新情况，并在文献中查找表中未能涵盖的数据。

## 1.4.6　晶体点阵类型与系统消光

假设由 A 原子组成的某单质晶体具有体心单胞，单胞内共有两个原子，即式（1.35）中的 $n$ 为 2，且原子占据（0，0，0）和（1/2，1/2，1/2）位置（图 1.24a），原子散射因子为 $f_a$。把两原子的单胞坐标参数代入式（1.35）有 $F_{HKL}^2 = f_a^2[1+\cos n\pi(H+K+L)]^2$，因此当 $H+K+L$ 为奇数时，结构因子为 0。参照式（1.26）可知，此时不能获得该（HKL）干涉面的衍射线，只有当 $H+K+L$ 为偶数时才能获得衍射线。同样，对于具有面心单胞的单质晶体 A 内的一个单胞，有 4 个原子，且原子占位坐标为（0，0，0）、（0，1/2，1/2）、（1/2，0，1/2）、（1/2，1/2，0）；其中结构因子为 $F_{HKL}^2 = f_a^2[1+\cos n\pi(H+K)+\cos n\pi(K+L)+\cos n\pi(H+L)]^2$，由此可以推导出只有当 $H$、$K$、$L$ 同时为偶数或同时为奇数时才能获得衍射线。对于具有 C 底心单胞的单质晶体 A 内的一个单胞，有 2 个原子，且原子占位坐标为 $(0,0,0)$ 和 $(1/2,1/2,0)$；其中结构因子为 $F_{HKL}^2 = f_a^2 [1+\cos n\pi(H+K)]^2$，可以推导出只有当 $H$、$K$ 同时为偶数或同时为奇数时才能获得衍射线。具有初基单胞的单质晶体对任何 $(HKL)$ 干涉面都能获得衍射线。

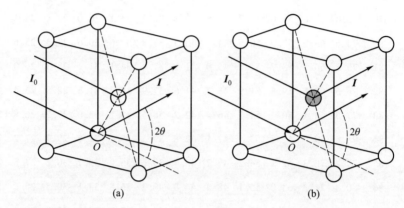

(a)　　　　　　　　　(b)

**图 1.24**　晶体单胞内 $(0,0,0)$ 和 $(1/2,1/2,1/2)$ 位置有两个同类 (a) 或异类 (b) 原子时引起的衍射

上述晶体 X 射线衍射谱中一些干涉面的衍射线有规律地消失了，这种现象称为系统消光。这里的系统消光起因于晶体中的原子平移对称规律需用带心点阵表达的现象。因此，根据晶体 X 射线衍射所表现出来的消光规律可以推断晶体所对应的点阵类型。

对于非单质的晶体，结构因子的变化规律可能会更加复杂，但基本的消光原则不会改变。例如，改变上述体心单胞结构，由 A、B 两种原子组成新的非单质晶体单胞，单胞内共有两个原子，且 A 原子占据 $(0,0,0)$，B 原子占据 $(1/2,1/2,1/2)$ 位置（图 1.24b），原子散射因子分别为 $f_a$、$f_b$。把两原子的单胞坐标参数代入式 (1.18) 有 $F_{HKL}^2 = [f_a + f_b \cos n\pi(H+K+L)]^2$，当 $H+K+L$ 为偶数时能获得衍射线。当 $H+K+L$ 为奇数时，结构因子为 $(f_a-f_b)^2$，不为 0，此时可获得该 $(HKL)$ 干涉面的弱衍射线。与初基单胞的单质晶体所能获得的衍射线数目相同，该晶体所对应的点阵单胞为简单的 P 单胞。

## 1.4.7　不同晶系的 X 射线衍射规律

在确定的 X 射线波长 $\lambda$ 的情况下，布拉格方程 (1.22) 表达了干涉面的面间距 $d$ 与衍射角 $\theta$ 的固定关系。参照表 1.2 所列不同晶系单胞的边角关系，并考虑到各种晶系单胞常数与干涉面面间距的关系，可以推导出单胞常数、干涉面指数与衍射角的关系。

对立方晶系有

$$\sin^2\theta_{HKL} = \frac{\lambda^2}{4a^2}(H^2 + K^2 + L^2) \tag{1.36}$$

对四方晶系有

$$\sin^2\theta_{HKL} = \frac{\lambda^2}{4}\left(\frac{H^2 + K^2}{a^2} + \frac{L^2}{c^2}\right) \tag{1.37}$$

对正交晶系有

$$\sin^2\theta_{HKL} = \frac{\lambda^2}{4}\left(\frac{H^2}{a^2} + \frac{K^2}{b^2} + \frac{L^2}{c^2}\right) \tag{1.38}$$

对六方晶系或三方晶系 P 单胞有

$$\sin^2\theta_{HKL} = \frac{\lambda^2}{4}\left(\frac{4}{3}\frac{H^2 + HK + K^2}{a^2} + \frac{L^2}{c^2}\right) \tag{1.39}$$

对三方晶系 R 单胞有

$$\sin^2\theta_{HKL} = \frac{\lambda^2}{4a^2}\frac{(H^2 + K^2 + L^2)\sin^2\alpha + 2(HK + KL + LH)(\cos^2\alpha - \cos\alpha)}{1 - 3\cos^2\alpha + 2\cos^3\alpha}$$

$$\tag{1.40}$$

对任何一种多晶体作 X 射线衍射时都可以在不同的非消光衍射角方向上获得一定的衍射强度。实验测得有衍射强度的不同角 $\theta_{HKL}$ 后，可计算出相应的一系列 $\sin^2\theta_{HKL}$ 值。对比式（1.36）~ 式（1.40）可以发现，不同晶系所获得 $\sin^2\theta_{HKL}$ 值之间的比例关系各不相同。例如参照式（1.37）和式（1.39），根据对四方或六方晶系 $\{HK0\}$ 衍射的布拉格角所计算的比值关系 $\sin^2\theta_{100} : \sin^2\theta_{110} : \sin^2\theta_{200} : \sin^2\theta_{210} : \cdots$，有 $1 : 2 : 4 : 5 : \cdots$，或 $1 : 3 : 4 : 7 : \cdots$，二者不同。大量检测晶体衍射线，从中选择多组 $\sin^2\theta_{HKL}$ 系列进行比值对照分析，并考虑可能的消光规律及其他的材料结构信息，可以逐步推断出晶体所属的晶系。

在多晶衍射谱中有些衍射线互相重叠，如立方晶系中有晶面间距关系 $d_{410} = d_{322}$。所以晶体的 $\{410\}$ 和 $\{322\}$ 衍射线重叠在一起，给晶体及其结构分析工作带来一定困难。若已经设定了晶体的基本结构，则可按结构因子的理论相对值和相应的多重性因子划分各衍射线所占的分数。例如，立方晶系的 $\{300\}$ 和 $\{221\}$ 衍射线的 $\theta$ 角相同，两衍射线重叠在一起，实测相对衍射强度 $I'$ ［式（1.27）］为 80。由设定结构［参考式（1.34）］算得 $|F_{300}| = 50$、$|F_{221}| = 40$，即 $|F_{300}|^2 = 2\,500$、$|F_{221}|^2 = 1\,600$。而 $\{300\}$ 衍射有 $P_{300} = 6$，$\{221\}$ 衍射有 $P_{221} = 24$（表 1.4）。所以 $\{300\}$ 的相对衍射强度应为

$$80 \times \frac{6 \times 2\,500}{6 \times 2\,500 + 24 \times 1\,600} = 80 \times \frac{25}{89} = 22.5$$

而 {221} 的相对衍射强度则应为 80−22.5＝57.5。

## 本章重点

　　牢固抓住晶体的概念，它是一切晶体结构理论的出发点。在三维晶体空间中熟悉同宇的概念，用左、右手作对比，品味三维空间同宇与否的差异以及二维空间中同宇概念消失的原因。深入领会，为什么晶体单胞的边角关系无法确定晶体所属的晶系。细致思考晶体内原子的平移规律以及晶体内非原子位置点的平移对称性，由此体会点阵抽象反映平移对称规律的本质。思考晶系与点阵这两种描述晶体对称性方法之间以及点对称操作与平移对称操作间的内在联系。熟悉影响多晶体 X 射线衍射强度的各个因素、计算理论相对强度的原理以及借助 X 射线衍射规律判断晶系的方法。

## 参考文献

［1］　毛卫民. 材料的晶体结构原理. 北京：冶金工业出版社，2007.

［2］　Courtois E., Epicier T., Scott C. EELS study of niobium carbo-nitride nano-precipitates in ferrite. Micron，2007，37：492-502.

［3］　余永宁. 材料科学基础. 2 版. 北京：高等教育出版社，2012.

［4］　Kuang J., Cao W. Stacking faults induced high dielectric permittivity of SiC wires. Appl. Phys. Lett.，2013，103：112906.

［5］　Zhao Y., Hua W., Yang Z. High-resolution transmission electron microscopy study on reversion of $Al_2CuMg$ precipitates in Al–Cu–Mg alloys under irradiation. Micron，2015，76：1-5.

［6］　Zhu M., Chikyow T., Ahmet P., et al. A high-resolution transmission electron microscopy investigation of the microstructure of $TiO_2$ anatase film deposited on $LaAlO_3$ and $SrTiO_3$ substrates by laser ablation. Thin Solid Films，2003，441：140-144.

［7］　刘国权. 材料科学与工程基础. 上册. 北京：高等教育出版社，2015.

［8］　Villars P., Calvert L. D. Pearson's handbook of crystallographic data for intermetallic phases，vol. 1～3. American Society for Metals，Metals Park，1985.

［9］　本斯 G.，格莱泽 A. M. 固体科学中的空间群. 俞文海，周贵恩，译. 北京：高等教育出版社，1981.

［10］　余永宁. 金属学原理. 2 版. 北京：冶金工业出版社，2013.

［11］　李树棠. 金属 X 射线与电子显微分析技术. 北京：冶金工业出版社，1980.

［12］　周玉. 材料分析方法. 2 版. 北京：机械工业出版社，2004.

［13］　赵新兵，凌国平，钱国栋. 材料的性能. 北京：高等教育出版社，2006.

# 思考题

1.1　怎样理解晶体的定义与晶体基本共性的内在联系？

1.2　怎样理解同宇的概念，二维空间是否有同宇的问题？

1.3　为什么说准确获知了晶体单胞的边角常数及其相互关系后，并不能准确判定该晶体所属的晶系？

1.4　为什么说三方 $P$ 点阵与六方 $P$ 点阵是同一点阵？

1.5　三方 P 点阵与三方 R 点阵有什么本质区别？

1.6　已确认某单晶体具备 $c$ 向的 2 次轴，该单晶体可能属于哪种晶系？

1.7　$FeS_2$ 可以形成多种不同的晶体结构，已确认其中一种晶体结构的单胞边角关系为 $a = b = c = 0.541\ 7\ nm$、$\alpha = \beta = \gamma = 90°$，该晶体可能属于哪种晶系？（提示：如果仅答属于立方晶系即为错。）

1.8　是否可以把点阵的单胞理解成晶体的单胞，阵点之间的相对平移就是相应晶体内原子之间的相对平移？

1.9　是否可以简化地把晶系和点阵理解成二者仅仅是分别从点对称性和平移对称性的角度划分不同晶体，二者之间没有必然联系？

# 练习题

1.1　选择题（可有 1~2 个正确答案）

1. 单晶体所具备的基本性质中不包括下列哪一种？

　　A. 自限性，　　　　B. 各向同性，　　　C. 均匀性，　　　　D. 固定的熔点

2. 非晶体所具备的基本性质中不包括下列哪一种？

　　A. 点对称性，　　　B. 各向同性，　　　C. 周期平移对称性，D. 不固定的熔点

3. 下列组合操作前后同宇的是哪组？

　　A. $m \times \bar{1}$，　　　　B. $\bar{1} \times 3$，　　　　C. $m \times 4$，　　　　D. $2 \times \bar{3}$

4. 划分不同晶系的依据是晶体的什么？

　　A. 主要点对称性，　　　　　　　　　B. 平移对称性，

　　C. 全部点对称性，　　　　　　　　　D. 点阵单胞的边角关系

5. 测得某晶体惯用单胞常数值为：$a = b = c$，$\alpha = \beta = \gamma > 90°$，该晶体可能属于哪种晶系？

　　A. 单斜晶系，　　　B. 三方晶系，　　　C. 六方晶系，　　　D. 三斜晶系

6. 测得某晶体惯用单胞常数值为：$a = b = c$，$\alpha = \beta = 90°$，$\gamma > 90°$，该晶体可能属于哪种晶系？

　　A. 单斜晶系，　　　B. 四方晶系，　　　C. 正交晶系，　　　D. 三斜晶系

7. 测得某晶体惯用单胞常数值为：$a = b = c$，$\alpha = \beta = \gamma = 90°$，判断该晶体所属的晶系。

　　A. 属立方晶系，　　　　　　　　　　B. 不属六方晶系，

C. 至少有正交对称性，　　　　　　　　　　D. 可能属三斜晶系

8. 一个有 3 次对称性的晶体，其单胞具备以下哪种特征？

　　A. 不要求 $a=b$，　　　B. 不要求 $\alpha=\beta$，　　　C. 一定要求 $\gamma\geq 90°$，D. 可能有 $\gamma<90°$

9. 下列对立方晶系点群的描述中哪些是正确的？

　　A. 至少有 $4_{[100]}$，　　　B. 至少有 $2_{[110]}$，　　　C. 至少有 $\bar{3}_{[111]}$，　　　D. 至少有 $2_{[100]}$

10. 已知描述一晶体平移对称性的布拉维点阵为 $I$，晶体没有如下哪种点对称性？

　　A. 2 次对称性，　　　B. 3 次对称性，　　　C. 4 次对称性，　　　D. 6 次对称性

11. 已确定一个晶体的布拉维点阵为 $I$ 点阵，对其所属晶系的哪个判断正确？

　　A. 不会是立方晶系，　　　　　　　　　B. 不会是四方晶系，

　　C. 不会是正交晶系，　　　　　　　　　D. 不会是三方晶系

12. 如果一个晶体只在其 $c$ 轴方向上有 2 次轴，则下列描述该晶体不正确的是？

　　A. 属单斜晶系，　　　　　　　　　　　B. 属正交晶系，

　　C. 其余两个轴均垂直于 $c$ 轴，　　　　　D. 其余两个轴需互相垂直

13. 布拉维点阵的阵点所反映的对称性符合下列描述的哪种平移对称性？

　　A. 仅指原子，　　　　　　　　　　　　B. 仅指原子和原子间的化合键，

　　C. 仅指结构基元，　　　　　　　　　　D. 仅指阵点位置上的原子

14. 总共有几种表达三方晶系和六方晶系平移对称性的布拉维点阵？

　　A. 4，　　　B. 3，　　　C. 2，　　　D. 1

15. X 线照射多晶试样并测得 $hkl$ 衍射，该衍射必然由被照射区内的哪种面反射而来？

　　A. 试样表面，　　　　　　　　　　　　B. 所有晶粒的 $hkl$ 晶面，

　　C. 部分晶粒的 $hkl$ 晶面，　　　　　　　D. 所有外表晶粒的 $hkl$ 晶面

16. 用 X 射线测得某多晶体的 $\{002\}$、$\{004\}$ 和 $\{006\}$ 衍射的强度 $I_{00L}$，其相互关系为？

　　A. 定有 $I_{002}>I_{004}$，　　B. 定有 $I_{004}<I_{006}$，　　C. 可能有 $I_{002}<I_{004}$，　　D. 可能有 $I_{004}<I_{006}$

17. $\lambda=0.1$ nm 的 X 线照射一晶体后在与 X 线夹角 30° 方向出现衍射，判断衍射晶面间距？

　　A. >0.2 nm，　　　B. 0.2 nm，　　　C. 0.1 nm，　　　D. <0.1 nm

18. 波长为 0.05~0.3 nm 范围的连续 X 射线照射立方晶体后，以下哪种陈述正确？

　　A. 一定出现衍射线，B. 一定不出衍射线，C. 可能不出现衍射，D. 无法判断

1.2　把某种多晶粉末压制成板状试样，用波长为 $\lambda=0.154\,178$ nm 的 X 射线在 20℃ 照射，获得衍射谱，即随半衍射角变化的衍射强度分布如图 L1.1 所示。实测 8 个衍射峰出现的位置及其实测归百强度（$I_{HKL-B}=100\times I_{HKL}/I_{max}$）如表 L1.1 所示（选作）。

1. 判断多晶体所属的晶系。

2. 给所有衍射峰作指数标定。

3. 判定该多晶体所属的布拉维点阵。

4. 确定该晶体的单胞常数。

5. 如果该多晶体为纯铝，单胞内 4 个铝原子的位置坐标分别为 $(0,0,0)$、$(0,1/2,1/2)$、$(1/2,0,1/2)$、$(1/2,1/2,0)$，试计算其理论归百强度 $I_{HKL-B}^{*}=100\times I_{HKL}^{*}/I_{max}^{*}$。

6. 对比实测归百强度与理论归百强度，探讨偏差可能的来源。

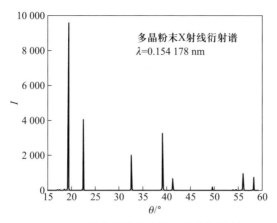

**图 L1.1** 某多晶粉末试样 X 射线衍射谱

**表 L1.1** 某多晶粉末衍射峰出现位置及其归百相对强度

| $\theta/°$ | 19.323 | 22.444 | 32.621 | 39.179 | 41.289 | 49.591 | 56.056 | 58.324 |
|---|---|---|---|---|---|---|---|---|
| $I_{HKL-B}$ | 100 | 42.1 | 21.7 | 35.5 | 8.2 | 2.7 | 14.4 | 12.6 |

1.3 把纯镁多晶粉末压制成板状试样，用波长为 $\lambda = 0.154\,178$ nm 的 X 射线在 20 ℃ 照射，获得衍射谱，即随半衍射角变化的衍射强度分布如图 L1.2 所示。实测 25 个衍射峰出现的位置及其实测归百强度($I_{HKL-B} = 100 \times I_{HKL}/I_{max}$)如表 L1.2 所示。

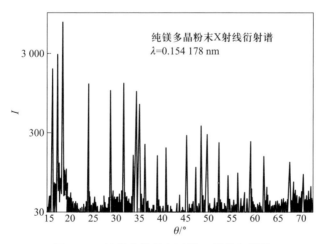

**图 L1.2** 纯镁多晶粉末试样 X 射线衍射谱

**表 L1. 2　纯镁多晶粉末衍射峰出现位置及其归百相对强度**

| $\theta/°$ | 16. 12 | 17. 22 | 18. 33 | 23. 93 | 28. 71 | 31. 56 | 33. 7 | 34. 34 | 35. 03 | 36. 29 | 38. 94 | 40. 80 | 45. 24 |
|---|---|---|---|---|---|---|---|---|---|---|---|---|---|
| $I_{HKL-B}$ | 24. 6 | 37. 8 | 100 | 16 | 14. 8 | 19. 2 | 2. 4 | 16. 4 | 10. 3 | 3. 3 | 2. 6 | 2. 8 | 4. 4 |
| $\theta/°$ | 47. 20 | 48. 43 | 49. 62 | 52. 16 | 54. 17 | 56. 23 | 58. 98 | 61. 94 | 62. 53 | 67. 52 | 68. 34 | 70. 40 | |
| $I_{HKL-B}$ | 1. 4 | 6. 7 | 5 | 5. 3 | 1. 4 | 1. 5 | 4. 7 | 3. 1 | 0. 7 | 3. 1 | 1. 1 | 1. 7 | |

1. 判断镁多晶体所属的晶系。

2. 给所有衍射峰作指数标定。

3. 判定镁多晶体所属的布拉维点阵。

4. 确定该晶体的单胞常数。

5. 若单胞内 2 个镁原子的位置坐标分别为$(0, 0, 0)$、$(1/3, 2/3, 1/2)$，试计算其理论归百强度 $I_{HKL-B}^{*} = 100 \times I_{HKL}^{*}/I_{max}^{*}$。

6. 对比实测归百强度与理论归百强度，探讨偏差可能的来源(选作)。

# 第 2 章
# 晶体的对称特性

## 本章提要

　　介绍了数学中"群"的概念，以便用于描述晶体具有群属性的各种对称特征。引入了群之间的相乘以及子群的概念。逐一推导了包括全部点对称性的点群、包括全部平移对称性的平移群、包括全部旋转对称性的旋转群、包括中心对称性的劳厄群。随后在阐述非点式对称操作的基础上引入了同时表达出晶体全部对称性的空间群，包括点式空间群和非点式空间群，以及涉及其最核心对称操作的商群。引入了用 X 射线检测晶体对称性所需的衍射群。列举了空间群的一些常见特征，介绍了系统阐述空间群对称信息的国际表以及空间群描述晶体结构的基本思路，为全面、细致地分析和观测无机材料的晶体结构奠定了基础。

## 2.1　点群与平移群

### 2.1.1　数学上群的概念

设 $G$ 是一些元素诸如…$f$, $g$…的集合, $G=\{\cdots f,\ g\cdots\}=\{g_i\}$, 在 $G$ 中定义了特定的运算, 通常在名义上统称为"乘法", 实际上可以是乘法或其他的某一个数学运算。如果在这个集合里的各元素满足下列条件($\in$ 表示属于):

(1) 任意两元素 $f$、$g\in G$, 若 $f\cdot g=d$, 且必有 $d\in G$, 即元素相乘有封闭性;

(2) 对任意 $f$、$g$、$d\in G$, 恒有 $(f\cdot g)\cdot d=f\cdot(g\cdot d)$, 即元素相乘有结合律;

(3) 有唯一的单位元素 $e$, 即 $e\in G$, 对任意 $f\in G$, 都有 $e\cdot f=f\cdot e=f$;

(4) 对任意 $f\in G$ 有唯一的 $f^{-1}\in G$, 使 $f^{-1}\cdot f=f\cdot f^{-1}=e$, 即各元素有逆元素;

则称 $G$ 为一个群。$e$ 称为群 $G$ 的单位元素, $f^{-1}$ 称为 $f$ 的逆元素; 群 $G$ 中元素的个数 $h$ 称为群的阶。当 $h$ 为有限的某一数值时, 所对应的群称为有限群。某一些群的阶数 $h$ 会无限大, 即含有无限多个元素, 这种群称为无限群。这就是数学中关于群的基本概念和定义[1,2]。

群是用来表达客观事物某些内在规律的数学工具, 可以应用于许多方面。例如, 数学上的所有整数放在一起就可以构成一个群, 每个自然数都是属于这个群的元素。用各整数之间的加法运算定义为这个群名义上的"乘法", 0 是这个群的单位元素。仔细核对所有整数之间的关系及相应的加法运算就可以发现, 所有整数放在一起确实满足数学上关于群的上述 4 个条件。所有整数构成的群内有无限多个元素, 因此全体整数构成的群属于无限群。

考虑两个群 $\{a_i\}$ 和 $\{b_j\}$, 其中 $i=1$, 2, 3, $\cdots$, $n$, $j=1$, 2, 3, $\cdots$, $m$; 这两个群只有一个公用的单位元素, 且两个群元素间相乘有交换律, 即 $a_ib_j=b_ja_i$。因此, 可能的乘积有 $mn$ 个。可以证明, 集合

$$\{a_1b_1,\ a_1b_2,\ \cdots,\ a_1b_m,\ a_2b_1,\ \cdots,\ a_2b_m,\ \cdots,\ a_nb_m\}$$

或

$$\{a_ib_j\},\quad i=1,\ 2,\ 3,\ \cdots,\ n,\quad j=1,\ 2,\ 3,\ \cdots,\ m$$

仍然构成一个群, 它的阶是 $h=mn$。此时, 群 $\{a_i\}$ 和 $\{b_j\}$ 中所有元素均是群 $\{a_ib_j\}$ 所具有的元素中的一部分, 所以群 $\{a_i\}$ 和 $\{b_j\}$ 称为群 $\{a_ib_j\}$ 的子群。

## 2.1.2 晶体学点群与平移群

在第 1 章介绍的 2 次旋转反演操作中，一个 2 次旋转操作之后再进行一个反演操作即组成了 2 次旋转反演操作。这里可以把 2 次旋转操作与反演操作看做相乘的关系，即这两个操作的操作矩阵相乘后所得的新矩阵为 2 次旋转反演操作矩阵。一个点对称操作的集合内所有的点对称操作之间都可以作相应的乘法运算，并获得一个复合的点对称操作；因而就可以如此定义点对称操作之间的乘法运算[1,2]。本章附录 2.1 给出了常见的点对称操作的变换矩阵。

如图 2.1a 所示，一个由互相垂直的 3 个棱边构成的平行六面体，其 3 个棱边分别平行于过该平行六面体中心点的 $X$、$Y$、$Z$ 3 个轴，且 3 轴相交于中心点。如果将这个平行六面体绕 $Y$ 轴旋转 180°，即作 2 次旋转操作，则旋转之后的图形和变换矩阵如图 2.1b 所示。如果将图 2.1b 所示的图形再重复作一次这样的 2 次旋转操作，则旋转之后的图形和变换矩阵如图 2.1a 所示，即两次旋转使图形累计旋转 360°，并恢复到初始状态，累计的旋转相当于一个恒等操作。可以不断地、无限次地重复绕 $Y$ 轴的 2 次旋转操作，其结果只能是图 2.1a 或图 2.1b 所示两种图形状态和两种变换矩阵之间的一种。可见，绕 $Y$ 轴的 2 次旋转操作和恒等操作这两个元素构成了一个集合，它们之间定义的乘法就是矩阵相乘。这个集合有两个元素；元素之间的相乘具有结合律和封闭性；恒等操作可以作为这个集合的单位元素；恒等操作是其自身的逆元素，绕 $Y$ 轴的 2 次旋转操作也是其自身的逆元素。因此，这个元素的集合符合群的特征，该群的阶数为 2。设 $X$、$Y$、$Z$ 3 个轴分别平行于晶体的 [100]、[010]、[001] 方向，参照表 1.1 所给出的恒等操作和 2 次旋转操作的国际符号，这个群的元素可以表达为 $\{1, 2_{[010]}\}$；下标 [010] 指示出 2 次轴的方向。如果将平行六面体绕 $X$ 轴作 2 次旋转操作，则旋转之后的图形和变换矩阵如图 2.1c 所示，如此绕 $X$ 轴的 2 次旋转操作和恒等操作所构成的集合也符合群的特征，该群的元素为 $\{1, 2_{[100]}\}$，阶数也为 2。如果将平行六面体绕 $X$ 轴作 2 次旋转操作并获得图 2.1c 所示的结果后再绕 $Y$ 轴作 2 次旋转操作，则旋转之后的图形和累计的变换矩阵如图 2.1d 所示；连续的两个操作的结果等同于从初始状态直接绕 $Z$ 轴作 2 次旋转操作，即有 $2_{[100]} \times 2_{[010]} = 2_{[001]}$。这里总共出现了 4 个操作，即绕 $X$、$Y$、$Z$ 轴的 3 个 2 次旋转再加上恒等操作。将这 4 个元素任意无限组合相乘发现，结果只能是这 4 个元素之一，这 4 个元素的集合符合群的特征，群的阶数为 4，该群的元素为 $\{1, 2_{[100]}, 2_{[010]}, 2_{[001]}\}$。如果在三维空间这些元素集合中的上述旋转操作都是晶体学中的点对称操作，即所构成的是点对称操作的集合，则这样的群称为晶体学点群，或简称点群。这里不讨论晶体学以外的其他点群。

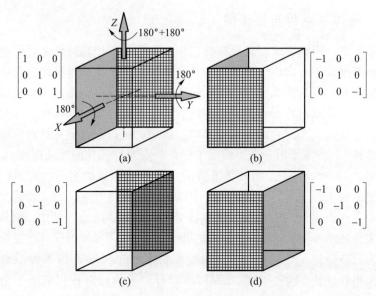

**图 2.1**　若干点对称操作所构成集合的特征

如果把上述点群 $\{1，2_{[100]}\}$ 与点群 $\{1，2_{[010]}\}$ 相乘，就可以构成绕 $X$、$Y$、$Z$ 轴的 3 个 2 次旋转再加上恒等操作所构成的阶数为 4 的点群 $\{1，2_{[100]}，2_{[010]}，2_{[001]}\}$，即有 $\{1，2_{[100]}\}\times\{1，2_{[010]}\}=\{1，2_{[100]}，2_{[010]}，2_{[001]}\}$。因而，前两个点群是后一个点群的子群。

总之，点群中任意两个点对称操作的积仍为集合内的一个操作，即 2 次点对称操作相当于另一个对称操作。一组对称操作内所有可能出现的对称操作及其可能的组合数总是有限的，因此点群不仅具备封闭性，而且属于有限群。对连续点对称操作 $f$、$g$、$d$ 会恒有 $(fg)d=f(gd)$。这里每种操作都是对称操作，怎样结合都不会改变操作结果，所以点对称操作之间的组合满足结合律。点群的单位元素为恒等操作 1，且只有一个。每个点对称操作都有逆操作，即操作的转换矩阵都有逆矩阵。如旋转操作有 $n^{q}\cdot n^{n-q}=1$，平面反映有 $\bar{2}\cdot\bar{2}=1$，反演操作有 $\bar{1}\cdot\bar{1}=1$，其中 $n$ 表示 $n$ 次旋转操作，$q$ 表示 $n$ 次旋转操作重复 $q$ 次。

各种晶体客观上都具备这样或那样的点对称性。不论何种点对称性，客观晶体物质点对称性表现为各种操作元素时必然会满足群所呈现的约束条件，否则无法构成微观粒子长程有序排列的物质。晶体对称性所呈现群的属性正是表达了其内有序排列的规律。

如 1.2.3 节所述，晶体中只允许有 5 种旋转对称操作，其转角为 $2\pi/n$，且有 $n=1$，2，3，4，6。由于 $n$ 值的限制，可能的旋转反演对称操作也只能有

$\bar{1}$（反演）、$\bar{2}$（$m$，平面反映）、$\bar{3}$、$\bar{4}$ 和 $\bar{6}$（表 1.1）。点对称操作在一起作任意组合操作时，空间几乎所有点的位置都在变动，但至少会有一个点（如原点）在全部对称操作过程中始终保持不变；这个位置不变的点也是所有对称元素的一个公共点。例如，点群 $\{1, 2_{[100]}, 2_{[010]}, 2_{[001]}\}$ 的所有点对称操作的任意组合操作过程中始终会有一个不动的点，即 3 个 2 次轴的交点（图 2.1a）。实际上，所有可能的点群中都会有类似的不动点。阶数 $h$ 越高的点群内可实现的点对称操作越多，因此通常认为其对称性也越高。点群以高度的数学抽象方式综合表述了实际晶体的点对称性。

三维空间点阵的全部平移对称操作的集合也可以构成群。把各平移操作的几何叠加即矢量叠加定义为该群的乘法运算，零平移即为该群的单位元素或恒等操作。把与任意两个平移操作组合的等价平移操作全归入集合，则这个集合就具备了封闭性。对任何连续的平移操作，总有结合律 $(fg)h = f(gh)$，即复合平移操作中各操作执行的顺序不影响操作结果。平移操作都有逆操作，即反向平移。因此，平移对称操作集合满足数学上群的要求，这种群称为平移群。平移群内有无穷多个平移操作元素，其阶 $h$ 无限大，因此为无限群。利用平移群的所有平移操作可以构造出点阵，所以 14 种布拉维点阵实际上对应着 14 种平移群。

## 2.1.3 晶体学点群的简略推导

根据点对称性的主要特征可以粗略地把所有晶体划分成 7 种晶系。实际上，同属于一种晶系的不同晶体，其点对称性也会有所不同，甚至会有很大的差别。因此，晶体学上不能止步于以主要点对称特征描述晶体，还需要全面了解不同晶系点对称性的细节以及所有可能存在的点对称操作。鉴于晶体内部结构的几何本质，无论不同晶体的点对称性有何差异，每种具体晶体中所有可实现的点对称操作所构成的集合一定会符合数学上群的制约条件，即会构成一个点群。因而，点群可以对三维晶体的点对称性进行概括性的描述。在分析晶体点对称性时需把晶体理解成三维无限大且存在周期性平移对称性的物体。

从可能存在的所有点对称操作中适当选择若干点对称操作构成集合，并使该集合符合群的约束，由此探讨总共可以推导出多少种点群。以此为基础可根据各种晶体具体的点对称操作数和点对称性对其做出进一步细致划分。例如，把各种旋转、反演、平面反映、旋转反演以不同方式组合起来，则可得到不同的点对称操作集合，并经完善处理而成为点群。如前所述，晶体学中推导可能存在的旋转对称操作、7 种晶系、14 种布拉维点阵时均采用穷举法的论证模式，这种论证过程也适用于对点群的推导[3]。对于全面了解和掌握晶体的对称性，晶体学点群的知识具备至关重要的意义。

### 2.1.3.1　三斜晶系

如表 1.2 所示，三斜晶系只能存在 1 次对称性，即可能的点对称操作只有 1 或 $\bar{1}$。如果一个三斜晶系的晶体中只有对称操作 1，则形成最简单的点群，该点群的阶 $h$ 是 1；恒等操作 1 的旋转轴可以是任意方向。一个点对称元素只能自乘且有 $1\cdot 1=1$，乘积元素仍属于这个点群，所以点群有封闭性；单元素群亦可有结合律，即 $[1\cdot 1]\cdot 1=1\cdot[1\cdot 1]$；自身为单位元素，即 $[1]\cdot 1=1\cdot[1]=1$；且 1 的逆元素仍是 1。由此可见，这个点群完全符合群的定义。这个点群的国际符号仍用 1 表示，与恒等操作的符号相同。

如果一个三斜晶系有对称操作 1 和 $\bar{1}$，则它们构成一个两元素的点群，用国际符号 $\bar{1}$ 表示。该点群的阶 $h$ 是 2，或列出元素为 $\{1,\bar{1}\}$。很容易看出，这个点群的元素具有封闭性，对称操作符合结合律，只有一个单位元素 1，且 1 的逆元素是 1，$\bar{1}$ 的逆元素仍是 $\bar{1}$。

点群 $\bar{1}$ 中有反演操作 $\bar{1}$，因此相应点对称操作会造成同宇与否的问题。如果把人的左、右手放入一个参考坐标系 $O\text{-}xyz$，其中令 $x$ 为拇指一侧的方向，$y$ 为中指指尖的方向，$z$ 为手心法线方向，则可看到左、右手与其参考坐标系的关系如图 2.2a 所示。从 $x$、$y$、$z$ 3 个坐标轴同为正向一端向原点 $O$ 观察 3 个坐标轴正向依照 $x\rightarrow y\rightarrow z$ 的旋转排列顺序时可以发现：左手为顺时针排列，称为左手坐标系或顺时坐标系；右手为逆时针排列，称为右手坐标系或逆时坐标系。借助纯的旋转不可能改变坐标系的 $x\rightarrow y\rightarrow z$ 旋转排列顺序，因此纯旋转不能产生非同宇的操作。反演操作改换了空间所有几何位置坐标值的正负号，并因此改变了 $x\rightarrow y\rightarrow z$ 的旋转排列顺序（图 2.2a），即空间所有几何位置不仅坐标值相对于反演中心（图 2.2a 中心处的白圈）发生逆变，而且各几何位置之间的相互逻辑关系即三坐标轴的相互排列顺序也出现翻转，因而一次反演操作造成了不同宇的操作。如果去掉图 2.2a 中的 $z$ 轴，使三维空间变为二维空间，则通过简单的 2 次纯旋转操作即可实现两个"二维"手之间的互相转换，因此二维空间不存在是否同宇的问题。

仅有一次对称性的限制使三斜晶系不可能再有其他的点群。再多的点对称操作会提高其对称性，使相应晶体不再属于三斜晶系。在一种晶系内的各种不同的点群中，如果点群的对称操作元素中有反演操作 $\bar{1}$，则称该点群为中心对称点群，否则就是非中心对称点群；如果一个点群中的点对称元素中包含了该晶系中所有可能的点对称操作，则该点群在该晶系中就是全对称点群。三斜晶系中点群 $\bar{1}$ 有反演操作，因此是中心对称的；它同时包含了三斜晶系中所有可

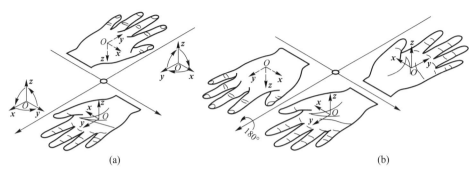

**图 2.2**　点对称操作造成的不同宇现象：（a）反演操作；
（b）2 次旋转反演复合操作与平面反映

能的点对称操作，因此也是全对称的。在用国际符号表达点群时有时会使用完全符号和简略符号，这两种符号在三斜晶系中没有差别，但在后续的晶系中会产生分别。表 2.1 归纳了三斜晶系中不同点群的情况。

**表 2.1**　三斜晶系的点群

| 序号 | 完全国际符号 | 简略国际符号 | $h$ | 对称特征 |
| --- | --- | --- | --- | --- |
| 1 | 1 | 1 | 1 | — |
| 2 | $\bar{1}$ | $\bar{1}$ | 2 | 中心对称，全对称 |

　　一个点阵单胞所对应实际晶体的结构单胞称为晶胞。图 2.3 给出了由 A、B 两种原子构想的三斜晶系中具有不同点群对称性晶胞结构的例子。从图 2.3a 可以看出，不论单胞的棱边长度 $a$、$b$、$c$ 是否相等以及棱边夹角 $\alpha$、$\beta$、$\gamma$ 是否为 90°，该结构中都不会存在恒等操作 1 以外的点对称操作；从图 2.3b 也可以看出，不论单胞棱边及其夹角的大小及关系如何，结构中都不会存在恒等操作 1 及反演操作 $\bar{1}$ 以外的点对称操作。有鉴于此，三斜晶系不对其单胞边角有特殊要求。可见，正是晶体的结构状态及其所对应的点对称性决定了其属于哪种晶系。单胞的边角关系不能决定相应的对称性，因此不是其所属晶系的判据。但如果晶胞边角关系不能满足较高点对称性的晶体，则只能判断其属于较低对称性的晶体。表 1.2 所示的单胞边角关系是判断晶体是否属于某一晶系的必要条件，但远不是充分条件。

#### 2.1.3.2　单斜晶系

　　在三斜晶系的基础上单斜晶系存在一个方向上的 2 次对称性（表 1.2），即

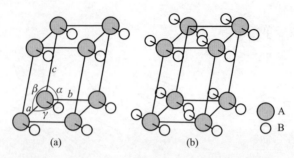

**图 2.3**　三斜晶系$(a \neq b \neq c,\ \alpha \neq \beta \neq \gamma)$不同点对称性晶胞举例：（a）1；（b）$\bar{1}$

在晶体的一个方向上多了 2 次旋转操作 2 或 2 次旋转反演操作 $\bar{2} = m$。晶体有单一的 2 次对称轴时就具有单斜对称性并构成一点群，用 2 表示。这是一个阶数 $h$ 为 2 的点群，其点群操作元素为 $\{1,\ 2\}$；可证明，点群 $\{1,\ 2\}$ 符合群的要求。当单斜晶体只有点对称操作 $\bar{2}$ 即 $m$ 时，也构成阶数 $h$ 为 2 的点群，其点群元素为 $\{1,\ m\}$、点群符号为 $m$；可证明，点群 $\{1,\ m\}$ 也符合群的要求。

将图 2.2b 中下侧的右手绕指向左下角的轴作 2 次旋转操作，可使右手变换到图中左侧的同字位置；再将旋转后的右手相对于坐标原点作反演操作，即可实现与之相对应的图中右侧非同字左手状态。这两个操作复合而成一个 2 次旋转反演操作，其中包括了 1 次反演操作，因此 2 次旋转反演操作会造成操作前后状态不同字。也可以看到，2 次旋转反演操作前后的对称状态也是呈镜面对称，镜面过指向右下角的轴，且以指向左下角的轴为法线方向；因此 2 次旋转反演操作 $\bar{2}$ 也可以表达成平面反映操作 $m$，2 次旋转反演轴即为镜面法线。不难看出，若先作反演再作二次旋转，可实现同样的 2 次旋转反演操作，即复合操作中各操作执行的先后顺序并不影响操作的结果。

如果单斜晶系中对称元素 2 及 $\bar{2} = m$ 轴同时存在，2 必为 $m$ 的法线以确保单一方向的 2 次对称性。如果把单斜晶体的 $c$ 向定义为 2 次对称轴方向，则参照本章附录 2.1 有

$$\{\bar{1}\} = \{\bar{2}_{[001]}\}\{2_{[001]}\} = \begin{bmatrix} 1 & 0 & 0 \\ 0 & 1 & 0 \\ 0 & 0 & -1 \end{bmatrix} \begin{bmatrix} -1 & 0 & 0 \\ 0 & -1 & 0 \\ 0 & 0 & 1 \end{bmatrix} = \begin{bmatrix} -1 & 0 & 0 \\ 0 & -1 & 0 \\ 0 & 0 & -1 \end{bmatrix}$$

$$(2.1)$$

这样就构成了一个阶数 $h$ 为 4 的四元素新点群 $\{1,\ 2,\ \bar{1},\ m\}$；国际符号为 $2/m$，显示出 2 和 $m$ 为重要的对称元素。可以证明，对称元素为 $\{1,\ 2,\ \bar{1},\ m\}$ 的点群仍符合群的要求。以后推导的点群均经过是否满足群 4 个条件的核

对，因此不再赘述。

表 2.2 归纳了单斜晶系中的不同点群。国际符号中用 $n/m$ 表示镜面垂直于 $n$ 次旋转轴，如表 2.2 中 $2/m$ 或 $\dfrac{2}{m}$ 表示镜面垂直于 2 次旋转轴。

表 2.2　单斜晶系的点群

| 序号 | 完全国际符号 | 简略国际符号 | $h$ | 对称特征 |
|---|---|---|---|---|
| 3 | 112 | 2 | 2 | — |
| 4 | $11m$ | $m$ | 2 | — |
| 5 | $11\dfrac{2}{m}$ | $2/m$ | 4 | 中心对称，全对称 |

晶系有 3 个晶体坐标轴，单斜的 3 个坐标轴中，有两个是 1 次轴，一个是 2 次轴。原则上可以把晶系的 $a$、$b$ 或 $c$ 中的任意一个看做点群的 2 次轴方向，把其余的两个看做 1 次轴。虽然通常会把 $c$ 规定为 2 次轴，但有时需要明确 2 次轴的方向。因此，国际符号体系规定单斜晶系的完全国际符号由 3 组字符组成，按字符顺序表示的内容依次是 $a$、$b$ 和 $c$ 轴的对称性。在一般情况下通常把完全国际符号表达成简略国际符号（简略符号），如 112 简略成 2，$11m$ 简略成 $m$，$11\dfrac{2}{m}$ 简略成 $2/m$ 或 $\dfrac{2}{m}$ 等。在所有国际符号中都可以通过简略符号中的对称元素推导出其他被简略掉的对称元素。把 $c$ 轴定为 2 次对称轴构成单斜晶体的表达方式称为第一种定向。若把 $a$ 或 $b$ 轴定为 2 次对称轴，则形成第二种定向或其他定向，如 121、$m11$ 等；这些定向与第一种定向没有本质的差别，在材料领域里并不多用。

表 2.2 中点群 $2/m$ 也可以看成由点群 2（$h=2$）和点群 $m$（$h=2$）各元素相乘而得到，因而其阶数为 $h=2\times2=4$（参见 2.1.1 节）。表 2.2 中点群 $2/m$ 中包含了其他单斜点群中所有对称操作元素，且有对称操作 $\{m\}\{2\}=\{\bar{1}\}$，所以称它是中心对称和全对称的。而点群 2 和 $m$ 只含有其对称元素的一部分，所以它们只是点群 $2/m$ 的子群。这一关系在上述三斜及后面其他晶系中都存在。

图 2.4 给出了由 A、B 两种原子构想的单斜晶系中具有不同点群对称性晶胞结构的例子，其中各图下面为相应晶胞的 $c$ 向投影图。$c$ 向投影图是表达晶胞结构的常见形式，在晶胞投影图上需标出每个原子中心位置沿 $c$ 向的高度。通常用参数 $z$ 表示原子中心位置距离投影面即晶胞底面的距离；$z=0$ 即为晶胞

底面，不需标出。$z$ 值取值范围为 $0\sim1$，即 $c$ 向晶胞长度 $c$ 的某一个分数。由于晶体必然存在平移对称性，$z=1$ 即为 $z=0$，不需标出。如果 $z$ 值不确定，可在一定范围自由变动，则标示为 $z$，但这种情况下 $z$ 值通常不能取 0、1、1/2 或其他特殊分数值。如果 $z$ 值确定为某一分数，则标示为该分数；如 1/2 或 0.5，即 $c$ 值的 1/2 处。在 $c$ 向投影图中通常只绘出其中心点在一个晶胞范围内的投影点或原子。鉴于平移对称性，图中标示 $-z$ 时所表示的位置同样可以是 $1-z$ 的位置，从而使该位置进入单胞的范围之内。

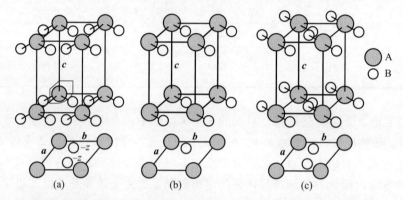

**图 2.4**　单斜晶系（$a\neq b\neq c$，$\alpha=\beta=90°\neq\gamma$）不同点对称性晶胞及其 $c$ 向投影图举例：（a）2；（b）$m$；（c）$2/m$

### 2.1.3.3　正交晶系

国际符号表示正交晶系时按字符顺序表示的内容依次是 $a$、$b$、$c$ 向的对称性。正交晶系 $a$、$b$、$c$ 3 个方向中有两个互相垂直的 2 次对称性（表 1.2），即两个互相垂直的 2 次轴或两个镜面的法向，因此也必有第三个与前两者垂直的 2 次轴，如

$$\{2_{[001]}\} = \{2_{[100]}\}\{2_{[010]}\} = \begin{bmatrix} 1 & 0 & 0 \\ 0 & -1 & 0 \\ 0 & 0 & -1 \end{bmatrix}\begin{bmatrix} -1 & 0 & 0 \\ 0 & 1 & 0 \\ 0 & 0 & -1 \end{bmatrix} = \begin{bmatrix} -1 & 0 & 0 \\ 0 & -1 & 0 \\ 0 & 0 & 1 \end{bmatrix}$$

$$(2.2)$$

如果由 3 个 2 次轴构成正交晶系，那么这些互相垂直的 2 次轴构成点群 $\{1, 2_{[100]}, 2_{[010]}, 2_{[001]}\}$，或用 222 表示；其 $h$ 是 4。

两个互相垂直的镜面决定了两个镜面的交线上有一个 2 次轴，如

$$\{2_{[001]}\} = \{\bar{2}_{[100]}\}\{\bar{2}_{[010]}\} = \{m_{[100]}\}\{m_{[010]}\}$$

$$= \begin{bmatrix} -1 & 0 & 0 \\ 0 & 1 & 0 \\ 0 & 0 & 1 \end{bmatrix} \begin{bmatrix} 1 & 0 & 0 \\ 0 & -1 & 0 \\ 0 & 0 & 1 \end{bmatrix} = \begin{bmatrix} -1 & 0 & 0 \\ 0 & -1 & 0 \\ 0 & 0 & 1 \end{bmatrix} \quad (2.3)$$

所以如果两镜面分别垂直于 $a$ 和 $b$ 向，则 $c$ 必为 2 次轴。这样构可成一个点群 $\{1, m_{[100]}, m_{[010]}, 2_{[001]}\}$，或用 $mm2$ 表示，$h$ 为 4。若让 $a$ 或 $b$ 分别为 2 次轴，则可表示为其他定向的 $2mm$ 或 $m2m$。

在不改变正交晶系的前提下，可使 $a$、$b$、$c$ 均为 2 次轴和镜面法向。3 个镜面可导出反演操作，即

$$\{m_{[100]}\}\{m_{[010]}\}\{m_{[001]}\} =$$

$$\begin{bmatrix} -1 & 0 & 0 \\ 0 & 1 & 0 \\ 0 & 0 & 1 \end{bmatrix} \begin{bmatrix} 1 & 0 & 0 \\ 0 & -1 & 0 \\ 0 & 0 & 1 \end{bmatrix} \begin{bmatrix} 1 & 0 & 0 \\ 0 & 1 & 0 \\ 0 & 0 & -1 \end{bmatrix} = \begin{bmatrix} -1 & 0 & 0 \\ 0 & -1 & 0 \\ 0 & 0 & -1 \end{bmatrix} = \{\bar{1}\} \quad (2.4)$$

这样构成一个新点群，即 $\{1, 2_{[100]}, 2_{[010]}, 2_{[001]}, m_{[100]}, m_{[010]}, m_{[001]}, \bar{1}\}$，或用 $\dfrac{2}{m}\dfrac{2}{m}\dfrac{2}{m}$ 表示，也可简略成 $mmm$，其 $h$ 是 8。符号中 $m$ 所在位置对应的方向即为镜面法向。

综上穷举证明，正交晶系中存在 3 种点群。其中点群 $mmm$ 是该晶系中心对称和全对称点群，它概括了该晶系中所有可能的对称操作。表 2.3 归纳正交晶系中不同的点群。

表 2.3　正交晶系的点群

| 序号 | 完全国际符号 | 简略国际符号 | $h$ | 对称特征 |
| --- | --- | --- | --- | --- |
| 6 | 222 | 222 | 4 | — |
| 7 | $mm2$ | $mm2$ | 4 | — |
| 8 | $\dfrac{2}{m}\dfrac{2}{m}\dfrac{2}{m}$ | $mmm$ | 8 | 中心对称，全对称 |

图 2.5 给出了由 A、B、C 3 种原子构想的正交晶系中具有不同点群对称性晶胞结构的例子，其中各图下面为相应晶胞的 $c$ 向投影图。图 2.5b 中 B、C 原子的 $z$ 值不同，因此分别用 $z$ 和 $z'$ 表示。

2.1.3.4　四方晶系

国际符号表示四方晶系时按字符顺序表示的内容依次是 $c$ 向、$a$、$b$ 向、$a$ $\pm b$ 向（即四方 <110> 方向）的对称性。四方晶系只在单一的方向上有 4 次对称性（表 1.2），即 4 次轴 4，或 4 次旋转反演轴 $\bar{4}$。

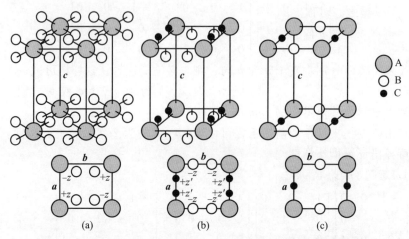

**图 2.5**　正交晶系 $(a \neq b \neq c,\ \alpha = \beta = \gamma = 90°)$ 不同点对称性晶胞及其 $c$
向投影图举例：（a）222；（b）2$mm$；（c）$mmm$

4 次轴构成 $h$ 为 4 的点群，即 $\{1,\ 4^1,\ 4^2 = 2,\ 4^3\}$，操作符号的上标表示连续实施该操作的次数。国际符号用 4 表示该点群，其中 4 次轴已包含了 2 次轴。

在垂直于点群 4 的 4 次轴方向加一个 2 次轴，则必有另一个与之垂直的 2 次轴，且 4 次轴同时垂直于这两个 2 次轴。设 4 次轴为单胞 $c$ 向，且与之垂直的 2 次轴为 $a$，则有

$$\{4_{[001]}\}\{2_{[100]}\} = \begin{bmatrix} 0 & -1 & 0 \\ 1 & 0 & 0 \\ 0 & 0 & 1 \end{bmatrix}\begin{bmatrix} 1 & 0 & 0 \\ 0 & -1 & 0 \\ 0 & 0 & -1 \end{bmatrix} = \begin{bmatrix} 0 & 1 & 0 \\ 1 & 0 & 0 \\ 0 & 0 & -1 \end{bmatrix} = \{2_{[110]}\}$$

$$(2.5)$$

因此 [110] 方向为 2 次轴。同理可以证明，[1$\bar{1}$0] 方向也有 2 次轴。加入这两个新的 2 次轴可得到 $h$ 为 8 的点群，即借助点群 4 与点群 2（其 2 次轴方向为 $a$）相乘得到新点群及其各元素 $\{1,\ 4_{[001]},\ 2_{[001]},\ 4^3_{[001]},\ 2_{[100]},\ 2_{[010]},\ 2_{[110]},\ 2_{[1\bar{1}0]}\}$，用国际符号 422 表示。

在垂直于点群 4 的 4 次轴方向加上镜面 $m_{[001]} = \bar{2}_{[001]}$，则可以证明

$$\{4^1_{[001]}\}\{\bar{2}_{[001]}\} = \{\bar{4}^3_{[001]}\}, \qquad \{2_{[001]}\}\{\bar{2}_{[001]}\} = \{\bar{1}\},$$
$$\{4^3_{[001]}\}\{\bar{2}_{[001]}\} = \{\bar{4}^1_{[001]}\}$$

$$(2.6)$$

因而借助点群 4 与点群 $m$ 相乘得到新点群的对称元素，即 $\{1,\ 4^1,\ 2,\ 4^3,\ \bar{2},\ \bar{4}^1,\ \bar{1},\ \bar{4}^3\}$，且其 $h$ 为 8。该点群国际符号为 $4/m$ 或 $\dfrac{4}{m}$。因为点群中有反演操

作 $\bar{1}$，所以是中心对称点群。

在点群 4 中的 $c$ 向 4 次轴与 $a$ 轴所决定的面上加镜面，则有

$$\{4^1_{[001]}\}\{\bar{2}_{[010]}\} = \{\bar{2}_{[1\bar{1}0]}\}, \qquad \{2_{[001]}\}\{\bar{2}_{[010]}\} = \{\bar{2}_{[100]}\},$$

$$\{4^3_{[001]}\}\{\bar{2}_{[010]}\} = \{\bar{2}_{[110]}\} \tag{2.7}$$

因而得到点群的对称元素，即 $\{1, 4^1, 2, 4^3, m_{[010]}, m_{[100]}, m_{[110]}, m_{[1\bar{1}0]}\}$，其 $h$ 为 8。该点群的国际符号为 $4mm$。

垂直于点群的 4 次轴加镜面和 2 次轴，即点群 422 乘点群 $4/m$，可构成 $h$ 为 16 的新点群，国际符号用 $\dfrac{4}{m}\dfrac{2}{m}\dfrac{2}{m}$ 表示；或简略国际符号为 $4/mmm$。点群 422 与 $4/m$ 各元素相乘后可形成下列新的对称元素：

$$\{\bar{1}\}\{2_{[100]}\} = \{\bar{2}_{[100]}\}, \qquad \{\bar{1}\}\{2_{[010]}\} = \{\bar{2}_{[010]}\},$$

$$\{\bar{1}\}\{2_{[110]}\} = \{\bar{2}_{[110]}\}, \qquad \{\bar{1}\}\{2_{[1\bar{1}0]}\} = \{\bar{2}_{[1\bar{1}0]}\} \tag{2.8}$$

再加上原有的对称元素共有 16 个。其中包括反演中心 $\bar{1}$，所以是中心对称点群。

存在 4 次旋转反演操作 $\bar{4}$ 时也构成 $h$ 为 4 的点群，即 $\{1, \bar{4}_1, \bar{4}_2 = 2, \bar{4}_3\}$，国际符号用 $\bar{4}$ 表示。

可在点群 $\bar{4}$ 中垂直于 $\bar{4}$ 轴方向加 2 次轴，若在 $a$ 向加 2 次轴，则有

$$\{\bar{4}^1_{[001]}\}\{2_{[100]}\} = \{\bar{2}_{[1\bar{1}0]}\}, \qquad \{2_{[001]}\}\{2_{[100]}\} = \{2_{[010]}\},$$

$$\{\bar{4}^3_{[001]}\}\{2_{[100]}\} = \{\bar{2}_{[110]}\} \tag{2.9}$$

由此得到晶轴矢量 $a$ 与 $b$ 间对角线方向的镜面 $m_{[110]}$ 和 $m_{[1\bar{1}0]}$。这样形成点群的 $h$ 为 8；国际符号用 $\bar{4}2m$ 表示。

综上穷举推导可求得四方晶系内的 7 种点群（表 2.4）。其中点群 $\dfrac{4}{m}\dfrac{2}{m}\dfrac{2}{m}$ 是该晶系中心对称和全对称点群，它概括了该晶系中所有可能的对称操作。四方晶系所有点群都是点群 $\dfrac{4}{m}\dfrac{2}{m}\dfrac{2}{m}$ 的子群。图 2.6 以晶胞 $c$ 向投影图的形式给出了由 A、B、C 3 种原子构想的四方晶系中具有不同点群对称性晶胞结构的例子。

表 2.4 四方晶系的点群

| 序号 | 完全国际符号 | 简略国际符号 | $h$ | 对称特征 |
|------|------------|------------|-----|---------|
| 9 | 4 | 4 | 4 | — |

续表

| 序号 | 完全国际符号 | 简略国际符号 | $h$ | 对称特征 |
|---|---|---|---|---|
| 10 | $\bar{4}$ | $\bar{4}$ | 4 | 点群 $\bar{4}2m$ 的子群 |
| 11 | $\dfrac{4}{m}$ | $4/m$ | 8 | 中心对称 |
| 12 | $422$ | $422$ | 8 | —— |
| 13 | $4mm$ | $4mm$ | 8 | —— |
| 14 | $\bar{4}2m$ | $\bar{4}2m$ | 8 | —— |
| 15 | $\dfrac{4}{m}\dfrac{2}{m}\dfrac{2}{m}$ | $4/mmm$ | 16 | 中心对称，全对称 |

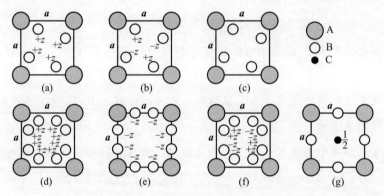

**图 2.6**　四方晶系（$a=b\neq c$，$\alpha=\beta=\gamma=90°$）不同点对称性晶胞的 $c$ 向投影图举例：
（a）4；（b）$\bar{4}$；（c）$4/m$；（d）422；（e）$4mm$；（f）$\bar{4}2m$；（g）$4/mmm$

#### 2.1.3.5　三方晶系

国际符号表示三方晶系时按顺序第一个字符表示 $c$ 向的对称性，第二个字符表示 $a$、$b$ 和 $a+b$ 向的对称性，第三个字符表示垂直于 $a$、$b$ 和 $a+b$ 3 个方向的对称性。所有国际符号中没有表示出其对称性的方向即为只有恒等操作 1 的方向。三方晶系只在单一的方向上有 3 次对称性（表 1.2），即 3 次轴 3，或 3 次旋转反演轴 $\bar{3}$，这可构成用国际符号表示的点群 3 和 $\bar{3}$。由此经穷举推导总共可以获得表 2.5 所示的 5 种三方晶系点群。表 2.5 在对称特征栏中还列出了借助不同群相乘获得三方晶系各种群的方式，这里不再细致描述。

三方晶系点群中 $\bar{3}m$ 具有中心对称性和全对称性。若垂直于 3 次轴加镜面，则有 $3/m$，即为 $\bar{6}$，属于六方晶系，不在这里讨论。点群 $3m$ 可理解为镜面内有 3 次轴，3 次轴作 3 次旋转可获得 3 个个不同的镜面。国际符号第一和第二两个字符为 $nm$ 时表示镜面包含 $n$ 次旋转轴，导致实际有 $n$ 个镜面。

表 2.5　三方晶系的点群

| 序号 | 完全国际符号 | 简略国际符号 | $h$ | 对称特征 |
|---|---|---|---|---|
| 16 | 3 | 3 | 3 | |
| 17 | $\bar{3}$ | $\bar{3}$ | 6 | 中心对称 |
| 18 | 32 | 32 | 6 | 点群 $\{3_{[001]}\} \times \{2_{[100]}\}$ |
| 19 | $3m$ | $3m$ | 6 | 点群 $\{3_{[001]}\} \times \{m_{[100]}\}$ |
| 20 | $\bar{3}\dfrac{2}{m}$ | $\bar{3}m$ | 12 | 点群 $\{32\} \times \{3m\}$，中心对称，全对称 |

　　如表 1.2 和图 1.11 所示，三方晶系可有两种单胞形式，即三方 $P$ 单胞（$a = b \neq c$，$\alpha = \beta = 90°$，$\gamma = 120°$）和三方 $R$ 单胞（$a = b = c$，$\alpha = \beta = \gamma$）。$P$ 单胞时用六角坐标系表示单胞坐标轴，其 3 次轴沿 $c$ 轴方向；$R$ 为菱形单胞，其 3 次轴沿单胞 3 轴正向的体对角线方向。三方晶系 3 次对称以外的其他 2 次轴或 2 次旋转反演轴均垂直于其 3 次对称轴；因此为便于表达，即使表示三方晶系 $R$ 单胞时通常也使用六角坐标系表示其单胞坐标轴。如图 1.11 所示，此时单胞为经过特殊有心化的复式单胞。图 2.7 以晶胞 $c$ 向投影图的形式给出了由 A、C 两种原子构想的三方晶系中具有不同点群对称性晶胞结构的例子。

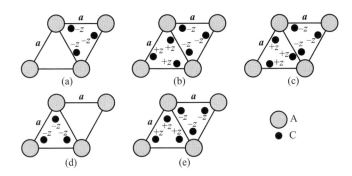

图 2.7　三方晶系（$a = b \neq c$，$\alpha = \beta = 90°$，$\gamma = 120°$）不同点对称性晶胞的 $c$ 向投影图举例：（a）3；（b）$\bar{3}$；（c）32；（d）$3m$；（e）$\bar{3}m$

### 2.1.3.6　六方晶系

　　国际符号表示六方晶系的方式与三方晶系相同，按顺序第一个字符表示 $c$

向的对称性，第二个字符表示 $a$、$b$ 和 $a+b$ 向的对称性，第三个字符表示垂直于 $a$、$b$ 和 $a+b$ 3 个方向的对称性。六方晶系只在单一的方向上有 6 次对称性（表 1.2），即 6 次轴 6，或 6 次旋转反演轴 $\bar{6}$。经穷举推导总共可以获得表 2.6 所示的 7 种六方晶系点群。从点群 6 或 $\bar{6}$ 出发，表 2.6 在对称特征栏中还列出了借助不同点群相乘获得六方晶系各种点群的方式。六方晶系点群 $6/m$ 具有中心对称性，点群 $6/mmm$ 或 $\dfrac{6}{m}mm$ 具有中心对称性和全对称性。图 2.8 以晶胞 $c$ 向投影图的形式给出了由 A、B、C 3 种原子构想的六方晶系中具有不同点群对称性晶胞结构的例子。

**表 2.6　六方晶系的点群**

| 序号 | 完全国际符号 | 简略国际符号 | $h$ | 对称特征 |
|------|------|------|------|------|
| 21 | 6 | 6 | 6 | — |
| 22 | $\bar{6}$ | $\bar{6}$ | 6 | — |
| 23 | $\dfrac{6}{m}$ | $6/m$ | 12 | 点群 $\{6_{[001]}\}\times\{m_{[001]}\}$，中心对称 |
| 24 | 622 | 622 | 12 | 点群 $\{6_{[001]}\}\times\{2_{[100]}\}$ |
| 25 | $6mm$ | $6mm$ | 12 | 点群 $\{6_{[001]}\}\times\{m_{[100]}\}$ |
| 26 | $\bar{6}m2$ | $\bar{6}m2$ | 12 | 点群 $\{\bar{6}_{[001]}\}\times\{2_{[100]}\}$ |
| 27 | $\dfrac{6}{m}\dfrac{2}{m}\dfrac{2}{m}$ | $6/mmm$ | 24 | 点群 $\{6/m\}\times\{6mm\}$，中心对称，全对称 |

### 2.1.3.7　立方晶系

国际符号表示立方晶系时按顺序第一个字符表示 $a$、$b$、$c$ 向的对称性，第二个字符表示 $a\pm b\pm c$ 向即体对角线方向 <111> 的对称性，第三个字符表示 $a\pm b$、$b\pm c$ 和 $c\pm a$ 向即面对角线方向 <110> 的对称性。立方晶系要求 2 个即 4 个互相不平行的 3 次对称性（表 1.2）。互相垂直的 3 次轴构成的对称操作集合无法实现封闭性，不能构成点群；因此 3 次轴不能是互相垂直的 $a$、$b$ 或 $c$ 方向。立方晶系的 3 次轴只能是立方单胞 4 个体对角线 <111> 方向，且它们夹角互为 $109°47'$。用 $[\bar{1}11]$ 和 $[111]$ 两个 3 次轴可推导出

$$\{3_{[\bar{1}11]}\}\{3_{[111]}\} = \begin{bmatrix} 0 & -1 & 0 \\ 0 & 0 & 1 \\ -1 & 0 & 0 \end{bmatrix}\begin{bmatrix} 0 & 0 & 1 \\ 1 & 0 & 0 \\ 0 & 1 & 0 \end{bmatrix} = \begin{bmatrix} -1 & 0 & 0 \\ 0 & 1 & 0 \\ 0 & 0 & -1 \end{bmatrix} = \{2_{[010]}\}$$

$$(2.10)$$

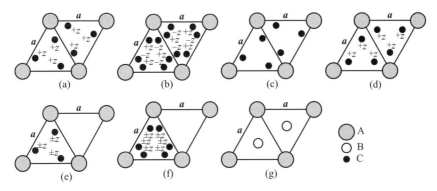

**图 2.8**　六方晶系$(a=b\neq c,\ \alpha=\beta=90°,\ \gamma=120°)$不同点对称性晶胞的 $c$ 向投影图

举例：（a）6；（b）622；（c）6/$m$；（d）6$mm$；（e）$\bar{6}$；（f）$\bar{6}m2$；（g）6/$mmm$

即存在 [010] 方向或 $b$ 向的 2 次对称轴。用类似的推导方法可以穷举证明构成点群时应包含绕 $a$、$b$ 及 $c$ 向的 3 个 2 次旋转轴以及 <111> 方向的 4 个 3 次旋转轴。这样就满足了点群封闭性的要求，并构成点群 23。

经穷举推导总共可以获得表 2.7 所示的 5 种立方晶系点群。从点群 23 出发，表 2.7 在对称特征栏中还列出了借助不同点群相乘获得立方晶系各种点群的方式。其中，点群 $m$3 具有中心对称性，点群 $m\bar{3}m$ 具有中心对称性和全对称性。点群 $m\bar{3}m$ 通常简单地表达成 $m3m$[3]。观察立方晶系的点群可以发现不是所有立方晶体都有 4 次对称轴，如点群 23 和 $m$3 都没有 4 次对称性。另外，与其他晶系的点群比较可以发现立方晶系并不一定总有最高的对称性。如立方点群 23（$h=12$）就比六方点群 6/$mmm$（$h=24$）和四方点群 4/$mmm$（$h=16$）的对称性低。还应注意，不要混淆立方点群简略符号 23、$m$3 及三方点群符号 32、3$m$。

**表 2.7**　立方晶系点群

| 序号 | 完全国际符号 | 简略国际符号 | $h$ | 对称特征 |
|------|------------|------------|-----|---------|
| 28 | 23 | 23 | 12 | — |
| 29 | $\dfrac{2}{m}\bar{3}$ | $m3$ | 24 | 点群$\{23\}\times\{m_{[100]}\}$，中心对称 |
| 30 | 432 | 432 | 24 | 点群$\{23\}\times\{4_{[100]}\}$ |
| 31 | $\bar{4}3m$ | $\bar{4}3m$ | 24 | 点群$\{23\}\times\{m_{[110]}\}$ |
| 32 | $\dfrac{4}{m}\bar{3}\dfrac{2}{m}$ | $m3m$ | 48 | 点群$\{m3\}\times\{432\}$，中心对称，全对称 |

图 2.9 以晶胞 $c$ 向投影图的形式给出了由 A、B、C 3 种原子构想的立方晶系中具有不同点群对称性晶胞结构的例子。图中用参数 $x$、$y$、$z$ 表示投影点或原子中心位置距离投影面，即单胞底面的距离；0 即为单胞底面，不需标出。$x$、$y$、$z$ 取值范围均为 0~1，即一个单胞长度的某一个分数。$x$、$y$、$z$ 可在一定范围自由变动，通常不能取 0、1、1/2 等特殊分数值。图 2.9 还在各晶胞底部横轴标出了制图时实际使用的 $x$、$y$、$z$ 值。

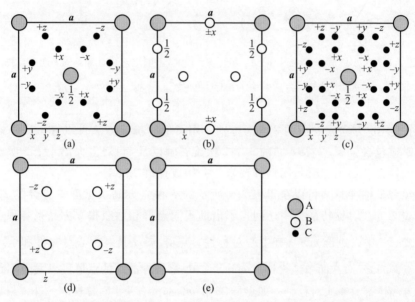

**图 2.9**　立方晶系（$a=b=c$，$\alpha=\beta=\gamma=90°$）不同点对称性晶胞的 $c$ 向投影

图举例：（a）23；（b）$m3$；（c）432；（d）$\bar{4}3m$；（e）$m3m$

### 2.1.3.8　32 种晶体学点群的国际符号规则及所对应真实晶体的单胞

如上简单阐述了穷举推导晶体学点群的基本过程和大致思路，并证明总共可推导出且只有 32 种不同的晶体学点群。表 2.8 和表 2.9 重新归纳了点群的国际符号表示规则，并汇总了 32 种点群的国际符号。表 2.10 给出了具有 32 种点群对称性晶体及其单胞常数的实例。

**表 2.8**　点群的国际符号表示规则

| 晶系 | 在国际符号中的位置顺序 | | |
|---|---|---|---|
| | 1 | 2 | 3 |
| 三斜 | 1 或 $\bar{1}$ | | |

| 晶系 | 在国际符号中的位置顺序 | | |
|---|---|---|---|
| | 1 | 2 | 3 |
| 单斜 | 2 或 $\bar{2}$ 沿 $c$ | | |
| 正交 | 2 或 $\bar{2}$ 沿 $a$ | 2 或 $\bar{2}$ 沿 $b$ | 2 或 $\bar{2}$ 沿 $c$ |
| 四方 | 4 或 $\bar{4}$ 沿 $c$ | 2 或 $\bar{2}$ 沿 $a$ 和 $b$ | 2 或 $\bar{2}$ 沿 [110] 和 [$1\bar{1}0$] |
| 三方 | 3 或 $\bar{3}$ 沿 $c$ | 2 或 $\bar{2}$ 沿 $a$、$b$ 和 [110] | 2 或 $\bar{2}$ 垂直于 $a$、$b$ 和 [110] |
| 六方 | 6 或 $\bar{6}$ 沿 $c$ | 2 或 $\bar{2}$ 沿 $a$、$b$ 和 [110] | 2 或 $\bar{2}$ 垂直于 $a$、$b$ 和 [110] |
| 立方 | 4，$\bar{4}$，2 或 $\bar{2}$ 沿 $a$、$b$、$c$ | 3 或 $\bar{3}$ 沿 <111> | 2 或 $\bar{2}$ 沿 <110> |

注：简化国际符号表示的对称操作可以推导出该点群中所有对称操作；表中 $\bar{2}=m$。

**表 2.9　32 种晶体学点群的国际符号汇总**

| 序号 | 完全国际符号 | 简略国际符号 | 序号 | 完全国际符号 | 简略国际符号 |
|---|---|---|---|---|---|
| 1 | 1 | 1 | 17 | $\bar{3}$ | $\bar{3}$ |
| 2 | $\bar{1}$ | $\bar{1}$ | 18 | 32 | 32 |
| 3 | 112 | 2 | 19 | $3m$ | $3m$ |
| 4 | $11m$ | $m$ | 20 | $\bar{3}\dfrac{2}{m}$ | $\bar{3}m$ |
| 5 | $11\dfrac{2}{m}$ | $2/m$ | 21 | 6 | 6 |
| 6 | 222 | 222 | 22 | $\bar{6}$ | $\bar{6}$ |
| 7 | $mm2$ | $mm2$ | 23 | $\dfrac{6}{m}$ | $6/m$ |
| 8 | $\dfrac{2}{m}\dfrac{2}{m}\dfrac{2}{m}$ | $mmm$ | 24 | 622 | 622 |
| 9 | 4 | 4 | 25 | $6mm$ | $6mm$ |
| 10 | $\bar{4}$ | $\bar{4}$ | 26 | $\bar{6}m2$ | $\bar{6}m2$ |
| 11 | $\dfrac{4}{m}$ | $4/m$ | 27 | $\dfrac{6}{m}\dfrac{2}{m}\dfrac{2}{m}$ | $6/mmm$ |
| 12 | 422 | 422 | 28 | 23 | 23 |
| 13 | $4mm$ | $4mm$ | 29 | $\dfrac{2}{m}\bar{3}$ | $m3$ |
| 14 | $\bar{4}2m$ | $\bar{4}2m$ | 30 | 432 | 432 |
| 15 | $\dfrac{4}{m}\dfrac{2}{m}\dfrac{2}{m}$ | $4/mmm$ | 31 | $\bar{4}3m$ | $\bar{4}3m$ |
| 16 | 3 | 3 | 32 | $\dfrac{4}{m}\bar{3}\dfrac{2}{m}$ | $m3m$ |

**表 2.10**　具有 32 种点群对称性的无机晶体实例及其单胞常数举例[2,4,5]

| 晶系 | 点群 | 点阵 | 物质 | $a$/nm | $b$/nm | $c$/nm | $\alpha$/° | $\beta$/° | $\gamma$/° |
|---|---|---|---|---|---|---|---|---|---|
| 三斜 | 1 | $P$ | $FeS_2$ | 0.541 7 | 0.541 7 | 0.541 7 | 90 | 90 | 90 |
| | | | $As_3Eu$ | 0.591 1 | 0.562 6 | 0.645 0 | 120.7 | 92.3 | 104.6 |
| | $\bar{1}$ | $P$ | Cf | 0.330 7 | 0.741 2 | 0.279 3 | 89.06 | 85.15 | 85.70 |
| 单斜 | 2 | $C$ | $NbSb_2$ | 0.833 3 | 1.023 9 | 0.363 2 | | | 120.7 |
| | $m$ | $C$ | $HV_2$ | 0.446 0 | 0.446 0 | 0.300 0 | | | 95.40 |
| | 2/$m$ | $C$ | Bi | 0.330 4 | 0.667 4 | 0.611 7 | | | 110.33 |
| 正交 | 222 | $C$ | $HoSb_2$ | 0.784 0 | 0.334 3 | 0.579 0 | | | 110.33 |
| | $mm2$ | $P$ | InSb | 0.311 7 | 0.585 0 | 0.299 0 | | | |
| | $mmm$ | $P$ | $Ta_4O$ | 0.719 4 | 0.326 6 | 9.320 4 | | | |
| 四方 | 4 | $P$ | CoPS | 0.541 4 | | 0.543 0 | | | |
| | 422 | $P$ | $PdPtSb_3$ | 0.773 6 | | 2.416 1 | | | |
| | 4/$m$ | $P$ | $Ca_3Ti_2$ | 0.628 4 | | 0.401 0 | | | |
| | 4/$mmm$ | $I$ | In | 0.325 1 | | 0.494 7 | | | |
| | $\bar{4}$ | $I$ | $InPS_4$ | 0.562 3 | | 0.905 8 | | | |
| | $4mm$ | $I$ | AsGe | 0.371 5 | | 0.583 2 | | | |
| | $\bar{4}m2$ | $P$ | $P_2Rh_3$ | 0.332 7 | | 0.615 1 | | | |
| 三方 | 3 | $R$ | $Au_5Sn$ | 0.561 0 | | | 53.98 | | |
| | $\bar{3}$ | $P$ | $Cu_2ErS_2$ | 0.387 4 | | 0.633 2 | | | |
| | 32 | $P$ | $Ni_2P$ | 0.586 2 | | 0.337 2 | | | |
| | $3m$ | $P$ | $HNi_2$ | 0.266 0 | | 0.433 0 | | | |
| | $\bar{3}m$ | $R$ | Hg | 0.299 7 | | | 70.52 | | |
| 六方 | 6 | $P$ | $Ga_7Ir_7Nb_6$ | 0.743 7 | | 0.289 2 | | | |
| | $\bar{6}$ | $P$ | $CuZn_2$ | 0.427 5 | | 0.250 9 | | | |
| | 622 | $P$ | $Al_3Fe_{14}Tb_2$ | 0.853 2 | | 0.417 5 | | | |
| | 6/$m$ | $P$ | $B_3CoGd_2$ | 0.313 0 | | 0.789 4 | | | |
| | $\bar{6}m2$ | $P$ | LiPt | 0.272 8 | | 0.422 6 | | | |
| | $6mm$* | $P$ | ZnS | 0.382 25 | | 0.626 1 | | | |
| | 6/$mmm$ | $P$ | $AlB_2$ | 0.300 0 | | 0.324 5 | | | |

| 晶系 | 点群 | 点阵 | 物质 | $a/\text{nm}$ | $b/\text{nm}$ | $c/\text{nm}$ | $\alpha/°$ | $\beta/°$ | $\gamma/°$ |
|------|------|------|------|------|------|------|------|------|------|
|  | 23 | $I$ | $Ga_4Ni$ | 0.842 9 |  |  |  |  |  |
|  | 432 | $I$ | $Hg_4Pt$ | 0.618 6 |  |  |  |  |  |
| 立方 | $\bar{4}3m$ | $P$ | $Cu_3S_4V$ | 0.537 0 |  |  |  |  |  |
|  | $m3$ | $P$ | $(Al,W)_6GeW$ | 0.502 9 |  |  |  |  |  |
|  | $m3m$ | $P$ | $Po$ | 0.334 5 |  |  |  |  |  |

\* 具有变异点对称性 $6mm$ 的晶体。

## 2.2 旋转群与中心对称劳厄群

### 2.2.1 点群中的旋转群与中心对称点群

只由纯旋转操作组成的点群称为旋转群。已知只有 5 种可能的 $n$ 次旋转对称操作，即有 $n=1$、2、3、4、6。由 $n$ 次旋转对称操作构成点群的点群元素为 $\{n, n^2, n^3, \cdots, n^h\}$。对称操作数 $h$ 即为点群的阶。如点群 6 的对称操作为 $\{6, 6^2, 6^3, 6^4, 6^5, 6^6=1\}$。只由 1 次轴或只由一个非 1 次轴组成的旋转群称为循环点群。由此可见，总共可有 5 种循环点群，即 1、2、3、4、6；对称旋转轴称为主轴。

在垂直于循环点群主轴方向加入 2 次轴所组成的新的点群称为二面体点群。对循环点群 1 加 2 次轴后得到的仍是循环点群 2，需将 2 次轴变成主轴。在其他循环点群中加 2 次轴后会出现 4 种新点群，即 222、32、422 和 622；新点群的阶 $h$ 分别为 4、6、8、12，即 $2n$。

二面体点群中借助加入新的 3 次轴所组成的点群称为立方点群。在满足点群定义所描述的 4 个条件且不破坏原对称性的条件下，可在已有的旋转群中加 3 次轴。如在旋转群 222 中适当方位上加入 3 次轴可得立方点群 23，其 $h$ 为 $4\times3=12$。在旋转群 422 中适当方位上加入 3 次轴可得立方点群 432，其 $h$ 为 $8\times3=24$。在其他旋转群中加入 3 次轴不能再生成新的点群，所以共有 11 种旋转点群，如表 2.11 左侧所示。

把点群 $\bar{1}$，即 $\{1, \bar{1}\}$ 与 11 种纯旋转点群相乘可得到 11 种新点群。显然，表达这些新点群的对称操作数，即阶 $h$ 变为原来的 2 倍，而且新点群有中心对称性。表 2.11 右侧列出了与 11 种旋转群对应的带有中心对称性的中心对称点群。

表 2. 11　旋转群和相应的中心对称点群

| 符号系统 | 国际符号 | | | |
|---|---|---|---|---|
| 点群特点 | 旋转群 | $h$ | 中心对称点群 | $h$ |
| 循环点群 | 1 | 1 | $\bar{1}$ | 2 |
| | 2 | 2 | $2/m$ | 4 |
| | 3 | 3 | $\bar{3}$ | 6 |
| | 4 | 4 | $4/m$ | 8 |
| | 6 | 6 | $6/m$ | 12 |
| 二面体点群 | 222 | 4 | $mmm$ | 8 |
| | 32 | 6 | $m$ | 12 |
| | 422 | 8 | $4/mmm$ | 16 |
| | 622 | 12 | $6/mmm$ | 24 |
| 立方点群 | 23 | 12 | $m3$ | 24 |
| | 432 | 24 | $m3m$ | 48 |

分析 11 种中心对称的点群发现，通过去除一些对称元素还可以再找出 10 种子群。这些子群满足点群的条件，因此可以独立地构成点群。它们的对称元素中没有对称操作 $\bar{1}$，所以为非中心对称点群。它们含有纯旋转对称操作和非纯旋转对称操作。这些子群与产生这些子群的中心对称点群的关系如表 2.12 所示，其相应的对称性参见 2.1.3 节的讨论。汇总表 2.11 和表 2.12 即可获得全部 32 种点群。

表 2. 12　中心对称点群和旋转群以外的非中心对称点群

| 晶系 | 国际符号 | | 从中心对称点群去除的元素 |
|---|---|---|---|
| | 中心对称点群 | 非中心对称点群 | |
| 单斜 | $2/m$ | $m$ | $c$ 向 2 |
| 正交 | $mmm$ | $mm2$ | $c$ 向 $m$ |
| 四方 | $4/m$ | $\bar{4}$ | $c$ 向 $m$ |
| | $4/mmm$ | $\bar{4}2m$ | $c$ 向 4 |
| | | $4mm$ | $c$ 向 $m$ |
| 三方 | $\bar{3}m$ | $3m$ | $c$ 向 2 |

| 晶系 | 国际符号 | | 从中心对称点群去除的元素 |
| --- | --- | --- | --- |
| | 中心对称点群 | 非中心对称点群 | |
| 六方 | $6/m$ | $\bar{6}$ | $\boldsymbol{c}$ 向 6 |
| | $6/mmm$ | $\bar{6}m2$ | $\boldsymbol{c}$ 向 6 |
| | | $6mm$ | $\boldsymbol{c}$ 向 $m$ |
| 立方 | $m3m$ | $\bar{4}3m$ | $\boldsymbol{a}$、$\boldsymbol{b}$、$\boldsymbol{c}$ 向 4 |

## 2.2.2　X 射线衍射的中心对称定律

　　X 射线衍射是常用的分析晶体内部结构的技术手段。图 2.10 给出了一个由 A、B、C 3 类原子构成的非中心对称结构。当 X 射线从 $[uvw]$ 方向照射进入晶体后，射线穿越路线上依次经历 A、B、C 3 层原子构成的晶面，即射线穿越原子面的顺序为 ABCABCABC……。当 X 射线从 $[\bar{u}\bar{v}\bar{w}]$ 方向，即 $[uvw]$ 的反演方向照射进入晶体后，穿越原子面的顺序则为 CBACBACBA……。两种照射方向穿越晶体时所经历的路径顺序不同，如果在 X 射线衍射强度上有所差异，则可以据此判断晶体的中心对称性。

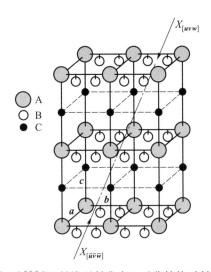

**图 2.10**　从 $[uvw]$ 和 $[\bar{u}\bar{v}\bar{w}]$ X 射线照射非中心对称结构时射线通过途径的差异

　　在多晶体 X 衍射强度公式（式 1.23）中结构因子反映了晶体内原子排布的规律（式 1.34）。X 射线衍射强度 $I$ 与结构因子的平方 $F_{HKL}^2$ 成正比[式（1.23）和式（1.35）］。结构因子中的原子散射因子 $f_j$ 在图 2.10 所示的结构中涉及 $f_A$、$f_B$、$f_C$。参照表 1.10 和表 1.11，原子散射因子主要受入射线波长 $\lambda$、半衍射角 $\theta$ 以及原子序数即原子核外电子数目的影响，其数值通常与入射穿越过程中经历不同原子层面的顺序无关，因此晶体某 $(HKL)$ 和 $(\bar{H}\bar{K}\bar{L})$ 面的原子序数、$\lambda$ 以及 $\theta$ 都相同，其原子散射因子并没有什么差别。参照式（1.35），对干涉面 $(\bar{H}\bar{K}\bar{L})$ 有

$$F_{\bar{H}\bar{K}\bar{L}}^2 = F_{\bar{H}\bar{K}\bar{L}} F_{\bar{H}\bar{K}\bar{L}}^* =$$

$$\left[ \sum_{j=1}^{n} f_j \cos 2\pi (Hx_j + Ky_j + Lz_j) \right]^2 + \left[ \sum_{j=1}^{n} f_j \sin 2\pi (Hx_j + Ky_j + Lz_j) \right]^2 = F_{HKL}^2$$

$$(2.11)$$

由此可见，不论实际晶体的对称性如何，X 射线衍射的自身规律造成 $(HKL)$ 衍射与 $(\bar{H}\bar{K}\bar{L})$ 衍射结构因子的绝对值相等，导致两种衍射的强度相同。也就是说，不管晶体是否具有反演中心，在晶体发生 X 射线衍射时会自动把反演中心强加于晶体之中，使晶体呈现中心对称性。这就是 X 射线衍射的弗里德（Friedel）定律，或称中心对称定律。

### 2.2.3　11 种劳厄群

X 射线照射晶体时所产生的衍射规律具有中心对称性，且与被照射的晶体本身是否具备中心对称性无关。因此，利用 X 射线衍射原则上不能区分 32 种点群，而只能直接识别不同的中心对称点群。这种中心对称点群称为劳厄群或劳厄对称群。参照表 2.11 与表 2.12 可知共有 11 种劳厄群。因此，从 X 射线衍射角度来看，32 种点群被合并成 11 种劳厄群。如点群 4 和 $\bar{4}$ 没有反演中心，但用 X 射线照射则显示中心对称性，表现出与中心对称性点群 $4/m$ 同样的衍射对称性。这样一来只能把这 3 个点群并入同一个劳厄群 $4/m$。如表 2.13 所示，按照这一规律可以把 32 个点群归纳成 11 种劳厄群。

**表 2.13**　11 种劳厄群及其所对应的非中心对称点群

| 中心对称性 | 三斜晶系 | 单斜晶系 | 四方晶系 | 三方晶系 | 六方晶系 | 立方晶系 |
|---|---|---|---|---|---|---|
| 非 | 1 | 2 <br> $m$ | 4 <br> $\bar{4}$ | 3 | 6 <br> $\bar{6}$ | 23 |
| 是（劳厄群） | $\bar{1}$ | $2/m$ | $4/m$ | $\bar{3}$ | $6/m$ | $m3$ |

| 中心对称性 | 正交晶系 | 四方晶系 | 三方晶系 | 六方晶系 | 立方晶系 |
|---|---|---|---|---|---|
| 非 | 222<br>mm2 | 422<br>4mm<br>$\bar{4}$2m | 32<br>3m | 622<br>6mm<br>$\bar{6}$m2 | 432<br>$\bar{4}$3m |
| 是(劳厄群) | mmm | 4/mmm | $\bar{3}$m | 6/mmm | m3m |

## 2.2.4 晶体中心对称性的 X 射线衍射强度统计分布检验法

判定晶体是否具有中心对称性是分析其晶体内部结构和对称性的主要内容。目前，常见的晶体对称性已经为人们所掌握，其中许多晶体内部的结构比较简单。然而随着材料科技的发展和高技术、新材料的不断涌现，一些全新的材料或传统材料中一些新相层出不穷。因此，人们在分析其晶体内部结构时不得不寻找各种技术手段首先判断其中心对称性。所幸的是，不少新出现且需分析的晶体其结构比较复杂，且对称性比较低，即其所对应点群的阶数 $h$ 比较低。由此造成在对其多晶体进行 X 射线衍射分析时产生较多的不同 {HKL} 晶面的衍射线条(图 2.11)。这一现象为采用比较简单的 X 射线衍射强度统计法判断晶体的中心对称性提供了可能。

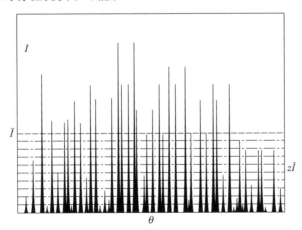

**图 2.11** X 射线衍射强度统计分布示意图

当实测的衍射线数目足够多时，利用描述衍射峰强度分布统计规律的 $N(z)$ 函数可以判别晶体的中心对称性。设实测 $n$ 个衍射强度 $I_j$，则平均衍射强度 $\bar{I}$ 为

$$\bar{I} = \frac{1}{n} \sum_{j=1}^{n} I_j \tag{2.12}$$

式中，$z$ 表示某一分数，$z$ 值通常为 0.1、0.2、0.3、…、1.0。实测衍射线强度中若有 $m(z)$ 个衍射强度低于 $z\bar{I}$ 值，即

$$m(z) = \sum_{i=1}^{n} k_i \left.\right|_{\substack{I_i < z \cdot \bar{I}, \ k_i = 1 \\ I_i \geqslant z \cdot \bar{I}, \ k_i = 0}} \tag{2.13}$$

则 $N(z)$ 函数可表示为

$$N(z) = \frac{m(z)}{n} \tag{2.14}$$

统计理论分析表明，当晶体为非中心对称性晶体时，有

$$N(z) = 1 - \exp(-z) \tag{2.15}$$

当晶体为中心对称性晶体时，有

$$N(z) = \mathrm{erf}\left(\sqrt{\frac{z}{2}}\right) = \frac{2}{\sqrt{\pi}} \int_0^{\sqrt{z/2}} \exp(-t^2) \mathrm{d}t \tag{2.16}$$

式中，erf 为误差函数。图 2.12 表示了这两个等式所表达的 $z$ 与 $N(z)$ 函数之间的关系。表 2.14 给出了中心对称($\bar{1}$)与非中心对称(1)晶体 $N(z)$ 函数的理论值，同时还给出了根据实测 $Ga_2Sn_2S_5$ 晶体 58 个衍射峰和实测 $CuAl_2$ 晶体 44 个衍射峰分区统计计算出来的 $N(z)$ 值。比较可知，$Ga_2Sn_2S_5$ 晶体应是非中心对称性晶体，而 $CuAl_2$ 则可判断为中心对称性晶体。

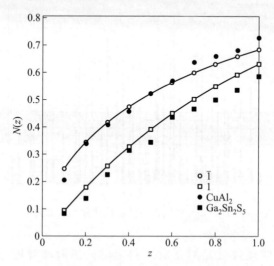

图 2.12　$N(z)$ 函数对比分析

**表 2.14** 理论与实测 $N(z)$ 函数值

| $z$ | $\bar{1}$ | 1 | $CuAl_2$ | $Ga_2Sn_2S_5$ |
|-----|-----------|-----------|-----------|---------------|
| 0.1 | 0.248 1 | 0.095 2 | 0.204 5 | 0.086 2 |
| 0.2 | 0.345 3 | 0.181 3 | 0.340 9 | 0.137 9 |
| 0.3 | 0.418 7 | 0.259 2 | 0.409 1 | 0.224 1 |
| 0.4 | 0.473 8 | 0.329 7 | 0.454 5 | 0.310 3 |
| 0.5 | 0.520 5 | 0.393 5 | 0.522 7 | 0.344 8 |
| 0.6 | 0.561 4 | 0.451 2 | 0.568 2 | 0.431 0 |
| 0.7 | 0.597 2 | 0.503 4 | 0.636 4 | 0.465 5 |
| 0.8 | 0.628 9 | 0.550 7 | 0.659 1 | 0.500 0 |
| 0.9 | 0.657 2 | 0.593 4 | 0.681 8 | 0.534 5 |
| 1.0 | 0.683 3 | 0.632 1 | 0.727 3 | 0.586 2 |

需要注意的是，作强度统计分布时需要足够多数目的衍射强度才能形成统计价值。另一方面，强度统计分布检验法只是一种经验性作法，在一些情况下不一定能反映出晶体真实的中心对称性，这往往还涉及强度检测数据的测量精度，因此需谨慎使用。或许需使用其他物理的方法来判断晶体是否存在中心对称[5]。

## 2.3 空间群简介

根据晶体的主要点对称特征可以粗略地把晶体划分成 7 种晶系。根据晶体的平移对称性可以归结出 14 种布拉维点阵，即 14 种平移群。根据晶体点对称性所包含的各种点对称操作组成的集合又可以把晶体归属成 32 种不同的点群。这些都是从晶体的点对称性或平移对称性的一个方面对晶体类型的划分。由此可知，晶体既具备点对称性（旋转、反演、旋转反演、平面反映组成的 32 种点群）又具备平移对称性（14 种平移群）。为了能全面、精准地表达晶体所具备的对称性，还需要引用一种同时能够描述晶体点对称性和平移对称性的数学方法。

晶体点阵与无限群特征的平移群对应，因此由无数个单胞组成。每个点阵单胞是一个平行六面体，单胞内有无数个几何点。分析晶体物质的结构时经常需要准确表达单胞内每个原子中心点的几何位置，因此需要规范地阐述和表达单胞内不同的几何点。图 2.13a 给出了某一晶体点阵单胞的平行六面体，六面体的 3 个棱边为点阵单胞长度分别为 $a$、$b$、$c$ 的 $\boldsymbol{a}$、$\boldsymbol{b}$、$\boldsymbol{c}$ 单胞矢量；三矢量相交于单胞的坐标原点[0，0，0]。国际上规定，表达单胞内任意一点($x$，$y$，$z$)时在单胞原点附近画一个圆圈，其中心位置坐标标示为($x$，$y$，$z$)。该中心点在 3 个单胞矢量的实际投影值为 $ax$、$by$、$cz$，因此 $x$、$y$、$z$ 的取值范围在 0~1 之间。由于点阵的三维平移对称性，几何点($x$，$y$，$z$)借助平移群的平移操作改变位置后所达到的任何几何点位置都会有与几何点($x$，$y$，$z$)完全相同的环境。如图 2.13a 中的点($x$，$y$，$z$)沿 $\boldsymbol{c}$ 矢量方向平移一个单位距离后达到该单胞之外的点($x$，$y$，$z+1$)的位置，点($x$，$y$，$z$)与($x$，$y$，$z+1$)完全等同。同理，($x$，$y$，$z$)与($x+1$，$y$，$z$)、($x$，$y+1$，$z$)、($x+1$，$y+1$，$z$)、…也完全等同。将这个单胞沿 $\boldsymbol{c}$ 矢量方向投影到 $\boldsymbol{a}\times\boldsymbol{b}$ 矢量所决定的平面上，则这个 $\boldsymbol{c}$ 向投影图如图 2.13b 所示，其中点($x$，$y$，$z$)的投影为一个圆圈，可以从投影图中量出该点的 $x$、$y$ 坐标值，其 $z$ 坐标值则为一个"+"，表示该点在 $\boldsymbol{a}\times\boldsymbol{b}$ 面上端 $z$ 处。如果单胞坐标原点(0，0，0)是一个反演中心，则对应任意点($x$，$y$，$z$)一定存在一个经反演操作的点($-x$，$-y$，$-z$)或($\bar{x}$，$\bar{y}$，$\bar{z}$)与之对应，即二者保持对称关系。举例来说，如果单胞($x$，$y$，$z$)位置上有一个原子，则在($\bar{x}$，$\bar{y}$，$\bar{z}$)位置上一定有一个同样的原子。反演操作使得($x$，$y$，$z$)与($\bar{x}$，$\bar{y}$，$\bar{z}$)不同宇，因此国际上规定把与($x$，$y$，$z$)不同宇的点用中心带逗号","的圆圈标示(图 2.13a)。由于平移对称的关系，($\bar{x}$，$\bar{y}$，$\bar{z}$)点一定对应着同样的($1-x$，$1-y$，$-z$)点。在 $\boldsymbol{a}\times\boldsymbol{b}$ 面上画投影图时，各点的$-z$ 坐标值则用一个"-"表示该点在 $\boldsymbol{a}\times\boldsymbol{b}$ 面下端$-z$ 处(图 2.13b)。注意，涉及同宇或不同宇的问题时需要关注的不仅是圆圈中心所代表的几何点的位置，还需要关注相关几何点周围三维空间的环境。如果($x$，$y$，$z$)位置代表左手的中心，则反演操作后所获得的($\bar{x}$，$\bar{y}$，$\bar{z}$)位置就代表右手中心；二者的三维环境并不完全相同，而是具备反演对称的三维环境。仅借助旋转操作永远无法把左手转成右手，只有借助一次或奇数次反演操作才可以实现。投影图中所有不带逗号的圆圈都可以理解成左手的中心，所有带逗号的圆圈都可以理解成右手的中心。如果在左手坐标系内用"○"表示单胞内任意一点($x$，$y$，$z$)及其借助旋转获得的对称位置，用右手坐标系表示经奇数次反演获得的各"⨀"点位置，则可以发现两组点的位置在各自坐标系内以同样的坐标值一一对应。用各自的右手、左手坐标系描述时，"○"位置组相互之间的位置逻辑关系与"⨀"位置组相互之间的位置逻辑关系完全相同，但用统一的坐标系描述这两组位置时，这两组位置不能通过纯旋转互换，即从三维空间各位置相互的逻辑关系来看，二者不同宇。

如果图 2.13c 所示的正交晶体点阵单胞矢量 $\boldsymbol{b}\times\boldsymbol{c}$ 所决定的平面是一个镜面，则这个镜面可以在 $\boldsymbol{c}$ 向投影图中按照表 1.1 的规定标示出来(图 2.13d)。

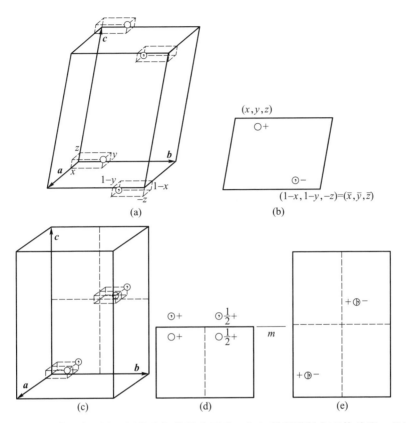

**图 2.13** 点阵单胞内国际通用的几何位置表示法：（a）任意平行六面体单胞；（b）平行六面体单胞 **c** 向投影图；（c）正交晶系单胞；（d）正交晶系单胞 **c** 向投影图；（e）正交晶系单胞 **a** 向投影图

镜面的存在导致几何点 $(-x，y，z)=(\bar{x}，y，z)$ 与任意几何点 $(x，y，z)$ 对称，即二者完全等同。因相应平面反映操作中包含了 1 次反演操作，这两个点不同宇；因此用图形标示 $(\bar{x}，y，z)$ 点位置时需加带 "，" 号的圆圈（图 2.13d）。如果垂直于镜面作单胞的 **a** 向投影图，则点 $(\bar{x}，y，z)$ 与点 $(x，y，z)$ 会重叠在一起，为表示这两个点的存在，需把表示两点投影位置的圆圈一分为二（图 2.13e），一侧为半个圆圈外加 "+" 号，表示位置点在 **b**×**c** 面上端 $+x$ 处；一侧为半个圆圈内加 "，" 号，外加 "−" 号，表示位置点在 **b**×**c** 面下端 $-x$ 处。如果该正交晶体点阵单胞属于正交 A 点阵，则根据该点阵平移对称性，存在点 $(x，y，z)$ 的同时必然还存在与之对称的等同点 $(x，1/2+y，1/2+z)$；同时，镜面也造成与之不同宇的点 $(\bar{x}，1/2+y，1/2+z)$。在 **c** 向投影图中 $1/2+z$ 表达成 "1/2+"（图 2.13d）。在国际常用的任意几何点位置标示系统中还会出现 "1/3"、

"1/4"、"1/8"、"3/4"等分数，表示沿投影方向一个单胞距离的分数值。对"0"不作标示，由于点阵本身必然存在的平移对称性，任何整数部分都会被自动删除。

### 2.3.1　空间群的概念

平移群中的恒等操作与点群中的恒等操作虽然是两种不同类型群的单位元素，但它们的操作效果——"不动"是相同的，一个不移动，一个不转动。因此，它们可以构成平移群和点群共有的单位元素，这样一来这两个群的元素之间就可以相乘了，且对称元素间相乘有交换律。设有一点阵，其平移对称操作数为 $N$，且其中阵点所代表的晶体内部结构具有阶数为 $h$ 的点群对称性；二者相乘可构成新的对称操作元素的集合，这些新元素称为几何对称操作。几何对称操作的集合可构成一个新的群，其内几何对称操作的数目共有 $hN$ 个；$N$ 实际上有无穷多，因此这个群属于无限群。这个能使三维周期物体（无限大晶体）自身重复的几何对称操作的集合称为空间群[3,6]。构成空间群的对称操作的集合也构成数学意义上的群。空间群以高度的数学抽象方式表述了实际晶体的全部对称性。平移群中的恒等操作，即零平移与 $h$ 个点对称操作组合成 $h$ 个空间对称操作，这些对称操是空间群的基本操作。而 $hN$ 个操作中的其他操作称为空间群的非基本操作。点群的恒等操作 1 与 $N$ 个平移操作相乘，仍是简单的平移对称操作。点群可以被看做以一个不动点为中心的一组点对称操作；从空间几何的角度观察，点群与平移群相乘则可以理解成点群的不动点及其点对称操作集合按照平移群的规律在三维空间周期性地平移。无穷多个平移操作 $N$ 造成无穷多个完全相同的点群以其内的不动点为标示在三维空间周期性排列。对每一个点群来说，其不动点在点群的点对称操作下不动，但无穷多个点群的不动点之间却存在点阵周期性的相对位移。

全部空间群操作都可以很方便地用赛兹算符 $\{\boldsymbol{R}\mid \boldsymbol{t}\}$ 描述。$\boldsymbol{R}$ 表示点操作，$\boldsymbol{t}$ 表示平移操作。这两个操作作用于三维空间任一矢量 $\boldsymbol{r}=x\boldsymbol{a}+y\boldsymbol{b}+z\boldsymbol{c}$ 时，可表示为

$$\{\boldsymbol{R}\mid \boldsymbol{t}\}\boldsymbol{r}=\begin{bmatrix} R_{11} & R_{12} & R_{13} \\ R_{21} & R_{22} & R_{23} \\ R_{31} & R_{32} & R_{33} \end{bmatrix}\begin{bmatrix} x \\ y \\ z \end{bmatrix}+\begin{bmatrix} t_1 \\ t_2 \\ t_3 \end{bmatrix} \tag{2.17a}$$

或

$$\{\boldsymbol{R}\mid \boldsymbol{t}\}\boldsymbol{r}=\boldsymbol{R}\boldsymbol{r}+\boldsymbol{t} \tag{2.17b}$$

式中，$\boldsymbol{R}=[R_{ij}]$ 可以是点群中任一点对称操作；$\boldsymbol{t}$ 可以是平移群中的任意平移。

几何对称操作集合内任意两操作 $\{\boldsymbol{R}\mid \boldsymbol{t}\}$ 和 $\{\boldsymbol{S}\mid \boldsymbol{v}\}$ 相乘，有

$$\{R\mid t\}\{S\mid v\}r = \{R\mid t\}(Sr+v) = R(Sr+v)+t$$
$$= RSr+Rv+t = \{RS\mid Rv+t\}r \tag{2.18}$$

式中，**RS** 为点群中另一点对称操作；**Rv** 是一对称平移，即为经过点对称操作后的 **v** 方向平移，因而 **Rv+t** 仍是对称平移。可见，任何两个操作算符之积仍然可以是集合中的一个操作算符，即该集合具有封闭性。

空间群的单位元素即是恒等元素 $\{1\mid 0\}$，其中 **0** 是零平移矢量。$\{R\mid t\}$ 的逆算符为 $\{R\mid t\}^{-1}$，即 $\{R^{-1}\mid -R^{-1}t\}$，因为 $\{R\mid t\}\{R^{-1}\mid -R^{-1}t\}r = \{R\mid t\}$ $(R^{-1}r-R^{-1}t)+t = R(R^{-1}r-R^{-1}t)+t = r-t+t = \{1\mid 0\}r$，即 $\{R\mid t\}$ 的逆算符为

$$\{R\mid t\}^{-1} = (R^{-1}\mid -R^{-1}t) \tag{2.19}$$

由式(2.18)可知，$\{R\mid t\}\{S\mid v\} = \{RS\mid Rv+t\}$，因而可推导出

$$\{R\mid t\}\{S\mid v\}\{U\mid d\} = \{RS\mid Rv+t\}\{U\mid d\} = \{RSU\mid RSd+Rv+t\} \tag{2.20}$$

且有

$$\{R\mid t\}\{S\mid v\}\{U\mid d\} = \{R\mid t\}\{SU\mid Sd+v\} = \{RSU\mid RSd+Rv+t\} \tag{2.21}$$

所以结合律成立。

由此可见，由各种对称操作 $\{R\mid t\}r = Rr+t$ 的集合可以构成一个群，即空间群。若空间群中平移操作是零平移 **0** 时，赛兹算符表示的是某点群 $\{R\mid 0\}$，即只存在点对称性。若空间群中点操作是恒等操作 **1** 时，赛兹算符表示的是描述平移对称性的某一空间点阵 $\{1\mid t_N\}$；布拉维点阵的平移矢量表达式为

$$t_N = N_1a + N_2b + N_3c \tag{2.22}$$

式中，**a**、**b**、**c** 是相应点阵的单胞平移矢量。对于初基点阵，$N_1$、$N_2$、$N_3$ 只能取整数，$N$ 的总个数为 $N_1\cdot N_2\cdot N_3$。对于惯用单胞的非初基点阵，这里的 $N_1$、$N_2$、$N_3$ 除了取任意整数外，还可以在点阵约定的平移规律内取相应的"整数±1/2"。如对于体心点阵，$N_1$、$N_2$、$N_3$ 还可以同时取任意整数±1/2；对于底心点阵 $C$，$N_1$ 与 $N_2$ 还可以同时取任意整数±1/2；对于面心点阵，$N_1$ 与 $N_2$、$N_2$ 与 $N_3$、$N_3$ 与 $N_1$ 还可以分别同时取任意整数±1/2；对于六角坐标系表示 $R$ 点阵时，参见图 1.11，$N_1$、$N_2$、$N_3$ 还可以分别取为任意整数+1/3、任意整数−1/3、任意整数+1/4，以及任意整数−1/3、任意整数+1/3、任意整数−1/4，等等。由此可见，平移矢量 $t_N$ 实际上表达的是相应布拉维点阵所有可能的平移矢量，即点阵平移矢量。

## 2.3.2 非点式对称操作

参照表 1.3，一个正交晶系底心等效点阵 $A$ 内有两个阵点，其坐标分别为 $(0，0，0)$ 和 $(0，1/2，1/2)$；即这两个点是完全等价的对称点，具备同样的

周围环境。如果相对于点$(0，0，0)$有一个任意点$(x，y，z)$，则相对于点$(0，1/2，1/2)$一定存在一个点$(x，1/2+y，1/2+z)$与之对称（图 2.14a），即对任意点$(x，y，z)$作$(0，1/2，1/2)$平移后的位置一定与平移前的位置对称。如果过$(0，0，0)$点的 $c$ 轴是 2 次轴，则过点$(0，1/2，1/2)$且平行于 $c$ 轴的轴也一定是 2 次轴（图 2.14b）。过$(0，0，0)$点的 2 次轴操作可使点$(x，y，z)$变换到与之对称的点$(-x，-y，z)$，过点$(0，1/2，1/2)$的 2 次轴可以使点$(x，1/2+y，1/2+z)$变换到与之对称的点$(-x，1/2-y，1/2+z)$（图 2.14b）。点$(x，y，z)$与点$(-x，1/2-y，1/2+z)$也是对称的。观察二者之间的关系可见，将点$(x，y，z)$经过$(0，0，0)$的 2 次对称操作变换到点$(-x，-y，z)$，再作点阵$(0，1/2，1/2)$对称平移后即可到达点$(-x，1/2-y，1/2+z)$。或将点$(x，y，z)$先作点阵$(0，1/2，1/2)$对称平移至对称位置$(x，1/2+y，1/2+z)$，再作经过点$(0，0，0)$的 2 次对称操作可变换到点$(-x，-1/2-y，1/2+z)$；点阵的单胞整数平移永远是对称平移，因此点$(-x，-1/2-y，1/2+z)$沿 $b$ 向平移一个单胞距离到点$(-x，1/2-y，1/2+z)$后二者仍是互相对称的位置，因此也说明$(x，y，z)$与$(-x，1/2-y，1/2+z)$是对称的。$(-x，1/2-y，1/2+z)$与$(x，1/2+y，1/2+z)$的关系相当于绕过$(0，1/2，1/2)$的 2 次轴作对称操作[3,4]。

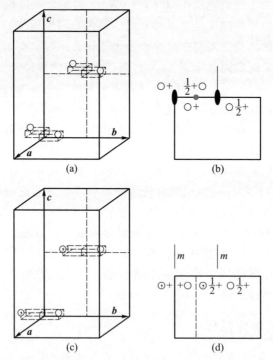

**图 2.14**　正交晶系 A 点阵单胞：$c$ 向为 2 次轴的单胞（a）及其 $c$ 向投影图（b）；$b$ 向为 2 次旋转反演轴（镜面法向）的单胞（c）及其 $c$ 向投影图（d）

若用矢量 $\boldsymbol{r}$ 表示点 $(x, y, z)$ 的位置，则上述的两个 2 次旋转与点阵平移的复合操作可以用数学表达为

$$2_{[001]} \cdot \boldsymbol{r} + \begin{bmatrix} 0 & \dfrac{1}{2} & \dfrac{1}{2} \end{bmatrix} = \begin{bmatrix} -1 & 0 & 0 \\ 0 & -1 & 0 \\ 0 & 0 & 1 \end{bmatrix} \begin{bmatrix} x \\ y \\ z \end{bmatrix} + \begin{bmatrix} 0 \\ \dfrac{1}{2} \\ \dfrac{1}{2} \end{bmatrix} = \begin{bmatrix} -x \\ \dfrac{1}{2} - y \\ \dfrac{1}{2} + z \end{bmatrix}$$

$$2_{[001]} \cdot \left\{ \boldsymbol{r} + \begin{bmatrix} 0 & \dfrac{1}{2} & \dfrac{1}{2} \end{bmatrix} \right\} = \begin{bmatrix} -1 & 0 & 0 \\ 0 & -1 & 0 \\ 0 & 0 & 1 \end{bmatrix} \left\{ \begin{bmatrix} x \\ y \\ z \end{bmatrix} + \begin{bmatrix} 0 \\ \dfrac{1}{2} \\ \dfrac{1}{2} \end{bmatrix} \right\}$$

$$= \begin{bmatrix} -x \\ -\dfrac{1}{2} - y \\ \dfrac{1}{2} + z \end{bmatrix} = \begin{bmatrix} -x \\ \dfrac{1}{2} - y \\ \dfrac{1}{2} + z \end{bmatrix}$$

由此可见，点 $(x, y, z)$ 与点 $(-x, 1/2-y, 1/2+z)$ 是等同的对称点。如果观察这两个点的直接关系，相当于 $\boldsymbol{c}$ 向投影图上过两点之间的中点（图 2.14b 中的灰色点）有一个 2 次轴，将点 $(x, y, z)$ 绕这个轴作 2 次旋转后再沿 $\boldsymbol{c}$ 向平移 1/2 个单胞距离即可达到点 $(-x, 1/2-y, 1/2+z)$ 的位置，因此这里特定位置的 2 次旋转操作再加一个 $\boldsymbol{c}/2$ 的平移也是一个对称操作。注意，这里的平移不是单胞所属点阵的点阵平移，且平移量低于点阵最小的对称平移量。

如果这个正交晶系底心等效点阵 $A$ 内过 $(0, 0, 0)$ 点垂直于 $\boldsymbol{b}$ 轴是一个镜面 $m$，则可使点 $(x, y, z)$ 变换到与之对称的非同宇点 $(x, -y, z)$，使点 $(x, y+1/2, z+1/2)$ 变换到与之对称的非同宇点 $(x, -1/2-y, 1/2+z)$（图 2.14c）。由于点阵平移对称性的存在，必然存在着与点 $(x, -y, z)$ 完全等同的点 $(x, 1-y, z)$ 和与点 $(x, -1/2-y, 1/2+z)$ 完全等同的点 $(x, 1/2-y, 1/2+z)$。过 $(0, 0, 0)$ 点存在镜面 $m$，则过 $(0, 1/2, 1/2)$ 点一定存在同样的镜面，这个镜面可以直接把点 $(x, 1/2+y, 1/2+z)$ 变换到与之对称的非同宇点 $(x, 1/2-y, 1/2+z)$。点 $(x, y, z)$ 与点 $(x, 1/2-y, 1/2+z)$ 也是非同宇对称的。观察二者之间的关系可见，将点 $(x, y, z)$ 经过 $(0, 0, 0)$ 的平面反映对称操作变换到非同宇点 $(x, -y, z)$，再作点阵 $(0, 1/2, 1/2)$ 对称平移后即可到达点 $(x, 1/2-y, 1/2+z)$。或将点 $(x, y, z)$ 先作点阵 $(0, 1/2, 1/2)$ 对称平移至对称位置 $(x, 1/2+y, 1/2+z)$，再作经过点 $(0, 0, 0)$ 的平面反映对称操作，可变换

到非同字点$(x,\ -1/2-y,\ 1/2+z)$。点阵单胞的整数平移对称使点$(x,\ -1/2-y,\ 1/2+z)$沿 $b$ 向平移一个单胞距离到点$(x,\ 1/2-y,\ 1/2+z)$后，二者仍是互相对称的位置，因此也说明$(x,\ y,\ z)$与$(x,\ 1/2-y,\ 1/2+z)$是对称的。这两个平面反映与点阵平移的复合操作可以用数学表达为

$$m_{[010]}\cdot r + \begin{bmatrix} 0 & \dfrac{1}{2} & \dfrac{1}{2} \end{bmatrix} = \begin{bmatrix} 1 & 0 & 0 \\ 0 & -1 & 0 \\ 0 & 0 & 1 \end{bmatrix}\begin{bmatrix} x \\ y \\ z \end{bmatrix} + \begin{bmatrix} 0 \\ \dfrac{1}{2} \\ \dfrac{1}{2} \end{bmatrix} = \begin{bmatrix} x \\ \dfrac{1}{2}-y \\ \dfrac{1}{2}+z \end{bmatrix}$$

$$m_{[010]}\cdot\left\{ r + \begin{bmatrix} 0 & \dfrac{1}{2} & \dfrac{1}{2} \end{bmatrix} \right\} = \begin{bmatrix} 1 & 0 & 0 \\ 0 & -1 & 0 \\ 0 & 0 & 1 \end{bmatrix}\left\{ \begin{bmatrix} x \\ y \\ z \end{bmatrix} + \begin{bmatrix} 0 \\ \dfrac{1}{2} \\ \dfrac{1}{2} \end{bmatrix} \right\}$$

$$= \begin{bmatrix} x \\ -\dfrac{1}{2}-y \\ \dfrac{1}{2}+z \end{bmatrix} = \begin{bmatrix} x \\ \dfrac{1}{2}-y \\ \dfrac{1}{2}+z \end{bmatrix}$$

由此可见，此时点$(x,\ y,\ z)$与点$(x,\ 1/2-y,\ 1/2+z)$是等同的非同字对称点。如果观察这两个点的直接关系，等同于过$(0,\ 1/4,\ 0)$点垂直于 $b$ 轴的镜面 $m$（图 2.14d 虚线所示）对点$(x,\ y,\ z)$作平面反映操作后再沿 $c$ 向平移 1/2 个单胞距离，即可达到点$(x,\ 1/2-y,\ 1/2+z)$的位置，因此这里特定位置的平面反映操作 $m$ 再加一个 $c/2$ 的平移也是一个对称操作；这里的平移也不是单胞所属点阵的点阵平移，且平移量低于点阵最小的对称平移量[3,4]。

在某些空间群的对称操作中，平移对称操作与点对称操作相结合后可能会得到一种新的对称操作类型。用赛兹算符$\{R\mid t\}$表示这类操作时其平移操作 $t$ 并不仅是式(2.22)所示的点阵平移操作 $t_N$，还包含了比点阵单胞平移量还小的平移 $\tau$；平移造成对称操作过程中不存在不动的点，因此这类对称操作称为非点式对称操作，$\tau$ 简称为非点阵平移。与之相对应，赛兹算符$\{R\mid t\}$中的平移操作 $t=0$ 的对称操作称为点式对称操作；但鉴于始终存在点阵平移，把赛兹算符$\{R\mid t\}$中 $t$ 仅为点阵平移 $t_N$ 的也归结为点式对称操作。赛兹算符可把非点式操作表示为

$$\{R\mid\tau\}r = Rr + \tau \tag{2.23}$$

式中，$r$ 为任一位置矢量。式(2.23)表示对 $r$ 先作点操作 $R$，然后作非点阵平

移 $\tau$。对于点式操作有 $\tau = 0$，或 $\tau = t_N$。

非点式对称操作的存在导致空间群分成两大类：一类称为点式空间群，另一类称为非点式空间群。可以完全由作用于一个公有不动点的点对称操作作为基本操作所确定的空间群称为点式空间群；去除其内点阵平移后所获得的基本操作中不含有任何比点阵单胞平移还要小的非点阵平移 $\tau$。如果空间群的基本操作中无论如何需采用至少一个非点式对称操作来描述空间群时，该空间群为非点式空间群。非点式对称操作又分成旋转与非点阵平移 $\tau$ 组合而成的对称操作以及平面反映与非点阵平移 $\tau$ 组合而成的对称操作两大类[3]。

### 2.3.2.1 螺旋操作

由旋转与平行于旋转轴的非点阵平移复合而成的对称操作称为螺旋操作（如图 2.14b），这是一类非点式对称操作；其中的旋转操作轴称为螺旋轴。在这种复合操作中，两种操作进行的顺序不重要，即赛兹算符中的 $\boldsymbol{Rr}$ 和 $\tau$ 有交换律。与旋转操作相同，螺旋轴只可以有 2、3、4、6 次轴。螺旋操作是一种复合操作，1 次轴操作为恒等操作或不操作，所以不存在 1 次螺旋操作。

以三方晶系的硒(Se)晶体为例，图 2.15a 展示了 Se 晶体的 $(10\bar{1}0)$ 晶面[7]。分析显示，Se 晶体单胞内原子的排列方式如图 2.15b 和 c。从晶体单胞的 $[0001]$ 方向观察可以发现，单胞内存在许多 3 次螺旋轴，Se 原子围绕这些 $\boldsymbol{c}$ 向螺旋轴呈对称关系(图 2.15d)，即 Se 原子相对于这些螺旋轴顺时针 3 次旋转操作后再沿 $\boldsymbol{c}$ 向平移 1/3 个单胞距离即可达到对称位置。实际上，许多晶体内都会存在各种不同的螺旋对称性。

一个 $n$ 次螺旋操作对任意一位置矢量 $\boldsymbol{r}$ 进行 $n$ 次操作后转了一周($360°$)。这时物体沿螺旋轴做了 $n$ 次平移。平移总量须是点阵平移单位的整数倍 $N$，否则会破坏晶体的平移对称性。设 $\boldsymbol{R}$ 是次数为 $n$ 的旋转操作，平移方向为 $R$ 操作的轴向，所以有 $R\tau = \tau$；设非点阵平移 $\tau$ 为点阵平移单位 $1/n$ 的整数倍 $k$，由此可以证明

$$\{\boldsymbol{R} \mid \tau\}^n \boldsymbol{r} = \{\boldsymbol{R} \mid \tau\}\{\boldsymbol{R} \mid \tau\} \cdots \{\boldsymbol{R} \mid \tau\} \boldsymbol{r} \qquad n \text{ 个} \{\boldsymbol{R} \mid \tau\}$$
$$= \{\boldsymbol{R} \mid \tau\} \cdots \{\boldsymbol{R} \mid \tau\}(\boldsymbol{Rr} + \tau) \qquad n-1 \text{ 个} \{\boldsymbol{R} \mid \tau\}$$
$$= \{\boldsymbol{R} \mid \tau\} \cdots \{\boldsymbol{R} \mid \tau\}(R2\boldsymbol{r} + \boldsymbol{R}\tau + \tau) \qquad n-2 \text{ 个} \{\boldsymbol{R} \mid \tau\}$$
$$= \{\boldsymbol{R} \mid \tau\} \cdots \{\boldsymbol{R} \mid \tau\}(R2\boldsymbol{r} + 2\tau) \qquad n-3 \text{ 个} \{\boldsymbol{R} \mid \tau\}$$
$$= \boldsymbol{R}^n \boldsymbol{r} + n\tau$$

这样有

$$\{\boldsymbol{R} \mid \tau\}^n \boldsymbol{r} = \boldsymbol{R}^n \boldsymbol{r} + n\tau = \{\boldsymbol{R}^n \mid n\tau\} \boldsymbol{r} \qquad (2.24)$$

$\boldsymbol{R}^n$ 实际是恒等操作，所以 $n\tau$ 必须为单胞点阵平移。由式(2.24)可得

$$\{\boldsymbol{R} \mid \tau\}^n = \{n \mid \tau\}^n = \{1 \mid t_N\} = t_N \qquad (2.25)$$

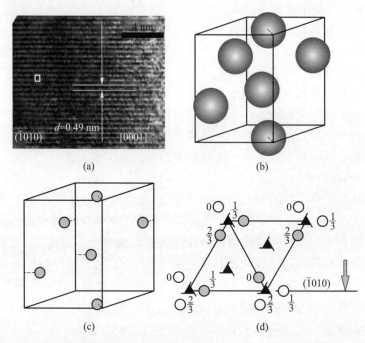

图 2.15　三方晶系（硒）Se 晶体的原子的排列：（a）高分辨电镜观察 Se 晶体的
（$\bar{1}010$）晶面（左侧中间的白色小矩形为一个晶胞范围）[7]；（b）晶体单胞内 Se 原
子的排列方式；（c）晶体单胞内 Se 原子中心位置的相对关系；（d）从［0001］方向
观察 Se 原子呈 3 次螺旋对称性关系示意

式中，$t_N$ 由式（2.22）定义，且有 $\{1 \mid t_N\} = \{R^n \mid n\tau\}$。由此可见，每次平移量
是点阵单胞平移矢量的 $1/n$ 或 $k/n$，$n$ 次旋转操作之后得到的 $t_N$ 是点阵单胞平
移的 1 倍或 $k$ 倍。通常国际符号用 $n_k$ 表示螺旋轴，其平移分数是单胞基本平
移矢量的 $k/n$，$n$ 是旋转操作 $R$ 的次数。根据可能的旋转轴共可以穷举推导出
11 种螺旋操作，即

$$2_1、3_1、3_2、4_1、4_2、4_3、6_1、6_2、6_3、6_4、6_5 \qquad (2.26)$$

图 2.15 所示的是 $3_2$ 螺旋对称性。表 2.15 列出了可能存在的 11 种螺旋对
称操作名称、国际符号及其操作元素的图形符号。

例如，对螺旋轴 $4_1$ 有 $n=4$，平移分数是 1/4。图 2.16a 在立体示意图中给
出了沿 $c$ 向进行 4 次 $4_1$ 螺旋操作过程中某几何点（白圈）的相对位置。$4_1$ 的每
次旋转使 $r$ 转 90°，再作 $c$ 向 1/4 的平移，即 $\tau = c/4$（图 2.16a）。$4_1$ 操作的俯
视图 2.16b 表明进行 4 次连续操作转 360°后总平移量为一个单胞整数距离 $c$，
即又恢复到了 4 次操作前的状态；因为作为基本对称操作，单纯的点阵平移需

要自动去除。可以看出，由于晶体必然存在的周期性平移对称性，多次螺旋对称操作的组合具有封闭性。

**表 2.15** 可能存在的各种非点式对称操作名称、国际符号及其操作元素的图形符号

| 操作<br>名称 | 对称元素<br>名称 | 国际<br>符号 | 垂直于投影<br>面的图形 | 平行于投影<br>面的图形 |
|---|---|---|---|---|
| 2 次螺旋操作 | 2 次螺旋轴 | $2_1$ | | |
| 3 次螺旋操作 | 3 次螺旋轴 | $3_1$ | | |
| 3 次螺旋操作 | 3 次螺旋轴 | $3_2$ | | |
| 4 次螺旋操作 | 4 次螺旋轴 | $4_1$ | | |
| 4 次螺旋操作 | 4 次螺旋轴 | $4_2$ | | |
| 4 次螺旋操作 | 4 次螺旋轴 | $4_3$ | | |
| 6 次螺旋操作 | 6 次螺旋轴 | $6_1$ | | |
| 6 次螺旋操作 | 6 次螺旋轴 | $6_2$ | | |
| 6 次螺旋操作 | 6 次螺旋轴 | $6_3$ | | |
| 6 次螺旋操作 | 6 次螺旋轴 | $6_4$ | | |
| 6 次螺旋操作 | 6 次螺旋轴 | $6_5$ | | |
| 轴向滑移 | $a$、$b$ 滑移面 | $a$、$b$ | | $\frac{1}{2}$ |
| 轴向滑移 | $c$ 滑移面 | $c$ | | |
| 对角线滑移 | $n$ 滑移面 | $n$ | | $\frac{1}{4}$ |

| 操作<br>名称 | 对称元素<br>名称 | 国际<br>符号 | 垂直于投影<br>面的图形 | 平行于投影<br>面的图形 |
|---|---|---|---|---|
| 金刚石滑移 | $d$ 滑移面 | $d$ | —·—·—◀—·—·— | $\frac{3}{8}$　$\frac{1}{8}$ |
| 对角面滑移 | $g$ 滑移面 | $g$ | ————————— | |

注：其中滑移面垂直于投影面时，$a$、$b$、$g$ 滑移的平移矢量平行于投影面，$c$ 滑移的平移矢量垂直于投影面。当平行于投影面的对称元素不在 $z=0$ 的位置时要注明其实际的 $z$ 坐标值。

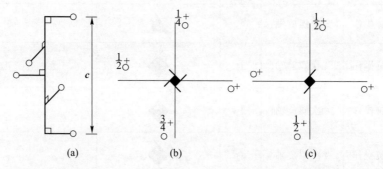

**图 2.16**　螺旋操作：（a）$4_1$ 操作；（b）$4_1$ 图示符号；（c）$4_2$ 图示符号

再例如螺旋对称操作 $4_2$（图 2.16c），基本平移是两个单位平移总量的 1/4，即 $2/4=1/2$。对任一点 $(x,\ y,\ z)$，作 $4_2^1$ 操作后有 $(-y,\ x,\ 1/2+z)$；作 $4_2^2$ 操作后有 $(-x,\ -y,\ 1+z)$，且可以转化成 $(-x,\ -y,\ z)$；作 $4_2^3$ 操作后有 $(y,\ -x,\ 1/2+z)$；作 $4_2^4$ 操作后有 $(x,\ y,\ 1+z)$，且可以转化成 $(x,\ y,\ z)$，即回到原始位置并实现封闭性。

可以借助矩阵计算分析螺旋操作对一般点的作用。例如，$3_{2[001]}=\{3_{[001]}\mid \tau(0,\ 0,\ 2/3)\}$。位置矢量 $\boldsymbol{r}$ 表示一般位置 $(x,\ y,\ z)$，因此有

$$\left\{3[001]\ \middle|\ \left(0,\ 0,\ \frac{2}{3}\right)\right\}\boldsymbol{r}=\begin{bmatrix}0 & -1 & 0\\ 1 & -1 & 0\\ 0 & 0 & 1\end{bmatrix}\begin{bmatrix}x\\ y\\ z\end{bmatrix}+\begin{bmatrix}0\\ 0\\ \dfrac{2}{3}\end{bmatrix}=\begin{bmatrix}-y\\ x-y\\ \dfrac{2}{3}+z\end{bmatrix}$$

所以 $3_2$ 操作把点 $(x,\ y,\ z)$ 转换到点 $(-y,\ x-y,\ 2/3+z)$ 处。

旋转后加非轴向平移，不构成新对称操作，仍只是对称旋转；仅相当将旋转轴位置做了平移（图 2.17）。因此，螺旋操作不包括垂直于螺旋轴的非点阵平移。

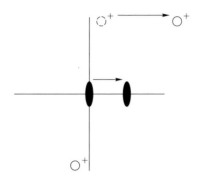

图 **2.17** 2次轴旋转加非轴向平移

### 2.3.2.2 滑移操作

由平面反映与平行于该平面的非点阵平移复合而成的新的对称元素称为滑移面，相应的对称操作称为滑移操作（如图 2.14d）；这也是一类非点式对称操作。晶体可有 4 种不同类型的滑移操作，即轴向滑移、对角线滑移、对角面滑移和金刚石滑移。平面反映与平移的先后次序无关。平移量为单胞基本平移矢量某一分数距离。表 2.15 列出了可能存在的各种滑移对称操作名称、国际符号及其操作元素的图形符号。

以六方晶系的镁（Mg）晶体为例，图 2.18a 和 b 分别展示了 Mg 晶体的 $(0001)$ 和 $(1\bar{2}10)$ 晶面[8]。Mg 晶体单胞内原子的排列方式如图 2.18c 和 d。从晶体单胞的 $[0001]$ 方向观察可以发现，单胞内存在若干 *c* 向滑移面；Mg 原子相对于这些滑移面呈对称性关系（图 2.18e），即 Mg 原子相对于这些滑移面作平面反映操作后再沿 *c* 向平移半个单胞距离即可达到对称位置。实际上，许多晶体内都会存在各种不同的滑移对称性。

轴向滑移的平移矢量 $\tau$ 平行于反映面，平移量是单胞轴长的一半（图 2.19a）。按平移方向可把轴向滑移分为 *a* 滑移、*b* 滑移、*c* 滑移。图 2.19a 表示了反映面垂直于 *a* 轴的 *b* 滑移。设反映面在 $x=0$ 处，对任一点 $(x, y, z)$ 有位置矢量 $r$，则滑移操作后的坐标变化为

$$\left\{ m_{[100]} \middle| \left(0, \frac{1}{2}, 0\right) \right\} r = m_{[100]} r + \left(0, \frac{1}{2}, 0\right)$$

$$= \begin{bmatrix} -1 & 0 & 0 \\ 0 & 1 & 0 \\ 0 & 0 & 1 \end{bmatrix} \begin{bmatrix} x \\ y \\ z \end{bmatrix} + \begin{bmatrix} 0 \\ \dfrac{1}{2} \\ 0 \end{bmatrix} = \begin{bmatrix} -x \\ \dfrac{1}{2} + y \\ z \end{bmatrix}$$

这样可以把点 $(x, y, z)$ 位置转换为 $(-x, 1/2+y, z)$；再作一次滑移操作可转

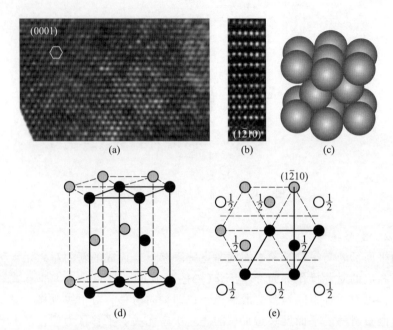

**图 2.18**　六方晶系镁(Mg)晶体的原子的排列：(a) 高分辨电镜观察 Mg 晶体的 (0001)晶面(左侧靠上的白色六边形为 3 个晶体单胞范围)[8]；(b) ($1\bar{2}10$)晶面的高分辨电镜观察；(c) 晶体三单胞内 Mg 原子的排列方式；(d) 晶体三单胞内 Mg 原子中心位置的相对关系；(e) 从[0001]方向观察 Mg 原子呈 $c$ 滑移对称性关系示意 (参见表 2.15 中的 $c$ 滑移面)

换成为($x$, $1+y$, $z$)，即点($x$, $y$, $z$)沿 $b$ 向平移了一个单位矢量距离，并还原到原来的位置。可以看出，由于存在点阵平移对称性，多次滑移对称操作仍可使对称操作的组合具有封闭性。

应该看到，轴向滑移中的反映面不可能与滑移方向垂直，否则实际只是镜面移动位置后的一般平面反映操作。如参见上述 $b$ 滑移过程(图 2.19b)，先作平面反映，再作 $\tau$＝($-1/2$, $0$, $0$)平移，操作后点($x$, $y$, $z$)位置转换为($-1/2-x$, $y$, $z$)，即位置 1 经平面反映到位置 2 后再平移$-1/2$到位置 3。这样的复合操作相当于原平面反映面沿 $a$ 向平移$-1/4$单胞长度后的一个普通的平面反映操作。

对角线滑移的滑移面可以垂直于 $a$、$b$ 或 $c$，并包括两个方向平移的合成平移，也称为 $n$ 滑移。通常的平移是($a\pm b$)/2、($b\pm c$)/2 或($c\pm a$)/2。其中，垂直于 $a$ 的滑移面上滑移量是($b\pm c$)/2，垂直于 $b$ 的滑移面上滑移量是($c\pm a$)/2，垂直于 $c$ 的滑移面上滑移量是($a\pm b$)/2。例如，垂直于 $c$ 的滑移其

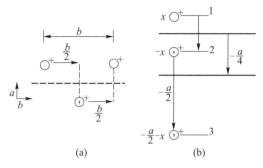

**图 2.19** 平面反映加平移：（a）滑移操作；（b）非滑移操作

平移量为 $(\boldsymbol{a}+\boldsymbol{b})/2$；设滑移面在 $z=0$ 处，则有（见图 2.20）

$$\left\{ m_{[001]} \left| \left( \frac{1}{2},\ \frac{1}{2},\ 0 \right) \right\} \right. \boldsymbol{r} = m_{[001]}\boldsymbol{r} + \left( \frac{1}{2},\ \frac{1}{2},\ 0 \right)$$

$$= \begin{bmatrix} 1 & 0 & 0 \\ 0 & 1 & 0 \\ 0 & 0 & -1 \end{bmatrix} \begin{bmatrix} x \\ y \\ z \end{bmatrix} + \begin{bmatrix} 1/2 \\ 1/2 \\ 0 \end{bmatrix} = \begin{bmatrix} 1/2 + x \\ 1/2 + y \\ -z \end{bmatrix}$$

这样把点 $(x,\ y,\ z)$ 的位置转换成 $(1/2+x,\ 1/2+y,\ -z)$。确定了是哪种 $n$ 滑移，即可获知平移矢量 $\boldsymbol{\tau}$。

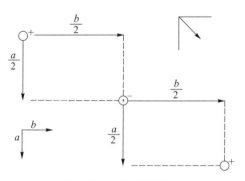

**图 2.20** 对角线滑移 $n$

在四方或立方晶系中也可能有垂直于 $\boldsymbol{a}\pm\boldsymbol{b}$、$\boldsymbol{b}\pm\boldsymbol{c}$ 或 $\boldsymbol{c}\pm\boldsymbol{a}$ 的滑移面，称为 $g$ 滑移，也可称为对角面滑移。对角面滑移多为两个方向平移的合成平移。四方晶系中滑移面是垂直于 $\boldsymbol{a}\pm\boldsymbol{b}$ 的面，平移矢量是 $(\boldsymbol{a}\mp\boldsymbol{b})/2$。立方晶系的滑移面垂直于 $\boldsymbol{a}\pm\boldsymbol{b}$、$\boldsymbol{b}\pm\boldsymbol{c}$ 或 $\boldsymbol{c}\pm\boldsymbol{a}$，平移矢量分别是 $(\boldsymbol{a}\mp\boldsymbol{b})/2$、$(\boldsymbol{b}\mp\boldsymbol{c})/2$ 或 $(\boldsymbol{c}\mp\boldsymbol{a})/2$。立方晶系还会出现 3 个方向平移的合成平移，滑移面垂直于 $\boldsymbol{a}\pm\boldsymbol{b}$、$\boldsymbol{b}\pm\boldsymbol{c}$ 或 $\boldsymbol{c}\pm\boldsymbol{a}$ 时，平移矢量分别是平行于滑移面的 $\boldsymbol{a}/2\pm\boldsymbol{b}/2\pm\boldsymbol{c}/4$、$\boldsymbol{a}/4\pm\boldsymbol{b}/2\pm\boldsymbol{c}/2$ 或 $\boldsymbol{a}/2\pm\boldsymbol{b}/$

$4 \pm c/2$。

　　金刚石滑移也称为 $d$ 滑移，可出现于正交、四方或立方晶系；其滑移面垂直于 $a$、$b$ 或 $c$，平移量是平行于滑移面的 $(a \pm b)/4$、$(b \pm c)/4$ 或 $(c \pm a)/4$。在四方或立方晶系中也可能有垂直于 $a \pm b$、$b \pm c$ 或 $c + a$ 的 $d$ 滑移，其平移量为 $(a \pm b \pm c)/4$。

### 2.3.3　点式空间群

　　将 32 种点群与 14 种布拉维点阵中适当的点阵结合，或点群以适当点阵的平移规律周期性重复就可以获得点式空间群，即每种点群都可以与相应晶系中所有可能的布拉维初基 $P$、体心 $I$、面心 $F$ 或底心 $C$ 点阵结合。此时，在点式空间群中只选取零平移时可构成点群，只选取点群恒等操作时可构成布拉维点阵，即平移群。

　　例如，将以某种正交点群对称性规则排列的原子或原子团，以合适的坐标方向与正交 $P$ 点阵结合，以便依照该阵点的排列规律平移，进而促使原子或原子团具备点阵的平移对称性，由此可得到该晶体的三维结构以及描述该物体内部结构全部对称性的空间群。设原子或原子团的正交点对称性为 $mm2$，则所构成的空间群用国际符号记为 $Pmm2$，其中 $P$ 代表初基点阵，$mm2$ 代表这种空间群的各种基本对称操作。若要使每个阵点都有正交对称性，则放置正交对称物体时必须使其镜面 $m$、2 次轴沿着点阵单胞某一轴向。这样构成的结构对任一阵点都有正交点对称性 $mm2$，同时在整体上有正交平移对称性 $P$。点群与平移群结合后，点群的各对称元素都会以平移群所限定的规律在三维空间内呈周期性排列。

　　通过前面的逐步阐述，可以尝试想象并抽象地理解空间群所能描述的晶体对称性，另外通过赛兹算符、矩阵运算、矢量运算等手段可以数学的方式表达并理解空间群。然而这些表达空间群的方法都比较抽象，因此还需要直观表达空间群的作图方法。在选择了空间群的原点之后，可以借助绘制单胞结构图来展示空间群所表达的对称性。对于点式空间群通常选择相应点群的不动点作为结构单胞的原点。相关的绘图原则及绘图所需的各种图形符号（参见表 1.1 及表 2.15）在公开发布的《晶体学国际表》（International Tables for Crystallography，简称国际表）中都作了统一的规定。

　　以点式空间群 $Pmm2$ 为例，可选择空间群中点群 $mm2$ 的不动点为原点，则点群 $mm2$ 中所有的对称元素均通过该原点。设想在原点附近有任意一个坐标为 $(x, y, z)$ 的几何点，且有 $r = xa + yb + zc$；$x$、$y$ 或 $z$ 的取值范围均为 $0 \sim 1$，即 $a$、$b$ 或 $c$ 向单胞长度 $a$、$b$ 或 $c$ 的某一个分数。这些几何点的位置也可以是真实晶体中原子的中心位置。点阵平移对称性造成 $x$、$y$ 或 $z$ 取值为 1 或任意点阵平移整数倍时等同于取值为 0。当空间群所对应平移群的平移对称操作作用到该任意点上时，其位置就会发生改变；当点群的点对称操作作用到该点上时，其位置也会发生变化。如果点对称操作为单次的反演、平面反映或旋转反演时，该点位置变化的同时也会进入与初始位置不同宇的状态。国际表中规定用图形符号〇或⦶分别表示与初始位置状态同宇或不同宇的新位置（参见 2.3 节开始的阐述）。

图 2.21 给出了正交晶系空间群 $Pmm2$ 单胞的 $c$ 向平面投影图。图 2.21a 中左上角原点右下侧的任意一般点$(x, y, z)$的位置用矢量 $r$ 坐标表达为 $r = xa + yb + zc$。点群所有操作作用于任意一般点$(x, y, z)$可得到一组与之因而对称的等效位置，称为一般等效位置；这些位置加上原始位置的总数与点群的阶 $h$ 相同。图 2.21a 即为点群中所有对称操作作用于一般点$(x, y, z)$后的一般等效位置分布图。由于点阵平移永远是对称平移，因此也有 $z+1/2 = z-1/2$、$z-1/4 = z+3/4$。可以通过特定的对称操作把单胞附近任何两个等效位置联系起来，即通过相应对称操作使二者位置互换。图 2.21b 为相应的对称元素的配置，或称为对称元素分布图。过原点有沿 $c$ 向的 2 次轴及两个镜面。平移对称操作可使得非原点位置的等同阵点具有同样的对称元素配置。例如，位置$\{1 \mid a\}$、$\{1 \mid b\}$、$\{1 \mid a+b\}$上的对称元素配置与原点相同。

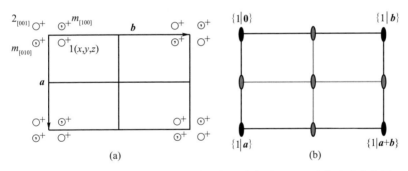

**图 2.21** 空间群 $Pmm2$：（a）一般等效位置分布图；（b）对称元素分布图

从图 2.21b 中还可以观察到一个重要的现象：点对称操作和平移对称操作结合后对称元素分布图中出现许多新的对称元素；如间距为单胞矢量平移量的两个 2 次轴之间中点上出现了新的 2 次轴（图 2.21b 中的灰色符号）。它们不是点群构成基本操作中的元素，属于非基本对称操作。同时，穿过新 2 次轴还出现了附加的镜面，也是非基本对称操作。这些非基本对称操作是空间群基本对称操作与点阵平移操作组合的结果。例如，过原点的 2 次旋转轴 $2_{[001]}$ 与点阵平移$\{1 \mid a\}$组合成的$\{2_{[001]} \mid a\}$等同于在$(1/2, 0, z)$处的一个 $c$ 向 2 次旋转轴。由国际符号 $Pmm2$ 可知，空间群基本对称操作元素为 $\{1，2_{[001]}，m_{[010]}，m_{[100]}\}$，从国际符号不能直接看出上述非基本对称操作的存在。通过基本的或非基本的对称操作可以把单胞之内任何两个等效位置直接互相转换，这种转换不再需要借助单胞点阵平移。诸如 CdTe、InSb、$AgCuTe_2$、$Ag_3Sb$、SiTi 等金属间化合物晶体都有保持 $Pmm2$ 对称性的结构[5]。

　　将正交晶系的点群 222 或 $mmm$ 与正交 $P$ 点阵结合可获得空间群 $P222$ 和 $Pmmm$。也可用如空间群 $Pmm2$ 的方法画出该空间群的 $c$ 向投影图。若将点群 $mm2$ 与正交底心 $C$ 点阵结合，则相应结构的点对称性也是 $mm2$，所得空间群为 $Cmm2$。$C$ 即代表点阵类型。图 2.22 给出了表达空间群 $Cmm2$ 对称性的单胞 $c$ 向投影图，可以看出单胞内出现了许多新的非基本对称元素（灰色符号），包括 2 次轴和用虚线表示的 $a$ 滑移和 $b$ 滑移等非点式的滑移面（参见表 2.15）。

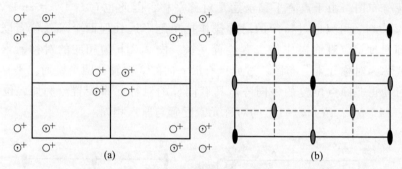

**图 2.22**　空间群 $Cmm2$：（a）一般等效位置分布图；（b）对称元素分布图

　　同理，可以导出空间群 $C222$ 和 $Cmmm$ 及由 $I$、$F$ 点阵组成的正交空间群。可见，3 种正交点群 $mm2$、222、$mmm$ 与 4 种正交布拉维点阵 $P$、$C$、$I$、$F$ 分别组合可形成 3×4＝12 种不同的空间群。借助同样的过程可以推导出所有晶系相应的点式空间群。分析表明，这样用穷举法总共可以直接推导出 66 种点式空间群。表 2.16 给出了所有可能的点式空间群。

表 2.16　73 种点式空间群

| 序号 | 晶系 | 布拉维点阵 | 空间群 | 点群 |
|:---:|:---:|:---:|:---:|:---:|
| 1 | 三斜 | $P$ | $P1$，$P\bar{1}$ | $1$，$\bar{1}$ |
| 2 | 单斜 | $P$<br>$B$ 或 $C$ | $P2$，$Pm$，$P2/m$<br>$B2$，$Bm$，$B2/m$ | $2$，$m$，$2/m$ |

| 序号 | 晶系 | 布拉维点阵 | 空间群 | 点群 |
|---|---|---|---|---|
| 3 | 正交 | $P$<br>$C$ 或 $A$、$B$<br>$I$<br>$F$ | $P222$, $Pmm2$, $Pmmm$<br>$C222$, $Cmm2$, $Cmmm$, $A^*mm2$<br>$I222$, $Imm2$, $Immm$<br>$F222$, $Fmm2$, $Fmmm$ | $222$, $mm2$, $mmm$ |
| 4 | 四方 | $P$<br>$I$ | $P4$, $P\bar{4}$, $P4/m$, $P422$, $P4mm$<br>$P\bar{4}2m$, $P4/mmm$, $P^*\bar{4}m2$<br>$I4$, $I\bar{4}$, $I4/m$, $I422$, $I4mm$<br>$I\bar{4}2m$, $I4/mmm$, $I^*\bar{4}m2$ | $4$, $\bar{4}$, $4/m$, $422$<br>$4mm$, $\bar{4}2m$, $4/mmm$ |
| 5 | 立方 | $P$<br>$I$<br>$F$ | $P23$, $Pm3$, $P432$, $P\bar{4}3m$, $Pm3m$<br>$I23$, $Im3$, $I432$, $I\bar{4}3m$, $Im3m$<br>$F23$, $Fm3$, $F432$, $F\bar{4}3m$, $Fm3m$ | $23$, $m3$, $432$,<br>$\bar{4}3m$, $m3m$ |
| 6 | 三方 | $P$<br>$R$ | $P3$, $P\bar{3}$, $P312$, $P3m1$, $P\bar{3}1m$<br>$P^*321$, $P^*31m$, $P^*\bar{3}m1$<br>$R3$, $R\bar{3}$, $R32$, $R3m$, $R\bar{3}m$ | $3$, $\bar{3}$, $32$, $3m$, $\bar{3}m$ |
| 7 | 六方 | $P$ | $P6$, $P\bar{6}$, $P6/m$, $P622$, $P6mm$<br>$P\bar{6}m2$, $P6/mmm$, $P^*\bar{6}2m$ | $6$, $\bar{6}$, $6/m$, $622$<br>$6mm$, $\bar{6}m2$, $6/mmm$ |

在借助穷举法将点群与点阵（即平移群）结合的过程中会出现一些特殊情况，从而造成点式空间群的数量有所增多。例如，正交底心 $C$ 点阵与正交底心 $A$ 点阵原则上是同一类点阵，在表达平移对称性上不存在本质差异。但是，当正交底心点阵与在 3 个互相垂直方向上有不同点对称性的点群 $mm2$ 结合时，就存在结合方式不同而导致不同点式空间群的现象。当 2 次轴垂直于有底心阵点的 $C$ 面时获得点式空间群 $Cmm2$，若底心阵点在 $A$ 面上且 2 次轴平行于 $A$ 面则得另一空间群，称为 $Amm2$（图 2.23a）。即 2 次轴垂直于有心面或平行有心面时分别为 $Cmm2$ 或 $Amm2$，这两个空间群虽然来自同样的点群和点阵，但空间群的对称性并不相同。图 2.23b 和 c 给出了空间群 $Amm2$ 的一般等效位置分布和对称元素分布。可以看出，单胞内也出现了许多新的非基本对称元素（灰色符号），包括非点式的 2 次螺旋轴 $2_1$ 和用虚线表示的 $c$ 滑移面（参见表 2.15）。诸如 $Au_2V$、$Cu_8O$、$C_2CeNi$、$Ce_2CuGe_6$、$Re_8Sc_5Si_{12}$、$Re_2ScSi_3$ 等化合物晶体都有保持 $Amm2$ 对称性的结构[5]。

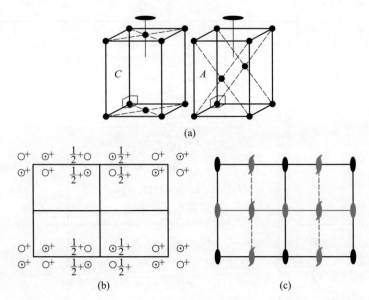

图 2.23 正交晶系点群 *mm*2 与底心点阵不同的结合方式及空间群 *Amm*2：
（a）点群 *mm*2 的 2 次轴垂直于有底心面和无底心面的不同结合；（b）*Amm*2
一般等效位置分布；（c）*Amm*2 对称元素分布

同理，四方晶系中当点群 $4\bar{2}m$ 的 2 次轴在平行于点阵[100]或[110]方向的不同结合方式下（图 2.24a），可分别获得点式空间群 $P\bar{4}2m$、$I\bar{4}2m$ 或 $P\bar{4}m2$、$I\bar{4}m2$。三方或六方晶系点群 32、3*m*、$\bar{3}m$、$\bar{6}m$ 的 2 次轴或 2 次旋转反演轴在平行或垂直于点阵[100]方向的不同结合方式下（图 2.24b），可分别获得点式空间群 $P321$、$P3m1$、$P\bar{3}m1$、$P\bar{6}m1$ 或 $P312$、$P31m$、$P\bar{3}1m$、$P\bar{6}1m$。这些空间群是表 2.16 中带"＊"号的空间群。由此总共可以穷举推导出 73 种点式空间群。

根据 1.2.5 节中关于晶体主要的点对称特征及其点阵单胞特点的讨论可以看到，晶体的点对称性决定了其所属晶系并同时造成了相应单胞特定的边角关系限制（表 1.2）。因此，不能把某种晶系的点群与另一晶系的点阵结合，与一晶系布拉维点阵结合的点群必须具备相应晶系的点对称性。

应该注意到，点式空间群的非基本对称操作中可能有些非点式对称操作（如图 2.22b）；但它们不是空间群的基本操作，所以并不影响其归属于点式空间群。在一些情况下，空间群的基本操作与非基本操作有多种选择，国际上对常规的标准选择已给出了相关的约定[6]。

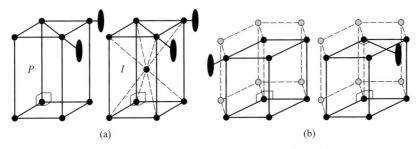

**图 2.24** 各晶系同样点群和点阵以不同方式结合所能得到的不同点式空间群：（a）四方晶系点群 $\bar{4}2m$ 的 2 次轴平行于点阵 [100] 或 [110] 方向的不同结合方式；（b）三方或六方晶系点群 32、3m、$\bar{3}$m、$\bar{6}$m 的 2 次轴或 2 次旋转反演轴平行或垂直于点阵 [100] 方向的不同结合方式

## 2.3.4 非点式空间群与空间群的商群

在借助穷举法完成 73 种点式空间群的推导后（表 2.16），又观察到许多晶体无法用这 73 种点式空间群的任何一种来描述其对称性。随后发现，理论上和实践上都存在着 73 种点式空间群以外的许多其他空间群。理论研究表明，若把不同非点式操作设定为空间群的基本操作就可以推导出许多完全不同的空间群。以 73 种点式空间群为出发点，分析其各自可能的滑移面和螺旋轴，并尝试取代点群中相应的镜面或旋转轴；然后把描述空间群所需的各种可能的布拉维点阵和 $h$ 个点式或非点式对称操作结合起来，观察是否能得出新的非点式空间群。所推导出非点式空间群的 $h$ 个对称操作与相应的点式空间群的 $h$ 个点对称操作存在相关性。例如，点式空间群中的 4 次轴在非点式空间群中成为螺旋轴 $4_1$，$4_2$ 或 $4_3$，镜面 $m$ 成为滑移面 $a$、$b$、$d$ 或 $n$。推导过程既不能漏掉任何可能的空间群，也不能出现重复的空间群。借助穷举法的推导思路并通过全面而细致地逐一尝试，最终推导出了 157 种至少含有一个非点式基本对称操作的空间群，即非点式空间群。因此，总共有 73+157=230 种可能的空间群。相关的推导需要依靠抽象的空间思维和严谨的数学逻辑来完成。

空间群的国际符号由两部分组成。第一个字符表示布拉维点阵，即 $P$、$A$、$B$、$C$、$I$、$F$、$R$，随后的是 3 组字符组成的表达对称性的国际符号，即 1、2、3、4、6、$2_1$、$3_1$、$3_2$、$4_1$、$4_2$、$4_3$、$6_1$、$6_2$、$6_3$、$6_4$、$6_5$、$m$、$a$、$b$、$c$、$n$、$d$ 等；$g$ 滑移通常为非基本对称操作，因此其符号不出现在空间群符号中。3 组字符中每一个字符所对应的参考轴与表 2.8 所列的点群国际符号表示规则一致。原则上，哪个晶体的参考坐标轴具备何种对称性可能有多种选择，并不唯一。国际上，人们已经形成了一些习惯使用的字符排列顺序，但也可以有不同的选取方法；有时还需要参照表 2.9 所示点群的命名规则而采用完全符号的形式。从空间群的国际符号可以确定空间群的点群，即用旋转轴取代螺旋轴，用镜面取代滑移面，并去除点阵符号。由此，可确定该空间群基本对称操作数目 $h$，即初基胞内一般等效位置的数目。例如空间群 $Pnma$、$P2_1/m$ 分别由对应点群 $mmm$、$2/m$ 推演而来；其对应 $h$ 值分别为 8 和 4。

表述空间群首先要说明两点，即一般等效位置的坐标，以及相对于特定原点的全部对称元素及其位置，包括基本的和非基本的对称操作元素。通常可以借助绘制空间群单胞俯视图的方法或借助赛兹算符的数学方法深入地分析和了解各种对称操作之间的关系。空间群总有无限多点阵平移操作 $\{1 \mid t_N\}$，这是不言而喻的，所以讨论空间群时通常不再提及点阵平移。这里不对穷举推导 230 种空间群的过程作细致介绍，仅介绍一些空间群实例，借以说明各晶系空间群的某些特征，以便进一步熟悉和了解空间群。全部 230 种空间群的习惯用符号已列入本章附录 2.2 中，以供查阅。

用 $G$ 表示空间群，令 $R \equiv 1$，$t = t_N$，则形成 $G$ 群中一个子群。它完全由对称的平移操作 $\{1 \mid t_N\}$ 组成，因而是可产生布拉维点阵的平移群。平移群是 $G$ 群中的一部分对称操作，这里称为 $T$ 群。因为 $T$ 群是 $G$ 群的一部分，所以 $T$ 群是 $G$ 群的子群。

设 $G$ 群是由全部对称操作组成的空间群，若用 $G$ 群除以属于 $T$ 群的全部点阵平移操作，则可获得 $G$ 群的商群，用 $G/T$ 表示。商群 $G/T$ 是个群，也具备数学上群所需的 4 个约束条件，有 $h$ 个 $\{R \mid \tau\}$ 对称操作，$h$ 最大是 48；因此，商群是有限群。任意空间群除以其所属 $T$ 群后所获得的商群 $G/T$ 不一定是点群，只有点式空间群的商群才会是点群。应该注意，商群中非点式对称操作不包含平移操作的点阵平移部分，即非点式操作的平移操作中出现点阵平移部分时要自动去除，否则难以直接表达其封闭性。带有非点式对称操作元素的商群是以晶体存在三维长程平移对称性为背景的特殊群。这一点与可以表达常规物体外观几何对称性的点群有明显的差异。空间群是同时能表达晶体点对称性和平移对称性的数学方法。但如图 2.21a、图 2.22a、图 2.23b 所示，真正描述空间群时又往往只限于在空间群单胞附近观察和分析商群对称性；尽管如此，商群是基于点阵平移对称性的群，因此分析单胞实质上仍是在探讨三维空间全部的对称性。商群中的操作 $\{R_i \mid \tau_i\}$ 构成空间群的 $h$ 个基本对称操作，其中有 $i = 1$，$2$，$\cdots$，$h$。$R_i$ 为点对称操作，$\tau_i$ 为可能存在的非点阵平移；$\{R_i \mid \tau_i = 0\}$ 时为点式操作。

空间群中任何对称操作都可以用 $h$ 个基本对称操作 $\{R_i \mid \tau_i\}$ 与平移群 $T$ 的操作结合而得到。点式空间群中恒有 $\tau_i = 0$，且对称操作 $\{R_i \mid 0\}$ 中 $\{R_i\}$ 所对应的点群即为该空间群的点群。非点式空间群的对称操作 $\{\boldsymbol{R}_i \mid \boldsymbol{\tau}_i\}$ 中 $\{\boldsymbol{R}_i\}$ 所对应的点群也是该空间群的点群。例如非点式空间群 $P4_1$ 的商群对称元素为 $\{4_1$，$4_1^2 = 2_1$，$4_1^3$，$4_1^4 = 1\}$；相应的点群元素是 $\{4$，$4^2 = 2$，$4^3$，$4^4 = 1\}$，所以它所对应的点群是 4。由此可见，任一空间群均对应着一个点群。

另外，也可用一般等效位置描述空间群。从一个一般点 $(x，y，z)$ 出发，用相应商群 $G/T$ 中 $h$ 个对称操作 $\{\boldsymbol{R}_i \mid \boldsymbol{\tau}_i\}$ 作用到该点上，得到由 $h$ 个点位置组成的一般等效点系。空间群的任何其他的对称操作作用到这一组点位置上都不会产生新的位置（如图 2.21a、图 2.22a、图 2.23b 所示）。通常，总可以用平移对称操作把这 $h$ 个位置聚拢到所观察的原点及单胞附近。

点阵单胞内阵点的数目对这个单胞边界范围之内的一般等效位置的数目有影响。若布拉维点阵是初基的，则其只有一个阵点的单胞内有 $h$ 个一般等效位置。底心、体心点阵单胞有 $2h$ 个等效位置，因为所采用的单胞有两个阵点。三方菱形点阵单胞内有 $h$ 个一般等效位置；若采用六角坐标单胞，则会有 $3h$ 个一般等效位置，因为所用单胞有 3 个阵点。面心点阵单胞内有 $4h$ 个一般等效位置，因为所用单胞有 4 个阵点。但任何点阵的初基单胞中只有 $h$ 个独立的对称操作 $\{\boldsymbol{R}_i \mid \boldsymbol{\tau}_i\}$。只要给出点阵类型（$P$、$C$、$F$、$I$、$R$）和一组 $h$ 个一般等效位置就可以完全描述空间群。由 $h$ 个一般等效位置可以获知商群 $G/T$ 的全部对称操作及所属晶系；由点阵类型即可知道 $T$ 群的全部对称操作。

## 2.3.5 空间群非点式基本操作造成的系统消光

如 1.4.6 节所述，表达晶体内部结构平移对称性的不同类型的带心点阵会造成系统消光，即造成某些衍射线中衍射强度的结构因子为零，从而造成该衍射线消失。同样，与滑移面或某些螺旋轴相关的一些非点式基本对称操作元素也会使某些衍射线的结构因子为零，因而使衍射强度为零。

首先观察螺旋操作可能造成的系统消光。设晶体在 $c$ 方向上有一螺旋轴 $2_1$，且位于 $x = 0$，$y = 0$ 处。这种螺旋轴操作可使点 $(x，y，z)$ 移到对称位置 $(-x，-y，z+1/2)$ 处。这时可如下计算结构因子：

$$F_{HKL} = \sum_{j=1}^{n} f_j \exp\left[ \mathrm{i}2\pi(Hx_j + Ky_j + Lz_j) \right]$$

$$= \sum_{j=1}^{n/2} f_j \left\{ \exp\left[ \mathrm{i}2\pi(Hx_j + Ky_j + Lz_j) \right] + \exp\left[ \mathrm{i}2\pi\left( -Hx_j - Ky_j + Lz_j + \frac{L}{2} \right) \right] \right\}$$

$$(2.27)$$

所以，当 $H = K = 0$ 时，有

$$F_{00L} = \sum_{j=1}^{n/2} f_j \exp(\mathrm{i}2\pi Lz_j)\left[ 1 + \exp(i\pi L) \right] \tag{2.28}$$

当 $L$ 为偶数时，有

$$F_{00L} = 2 \sum_{j=1}^{n/2} f_j \exp(i2\pi L z_j) \qquad (2.29)$$

当 $L$ 为奇数时，有

$$F_{00L} = 0 \qquad (2.30)$$

因此，$c$ 有 2 次螺旋轴 $2_1$ 时，$\{00L\}$ 型衍射中的 $L$ 为奇数的衍射一律消失。同理，$a$ 或 $b$ 向有 2 次螺旋轴 $2_1$ 且 $H$ 或 $K$ 为奇数时，$\{H00\}$ 型或 $\{0K0\}$ 型的衍射一律消失。

再看滑移操作可能造成的系统消光。设垂直于 $c$ 轴有一滑移量为 $b/2$ 的 $b$ 滑移面，且位于 $z=0$ 处。这种滑移面操作可使点 $(x, y, z)$ 移到对称位置 $(x, y+1/2, -z)$ 处。这时可如下计算结构因子：

$$F_{HKL} = \sum_{j=1}^{n} f_j \exp\left[i2\pi(Hx_j + Ky_j + Lz_j)\right]$$

$$= \sum_{j=1}^{n/2} f_j \left\{ \exp\left[i2\pi(Hx_j + Ky_j + Lz_j)\right] + \exp\left[i2\pi\left(Hx_j + Ky_j + \frac{K}{2} - Lz_j\right)\right] \right\}$$

$$(2.31)$$

当 $L=0$ 时，有

$$F_{HK0} = \sum_{j=1}^{n/2} f_j \exp\left[i2\pi(Hx_j + Ky_j)\right]\left[1 + \exp(i\pi K)\right] \qquad (2.32)$$

当 $K$ 为偶数时，有

$$F_{HK0} = 2 \sum_{j=1}^{n/2} f_j \exp\left[i2\pi(Hx_j + Ky_j)\right] \qquad (2.33)$$

当 $K$ 为奇数时，有

$$F_{HK0} = 0 \qquad (2.34)$$

所以垂直于 $c$ 向有 $b$ 滑移面时，$\{HK0\}$ 型衍射中的 $K$ 为奇数的衍射一律消失。表 2.17 给出了各种带心点阵及各种非点式对称性引起的 X 射线系统消光效应。将实际测量到的 $HKL$ 衍射线出现的规律与表 2.17 中相应晶系消光规律对比，可以协助判定晶体的结构类型和相关对称性。

一般来说，在 2.2.2 节所述 X 射线衍射中心对称定律的影响下 230 个空间群共呈现出 120 种消光规律，或称 120 种衍射群。其中，有 58 个空间群具有自己独特的消光规律，因此有可能根据实测衍射线和分析消光规律来确定其空间群，如空间群为 $P2_1/c$、$P2_12_12_1$ 等的晶体。其余的 172 个空间群则呈现出 62 种消光规律，即在这 172 个空间群中会有两三个空间群呈现同样的消光规律。因此，消光规律能把 230 种空间群区分成 58+62 = 120 种衍射群。本章附录 2.3 给出了 120 种系统消光与 230 种空间群的关系。由此可知，有些晶体的空间群可以通过消光规律唯一地确定下来。而对另一些晶体，根据其消光规律可以了解该晶体可能属于哪两三种空间群；只有附加判定晶体的中心对称性及其他辅助测量手段才可能最终确定晶体所属的空间群。

**表 2.17** 各种带心点阵及各种非点式对称性引起的 X 射线系统消光效应[9]

| 衍射类型 | 消光条件 | 消光解释 | 对称符号 |
|---|---|---|---|
| HKL | H+K+L=奇数 | 体心点阵 | I |
| | H+K=奇数 | C 面带心点阵 | C |
| | H+L=奇数 | B 面带心点阵 | B |
| | K+L=奇数 | A 面带心点阵 | A |
| | H，K，L 奇偶混杂* | 面心点阵 | F |
| | −H+K+L 不为 3 的倍数 | 三方 R 点阵按六方晶胞指数化 | R |
| 0KL | K=奇数 | (100)滑移面滑移量 $b/2$ | $b(P, B, C)$ |
| | L=奇数 | (100)滑移面滑移量 $c/2$ | $c(P, C, I)$ |
| | K+L=奇数 | (100)滑移面滑移量 $(b+c)/2$ | $n(P)$ |
| | K+L 不为 4 的整数 | (100)滑移面滑移量 $(b+c)/4$ | $d(F)$ |
| H0L | H=奇数 | (010)滑移面滑移量 $a/2$ | $b(P, A, C)$ |
| | L=奇数 | (010)滑移面滑移量 $c/2$ | $c(P, A, C)$ |
| | H+L=奇数 | (010)滑移面滑移量 $(a+c)/2$ | $n(P)$ |
| | H+L 不为 4 的整数 | (010)滑移面滑移量 $(a+c)/4$ | $d(F)$ |
| HK0 | H=奇数 | (001)滑移面滑移量 $a/2$ | $b(P, B, I)$ |
| | K=奇数 | (001)滑移面滑移量 $b/2$ | $c(P, A, B)$ |
| | H+K=奇数 | (001)滑移面滑移量 $(a+b)/2$ | $n(P)$ |
| | H+K 不为 4 的整数 | (001)滑移面滑移量 $(a+b)/4$ | $d(F)$ |
| HHL | L=奇数 | $(1\bar{1}0)$滑移面滑移量 $c/2$ | $c(P, C, F)$ |
| | H=奇数 | $(1\bar{1}0)$滑移面滑移量 $(a+b)/2$ | $b(C)$ |
| | H+L=奇数 | $(1\bar{1}0)$滑移面滑移量 $(a+b+c)/2$ | $n(C)$ |
| | 2H+L 不为 4 的整数 | $(1\bar{1}0)$滑移面滑移量 $(a+b+c)/4$ | $d(I)$ |
| H00 | H=奇数 | [100]螺旋轴平移量 $a/2$ | $2_1$，$4_2$ |
| | H 不为 4 的整数 | [100]螺旋轴平移量 $a/4$ | $4_1$，$4_3$ |
| 0K0 | K=奇数 | [010]螺旋轴平移量 $b/2$ | $2_1$，$4_2$ |
| | K 不为 4 的整数 | [100]螺旋轴平移量 $b/4$ | $4_1$，$4_3$ |

续表

| 衍射类型 | 消光条件 | 消光解释 | 对称符号 |
|---|---|---|---|
| 00L | $L$=奇数 | [001]螺旋轴平移量 $c/2$ | $2_1$，$4_2$，$6_3$ |
| | $L$ 不为 3 的整数 | [001]螺旋轴平移量 $c/3$ | $3_1$，$3_2$，$6_2$，$6_4$ |
| | $L$ 不为 4 的整数 | [001]螺旋轴平移量 $c/4$ | $4_1$，$4_3$ |
| | $L$ 不为 6 的整数 | [001]螺旋轴平移量 $c/6$ | $6_1$，$6_5$ |
| HH0 | $H$=奇数 | [110]螺旋轴平移量 $(a+b)/2$ | $2_1$ |

\* $H$，$K$，$L$ 奇偶混杂，相当于 $H+K$=奇数，$H+L$=奇数，或 $K+L$=奇数。

## 2.3.6　空间群特征要略

### 2.3.6.1　最简单的空间群

三斜晶系只有一种独立的布拉维点阵 $P$，且只可能有两种点群，即 1 和 $\bar{1}$，所以只可能有两种点式空间群 $P1$ 和 $P\bar{1}$。由于三斜晶系没有 2 次及 2 次以上旋转轴，也没有镜面 $m$，所以不可能有任何螺旋操作或滑移操作，即三斜晶系没有非点式空间群。

国际表第 1 号空间群 $P1$ 的单胞俯视图有两个，如图 2.25 所示。图 2.25a 表示单胞对称元素对一般点 $(x，y，z)$ 的作用结果。点群 1 的 $h$ 值为 1，因此这里一般等效位置只有一个。图 2.25b 表示单胞对称元素位置；这里无符号，因为点群 1 对称元素 1 无专门图示符号。$P1$ 是对称性最简单的空间群。单胞对称元素分布图中的细实线均表示单胞轮廓线，粗实线才是垂直于观察面即平行于 $c$ 轴的镜面。空间群 $P1$ 仅由恒等操作 1 和点阵平移 $\{1|t_N\}$ 决定。赛兹算符表明，相应商群中唯一的操作为恒等操作。1.2.5 节提到的 $FeS_2$ 晶体就存在 $P1$ 对称性的结构，单胞有 4 个 Fe、8 个 S 原子；$Al_2Fe$ 晶体也存在这种对称性的结构，单胞内有 6 个 Fe 原子，12 个 Al 原子。各原子在单胞内的 $(x，y，z)$

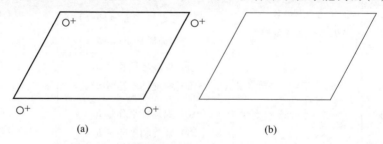

（a）　　　　　　　　　　　（b）

**图 2.25**　三斜晶系空间群 $P1$：（a）单胞对称元素对一般点 $(x，y，z)$ 的作用；（b）单胞对称元素位置

位置坐标值各不相同。

国际表第 2 号空间群 $P\bar{1}$ 有两个点对称操作，即 1 和 $\bar{1}$。习惯上把单胞反演中心取在原点上。由于平移不变性，所有单胞结点都是反演中心。另外，单胞棱边中点、面心、体心上都出现了新的反演中心。把 $\{\bar{1}\mid\mathbf{0}\}$ 操作作用于任意点 $\mathbf{r}=(x, y, z)$ 获得 $-\mathbf{r}=(-x, -y, -z)$，平移后有一系列等效位置。单胞内有两个位置与点群 $h$ 值相符。由图 2.26 可知，对一般点 $(x, y, z)$ 有一相对于棱边中心点 $(0, 1/2, 0)$ 的反演点 $(-x, 1-y, -z)$，即 $\mathbf{b}$ 方向 $1/2$ 单胞棱长处有一新反演中心。由 $(x, y, z)$ 点经对反演加 $\mathbf{b}$ 向单位平移可得 $(-x, 1-y, -z)$ 点，即

$$\{\bar{1}\mid\mathbf{t}\,(0, 1, 0)\}\,\mathbf{r} = \left\{\bar{1}\mid 2\times\left(0, \frac{1}{2}, 0\right)\right\}\mathbf{r} = \begin{bmatrix} -x \\ 1-y \\ -z \end{bmatrix}$$

式中，$(0, 1, 0)$ 表示被操作的点 $(x, y, z)$ 作反演操作后，还要作 $\mathbf{b}$ 向的一个单位平移，即相应的反演中心平移半个单位，因为对称元素应位于平移前后两位置的中心点上；所以新的反演中心 $(0, 1/2, 0)$ 由 $\bar{1}$ 与单位平移操作 $\mathbf{b}$ 组合而来。$G/T$ 商群操作加 $T$ 群操作可得新的对称元素，这是空间群的一个特点。锎系元素锎(Cf)晶体就存在该对称性的结构，单胞有 4 个 Cf 原子；新型超导材料 $KOS_2O_6$ 晶体也存在这种对称性的结构，单胞内有 2 个 K 原子，4 个锇(Os)原子和 12 个 O 原子。

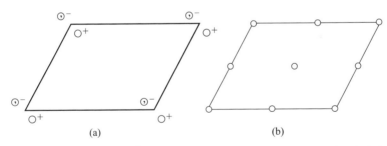

(a)                            (b)

**图 2.26** 三斜晶系空间群 $P\bar{1}$：（a）一般等效位置分布图；（b）对称元素分布图

### 2.3.6.2 螺旋空间群

三方晶系硒(Se)晶体中存在螺旋对称性，即可作螺旋操作。正对螺旋轴 $\mathbf{c}$ 的方向观察，螺旋操作 $3_1$ 使得任意几何点对称位置以逆时针螺旋转出观察平面的方式分布（图 2.27a）。以螺旋对称性为主要特点的这类空间群称为螺旋空间群。反映 Se 晶体对称性的空间群为 $P3_121$，属于三方晶系，所对应的点群为 32，阶数 $h=6$。该空间群除了在 $\mathbf{c}$ 向存在 3 次螺旋对称性 $3_1$ 外，还在 $\mathbf{a}$、$\mathbf{b}$、

$-a-b$ 3 个方向上有 2 次对称性，在垂直于这 3 个方向的方向上只有 1 次对称性（图 2.27b）。空间群单胞内有 6 个一般等效位置，围绕过原点（0，0，0）的 [001] 轴和过点（±1/3，±2/3，0）的 [001] 轴均呈 $3_1$ 螺旋对称排列。空间群的商群操作元素是 1、$3_{1[001]}$、$3_{1[001]}^2$、$2_{[110]}$、（0，0，1/3）处平行于 $a$ 轴的 2，以及（0，0，1/6）处平行于 $b$ 轴的 2。如果 Se 原子在单胞内占据最一般位置，则对称性要求一单胞内至少有 6 个 Se 原子。当 Se 原子的位置坐标为（$x$，0，1/3）时，则在 $z = 1/3$ 处的 $a$ 向 2 次旋转实际不改变各原子的位置，因此实际单胞内有 3 个 Se 原子。Se 晶体中原子位置坐标中的 $x$ 值为 0.217，Se 原子位于单胞内（0.217，0，1/3）及各商群元素分别作用于该位置后所能获得的位置上。

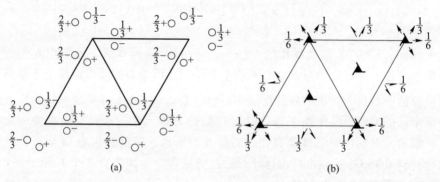

**图 2.27**　三方晶系空间群 $P3_121$：（a）一般等效位置分布图；（b）对称元素分布图

在 Se 以螺旋对称的方式结晶过程中，也可能因偶然的扰动而以反螺旋的方式结晶，导致正对螺旋轴 $c$ 的方向观察时，螺旋对称轴的螺旋方向顺时针转出观察平面（图 2.28a）。由此造成 Se 晶体对称性的空间群为 $P3_221$（参见图 2.15），仍属于三方晶系，所对应的点群为 32，阶数 $h = 6$。空间群为 $P3_121$ 时类似，该空间群除了在 $c$ 向存在 3 次螺旋对称性 $3_2$ 外，还在 $a$、$b$、$-a-b$ 3 个方向上也有 2 次对称性，在垂直于这 3 个方向上的方向上只有 1 次对称性（图 2.28b）。空间群单胞内有 6 个一般等效位置，围绕过原点（0，0，0）的 [001] 轴和过点（±1/3，±2/3，0）的 [001] 轴均呈 $3_2$ 螺旋对称排列。空间群的商群操作元素是 1、$3_{2[001]}$、$3_{2[001]}^2$、$2_{[110]}$、（0，0，1/6）处平行于 $a$ 轴的 2 以及（0，0，1/3）处平行于 $b$ 轴的 2。与空间群为 $P3_121$ 的内部结构相比，Se 原子占据反向螺旋对称的位置。Se 原子的位置坐标为（$x$，0，2/3），在 $z = 1/6$ 处的 $a$ 向 2 次旋转实际不改变各原子的位置，单胞内仍是 3 个 Se 原子。

#### 2.3.6.3　$R$ 点阵空间群的两种单胞

三方 $R$ 点阵空间群的单胞有两种表达方法，即为六角坐标 $P$ 单胞加双心

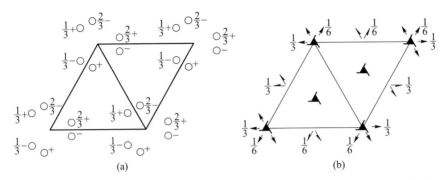

**图 2.28** 三方晶系空间群 $P3_221$：（a）一般等效位置分布图；（b）对称元素分布图

和菱形 R 单胞（参见图 1.11）。六角坐标系单胞内原点位置是（0，0，0），两心点位置是 ±（2/3，1/3，1/3）。3 次轴过原点或两心点且平行于 **c** 向。**c** 滑移面同样过原点和心点且平行于 **c** 向。这里原点和心点的性质是完全一样的。

Se 晶体有时可形成对称性为空间群 R3 的 R 点阵晶体。点式空间群 R3 相应的点群为 3，有 h = 3。R 单胞只有一个阵点，一般等效位置数为 3，加双心单胞的一般等效位置数为 3×3 = 9（图 2.29a）。3 次轴过原点或心点且平行于 **c** 向，另外还会出现一些非基本的 $3_1$、$3_2$ 等 3 次螺旋对称轴（图 2.29b）。应该注意到，R 单胞内只有 3 个一般等效位置，图 2.29a 所示立体 R 单胞在投影面上为一个等六边形，圈住了 9 个一般等效位置，但其中有 6 个一般等效位置实际是在三维空间 R 单胞的外面。空间群为 R3 的 Se 晶体中 Se 原子占据最一般的

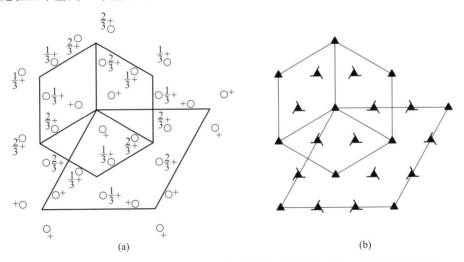

**图 2.29** 三方晶系空间群 R3：（a）一般等效位置分布图；（b）对称元素分布图

位置，一个单胞内有 3 个或 9 个 Se 原子。$Au_5Sn$ 晶体也具备 $R3$ 对称性，其 $R$ 单胞内有 5 个 Au 原子和 1 个 Sn 原子。

一般等效位置可以用菱形单胞坐标系或六角坐标系表示，且有

$$\begin{bmatrix} x_r \\ y_r \\ z_r \end{bmatrix} = \begin{bmatrix} 1 & 0 & 1 \\ -1 & 1 & 1 \\ 0 & -1 & 1 \end{bmatrix} \begin{bmatrix} x_h \\ y_h \\ z_h \end{bmatrix} \qquad (2.35)$$

式中，下标 r 和 h 分别表示菱形单胞坐标系和六角坐标系。由此，可求出如下关系式：

$$\begin{bmatrix} x_r \\ y_r \\ z_r \end{bmatrix} = \begin{bmatrix} x_h + z_h \\ -x_h + y_h + z_h \\ -y_h + z_h \end{bmatrix} \qquad (2.36)$$

可根据国际表查出的六角坐标系等效位置坐标值并借助式 (2.36) 求出菱形单胞坐标系内任意一般等效位置的坐标值。

#### 2.3.6.4　渗碳体所对应的空间群

渗碳体 $Fe_3C$ 晶体是钢铁材料中最常见的碳化物，其结构的对称性应由空间群 $Pnma$ 表达（图 2.30），该空间群属于正交晶系，所对应的点群为 $mmm$，且有 $h=8$。空间群 $Pnma$ 在 $a$ 向有 $n$ 滑移，在 $b$ 向有镜面 $m$，在 $c$ 向有 $a$ 滑移，在 3 个方向都有螺旋轴 $2_1$，同时也具备中心对称性。空间群单胞内有 8 个一般等效位置（图 2.30a），其商群操作元素是 $1$、$\bar{1}$、$n_{[100]}$、$m_{[010]}$、$a_{[010]}$、$2_{1[100]}$、$2_{1[010]}$、$2_{1[001]}$（图 2.30b）。渗碳体的一个单胞内有 4 个 Fe 原子和 12 个 C 原子，其中 8 个 C 原子占据一般位置。还有许多碳化物或其他化合物具有这种对称性。观察空间群 $Pnma$ 中对称元素的分布可以发现，各对称元素的位置具备一定的特征，且相互之间不一定有交点（图 2.30b）。

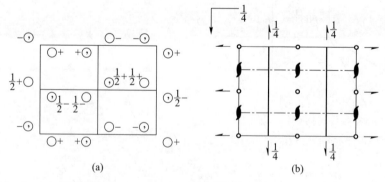

图 2.30　正交晶系空间群 $Pnma$：（a）一般等效位置分布图；（b）对称元素分布图

#### 2.3.6.5 描述密排六方金属的空间群

密排六方金属是常见的工程金属材料，如 Ti、Mg、Zn 等单质金属都具有密排六方结构。表达密排六方对称性的空间群为 $P6_3/mmc$，属于六方晶系，所对应的点群为 $6/mmm$，且有 $h=24$。空间群 $P6_3/mmc$ 的对称性非常复杂，但在无机材料范围内是各种晶体对称性最为广泛存在的形式之一；不仅涉及单质金属，而且广泛涉及各种合金、金属间化合物、陶瓷晶体，等等。

了解密排六方结构时还存在一个比较困扰的问题。图 2.31a 给出了在金属学或材料学教材中常用的密排六方金属结构的 $c$ 向投影图（参见图 2.18），图中的等六边形涉及 3 个晶体单胞，黑色和灰色圆圈表示原子的位置，其中黑色圆圈涉及一个单胞的范围。但是，晶体学中密排六方晶体的结构单胞的取法不同于金属学或材料学中的。从图 2.31a 黑色圆圈所涉及的单胞出发，在六角坐标系内作 $(-1/3，1/3，-1/4)$ 平移后即可获得晶体学密排六方结构的单胞范围（图 2.31b）。

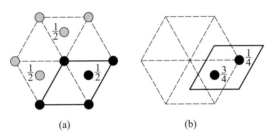

**图 2.31** 密排六方晶体的结构单胞：（a）金属学单胞；（b）晶体学单胞

对于一个晶体，当结构确定之后，其单胞的常数和体积就确定了。此时单胞可以在晶体的内部结构中有不同的截取方式，由此导致不同单胞之间保持特定的平移关系。如何截取单胞取决于所涉及的领域以及所需分析研究的相关问题，由此金属学与晶体学有了不同的获取空间群 $P6_3/mmc$ 单胞的方式。不论如何截取单胞，相应单胞的三维长程重复排列都可以构建出晶体在三维空间中一般等效位置分布和对称元素分布的周期性规则。如果按照晶体学单胞的获取方式，空间群 $P6_3/mmc$ 的一般等效位置和对称元素分布如图 2.32a 和 b 所示。如果按照图 2.31a 右下侧金属学的方式获取单胞（图 2.32c），则图 2.32b 所示的各对称元素在三维空间一个单胞区域内分布的范围需作 $(-1/3，1/3，-1/4)$ 平移后获得，如图 2.32d 所示。

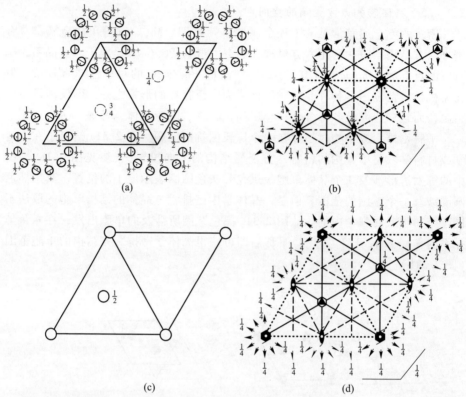

**图 2.32**　空间群 $P6_3/mmc$：（a）晶体学单胞一般等效位置分布图；（b）晶体学单胞对称元素分布图；（c）金属学单胞的原子分布图；（d）金属学单胞的对称元素分布图

### 2.3.7　国际表

以上举例介绍了不同晶系的若干个空间群，以便对空间群有一个概括性的了解。在材料研究中涉及某种晶体的对称性时，往往需更全面、细致地获得相关空间群所涉及对称性信息的许多细节，为此需查阅国际表。对晶体学对称性有了基本了解之后，可以很好地利用国际表分析空间群的各种性质。国际表从空间群 $P1$ 开始（序号为 1），大致以各晶系对称性自低向高的顺序至空间群 $Ia\bar{3}d$（序号为 230），介绍了全部 230 种空间群大量详尽的晶体对称性知识，以供各学科的读者查阅。

查阅国际表时应注意，在点式空间群中也可能有非点式操作。点式空间群的单胞中至少有一个位置具有与空间群的点群相同的位置对称性。如空间群 $P4/m$，$I4/m$，$P4/n$，$I4_1/a$ 中前两个有许多位置的对称性为 $4/m$，而后两个则没有。所以，$P4/m$ 和 $I4/m$ 是点式空间群，而 $P4/n$ 和 $I4_1/a$ 则是非点式空间群。具有 $P$ 单胞的点式空间群中最高对称性位置的等效位置数一定是 1，在全部对称操作过程中这些位置始终不变。而非点式空间群在所有对称操作过程中单胞内没有保持不变的位置，所以等效位置数至少是 2。$A$、$B$ 或 $C$ 点阵均为底心或单面心点阵，所以应注意可能有定向问题；如 $Aba2 = Cc2a$。另外，单胞取法不同也会造成空间群符号改变；如 $I\bar{4}2d = F\bar{4}d2$。在本章附录 2.2 中列出了习惯上常用的 230 种空间群的国际符号。

铀是重要的能源材料和工程材料，通常有 3 种结构。高温时为体心立方 γ-U，其空间群为 $Im3m$，单胞内有 2 个 U 原子。中温时为简单四方 β-U，其空间群为 $P4_2/mnm$，单胞内有 30 个 U 原子。室温时为底心正交 α-U，其空间群为 $Cmcm$，单胞内有 4 个 U 原子。现以 α-U 的空间群 $Cmcm$ 为例介绍国际表的阅读方法。

#### 2.3.7.1 国际表题头

空间群 $Cmcm$ 为国际表第 63 号空间。图 2.33 上半部分是国际表中描述空间群 $Cmcm$ 的首页。见此页顶部，有空间群国际符号 $Cmcm$、申夫利斯符号 $D_{2h}^{17}$、相应点群符号 $mmm$、晶系名称 Orthorhombic（即正交晶系）。从第 2 行开始，为空间群序号 No. 63、空间群完全符号 $C2/m\ 2/c\ 2_1/m$、帕特森（函数）对称性（Patterson symmetry）$Cmmm$。申夫利斯符号是与国际符号并行的一套描述晶体对称性的符号系统，在相关书籍中可以查到申夫利斯符号与国际符号的对应关系，这里不再介绍。帕特森函数把空间群中所有的非点式操作归结成相应的点式操作，若空间群中没有反演中心则加上反演中心；这样可把所有空间群归结成 24 种函数。无机材料研究中很少用到帕特森函数，这里也不再介绍。

空间群国际符号第 1 个字母表示相应的单胞类型，可以是初基单胞 $P$、体心单胞 $I$、面心单胞 $F$、底心单胞 $C$（$A$、$B$）及菱形单胞 $R$。由此，再加上晶系类别即可确定出其布拉维点阵及所采用的惯用单胞。国际符号第 2 个字母及以后的字母均表示空间群的对称性。各字符及所在位置的意义可查表 2.8 及 2.3.4 节有关论述。在实际表述空间群时常用简略的国际符号，因为它能更简洁地描述空间群，而且也可以由此推导出空间群中全部的对称操作。

#### 2.3.7.2 空间群的基本对称性信息

图 2.33 上半部分中间为表示空间群 $Cmcm$ 对称性的单胞俯视图。通常单胞俯视图平面由 $a \times b$ 面确定。所有俯视图都用布拉维惯用单胞。图 2.33 中单胞俯视图左侧即是对称元素作用于 $(x, y, z)$ 所代表的一个一般点的结果，即一般等效位置的分布情况。其中，各点是否同字的表达规则参照 2.3 节开始的阐述。图 2.33 中单胞俯视图右侧还给出了单胞中的对称元素及其分布情况。对称元素的图形表达规则可在表 1.1 和表 2.15 中查到。

**Cmcm**　　　　　　$D_{2h}^{17}$　　　　　　　　*mmm*　　　　　　**Orthorhombic**

No.63　　　　　　$C2/m \, 2/c \, 2_1/m$　　　　　　　　Patterson symmetry *Cmmm*

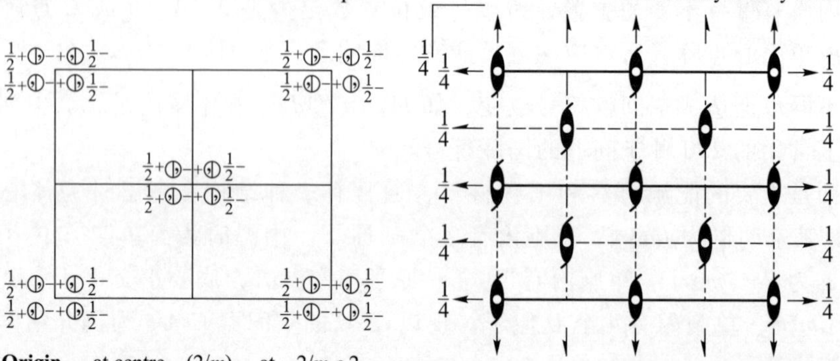

**Origin**　at centre　$(2/m)$　at　$2/m\,c\,2_1$

**Asymmetric unit**　$0 \leqslant x \leqslant \frac{1}{2}, 0 \leqslant y \leqslant \frac{1}{2}, 0 \leqslant z \leqslant \frac{1}{4};$

**Symmetry operations**

For $(0,0,0)+$

(1)　1　　　　　　(2)　2　$\left(0,0,\frac{1}{2}\right)0,0,z$　(3)　2　　$0,y,\frac{1}{4}$　　　(4)　2　　$x,0,0$

(5)　$\bar{1}$　$0,0,0$　(6)　$m$　$x,y,\frac{1}{4}$　　　(7)　$c$　$x,0,z$　　　(8)　$m$　$0,y,z$

For $\left(\frac{1}{2},\frac{1}{2},0\right)+$

(1)　$t$　$\left(\frac{1}{2},\frac{1}{2},0\right)$(2)　2　$\left(0,0,\frac{1}{2}\right)\frac{1}{4},\frac{1}{4},z$　(3)　$2\left(0,\frac{1}{2},0\right)\frac{1}{4},y,\frac{1}{4}$　(4)　2　$\left(0,\frac{1}{2},0\right)$　$x,\frac{1}{4},0$

(5)　$\bar{1}$　$\frac{1}{4},\frac{1}{4},0$　(6)　$n\left(\frac{1}{2},\frac{1}{2},0\right)x,y,\frac{1}{4}$　(7)　$n\left(\frac{1}{2},0,\frac{1}{2}\right)x,\frac{1}{4},z$　(8)　$b$　　　$\frac{1}{4},y,z$

CONTINUED

**Generators selected**　(1)；$t(1,0,0)$；$t(0,1,0)$；$t(0,0,1)$；$t\left(\frac{1}{2},\frac{1}{2},0\right)$；(2)；(3)；(5)

**Positions**

| Multiplicity Wyckoff letter Site symmetry | Coordinates | | | | Reflection conditions |
|---|---|---|---|---|---|
| 16　h　1 | (1) $x,y,z$ | (2) $\bar{x},\bar{y},z+\frac{1}{2}$ | (3) $\bar{x},y,\bar{z}+\frac{1}{2}$ | (4) $x,\bar{y},\bar{z}$ | General: $hkl: h+k=2n$ $0kl: k=2n$ $h0l: k,l=2n$ $hk0: h+k=2n$ $h00: h=2n$ $0k0: k=2n$ $00l: l=2n$ |
| | (5) $\bar{x},\bar{y},\bar{z}$ | (6) $x,y,z+\frac{1}{2}$ | (7) $x,\bar{y},z+\frac{1}{2}$ | (8) $\bar{x},y,z$ | |
| 8　g　..m | $x,y,\frac{1}{4}$ | $\bar{x},y,\frac{3}{4}$ | $\bar{x},y,\frac{1}{4}$ | $x,\bar{y},\frac{3}{4}$ | Special: as above, plus no extra conditions |
| 8　f　m.. | $0,y,z$ | $0,\bar{y},z+\frac{1}{2}$ | $0,y,\bar{z}+\frac{1}{2}$ | $0,\bar{y},\bar{z}$ | no extra conditions |
| 8　e　2.. | $x,0,0$ | $\bar{x},0,\frac{1}{2}$ | $\bar{x},0,0$ | $x,0,\frac{1}{2}$ | $hkl: l=2n$ |
| 8　d　$\bar{1}$ | $\frac{1}{4},\frac{1}{4},0$ | $\frac{3}{4},\frac{3}{4},\frac{1}{2}$ | $\frac{3}{4},\frac{1}{4},\frac{1}{2}$ | $\frac{1}{4},\frac{3}{4},0$ | $hkl: k,l=2n$ |
| 4　c　m2m | $0,y,\frac{1}{4}$ | $0,\bar{y},\frac{3}{4}$ | | | no extra conditions |
| 4　b　2/m.. | $0,\frac{1}{2},0$ | $0,\frac{1}{2},\frac{1}{2}$ | | | $hkl: l=2n$ |
| 4　a　2/m.. | $0,0,0$ | $0,0,\frac{1}{2}$ | | | $hkl: l=2n$ |

**图 2.33**　国际表中的第 63 号空间群 *Cmcm*（节录）[6]

绘制空间群的单胞俯视图时首先要确定原点，原点(origin)在这里指用坐标表达各等效位置时所采用的坐标初始点。如对空间群 $Cmcm$，把原点选在空间群三维空间内具备点群 $2/m$ 对称性的不动点[origin at centre ($2/m$)]，即原点在点对称中心或点群 $2/m$ 的中心以及具有商群对称性 $2/m\ c\ 2_1$ 的点。$2/m$ 也表示原点位置的点对称性。对点式空间群通常将原点取在该位置的点对称性等于空间群点群对称性的点上。对非点式空间群通常将原点取在具有最高对称性的点上。如果有反演中心 $\bar{1}$，则往往以反演中心作为原点。

空间群 $Cmcm$ 中单胞内有 16 个一般等效位置，即 16 个各种圈(参见图 2.33 单胞俯视图)。这个数目正好等于该空间群所对应的点群的阶 $h$ 乘以一个内单胞阵点的个数，即为点群对称操作数目乘以单胞阵点数。国际表因此给出了非对称基元(asymmetric unit)。空间群 $Cmcm$ 的非对称基元范围应是：$0 \leqslant x \leqslant \frac{1}{2}$；$0 \leqslant y \leqslant \frac{1}{2}$；$0 \leqslant z \leqslant \frac{1}{4}$。非对称基元是单胞的一部分，其内的任一点不会再有对称位置。非对称基元体积为

$$非对称基元体积 = \frac{单胞体积}{h \cdot q} \tag{2.37}$$

式中，$q$ 为相应点阵单胞内的阵点数。空间群的一般等效位置数目即是该空间群所对应的点群的阶 $h$ 与单胞内的阵点数 $q$ 的乘积。对于惯用的体心 $I$、面心 $F$、底心 $C(A,B)$ 单胞内的阵点数分别是初基单胞 $P$ 的 2、4、2 倍，所以一般等效位置数目也应该分别是初基单胞的 2、4、2 倍。菱形 $R$ 点阵取成六方单胞时，其一般等效位置数是菱形单胞的 3 倍。

基本对称操作(symmetry operation)组成了空间群的商群，它是表达空间群对称性的重要内容。图 2.33 所示空间群的基本对称操作有 1、$2\left(0,\ 0,\ \frac{1}{2}\right)0$, $0,\ z$、$2\ 0,\ y,\ \frac{1}{4}$、$2\ x,\ 0,\ 0$、$\bar{1}\ 0,\ 0,\ 0$、$m\ x,\ y,\ \frac{1}{4}$、$c\ x,\ 0,\ z$、$m\ 0,\ y$, $z$，共 8 个。用国际符号所表示每个对称元素后面还标注了该对称元素的几何位置，未标注位置的表明该对称元素过原点$(0,\ 0,\ 0)$。对于非点式对称操作 $\{R \mid \tau\}$ 还需要在括号内标出该操作非点阵平移的平移矢量 $\tau$ 值。例如，商群操作 $2\left(0,\ 0,\ \frac{1}{2}\right)0,\ 0,\ z$ 表示 2 次轴平行于 $c$ 向且过点$(x=0,\ y=0)$，即单胞 $z$ 轴；2 次旋转操作后还要平移$\left(0,\ 0,\ \frac{1}{2}\right)$；$\left(0,\ 0,\ \frac{1}{2}\right)$ 不是 $C$ 点阵的点阵平移，因此该对称元素实际上是 2 次螺旋操作 $2_{1[001]}$。非初基的 $C$ 面心惯用单

胞的另一个 $C$ 阵点还造成另一套基本对称操作，标注为 for $\left(\dfrac{1}{2},\ \dfrac{1}{2},\ 0\right)$。注意，由单胞原点内向 $C$ 面心的平移 $\left(\dfrac{1}{2},\ \dfrac{1}{2},\ 0\right)$ 仍属于点阵平移，因此这里在表达另一套 8 个对称操作时对称平移 $\left(\dfrac{1}{2},\ \dfrac{1}{2},\ 0\right)$ 采用了点阵平移矢量符号 $\boldsymbol{t}$。

虽然空间群中平移操作 $\{1\mid t_N\}$ 总是存在的，但描述一个空间群时给出 $h$ 个 $\{R\mid\tau\}$ 基本操作就可以了，对点式空间群有 $\tau\equiv0$。在有些空间群中进行 $\{R\mid\tau=0\}\{1\mid t_N\}$ 组合操作时就可能出现新的非基本对称操作，但当 $h$ 个基本对称操作为点对称操作时，空间群即为点式空间群。由 $\{R\mid\tau=0\}\{1\mid t_N\}$ 组合得出的非点式对称操作并不影响点式空间群的基本性质。

### 2.3.7.3 空间群单胞内不同位置的特性

生成操作的选取（generator selected）表示在一个单胞内生成所有一般等效点的操作。从基本对称操作中选取一部分即可生成所有等效点。通常这些对称操作中还可以包括点阵平移，如 $\boldsymbol{t}(1,\ 0,\ 0)$、$\boldsymbol{t}(0,\ 1,\ 0)$、$\boldsymbol{t}(0,\ 0,\ 1)$、$\boldsymbol{t}\left(\dfrac{1}{2},\ \dfrac{1}{2},\ 0\right)$。空间群 $Cmcm$ 中（图 2.33 中间部位）基本对称操作（2）、（3）、（5）加点阵平移即可生成单胞内所有一般点等效位置。

在空间群一个单胞范围的三维空间内有无数的几何点，每一个点都会有自己的对称特性。如空间群 $Cmcm$ 中的原点 $(0,\ 0,\ 0)$，不论对它进行怎样的商群操作，其坐标位置只能是点 $(0,\ 0,\ 0)$ 或 $\left(0,\ 0,\ \dfrac{1}{2}\right)$ 两种可能，因此可认为原点的位置对称性很高。而对一般点 $(x,\ y,\ z)$，商群中任何一个操作都会改变其位置，即总共可以得到 8 个不同的对称位置，所以其位置对称性较低。由此可见，有必要观察和分析空间群单胞内各几何的对称特征，并依此进行分类。

图 2.33 下半部分左侧给出了等效位置的位置数、乌科夫符号和位置对称性，这几个参数密切相关，所以放在一起讨论。

乌科夫符号（Wyckoff letter）是表示单胞内各种不同类型点的位置的一种符号。例如，空间群 $Cmcm$ 中对称性最高的原点 $(0,\ 0,\ 0)$，其乌科夫符号为 $a$；对称性最低的一般点 $(x,\ y,\ z)$，其乌科夫符号为 $h$。对单胞内每一个可能的几何位置都需根据其位置对称性的特征按照一定规则赋予一个代表性字母。位置对称性最高的用字母 $a$ 表示，并由此开始按字母顺序排下去，直到位置对称性最低的，即一般位置为止。不同空间群中存在乌科夫符号的数目往往互不相同，或多或少，最少的为三斜晶系空间群 $P1$（图 2.25），其乌科夫符号只有 $a$。

位置数(multiplicity)是列于乌科夫符号前面的数字,表示每一空间群中各种特定对称位置的个数。如空间群 Cmcm 中乌科夫符号为 a、b、c 的对称位置数只能是 2;再如把 c 向的 2 次轴与垂直于 c 向的镜面 m 作用于 a、b 位置点并考虑到可能的点阵平移时,这些点只能在两个不同位置间变换。相应 d、e、f、g 的位置数是 8,h 为一般位置,其位置数是 16。对于采取了复式单胞的 I、F、C(A、B)点阵,各类位置的位置数除以单胞阵点数 q 后可获得其相应初基单胞的位置数。同样乌科夫符号在不同空间群中的位置数往往会有明显差别;如空间群 P1 中有 1a 位置,而空间群 Fd3c 中则有 16a 位置。再如空间群 Cmcm 中有 16h 位置(图 2.33),空间群 Fd3c 中却有 192h 位置。

位置对称性(site symmetry)表达了在该种对称性涉及的对称操作下相应位置的坐标不会改变。如空间群 Cmcm 中 a、b、c、d、e、f、g 等各位置与 h 位置比,为非一般位置。它们都有一定特征,分别在单胞的心、面、棱、角或其他有特征的几何位置,称为特殊位置。16h 位置是一般位置,只有恒等操作 1 不改变其坐标位置。8f、8g 位置在点群 m 操作时不变,8e 位置在点群 2 操作时不变,8d 位置在点群 $\bar{1}$ 操作时不变,4c 在点群 m2m 操作时不变,4a、4b 在点群 2/m 操作时不变。空间群 P1 单胞内所有点的对称性都是 1,没有差别,因此所有点都属于最一般的位置。可以看出,这里所说的位置对称性是指能保持这一特定位置或几何点不动的点群。在非点式空间群中,为了确定位置对称性需要略去含有非点阵平移 $\boldsymbol{\tau}$ 的非点式操作。同样乌科夫符号在不同空间群中的位置对称性往往也不相同;如空间群 P1 中 1a 位置的位置对称性为 1,而空间群 Fd3c 中 16a 位置的位置对称性为 23。

单胞内所有几何点都应具备阶数为 h 的空间群商群的对称性。位置对称性低的几何点需靠更多的位置数实现商群所需的对称性。对于所有空间群单胞中的几何点的位置对称性总有:等效位置数乘以表示位置对称性点群的阶并除以点阵单胞的阵点数 q 后等于空间群商群或所对应点群的阶。

位置坐标(coordinate)表示与位置数对应的若干个相关对称位置的具体可能坐标值。例如,空间群 Cmcm 的 4c 位置可能的坐标为 $\left(0, y, \dfrac{1}{4}\right)$ 和 $\left(0, \bar{y}, \dfrac{3}{4}\right)$;4a 位置可能的坐标为 (0,0,0) 和 (0,0,1/2)。这类位置的位置数为 4,单胞内另外两个位置可在所给出的两个位置坐标上加(1/2,1/2,0)C 点阵平移后获得。

对于具有某一空间群对称性的晶体材料,其原子可能分布在各种不同的对称位置上。如果某种原子分布在空间群 Cmcm 的 4c 位置,则单胞内必须有 4

个原子分布在相应的位置上；若某种原子分布在 8$d$ 位置，则单胞内必须有 8 个原子分布在相应的位置上。对称性要求在所有对称相关的位置上都有同种类型的原子。

属于同一空间群的晶体的原子排布可能非常不同，原子也不是非得占据所有高对称位置。例如对空间群 $Cmcm$，晶体 1 中原子占据 4$c$ 位置，晶体 2 中原子则可能占据 4$a$ 和 8$d$ 位置，而晶体 3 中原子也可能占据 4$a$ 和 16$h$ 位置等。可能在某种属于空间群 $Cmcm$ 的晶体内有两种原子都占据 8$e$ 位置，这表明这两种原子在单胞内都有同样的对称排布。当然，原子并不能重叠，实际两种原子的位置坐标具有不同的两组($x$，0，0)值，其中 $x$ 为可调节参量。位置 4$a$、4$b$、8$d$ 的坐标值都是确定的(图 2.33 下半部分)，所以这些位置上不应有两种原子。

反射条件(relection condition)表示若原子占据空间群中某一类位置，当 $\{hkl\}$ 面满足所示条件时，相应原子才会对入射 X 射线在满足布拉格方程时发生反射，这一规律可用于 X 射线衍射结构分析。图 2.33 下半部分右侧给出了国际表中空间群 $Cmcm$ 的 X 射线反射条件，由此可以分析相应的消光规律。

## 2.3.8　用空间群描述真实晶体对称性

在掌握了空间群的基本知识后就可以利用空间群准确地描述晶体的对称性。另一方面，如果采用实测技术所获得的数据能够实现确认空间群的完整信息，才能说成功地完成了晶体空间群的测量。表 2.18 和表 2.19 给出了各种晶系中用空间群描述一些晶体结构的实例。成功的晶体空间群和结构的测量需要给出所涉及晶体的化学成分、所属晶系、所对应空间群、对应点群、对应点阵、单胞内各类原子的数目和原子总数、每个原子的乌科夫位置以及准确的位置坐标值等。

例如，元素锎(Cf)晶体属于三斜晶系(表 2.18)，其对应的空间群为 $P\bar{1}$，单胞内有 4 个 Cf 原子，它们分别占据 1$a$、1$c$、2$i$ 共 4 个位置，其中 2$i$($x$，$y$，$z$)为一般位置，需测量确定其 $x$、$y$、$z$ 的具体值。再如，化合物 $Au_2V$ 晶体属于正交晶系(表 2.19)，其对应的空间群为 $Amm2$，一个单胞内有 8 个 Au 原子和 4 个 V 原子，Au 原子占据 4$d$、4$e$ 位置，V 原子占据 2$a$、2$b$ 位置，总共 12 个位置，所有位置都需经测量来确定未知的 $z$ 值，对 4$d$、4$e$ 位置还需测定未知的 $y$ 值。表 2.18 和表 2.19 中表示位置坐标用"="时，意味着相应数值需经测量和计算获得；如此测算的数据会受到测量设备的精度以及操作人员的技术能力的影响，因此不同人检测的数据会有所差异。许多晶体物质存在一种物质多种结构的现象，因此表 2.18 和表 2.19 所涉及的各晶体在不同条件下也可能会呈现出其他空间群的对称性。在测量三方 $R$ 点阵单胞晶体时需注意不同单胞的取法会得到不同的单胞原子数，六角坐标系单胞的原子数是菱形单胞的 3 倍。

表 2.18  最简单空间群描述三斜晶系晶体对称性举例[4,5]

| 晶体 | 晶系 | 空间群 | 对应点群 | 单胞内原子数 | 元素 | 乌科夫位置 | $x$ | $y$ | $z$ |
|---|---|---|---|---|---|---|---|---|---|
| Cf | 三斜 | $P\bar{1}$ | $\bar{1}$ | 4 | Cf | $1a$ | 0 | 0 | 0 |
| | | | | | | $1c$ | 0 | 0.5 | 0 |
| | | | | | | $2i$ | $x=0.572$ | $y=259$ | $z=0.433$ |
| $Al_2Fe$ | 三斜 | $P1$ | 1 | 18 | Al | $1a$ | $x=0.565$ | $y=0.915$ | $z=0.182$ |
| | | | | | | $1a$ | $x=0.932$ | $y=0.128$ | $z=0.910$ |
| | | | | | | $1a$ | $x=0.878$ | $y=0.242$ | $z=0.251$ |
| | | | | | | $1a$ | $x=0.111$ | $y=0.771$ | $z=0.736$ |
| | | | | | | $1a$ | $x=0.486$ | $y=0.702$ | $z=0.914$ |
| | | | | | | $1a$ | $x=0.989$ | $y=0.473$ | $z=0.496$ |
| | | | | | | $1a$ | $x=0.560$ | $y=0.596$ | $z=0.379$ |
| | | | | | | $1a$ | $x=0.366$ | $y=0.402$ | $z=0.682$ |
| | | | | | | $1a$ | $x=0.882$ | $y=0.576$ | $z=0.046$ |
| | | | | | | $1a$ | $x=0.482$ | $y=0.011$ | $z=0.507$ |
| | | | | | Fe | $1a$ | $x=0.326$ | $y=0.232$ | $z=0.340$ |
| | | | | | | $1a$ | $x=0.669$ | $y=0.746$ | $z=0.626$ |
| | | | | | | $1a$ | $x=0.238$ | $y=0.582$ | $z=0.205$ |
| | | | | | | $1a$ | $x=0.790$ | $y=0.427$ | $z=0.793$ |
| | | | | | | $1a$ | $x=0.122$ | $y=0.940$ | $z=0.085$ |
| | | | | | Al/Fe | $1a$ | $x=0.038$ | $y=0.875$ | $z=0.378$ |
| | | | | | | $1a$ | $x=0.985$ | $y=0.114$ | $z=0.624$ |
| | | | | | | $1a$ | $x=0.478$ | $y=0.062$ | $z=0.806$ |

表 2.18 所示 $Al_2Fe$ 晶体的对称性属于三斜晶系空间群 $P1$，单胞内有约 12 个 Al 原子和 6 个 Fe 原子，共 18 个原子。其中，10 个 Al 原子和 5 个 Fe 原子的位置是确定的，另外的 Al、Fe 原子的 3 个位置虽然确定，但这 3 个位置上到底是 Al 原子还是 Fe 原子并不完全确定，即根据晶体内大量单胞的这 3 个位置的统计观察，其上占据的不是 Al 原子就是 Fe 原子，二者混合占位，且有一定的统计学比例关系。这涉及原子的概率占位，将在第 3 章中介绍。

**表 2.19 多种晶系空间群描述晶体对称性举例**

| 晶体 | 晶系 | 空间群 | 对应点群 | 单胞内原子数 | 元素 | 乌科夫位置 | $x$ | $y$ | $z$ |
|---|---|---|---|---|---|---|---|---|---|
| SiTi | 正交 | $Pmm2$ | $mm2$ | 8 | Ti | $1a$ | 0 | 0 | $z=0$ |
| | | | | | | $1b$ | 0 | 0.5 | $z=0$ |
| | | | | | | $1c$ | 0.5 | 0 | $z=0.5$ |
| | | | | | | $1d$ | 0.5 | 0.5 | $z=0.5$ |
| | | | | | Si | $2g$ | 0 | $y=0.234$ | $z=0.625$ |
| | | | | | | $2h$ | 0.5 | $y=0.288$ | $z=0.078$ |
| $C_2CeNi$ | 正交 | $Amm2$ | $mm2$ | 8 | Ce | $2a$ | 0 | 0 | $z=0.9936$ |
| | | | | | Ni | $2b$ | 0.5 | 0 | $z=0.608$ |
| | | | | | C | $4e$ | 0.5 | $y=0.155$ | $z=0.258$ |
| $Au_2V$ | 正交 | $Amm2$ | $mm2$ | 12 | V | $2a$ | 0 | 0 | $z=0.06$ |
| | | | | | | $2b$ | 0.5 | 0 | $z=0.50$ |
| | | | | | Au | $4d$ | 0 | $y=0.17$ | $z=0.56$ |
| | | | | | | $4e$ | 0.5 | $y=0.17$ | $z=0$ |
| Mg Ti Zn | 六方 | $P6_3/mmc$ | $6/mmm$ | 2 | Mg Ti Zn | $2c$ | 0.333 3 | 0.666 7 | 0.25 |
| U | 正交 | $Cmcm$ | $mmm$ | 4 | U | $4c$ | 0 | $y=0.102\ 4$ | 0.25 |

# 本章重点

点群、平移群、子群、旋转群、劳厄群等概念均服务于全面描述晶体对称性的空间群以及代表其最核心部分的商群。需要特别关注各群的侧重和差异及其内在的联系。多熟悉点群符号的制订规则，以便快捷理解空间群符号的含意。注意非点式对称操作的特点和商群具备封闭性的背景。关注 X 射线消光规律以及中心对称定律对晶体对称性分析的重要影响，并体会衍射群的特点。熟悉国际表的内容和使用方法，以在需要时用于晶体结构分析。尤其要重视国际表中对称元素分布的图形表达方式，以及位置数、乌科夫符号、位置坐标等相关内容及其与真实晶体各原子位置可能的联系。

# 参考文献

［1］ 毛卫民. 材料的晶体结构原理. 北京：冶金工业出版社，2007.

［2］ 杨平，毛卫民. 工程材料结构原理. 北京：高等教育出版社，2016.

［3］ 本斯 G.，格莱泽 A. M. 固体科学中的空间群. 俞文海，周贵恩，译. 北京：高等教育出版社，1981.

［4］ Villars，P.，Calvert，L. D. Pearson's handbook of crystallographic data for intermetallic phases，vol. 1~3. American Society for Metals，Metals Park，1985.

［5］ Villars，P.，Calvert，L. D. Pearson's handbook of crystallographic data for intermetallic phases，vol. 1~3. 2nd ed. American Society for Metals，Metals Park，1991.

［6］ Hahn，T. International tables for crystallography，v. A，Space-group symmetry. Holland，Reidel，1983.

［7］ Chen M.，Gao L. Selenium nanotube synthesized via a facile template-free hydrothermal method. Chemical Physics Letters，2006，417：132-136.

［8］ Zhou J.，Zhao D.，Zheng O.，et al. High-resolution electron microscopy observations of continuous precipitates with Pitsch-Schrader orientation relationship in an Mg-Al based alloy and interpretation with the O-lattice theory. Micron，2009，40：906-910.

［9］ 周公度. 晶体结构测定. 北京：科学出版社，1981.

# 思考题

2.1 怎样理解点群以高度数学抽象的方式表述了实际晶体的点对称性？

2.2 为什么立方晶系的点群可以没有 4 次对称轴？

2.3 立方晶系的对称性是否一定最高，为什么？

2.4 旋转群中的对称操作是否有可能造成操作前后的几何位置不同宇？

2.5 用 X 射线照射单晶体发现其衍射花样呈中心对称分布，该单晶体是否一定是中心对称的？

2.6 为什么需要引入空间群的概念？

2.7 为什么商群的各个对称操作之间可以具有封闭性？

2.8 分析点式空间群乌科夫符号为 $a$ 的位置数，以及 $P$ 点阵单胞非点式空间群中 $a$ 位置数的最低值。点式空间群中的非点式操作是否会影响 $a$ 位置数？

2.9 国际表中一空间群内不同乌科夫符号表示的单胞内所有的点是否有相同的平移对称性和点对称性，为什么？

# 练习题

2.1 选择题（可有 1 至 2 个正确答案）

1. 下列哪些对立方晶系的布拉菲 F 点阵对称性描述是正确的？

    A. $[111]$ 总有 3 次对称性，        B. $[100]$ 总有 4 次对称性，

    C. 可能没有 $m$ 对称性，          D. $[110]$ 总有 2 次对称性

2. 晶体学点群 $m3$ 属于哪一晶系？

    A. 三方，        B. 六方，        C. 立方，        D. 三斜

3. 下列点群中哪些属于旋转群？

    A. 422，        B. $\bar{1}$，        C. 23，        D. $m3m$

4. 去除中心对称点群 $mmm$ 中下列哪个子群可以真正得到非中心对称点群 $mm2$？

    A. 2，        B. $2/m$，        C. $m$，        D. 222

5. 下列哪些点群具有中心对称性？

    A. $m3$，        B. $3m$，        C. $6/m$，        D. 32

6. 下列点群中哪些同时也是劳厄群？

    A. $mm2$，        B. $2/m$，        C. $\bar{4}$，        D. $m3m$

7. 设想一个六方晶系的点群为 $6/m$，下列哪些对其对称性的描述是正确的？

    A. $c$ 轴至少有 $m$，        B. $a$ 轴至少为 2，

    C. $a$ 轴至少有 $m$，        D. $c$ 轴总有 3

8. 下列描述晶体对称性的点群中哪个在 $a$ 轴上有 4 次对称性？

    A. 422，        B. $4/m$，        C. $m3m$，        D. 23

9. 如 $\bar{4}_{[001]} \cdot 2_{[100]}$ 表达的两个操作构成的复合操作，它们等同于下列哪个操作？

    A. $\bar{2}_{[\bar{1}10]}$，        B. $\bar{2}_{[110]}$，        C. $2_{[\bar{1}10]}$，        D. $2_{[110]}$

10. 下列哪些滑移操作是平面反映后再沿单胞面对角线方向平移单胞矢量的 1/2？

    A. $a$ 滑移，        B. $d$ 滑移，        C. $g$ 滑移，        D. $n$ 滑移

11. 下列复合操作前与复合操作后不同宇的是？

    A. $4_3 \times 3_2$，        B. $b \times 2_1$，        C. $m \times \bar{4}$，        D. $n \times 6_3$

12. 点式空间群的商群中是否有非点式操作？

    A. 一定有，        B. 应该有，        C. 可能有，        D. 一定没有

13. 非点式空间群的商群中是否有点式操作？

    A. 一定有，        B. 应该有，        C. 可能有，        D. 一定没有

14. 对称操作符号 ◆ 表示了哪种对称操作？

    A. $6_1$，        B. $6_2$，        C. $6_3$，        D. $6_4$

15. 对称操作符号 ▲ 表示了哪种对称操作？

    A. 3，        B. $3_1$，        C. $3_2$，        D. $\bar{3}$

16. 对称操作符号 ◆ 表示了哪种对称操作？

    A. $6_2$，        B. $6_1$，        C. $6_4$，        D. $6_5$

17. $b$ 滑移操作由平面反映与非整数平移构成，其平面反映元素可以是如下哪个？

    A. $m_{[001]}$，        B. $m_{[110]}$，        C. $m_{[010]}$，        D. $m_{[011]}$

18. 对应空间群 $P312$ 的点阵为?

    A. 三方 $R$ 点阵，    B. 六方 $P$ 点阵，    C. 立方 $P$ 点阵，    D. 前三者都不对

19. 构成商群的所有对称操作之间是否具有封闭性?

    A. 不一定具有，                      B. 一定具有，

    C. 一定不具有，                    D. 商群+点阵时呈现封闭性

20. 下列哪些与商群相关的描述是正确的?

    A. 点群是点式空间群的商群，

    B. 空间群除以其平移群后即可得到相应商群的点群，

    C. 清除商群各元素中所有非整数平移后得到点群，

    D. 只有把商群用于空间群时商群才具有封闭性

21. 三斜晶系空间群的商群各元素中是否有非点式操作?

    A. 一定没有，                        B. 一定有，

    C. 部分空间群有，                  D. 不能确定是否有

22. 非点式空间群的商群具备下列哪些特征?

    A. 一定有非点式操作，          B. 可无点式操作，

    C. 不一定有滑移操作，          D. 不一定具备封闭性

23. 下列各种"群"中哪个"群"除了恒等操作外一定没有其他点对称操作?

    A. 平移群，       B. 空间群，       C. 商群，        D. 点群

24. 空间群 $P3_2$ 单胞的 $a$ 位置(乌科夫符号)数和一般等效位置数为下列哪一组?

    A. 1 和 3，       B. 3 和 3，       C. 3 和 6，       D. 3 和 9

25. 空间群 $P2_1$ 单胞中 $a$ 位置(乌科夫符号)的位置数为?

    A. 1a，         B. 2a，         C. 大于 2a，      D. 4a

26. 空间群 $P4/m$ 的 $4j$ 位置坐标为 $(x, y, 0)$，该对称性晶体 $4j$ 位置上原子数可能是多少?

    A. 2 个，        B. 6 个，        C. 10 个，        D. 12 个

27. 点群 $m3m$ 符号中第三位置的 $m$ 可以表示下列哪种意思?

    A. $m: x, x, 0$，    B. $m: x, y, z$，    C. $m: x, 0, z$，    D. $m: x, y, y$

28. 点群 $m3m$ 符号中第一个 $m$ 可以表示下列哪种意思?

    A. $m: x, y, 0$，    B. $m: x, y, y$，    C. $m: x, y, z$，    D. $m: x, 0, 0$

2.2  用 X 射线衍射实测了 $BaCrF_5$ 和 $Fe_2B$ 多晶粉末的衍射强度。依照半衍射角由低到高的顺序，表 I.2.1 和表 I.2.2 分别给出了 $BaCrF_5$ 和 $Fe_2B$ 多晶粉 50 个和 32 个衍射峰实测归一百强度。试用 X 射线衍射强度统计分布检验法判断所测量的 $BaCrF_5$ 和 $Fe_2B$ 是否具备中心对称性。

**表 L2.1**　BaCrF$_5$ 多晶粉 50 个衍射峰实测归百强度

| No($j$) | 1 | 2 | 3 | 4 | 5 | 6 | 7 | 8 | 9 | 10 |
|---|---|---|---|---|---|---|---|---|---|---|
| $I_j$ | 3 | 3 | 13 | 7 | 33 | 63 | 100 | 53 | 37 | 13 |
| No($j$) | 11 | 12 | 13 | 14 | 15 | 16 | 17 | 18 | 19 | 20 |
| $I_j$ | 3 | 30 | 33 | 50 | 47 | 27 | 13 | 33 | 33 | 40 |
| No($j$) | 21 | 22 | 23 | 24 | 25 | 26 | 27 | 28 | 29 | 30 |
| $I_j$ | 40 | 3 | 37 | 3 | 77 | 7 | 3 | 3 | 37 | 53 |
| No($j$) | 31 | 32 | 33 | 34 | 35 | 36 | 37 | 38 | 39 | 40 |
| $I_j$ | 17 | 3 | 13 | 20 | 3 | 27 | 27 | 7 | 37 | 3 |
| No($j$) | 41 | 42 | 43 | 44 | 45 | 46 | 47 | 48 | 49 | 50 |
| $I_j$ | 3 | 3 | 7 | 20 | 7 | 3 | 23 | 3 | 17 | 13 |

**表 L2.2**　Fe$_2$B 多晶粉 32 个衍射峰实测归百强度

| No($j$) | 1 | 2 | 3 | 4 | 5 | 6 | 7 | 8 |
|---|---|---|---|---|---|---|---|---|
| $I_j$ | 12 | 30 | 40 | 100 | 8 | 4 | 18 | 18 |
| No($j$) | 9 | 10 | 11 | 12 | 13 | 14 | 15 | 16 |
| $I_j$ | 1 | 8 | 25 | 16 | 1 | 4 | 3 | 10 |
| No($j$) | 17 | 18 | 19 | 20 | 21 | 22 | 23 | 24 |
| $I_j$ | 0.6 | 0.6 | 1 | 6 | 5 | 0.6 | 2 | 1 |
| No($j$) | 25 | 26 | 27 | 28 | 29 | 30 | 31 | 32 |
| $I_j$ | 2 | 0.6 | 0.6 | 5 | 2 | 3 | 4 | 0.6 |

2.3　用波长 $\lambda = 0.154\,178$ nm 的 X 射线在室温 20 ℃测得压制成板状的金属铀（U）多晶粉 6 个最强衍射峰位置及其相对强度，如图 L2.1 和表 L2.3 所示。测得纯铀粉末试样密度为 19.05 kg/dm$^3$。从文献查得该纯铀粉晶体的空间群为正交晶系 $Cmcm$，单胞常数为：$a = 0.285\,37$ nm，$b = 0.586\,95$ nm，$c = 0.495\,48$ nm。

1. 试计算一个单胞内铀原子的个数；

2. 给出各衍射峰的 $HKL$ 值（注意消光规律）；

3. 利用 6 个较强衍射峰计算 $a$、$b$、$c$ 的实测平均值，给出误差；

4. 若铀原子占据 $4c$ 位置（0, $y$, 1/4）、（0, $-y$, 3/4）、（1/2, $y+1/2$, 1/4）、（1/2, $-y+1/2$, 3/4），确定位置坐标中未知的 $y$ 值；

5. 根据式（1.28）计算实测归百强度 $I_{HKL-B}$ 和理论归百强度 $I_{HKL-B}^*$。

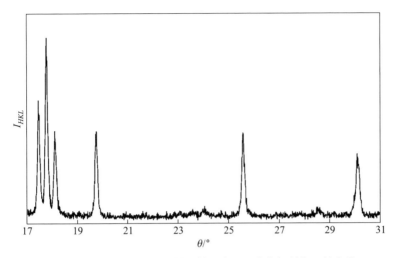

**图 L2.1** 金属铀(U)多晶粉衍射强度 $I_{HKL}$ 随半衍射角 $\theta$ 的变化

**表 L2.3** 金属铀(U)多晶粉 6 个较强衍射峰位置及其相对强度

| $\theta/^\circ$ | 17.49 | 17.77 | 18.09 | 19.76 | 25.59 | 30.12 |
|---|---|---|---|---|---|---|
| $I_{HKL}$ | 4 688 | 6 883 | 3 784 | 3 587 | 3 908 | 3 912 |

2.4 已知 $Al_2Cu$ 晶体所对应的空间群为体心四方晶系 $I4/mcm$，Cu 原子占据 $4a$ 位置 $(0, 0, 1/4)$、$(0, 0, 3/4)$、$(1/2, 1/2, 3/4)$、$(1/2, 1/2, 1/4)$，Al 原子占据 $8h$ 位置 $(x, x+1/2, 0)$、$(-x, -x+1/2, 0)$、$(-x+1/2, x, 0)$、$(x+1/2, -x, 0)$、$(x+1/2, x, 1/2)$、$(-x+1/2, -x, 1/2)$、$(-x, x+1/2, 1/2)$、$(x, -x+1/2, 1/2)$；且有 $x = 0.1581$。绘制该 $Al_2Cu$ 晶体的 $z=0$、$z=1/4$、$z=1/2$ 和 $z=3/4$ 处 Cu 和 Al 原子位置分布的截面图。对照所绘制各原子的位置分布图，在单胞 $c$ 向投影图上依次用国际符号标示空间群符号 $I4/mcm$ 中 $4$、$m$、$c$、$m$ 等对称元素的位置。

# 附录

## 附录 2.1　常用点对称操作的操作矩阵

$$\{2_{[100]}\} = \begin{bmatrix} 1 & 0 & 0 \\ 0 & -1 & 0 \\ 0 & 0 & -1 \end{bmatrix} \qquad \{2_{[010]}\} = \begin{bmatrix} -1 & 0 & 0 \\ 0 & 1 & 0 \\ 0 & 0 & -1 \end{bmatrix}$$

$$\{2_{[001]}\} = \begin{bmatrix} -1 & 0 & 0 \\ 0 & -1 & 0 \\ 0 & 0 & 1 \end{bmatrix} \qquad \{2_{[110]}\} = \begin{bmatrix} 0 & 1 & 0 \\ 1 & 0 & 0 \\ 0 & 0 & -1 \end{bmatrix}$$

$$\{2_{[101]}\} = \begin{bmatrix} 0 & 0 & 1 \\ 0 & -1 & 0 \\ 1 & 0 & 0 \end{bmatrix} \qquad \{2_{[011]}\} = \begin{bmatrix} -1 & 0 & 0 \\ 0 & 0 & 1 \\ 0 & 1 & 0 \end{bmatrix}$$

$$\{2_{[1\bar{1}0]}\} = \begin{bmatrix} 0 & -1 & 0 \\ -1 & 0 & 0 \\ 0 & 0 & -1 \end{bmatrix} \qquad \{2_{[\bar{1}01]}\} = \begin{bmatrix} 0 & 0 & -1 \\ 0 & -1 & 0 \\ -1 & 0 & 0 \end{bmatrix}$$

$$\{2_{[01\bar{1}]}\} = \begin{bmatrix} -1 & 0 & 0 \\ 0 & 0 & -1 \\ 0 & -1 & 0 \end{bmatrix} \qquad \{3_{[111]}\} = \begin{bmatrix} 0 & 0 & 1 \\ 1 & 0 & 0 \\ 0 & 1 & 0 \end{bmatrix}$$

$$\{3_{[\bar{1}11]}\} = \begin{bmatrix} 0 & -1 & 0 \\ 0 & 0 & 1 \\ -1 & 0 & 0 \end{bmatrix} \qquad \{3_{[1\bar{1}1]}\} = \begin{bmatrix} 0 & -1 & 0 \\ 0 & 0 & -1 \\ 1 & 0 & 0 \end{bmatrix}$$

$$\{3_{[11\bar{1}]}\} = \begin{bmatrix} 0 & 1 & 0 \\ 0 & 0 & -1 \\ -1 & 0 & 0 \end{bmatrix} \qquad \{4_{[100]}\} = \begin{bmatrix} 1 & 0 & 0 \\ 0 & 0 & -1 \\ 0 & 1 & 0 \end{bmatrix}$$

$$\{4_{[010]}\} = \begin{bmatrix} 0 & 0 & -1 \\ 0 & 1 & 0 \\ 1 & 0 & 0 \end{bmatrix} \qquad \{4_{[001]}\} = \begin{bmatrix} 0 & -1 & 0 \\ 1 & 0 & 0 \\ 0 & 0 & 1 \end{bmatrix}$$

$$\{1\} = \begin{bmatrix} 1 & 0 & 0 \\ 0 & 1 & 0 \\ 0 & 0 & 1 \end{bmatrix} \qquad \{\bar{1}\} = \begin{bmatrix} -1 & 0 & 0 \\ 0 & -1 & 0 \\ 0 & 0 & -1 \end{bmatrix}$$

$$\{3_{H[001]}\} = \begin{bmatrix} 0 & -1 & 0 \\ 1 & -1 & 0 \\ 0 & 0 & 1 \end{bmatrix} \qquad \{6_{H[001]}\} = \begin{bmatrix} 1 & -1 & 0 \\ 1 & 0 & 0 \\ 0 & 0 & 1 \end{bmatrix}$$

$$\{2_{H[001]}\} = \begin{bmatrix} -1 & 0 & 0 \\ 0 & -1 & 0 \\ 0 & 0 & 1 \end{bmatrix} \qquad \{2_{H[100]}\} = \begin{bmatrix} 1 & -1 & 0 \\ 0 & -1 & 0 \\ 0 & 0 & -1 \end{bmatrix}$$

$$\{2_{H[010]}\} = \begin{bmatrix} -1 & 0 & 0 \\ -1 & 1 & 0 \\ 0 & 0 & -1 \end{bmatrix}$$

注：H 表示在三方或六方晶体中三轴坐标系内的操作变换。

## 附录2.2　230 种空间群的符号[3,6]

表 A2.1　三斜晶系空间群

| 空间群序号 | 完全国际符号 | 简略国际符号 | 空间群序号 | 完全国际符号 | 简略国际符号 |
|---|---|---|---|---|---|
| 1 | $P1$ | $P1$ | 2 | $P\bar{1}$ | $P\bar{1}$ |

表 A2.2　单斜晶系空间群

| 空间群序号 | 完全国际符号 | 简略国际符号 | 空间群序号 | 完全国际符号 | 简略国际符号 | 空间群序号 | 完全国际符号 | 简略国际符号 |
|---|---|---|---|---|---|---|---|---|
| 3 | $P112$ | $P2$ | 8 | $A11m$ | $Am$ | 13 | $P112/b$ | $P2/b$ |
| 4 | $P112_1$ | $P2_1$ | 9 | $A11a$ | $Aa$ | 14 | $P112_1/b$ | $P2_1/b$ |
| 5 | $A112$ | $A2$ | 10 | $P112/m$ | $P2/m$ | 15 | $A112/a$ | $A2/b$ |
| 6 | $P11m$ | $Pm$ | 11 | $P112_1/m$ | $P2_1/m$ | | | |
| 7 | $P11b$ | $Pb$ | 12 | $A112/m$ | $A2/m$ | | | |

**表 A2.3　正交晶系空间群**

| 空间群序号 | 完全国际符号 | 简略国际符号 | 空间群序号 | 完全国际符号 | 简略国际符号 | 空间群序号 | 完全国际符号 | 简略国际符号 |
|---|---|---|---|---|---|---|---|---|
| 16 | $P222$ | $P222$ | 36 | $Cmc2_1$ | $Cmc2_1$ | 56 | $P2_1/c\ 2_1/c\ 2/n$ | $Pccn$ |
| 17 | $P222_1$ | $P222_1$ | 37 | $Ccc2$ | $Ccc2$ | 57 | $P2/b\ 2_1/c\ 2_1/m$ | $Pbcm$ |
| 18 | $P2_12_12$ | $P2_12_12$ | 38 | $Amm2$ | $Amm2$ | 58 | $P2_1/n\ 2_1/n\ 2/m$ | $Pnnm$ |
| 19 | $P2_12_12_1$ | $P2_12_12_1$ | 39 | $Abm2$ | $Abm2$ | 59 | $P2_1/m\ 2_1/m\ 2/n$ | $Pmmn$ |
| 20 | $C222_1$ | $C222_1$ | 40 | $Ama2$ | $Ama2$ | 60 | $P2_1/b\ 2/c\ 2_1/n$ | $Pbcn$ |
| 21 | $C222$ | $C222$ | 41 | $Aba2$ | $Aba2$ | 61 | $P2_1/b\ 2_1/c\ 2_1/a$ | $Pbca$ |
| 22 | $F222$ | $F222$ | 42 | $Fmm2$ | $Fmm2$ | 62 | $P2_1/n\ 2_1/m\ 2_1/a$ | $Pnma$ |
| 23 | $I222$ | $I222$ | 43 | $Fdd2$ | $Fdd2$ | 63 | $C2/m\ 2/c\ 2_1/m$ | $Cmcm$ |
| 24 | $I2_12_12_1$ | $I2_12_12_1$ | 44 | $Imm2$ | $Imm2$ | 64 | $C2/m\ 2/c\ 2_1/a$ | $Cmca$ |
| 25 | $Pmm2$ | $Pmm2$ | 45 | $Iba2$ | $Iba2$ | 65 | $C2/m\ 2/m\ 2/m$ | $Cmmm$ |
| 26 | $Pmc2_1$ | $Pmc2_1$ | 46 | $Ima2$ | $Ima2$ | 66 | $C2/c\ 2/c\ 2/m$ | $Cccm$ |
| 27 | $Pcc2$ | $Pcc2$ | 47 | $P2/m\ 2/m\ 2/m$ | $Pmmm$ | 67 | $C2/m\ 2/m\ 2/a$ | $Cmma$ |
| 28 | $Pma2$ | $Pma2$ | 48 | $P2/n\ 2/n\ 2/n$ | $Pnnn$ | 68 | $C2/c\ 2/c\ 2/a$ | $Ccca$ |
| 29 | $Pca2_1$ | $Pca2_1$ | 49 | $P2/c\ 2/c\ 2/m$ | $Pccm$ | 69 | $F2/m\ 2/m\ 2/m$ | $Fmmm$ |
| 30 | $Pnc2$ | $Pnc2$ | 50 | $P2/b\ 2/a\ 2/n$ | $Pban$ | 70 | $F2/d\ 2/d\ 2/d$ | $Fddd$ |
| 31 | $Pmn2_1$ | $Pmn2_1$ | 51 | $P2_1/m\ 2/m\ 2/a$ | $Pmma$ | 71 | $I2/m\ 2/m\ 2/m$ | $Immm$ |
| 32 | $Pba2$ | $Pba2$ | 52 | $P2/n\ 2_1/n\ 2/a$ | $Pnna$ | 72 | $I2/b\ 2/a\ 2/m$ | $Ibam$ |
| 33 | $Pna2_1$ | $Pna2_1$ | 53 | $P2/m\ 2/n\ 2_1/a$ | $Pmna$ | 73 | $I2_1/b\ 2_1/c\ 2_1/a$ | $Ibca$ |
| 34 | $Pnn2$ | $Pnn2$ | 54 | $P2_1/c\ 2/c\ 2/a$ | $Pcca$ | 74 | $I2_1/m\ 2_1/m\ 2_1/a$ | $Imma$ |
| 35 | $Cmm2$ | $Cmm2$ | 55 | $P2_1/b\ 2_1/a\ 2/m$ | $Pbam$ | | | |

附

录

表 A2.4  四方晶系空间群

| 空间群序号 | 完全国际符号 | 简略国际符号 | 空间群序号 | 完全国际符号 | 简略国际符号 | 空间群序号 | 完全国际符号 | 简略国际符号 |
|---|---|---|---|---|---|---|---|---|
| 75 | $P4$ | $P4$ | 98 | $I4_122$ | $I4_122$ | 121 | $I\bar{4}2m$ | $I\bar{4}2m$ |
| 76 | $P4_1$ | $P4_1$ | 99 | $P4mm$ | $P4mm$ | 122 | $I\bar{4}2d$ | $I\bar{4}2d$ |
| 77 | $P4_2$ | $P4_2$ | 100 | $P4bm$ | $P4bm$ | 123 | $P4/m\,2/m\,2/m$ | $P4/mmm$ |
| 78 | $P4_3$ | $P4_3$ | 101 | $P4_2cm$ | $P4_2cm$ | 124 | $P4/m\,2/c\,2/c$ | $P4/mcc$ |
| 79 | $I4$ | $I4$ | 102 | $P4_2nm$ | $P4_2nm$ | 125 | $P4/n\,2/b\,2/m$ | $P4/nbm$ |
| 80 | $I4_1$ | $I4_1$ | 103 | $P4cc$ | $P4cc$ | 126 | $P4/n\,2/n\,2/c$ | $P4/nnc$ |
| 81 | $P\bar{4}$ | $P\bar{4}$ | 104 | $P4nc$ | $P4nc$ | 127 | $P4/m\,2_1/b\,2/m$ | $P4/mbm$ |
| 82 | $I\bar{4}$ | $I\bar{4}$ | 105 | $P4_2mc$ | $P4_2mc$ | 128 | $P4/m\,2_1/n\,2/c$ | $P4/mnc$ |
| 83 | $P4/m$ | $P4/m$ | 106 | $P4_2bc$ | $P4_2bc$ | 129 | $P4/n\,2_1/m\,2/m$ | $P4/nmm$ |
| 84 | $P4_2/m$ | $P4_2/m$ | 107 | $I4mm$ | $I4mm$ | 130 | $P4/n\,2_1/c\,2/c$ | $P4/ncc$ |
| 85 | $P4/n$ | $P4/n$ | 108 | $I4cm$ | $I4cm$ | 131 | $P4_2/m\,2/m\,2/c$ | $P4_2/mmc$ |
| 86 | $P4_2/n$ | $P4_2/n$ | 109 | $I4_1md$ | $I4_1md$ | 132 | $P4_2/m\,2/c\,2/m$ | $P4_2/mcm$ |
| 87 | $I4/m$ | $I4/m$ | 110 | $I4_1cd$ | $I4_1cd$ | 133 | $P4_2/n\,2/b\,2/c$ | $P4_2/nbc$ |
| 88 | $I4_1/a$ | $I4_1/a$ | 111 | $P\bar{4}2m$ | $P\bar{4}2m$ | 134 | $P4_2/n\,2/n\,2/m$ | $P4_2/nnm$ |
| 89 | $P422$ | $P422$ | 112 | $P\bar{4}2c$ | $P\bar{4}2c$ | 135 | $P4_2/m\,2_1/b\,2/c$ | $P4_2/mbc$ |
| 90 | $P42_12$ | $P42_12$ | 113 | $P\bar{4}2_1m$ | $P\bar{4}2_1m$ | 136 | $P4_2/m\,2_1/n\,2/m$ | $P4_2/mnm$ |
| 91 | $P4_122$ | $P4_122$ | 114 | $P\bar{4}2_1c$ | $P\bar{4}2_1c$ | 137 | $P4_2/n\,2_1/m\,2/c$ | $P4_2/nmc$ |
| 92 | $P4_12_12$ | $P4_12_12$ | 115 | $P\bar{4}m2$ | $P\bar{4}m2$ | 138 | $P4_2/n\,2_1/c\,2/m$ | $P4_2/ncm$ |
| 93 | $P4_222$ | $P4_222$ | 116 | $P\bar{4}c2$ | $P\bar{4}c2$ | 139 | $I4/m\,2/m\,2/m$ | $I4/mmm$ |
| 94 | $P4_22_12$ | $P4_22_12$ | 117 | $P\bar{4}b2$ | $P\bar{4}b2$ | 140 | $I4/m\,2/c\,2/m$ | $I4/mcm$ |
| 95 | $P4_322$ | $P4_322$ | 118 | $P\bar{4}n2$ | $P\bar{4}n2$ | 141 | $I4_1/a\,2/m\,2/d$ | $I4_1/amd$ |
| 96 | $P4_32_12$ | $P4_32_12$ | 119 | $I\bar{4}m2$ | $I\bar{4}m2$ | 142 | $I4_1/a\,2/c\,2/d$ | $I4_1/acd$ |
| 97 | $I422$ | $I422$ | 120 | $I\bar{4}c2$ | $I\bar{4}c2$ | | | |

表 A2.5　三方晶系空间群

| 空间群序号 | 完全国际符号 | 简略国际符号 | 空间群序号 | 完全国际符号 | 简略国际符号 | 空间群序号 | 完全国际符号 | 简略国际符号 |
|---|---|---|---|---|---|---|---|---|
| 143 | $P3$ | $P3$ | 152 | $P3_121$ | $P3_121$ | 161 | $R3c$ | $R3c$ |
| 144 | $P3_1$ | $P3_1$ | 153 | $P3_212$ | $P3_212$ | 162 | $P\bar{3}1\,2/m$ | $P\bar{3}1m$ |
| 145 | $P3_2$ | $P3_2$ | 154 | $P3_221$ | $P3_221$ | 163 | $P\bar{3}1\,2/c$ | $P\bar{3}1c$ |
| 146 | $R3$ | $R3$ | 155 | $R32$ | $R32$ | 164 | $P\bar{3}\,2/m\,1$ | $P\bar{3}m1$ |
| 147 | $P\bar{3}$ | $P\bar{3}$ | 156 | $P3m1$ | $P3m1$ | 165 | $P\bar{3}\,2/c\,1$ | $P\bar{3}c1$ |
| 148 | $R\bar{3}$ | $R\bar{3}$ | 157 | $P31m$ | $P31m$ | 166 | $R\bar{3}\,2/m$ | $R\bar{3}m$ |
| 149 | $P312$ | $P312$ | 158 | $P3c1$ | $P3c1$ | 167 | $R\bar{3}\,2/c$ | $R\bar{3}c$ |
| 150 | $P321$ | $P321$ | 159 | $P31c$ | $P31c$ | | | |
| 151 | $P3_112$ | $P3_112$ | 160 | $R3m$ | $R3m$ | | | |

表 A2.6　六方晶系空间群

| 空间群序号 | 完全国际符号 | 简略国际符号 | 空间群序号 | 完全国际符号 | 简略国际符号 | 空间群序号 | 完全国际符号 | 简略国际符号 |
|---|---|---|---|---|---|---|---|---|
| 168 | $P6$ | $P6$ | 177 | $P622$ | $P622$ | 186 | $P6_3mc$ | $P6_3mc$ |
| 169 | $P6_1$ | $P6_1$ | 178 | $P6_122$ | $P6_122$ | 187 | $P\bar{6}m2$ | $P\bar{6}m2$ |
| 170 | $P6_5$ | $P6_5$ | 179 | $P6_522$ | $P6_522$ | 188 | $P\bar{6}c2$ | $P\bar{6}c2$ |
| 171 | $P6_2$ | $P6_2$ | 180 | $P6_222$ | $P6_222$ | 189 | $P\bar{6}2m$ | $P\bar{6}2m$ |
| 172 | $P6_4$ | $P6_4$ | 181 | $P6_422$ | $P6_422$ | 190 | $P\bar{6}\,2c$ | $P\bar{6}2c$ |
| 173 | $P6_3$ | $P6_3$ | 182 | $P6_322$ | $P6_322$ | 191 | $P6/m2/m2/m$ | $P6/mmm$ |
| 174 | $P\bar{6}$ | $P\bar{6}$ | 183 | $P6mm$ | $P6mm$ | 192 | $P6/m2/c2/c$ | $P6/mcc$ |
| 175 | $P6/m$ | $P6/m$ | 184 | $P6cc$ | $P6cc$ | 193 | $P6_3/m2/c2/m$ | $P6_3/mcm$ |
| 176 | $P6_3/m$ | $P6_3/m$ | 185 | $P6_3cm$ | $P6_3cm$ | 194 | $P6_3/m2/m2/c$ | $P6_3/mmc$ |

附

录

**表 A2.7  立方晶系空间群**

| 空间群序号 | 完全国际符号 | 简略国际符号 | 空间群序号 | 完全国际符号 | 简略国际符号 | 空间群序号 | 完全国际符号 | 简略国际符号 |
|---|---|---|---|---|---|---|---|---|
| 195 | $P23$ | $P23$ | 207 | $P432$ | $P432$ | 219 | $F\bar{4}3c$ | $F\bar{4}3c$ |
| 196 | $F23$ | $F23$ | 208 | $P4_232$ | $P4_232$ | 220 | $I\bar{4}3d$ | $I\bar{4}3d$ |
| 197 | $I23$ | $I23$ | 209 | $F432$ | $F432$ | 221 | $P4/m\,\bar{3}\,2/m$ | $Pm3m$ |
| 198 | $P2_13$ | $P2_13$ | 210 | $F4_132$ | $F4_132$ | 222 | $P4/n\,\bar{3}\,2/n$ | $Pn3n$ |
| 199 | $I2_13$ | $I2_13$ | 211 | $I432$ | $I432$ | 223 | $P4/m\,\bar{3}\,2/n$ | $Pm3n$ |
| 200 | $Pm\bar{3}$ | $Pm\bar{3}$ | 212 | $P4_332$ | $P4_332$ | 224 | $P4/n\,\bar{3}\,2/m$ | $Pn3m$ |
| 201 | $Pn\bar{3}$ | $Pn\bar{3}$ | 213 | $P4_132$ | $P4_132$ | 225 | $F4/m\,\bar{3}\,2/m$ | $Fm3m$ |
| 202 | $Fm\bar{3}$ | $Fm\bar{3}$ | 214 | $I4_132$ | $I4_132$ | 226 | $F4/m\,\bar{3}\,2/c$ | $Fm3c$ |
| 203 | $Fd\bar{3}$ | $Fd\bar{3}$ | 215 | $P\bar{4}3m$ | $P\bar{4}3m$ | 227 | $F4/d\,\bar{3}\,2/m$ | $Fd3m$ |
| 204 | $Im\bar{3}$ | $Im\bar{3}$ | 216 | $F\bar{4}3m$ | $F\bar{4}3m$ | 228 | $F4/d\,\bar{3}\,2/c$ | $Fd3c$ |
| 205 | $Pa\bar{3}$ | $Pa\bar{3}$ | 217 | $I\bar{4}3m$ | $I\bar{4}3m$ | 229 | $I4/m\,\bar{3}\,2/m$ | $Im3m$ |
| 206 | $Ia\bar{3}$ | $Ia\bar{3}$ | 218 | $P\bar{4}3n$ | $P\bar{4}3n$ | 230 | $I4/a\,\bar{3}\,2/d$ | $Ia3d$ |

## 附录 2.3  与 11 种劳厄群对应的 120 种衍射群所涉及的空间群及其消光规律[9]

### 1. 消光规律符号

$A$  $K+L$ 为奇数时消光

$B$  $H+L$ 为奇数时消光

$C$  $H+K$ 为奇数时消光

$I$  $H+K+L$ 为奇数时消光

$F$  $H$、$K$、$L$ 不为全奇数或全偶数时消光

$J$  $(H+K+L)/2$ 为奇数时消光

$R$  $-H+K+L$ 不为 3 的倍数时消光

$L$  $L$ 为奇数时消光

$S$  有 $R$ 和 $L$ 的消光规律

$G$  有 $Q$ 和 $J$ 的消光规律

$Z$  $0KL$ 中 $K$ 为奇数时消光

$P$  没有系统消光

1  没有系统消光

2  不为 2 的整数倍时消光

3  不为 3 的整数倍时消光

4  不为 4 的整数倍时消光

6  不为 6 的整数倍时消光

$Q$  $H$、$K$、$L$ 不为全偶数时消光

$RR$　有 $R$ 的消光规律且 $H0\bar{H}L$ 与 $\bar{H}H0L$、

　　$0H\bar{H}L$ 的消光规律相同

## 2. 衍射群的完全符号

下面各表中列出的衍射符号前加上相应的劳厄群符号即为衍射群的完全符号。

表 A2.8　三斜晶系中对应劳厄群 $\bar{1}$ 的空间群及其消光规律

| 序号 | 衍射符号 | $HKL$ | 点群 1 | 点群 $\bar{1}$ |
|---|---|---|---|---|
| 1 | $P\bar{1}$ | $P.$ | $P1$ | $P\bar{1}$ |

表 A2.9　单斜晶系中对应劳厄群 $2/m$ 的空间群及其消光规律

| 序号 | 衍射符号 | $HKL$ | $H0L$ | $0K0$ | 点群 2 | 点群 $m$ | 点群 $2/m$ |
|---|---|---|---|---|---|---|---|
| 2 | $P...$ | $P$ | $P$ | 1 | $P2$ | $Pm$ | $P2/m$ |
| 3 | $P.2_1.$ | $P$ | $P$ | 2 | $P2_1$ | | $P2_1/m$ |
| 4 | $P.c.$ | $P$ | $A$ | 1 | | $Pc$ | $P2/c$ |
| 5 | $P.2_1/c.$ | $P$ | $A$ | 2 | | | $P2_1/c$ |
| 6 | $C...$ | $C$ | $C$ | 2 | $C2$ | $Cm$ | $C2/m$ |
| 7 | $C.c.$ | $C$ | $F$ | 2 | | $Cc$ | $C2_1/c$ |

表 A2.10　正交晶系中对应劳厄群 $mmm$ 的空间群及其消光规律

| 序号 | 衍射符号 | $HKL$ | $0KL$ | $H0L$ | $HK0$ | $H00$ | $0K0$ | $00L$ | 点群 222 | 点群 $2mm$ | 点群 $mmm$ |
|---|---|---|---|---|---|---|---|---|---|---|---|
| 8 | $P...$ | $P$ | $P$ | $P$ | $P$ | 1 | 1 | 1 | $P222$ | $Pmm2$ | $Pmmm$ |
| 9 | $P..2_1$ | $P$ | $P$ | $P$ | $P$ | 1 | 1 | 2 | $P222_1$ | | |
| 10 | $P2_12_1.$ | $P$ | $P$ | $P$ | $P$ | 2 | 2 | 1 | $P2_12_12$ | | |
| 11 | $P2_12_12_1$ | $P$ | $P$ | $P$ | $P$ | 2 | 2 | 2 | $P2_12_12_1$ | | |
| 12 | $P..a$ | $P$ | $P$ | $P$ | $B$ | 2 | 1 | 1 | $Pm2a$ $P2_1ma$ | | $Pmma$ |
| 13 | $P.n.$ | $P$ | $P$ | $I$ | $P$ | 2 | 1 | 2 | $Pmn2_1$ | | $Pmnm$ |
| 14 | $Pcc.$ | $P$ | $B$ | $A$ | $P$ | 1 | 1 | 2 | $Pcc2$ | | $Pccm$ |

续表

| 序号 | 衍射符号 | HKL | 0KL | H0L | HK0 | H00 | 0K0 | 00L | 点群 222 | 点群 2mm | 点群 mmm |
|------|---------|-----|-----|-----|-----|-----|-----|-----|---------|---------|---------|
| 15 | Pca. | P | B | C | P | 2 | 1 | 2 | | Pca2₁ | Pcam |
| 16 | Pba. | P | C | C | P | 2 | 2 | 1 | | Pba2 | Pbam |
| 17 | Pnc. | P | I | A | P | 1 | 2 | 2 | | Pnc2 | Pncm |
| 18 | Pna. | P | I | C | P | 2 | 2 | 2 | | Pna2₁ | Pnam |
| 19 | Pnn. | P | I | I | P | 2 | 2 | 2 | | Pnn2 | Pnnm |
| 20 | Pcca | P | B | A | B | 2 | 1 | 2 | | | Pcca |
| 21 | Pbca | P | C | A | B | 2 | 2 | 2 | | | Pbca |
| 22 | Pccn | P | B | A | I | 2 | 2 | 2 | | | Pccn |
| 23 | Pban | P | C | C | I | 2 | 2 | 1 | | | Pban |
| 24 | Pbcn | P | C | A | I | 2 | 2 | 2 | | | Pbcn |
| 25 | Pnna | P | I | I | B | 2 | 2 | 2 | | | Pnna |
| 26 | Pnnn | P | I | I | I | 2 | 2 | 2 | | | Pnnn |
| 27 | C... | C | C | C | I | 2 | 2 | 1 | C222 | Cmm2 Cm2m | Cmmm |
| 28 | C..2₁ | C | C | C | I | 2 | 2 | 2 | C222₁ | | |
| 29 | C.c. | C | C | F | I | 2 | 2 | 2 | | Cmc2₁ C2cm | Cmcm |
| 30 | Ab.. | A | F | A | A | 1 | 2 | 2 | | Abm2 | Abmm |
| 31 | Aba. | A | F | F | A | 2 | 2 | 2 | | Aba2 | Abam |
| 32 | Ccc. | C | F | F | I | 2 | 2 | 2 | | Ccc2 | Cccm |
| 33 | Ccca | C | F | F | F | 2 | 2 | 2 | | | Ccca |
| 34 | I... | I | I | I | I | 2 | 2 | 2 | I222 I2₁2₁2₁ | Imm2 | Immm |
| 35 | I.a. | I | I | F | I | 2 | 2 | 2 | | Ima2 | Imam |
| 36 | Iba. | I | F | F | I | 2 | 2 | 2 | | Iba2 | Ibam |
| 37 | Ibca | I | F | F | F | 2 | 2 | 2 | | | Ibca |
| 38 | F... | F | F | F | F | 2 | 2 | 2 | F222 | Fmm2 | Fmmm |
| 39 | Fdd. | F | G | G | F | 4 | 4 | 4 | | Fdd2 | |
| 40 | Fddd | F | G | G | G | 4 | 4 | 4 | | | Fddd |

**表 A2.11　四方晶系中对应劳厄群 $4/m$ 的空间群及其消光规律**

| 序号 | 衍射符号 | $HKL$ | $HK0$ | $0KL$ | $HHL$ | $00L$ | $0K0$ | $H00$ | 点群 4 | 点群 $\bar{4}$ | 点群 $4/m$ |
|---|---|---|---|---|---|---|---|---|---|---|---|
| 41 | $P\ldots$ | $P$ | $P$ | $P$ | $P$ | 1 | 1 | 1 | $P4$ | $P\bar{4}$ | $P4/m$ |
| 42 | $P4_2..$ | $P$ | $P$ | $P$ | $P$ | 2 | 1 | 1 | $P4_2$ | | $P4_2/m$ |
| 43 | $P4_1..$ | $P$ | $P$ | $P$ | $P$ | 4 | 1 | 1 | $P4_1\ P4_3$ | | |
| 44 | $Pn..$ | $P$ | $I$ | $P$ | $P$ | 1 | 2 | 1 | | | $P4/n$ |
| 45 | $P4_2/n..$ | $P$ | $I$ | $P$ | $P$ | 2 | 2 | 1 | | | $P4_2/n$ |
| 46 | $I\ldots$ | $I$ | $I$ | $I$ | $I$ | 2 | 2 | 1 | $I4$ | $I\bar{4}$ | $I4/m$ |
| 47 | $I4_1..$ | $I$ | $I$ | $I$ | $I$ | 4 | 2 | 1 | $I4_1$ | | |
| 48 | $I4_1/a..$ | $I$ | $F$ | $I$ | $I$ | 4 | 2 | 2 | | | $I4_1/a$ |

**表 A2.12　四方晶系中对应劳厄群 $4/mmm$ 的空间群及其消光规律**

| 序号 | 衍射符号 | $HKL$ | $HK0$ | $0KL$ | $HHL$ | $00L$ | $0K0$ | $H00$ | 点群 422 | 点群 $4mm$ | 点群 $\bar{4}2m$ | 点群 $4/mmm$ |
|---|---|---|---|---|---|---|---|---|---|---|---|---|
| 49 | $P\ldots$ | $P$ | $P$ | $P$ | $P$ | 1 | 1 | 1 | $P422$ | $P4mm$ | $P\bar{4}2m$ $P\bar{4}m2$ | $P4/mmm$ |
| 50 | $P4_2..$ | $P$ | $P$ | $P$ | $P$ | 2 | 1 | 1 | $P4_222$ | | | |
| 51 | $P4_1..$ | $P$ | $P$ | $P$ | $P$ | 4 | 1 | 1 | $P4_122$ $P4_322$ | | | |
| 52 | $P.2_1.$ | $P$ | $P$ | $P$ | $P$ | 1 | 2 | 1 | $P42_12$ | | $P\bar{4}2_1m$ | |
| 53 | $P4_22_1.$ | $P$ | $P$ | $P$ | $P$ | 2 | 2 | 1 | $P4_22_12$ | | | |
| 54 | $P4_12_1.$ | $P$ | $P$ | $P$ | $P$ | 4 | 2 | 1 | $P4_12_12$ $P4_32_12$ | | | |
| 55 | $P4_2.c$ | $P$ | $P$ | $P$ | $I$ | 2 | 1 | 1 | | $P4_2mc$ | $P\bar{4}2c$ | $P4_2/mmc$ |
| 56 | $P.2_1c$ | $P$ | $P$ | $P$ | $I$ | 2 | 2 | 1 | | | $P\bar{4}2_1c$ | |
| 57 | $P.b.$ | $P$ | $P$ | $C$ | $P$ | 1 | 2 | 1 | | $P4bm$ | $P\bar{4}b2$ | $P4/mbm$ |
| 58 | $P4_2bc$ | $P$ | $P$ | $C$ | $I$ | 2 | 2 | 1 | | $P4_2bc$ | | $P4_2/mbc$ |
| 59 | $P4_2c.$ | $P$ | $P$ | $B$ | $P$ | 2 | 1 | 1 | | $P4_2cm$ | $P\bar{4}c2$ | $P4_2/mcm$ |
| 60 | $P.cc$ | $P$ | $P$ | $B$ | $I$ | 2 | 1 | 1 | | $P4cc$ | | $P4/mcc$ |

附

录

| 序号 | 衍射符号 | HKL | HK0 | 0KL | HHL | 00L | 0K0 | H00 | 点群 422 | 点群 4mm | 点群 $\bar{4}2m$ | 点群 4/mmm |
|---|---|---|---|---|---|---|---|---|---|---|---|---|
| 61 | $P4_2n.$ | P | P | I | P | 2 | 2 | 1 | | $P4_2nm$ | $P\bar{4}n2$ | $P4_2/mnm$ |
| 62 | $P.nc$ | P | P | I | I | 2 | 2 | 1 | | $P4nc$ | | $P4/mnc$ |
| 63 | $Pn..$ | P | I | P | P | 1 | 2 | 1 | | | | $P4/nmm$ |
| 64 | $P4_2/n.c$ | P | I | P | I | 2 | 2 | 1 | | | | $P4/nmc$ |
| 65 | $Pnb.$ | P | I | C | P | 1 | 2 | 1 | | | | $P4/nbm$ |
| 66 | $P4_2/nbc$ | P | I | C | I | 2 | 2 | 1 | | | | $P4_2/nbc$ |
| 67 | $P4_2/nc.$ | P | I | B | P | 2 | 2 | 1 | | | | $P4_2/ncm$ |
| 68 | $Pncc$ | P | I | B | I | 2 | 2 | 1 | | | | $P4/ncc$ |
| 69 | $P4_2/nn.$ | P | I | I | P | 2 | 2 | 1 | | | | $P4_2/nnm$ |
| 70 | $Pnnc$ | P | I | I | I | 2 | 2 | 1 | | | | $P4/nnc$ |
| 71 | $I...$ | I | I | I | I | 2 | 2 | 1 | $I422$ | $I4mm$ | $I\bar{4}2m$ $I\bar{4}m2$ | $I4/mmm$ |
| 72 | $I4_1..$ | I | I | I | I | 4 | 2 | 1 | $I4_122$ | | | |
| 73 | $I.c.$ | I | I | F | I | 2 | 2 | 1 | | $I4cm$ | $I\bar{4}c2$ | $I4/mcm$ |
| 74 | $I4_1.d$ | I | I | I | J | 4 | 2 | 2 | | $I4_1md$ | $I\bar{4}2d$ | |
| 75 | $I4_1cd$ | I | I | F | J | 4 | 2 | 2 | | $I4_1cd$ | | |
| 76 | $I4_1/a.d$ | I | F | I | J | 4 | 2 | 2 | | | | $I4_1/amd$ |
| 77 | $I4_1/acd$ | I | F | F | J | 4 | 2 | 2 | | | | $I4_1/acd$ |

表 A2.13 三方晶系中对应劳厄群 $\bar{3}$ 的空间群及其消光规律

| 序号 | 衍射符号 | $HKiL$ | $H0\bar{H}L$ | $HH2\bar{H}L$ | $000L$ | 点群 3 | 点群 $\bar{3}$ |
|---|---|---|---|---|---|---|---|
| 78 | $P...$ | P | P | P | 1 | $P3$ | $P\bar{3}$ |
| 79 | $P3_1..$ | P | P | P | 3 | $P3_1$ $P3_2$ | |
| 80 | $R...$ | R | RR | R | 3 | $R3$ | $R\bar{3}$ |

**表 A2.14**　三方晶系中对应劳厄群 $\bar{3}m$ 的空间群及其消光规律

| 序号 | 衍射符号 | $HKiL$ | $H0\bar{H}L$ | $HH2\bar{H}L$ | $000L$ | 点群 32 | 点群 $3m$ | 点群 $\bar{3}m$ |
|---|---|---|---|---|---|---|---|---|
| 81a | P. 1. | P | P | P | 1 | P312 | P31m | $P\bar{3}1m$ |
| 81b | P. . 1 | P | P | P | 1 | P321 | P3m1 | $P\bar{3}m1$ |
| 82a | $P3_1$1. | P | P | P | 3 | $P3_112$ $P3_212$ | | |
| 82b | $P3_1$. 1 | P | P | P | 3 | $P3_121$ $P3_221$ | | |
| 83 | P. c. | P | L | P | 2 | | P3c1 | $P\bar{3}c1$ |
| 84 | P. . c | P | P | L | 2 | | P31c | $P\bar{3}1c$ |
| 85 | R. . . | R | RR | R | 3 | R32 | R3m | $R\bar{3}m$ |
| 86 | R. c. | R | S | R | 6 | | R3c | $R\bar{3}c$ |

**表 A2.15**　六方晶系中对应劳厄群 $6/m$ 的空间群及其消光规律

| 序号 | 衍射符号 | $HKiL$ | $H0\bar{H}L$ | $HH2\bar{H}L$ | $000L$ | 点群 6 | 点群 $\bar{6}$ | 点群 $6/m$ |
|---|---|---|---|---|---|---|---|---|
| 87 | P. . . | P | P | P | 1 | P6 | $P\bar{6}$ | P6/m |
| 88 | $P6_3$. . | P | P | P | 2 | $P6_3$ | | $P6_3/m$ |
| 89 | $P6_2$. . | P | P | P | 3 | $P6_2\ P6_4$ | | |
| 90 | $P6_1$. . | P | P | P | 6 | $P6_1\ P6_5$ | | |

**表 A2.16**　六方晶系中对应劳厄群 $6/mmm$ 的空间群及其消光规律

| 序号 | 衍射符号 | $HKiL$ | $H0\bar{H}L$ | $HH2\bar{H}L$ | $000L$ | 点群 622 | 点群 $6mm$ | 点群 $\bar{6}m2$ | 点群 $6/mmm$ |
|---|---|---|---|---|---|---|---|---|---|
| 91 | P. . . | P | P | P | 1 | P622 | P6mm | $P\bar{6}m2$ | P6/mmm |
| 92 | $P6_3$. . | P | P | P | 2 | $P6_322$ | | $P\bar{6}2m$ | |
| 93 | $P6_2$. . | P | P | P | 3 | $P6_222$ $P6_422$ | | | |

| 序号 | 衍射符号 | $HKiL$ | $H0\bar{H}L$ | $HH2\bar{H}L$ | $000L$ | 点群 622 | 点群 6mm | 点群 $\bar{6}m2$ | 点群 6/mmm |
|---|---|---|---|---|---|---|---|---|---|
| 94 | $P6_1..$ | $P$ | $P$ | $P$ | 6 | $P6_122$ $P6_522$ | | | |
| 95 | $P6_3c.$ | $P$ | $L$ | $P$ | 2 | | $P6_3cm$ | $P\bar{6}c2$ | $P6_3/mcm$ |
| 96 | $P6_3.c$ | $P$ | $P$ | $L$ | 2 | | $P6_3mc$ | $P\bar{6}2c$ | $P6_3/mmc$ |
| 97 | $P.cc$ | $P$ | $L$ | $L$ | 2 | | $P6cc$ | | $P6/mcc$ |

**表 A2.17** 立方晶系中对应劳厄群 m3 的空间群及其消光规律

| 序号 | 衍射符号 | $HKL$ | $0KL$ | $HHL$ | $00L$ | 点群 23 | 点群 m3 |
|---|---|---|---|---|---|---|---|
| 98 | $P...$ | $P$ | $P$ | $P$ | 1 | $P23$ | $Pm3$ |
| 99 | $P2_1..$ | $P$ | $P$ | $P$ | 2 | $P2_13$ | |
| 100 | $Pn..$ | $P$ | $I$ | $P$ | 2 | | $Pn3$ |
| 101 | $Pa..$ | $P$ | $Z$ | $P$ | 2 | | $Pa3$ |
| 102 | $I...$ | $I$ | $I$ | $I$ | 2 | $I23$ $I2_13$ | $Im3$ |
| 103 | $Ia..$ | $I$ | $F$ | $I$ | 2 | | $Ia3$ |
| 104 | $F...$ | $F$ | $F$ | $F$ | 2 | $F23$ | $Fm3$ |
| 105 | $Fd..$ | $F$ | $G$ | $F$ | 4 | | $Fd3$ |

**表 A2.18** 立方晶系中对应劳厄群 m3m 的空间群及其消光规律

| 序号 | 衍射符号 | $HKL$ | $0KL$ | $HHL$ | $00L$ | 点群 432 | 点群 $\bar{4}3m$ | 点群 m3m |
|---|---|---|---|---|---|---|---|---|
| 106 | $P...$ | $P$ | $P$ | $P$ | 1 | $P432$ | $P\bar{4}3m$ | $Pm3m$ |
| 107 | $P4_2..$ | $P$ | $P$ | $P$ | 2 | $P4_232$ | | |
| 108 | $P4_1..$ | $P$ | $P$ | $P$ | 4 | $P4_132$ $P4_332$ | | |
| 109 | $Pn..$ | $P$ | $I$ | $P$ | 2 | | | $Pn3m$ |
| 110 | $P..n$ | $P$ | $P$ | $I$ | 2 | | $P\bar{4}3n$ | $Pm3n$ |

续表

| 序号 | 衍射符号 | *HKL* | 0*KL* | *HHL* | 00*L* | 点群 432 | 点群 $\bar{4}3m$ | 点群 *m3m* |
|---|---|---|---|---|---|---|---|---|
| 111 | *Pn.n* | *P* | *I* | *I* | 2 | | | *Pn3n* |
| 112 | *I...* | *I* | *I* | *I* | 2 | *I432* | *I$\bar{4}$3m* | *Im3m* |
| 113 | *I4₁..* | *I* | *I* | *I* | 4 | *I4₁32* | | |
| 114 | *I..d* | *I* | *I* | *J* | 4 | | *I$\bar{4}$3d* | |
| 115 | *Ia.d* | *I* | *F* | *J* | 4 | | | *Ia3d* |
| 116 | *F...* | *F* | *F* | *F* | 2 | *F432* | *F$\bar{4}$3m* | *Fm3m* |
| 117 | *F4₁..* | *F* | *F* | *F* | 4 | *F4₁32* | | |
| 118 | *Fd..* | *F* | *G* | *F* | 4 | | | *Fd3m* |
| 119 | *F..c* | *F* | *F* | *Q* | 2 | | *F$\bar{4}$3c* | *Fm3c* |
| 120 | *Fd.c* | *F* | *G* | *Q* | 4 | | | *Fd3c* |

附

录

# 第 3 章
# 无机材料晶体结构的分析与检测

## 本章提要

  在空间群的基础上重新确认和理解晶体结构的概念。阐述了常见晶体结构符号系统及其与空间群的联系，并介绍了常见的无机晶体结构。借助列举无机材料晶体结构检测的实例，介绍了 X 射线衍射测量晶体结构的基本思路、过程、要点、方法，以供参考。基于常见的非理想有序晶体结构，介绍了长程有序的概念。引入了概率占位的理念，并以无机晶体结构实例介绍了概率占位的表现形式及其基于 X 射线衍射的实验检测方式。

## 3.1　晶体结构概述与常见晶体结构

### 3.1.1　晶体结构的概念

如第 1 章所述，晶体是由结构基元三维长程有序排列而构成的固体物质。在三维规则排列的晶体中可以找出由某些原子、离子、分子、原子团等组成的结构基元，这种结构基元本身具备特定的商群对称性；若该结构基元按照点阵的平移对称性周期性排列后就构成了晶体结构。这一概念可以表述为：晶体结构＝结构基元＋点阵平移，任何具有此种结构的物体都是晶体[1-3]。一个结构基元内的原子数为初基点阵单胞内所有原子的个数，或非初基点阵单胞内所有原子除以所对应点阵单胞的阵点数后的原子数。需要注意的是，在观察和分析原子、离子、分子、原子团等构成的结构基元的商群对称性时，也需要同时考虑到原子之间结合键的不同性质及其在空间的排布状态，不能仅仅把原子简单地看成各向同性的球体。另外对于具有非点式空间群对称性的晶体，观察其结构基元的商群对称性时还需要考虑点阵平移的背景，以确保商群对称性的封闭性。

例如，表示金属铝晶体对称性的是第 225 号立方晶系空间群 $Fm3m$，其相应点群为 $m3m$；在该空间群单胞中铝原子的位置数和乌科夫符号为 $4a$，位置坐标为 $(0, 0, 0)$。鉴于 $F$ 点阵单胞的平移特征，在 $(0, 1/2, 1/2)$、$(1/2, 0, 1/2)$、$(1/2, 1/2, 0)$ 位置也有铝原子，因此单胞内铝原子的位置数为 4；铝晶体的结构基元只含有一个铝原子。铝原子之间由以特定方向规则分布的金属键结合而成；这些结合键的存在使铝原子并不能被理解为各向同性的球体，而是具备 $m3m$ 商群对称性的单元体。

再如，矿物石灰石（$CaCO_3$）碳酸钙，表示其对称性的是第 167 号空间群 $R3c$，即三方晶系；其相应点群为 $3m$。在这个空间群中碳酸钙各原子的位置数、乌科夫符号、位置坐标分别是：钙原子在 $6b$ 位置 $(0, 0, 0)$，碳原子在 $6a$ 位置 $(0, 0, 1/4)$，氧原子在 $18e$ 位置 $(x, 0, 1/4)$，对碳酸钙有 $x = 0.257$。这里给出的是六角坐标系的坐标值。$c$ 滑移使点 $(0, 0, 0)$ 与点 $(0, 0, 1/2)$ 在位置上等效；由于六角坐标系的单胞内有 3 个阵点，所以一个单胞内有 6 个钙原子、6 个碳原子和 18 个氧原子。虽然碳酸钙的单胞内共有 30 个原子，但只要给出上述 3 个基本位置就足以描述出碳酸钙的晶体结构图形。其余 27 个原子的位置可以通过空间群的对称性确定下来。由于用六角坐标系取单胞，所以其结构基元的原子数为 30/3 = 10 个原子，结构基元的商群对称性为 $3c$。若采用菱形单胞，则钙、碳和氧分别在 $2b$、$2a$ 和 $6e$ 位置。菱形单胞只有一个阵点，单胞内所有原子都计入结构基元的原子数，合计为 10 个原子，与用六角坐标系所表示的结构基元原子数相同。可见碳酸钙的结构基元内含有两个 $CaCO_3$ 分子。

在表达晶体结构时，通常会对照晶体所属的空间群以位置数和乌科夫符号的形式给出各类原子在单胞内的占位情况。如上述钙原子占据 $6b$ 位置，这样便于迅速对单胞内该原子的数目和相对的对称性有一个比较直接的了解。

常见的无机晶体中很多是对称性比较高的晶体，在工业生产和科学研究中经常会遇到这些结构。下面列举一些常见的晶体结构。为了分析研究的方便，根据各种晶体所具有的空间对称性及单胞内原子的配置，人们对晶体结构又作了进一步分类，并对每一类晶体结构给出了一定的代表符号，因而逐渐形成了一个描述晶体结构的符号体系[4,5]。在该体系中经常可以见到如下几种符号，其一般规律为：$A$ 表示单质晶体；$B$ 表示 $AX$ 型化合物；$C$ 表示 $AX_2$ 型化合物；$D$ 表示 $A_nX_m$ 型化合物，其中 $DO$ 表示 $AX_3$ 型化合物；$E$ 表示两种元素以上没有原子基团的化合物；$F$ 表示带有 $BX$ 和 $BX_2$ 原子基团的化合物；$G$ 表示带有 $BX_3$ 原子基团的化合物；$H$ 表示带有 $BX_4$ 原子基团的化合物；$L$ 表示合金等。还有许多其他符号，由于在无机晶体材料中不多见，这里不再进一步介绍。在实际使用中，这些符号有时也会出现少量不符合上述规律的情况。随着材料科学与技术的迅速发展，这种符号系统已经不能完全满足当今世界材料体系多样化、复杂化的变化。因此，许多晶体材料尤其是新型材料的结构名称并没有纳入这个名称体系中。但在文献中广泛使用的材料仍普遍涉及和使用这里阐述的符号体系。本章期望借助介绍该符号体系使读者熟悉各种空间群所包含的对称性，以及如何利用空间群表达常见的晶体结构[6,7]。

## 3.1.2 单质晶体结构

铜（Cu）型晶体结构用符号 $A1$ 表示，为面心立方晶体；其相应的空间群为 $Fm3m$。原子占据 $4a$ 位置（图 3.1a）。属于这种结构的晶体有 Ag、Al、Au、α-Ca、α-Ce、β-Co、γ-Fe、Ir、Ni、Pb、Pd、Pt、α-Rh、α-Sr、α-Th、Cu等。钨（W）型晶体结构符号是 $A2$，为体心立方晶体；其相应的空间群是 $Im3m$。原子占据 $2a$ 位置（图 3.1b）。属于这种结构的晶体有 Ba、Cb、Cs、α-Fe、δ-Fe、K、β-Li、Mo、β-Na、Rb、Ta、V、W 等。镁（Mg）型晶体结构符号是 $A3$，为密排六方晶体；其相应的空间群是 $P6_3/mmc$。原子占据 $2c$ 位置。需要注意的是，在晶体学中描述密排六方 $A3$ 晶体结构单胞内 2 个原子的方法如图 3.1c 所示。但许多材料学科的论述中对密排六方晶体结构采用等六面柱体（参见图 2.18），它实际涉及 3 个单胞；只取一个单胞时则表现为图 3.1d 所示的形式，单胞内仍为 2 个原子。如果把图 3.1c 的原子沿单胞矢量方向分别平移 $-a/3$、$b/3$、$-c/4$ 就可以获得图 3.1d 所示的单胞，此时原子位置变为（0，

0，0)和(1/3，2/3，1/2)。属于这种结构的晶体有 Mg、α-Be、Cd、α-Co、α-Ti、Zn、α-Zr 等。金刚石(C)型晶体结构符号是 $A4$，为面心立方晶体；其相应的空间群是 $Fd3m$，原子占据 $8a$ 位置(图 3.1e)。属于这种结构的晶体有金刚石 C、Ge、Si、α-Sn 等。石墨碳型晶体结构符号是 $A9$，为密排六方晶体；其相应的空间群是 $P6_3/mmc$，原子占据 $2b$ 和 $2c$ 位置(图 3.1f)。α-U 型晶体结构符号是 $A20$，为底心正交晶体；其相应的空间群是 $Cmcm$，原子占据 $4c$ 位置(图 3.1g)。表 3.1 归纳了所列举的各单质晶体结构中原子的位置坐标。

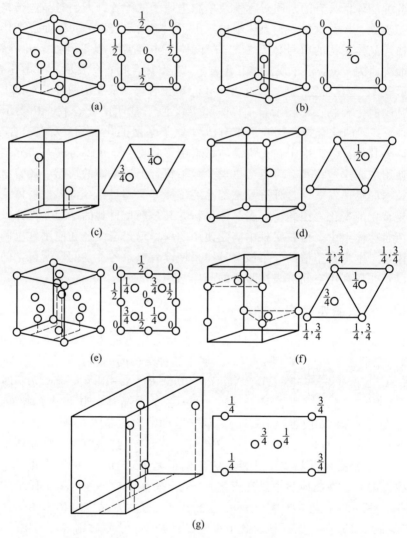

**图 3.1**　单质晶体结构：(a) $A1$ 结构；(b) $A2$ 结构；(c) $A3(1)$结构；
(d) $A3(2)$结构；(e) $A4$ 结构；(f) $A9$ 结构；(g) $A20$ 结构

表 3.1 单质晶体结构举例

| 结构符号 | 类型 | 空间群 | 乌科夫位置 | 单胞中原子中心点的 3 个坐标位置 | 常见晶体 |
|---|---|---|---|---|---|
| $A1$ | Cu | $Fm3m$ | $4a$ | $(0, 0, 0)$、$\left(\frac{1}{2}, \frac{1}{2}, 0\right)$、$\left(\frac{1}{2}, 0, \frac{1}{2}\right)$、$\left(0, \frac{1}{2}, \frac{1}{2}\right)$ | Ag、Al、Au、$\beta-Co$、$\gamma-Fe$、Ni、Pb、Cu 等 |
| $A2$ | W | $Im3m$ | $2a$ | $(0, 0, 0)$、$\left(\frac{1}{2}, \frac{1}{2}, \frac{1}{2}\right)$ | $\alpha-Fe$、$\delta-Fe$、$\beta-Li$、Mo、$\beta-Na$、Ta、$\gamma-U$、V、W 等 |
| $A3$ | Mg | $P6_3/mmc$ | $2c$ | $\left(\frac{1}{3}, \frac{2}{3}, \frac{1}{4}\right)$、$\left(\frac{2}{3}, \frac{1}{3}, \frac{3}{4}\right)$ | Mg、$\alpha-Be$、Cd、$\alpha-Co$、$\alpha-Ti$，Zn，$\alpha-Zr$ 等 |
| $A4$ | 金刚石 C | $Fd3m$ | $8a$ | $(0, 0, 0)$、$\left(0, \frac{1}{2}, \frac{1}{2}\right)$、$\left(\frac{1}{2}, 0, \frac{1}{2}\right)$、$\left(\frac{1}{2}, \frac{1}{2}, 0\right)$、$\left(\frac{3}{4}, \frac{1}{4}, \frac{3}{4}\right)$、$\left(\frac{3}{4}, \frac{3}{4}, \frac{1}{4}\right)$、$\left(\frac{1}{4}, \frac{1}{4}, \frac{1}{4}\right)$、$\left(\frac{1}{4}, \frac{3}{4}, \frac{3}{4}\right)$ | 金刚石 C、Ge、Si、$\alpha-Sn$ 等 |
| $A8$ | $\gamma-Se$ | $P3_121$ $P3_221$ | $3a$ | $\left(x, 0, \frac{1}{3}\right)$、$\left(0, x, \frac{2}{3}\right)$、$(\bar{x}, \bar{x}, 0)$，$x=0.217$ <br> $\left(x, 0, \frac{2}{3}\right)$、$\left(0, x, \frac{1}{3}\right)$、$(\bar{x}, \bar{x}, 0)$，$x=0.217$ | $\gamma-Se$ |
| $A9$ | 石墨 C | $P6_3/mmc$ | $2b$ <br> $2c$ | $\left(0, 0, \frac{1}{4}\right)$、$\left(0, 0, \frac{3}{4}\right)$ <br> $\left(\frac{1}{3}, \frac{2}{3}, \frac{1}{4}\right)$、$\left(\frac{2}{3}, \frac{1}{3}, \frac{3}{4}\right)$ | 石墨 C |

| 结构符号 | 类型 | 空间群 | 乌科夫位置 | 单胞中原子中心点的3 个坐标位置 | 常见晶体 |
|---|---|---|---|---|---|
| $A20$ | $\alpha\text{-}U$ | $Cmcm$ | $4c$ | $\left(0,\ y,\ \dfrac{1}{4}\right)$、$\left(0,\ \bar{y},\ \dfrac{3}{4}\right)$、$\left(\dfrac{1}{2},\ y+\dfrac{1}{2},\ \dfrac{1}{4}\right)$、$\left(\dfrac{1}{2},\ \bar{y}+\dfrac{1}{2},\ \dfrac{3}{4}\right)$，$y=0.102\ 4$ | $\alpha\text{-}U$ |

## 3.1.3　AX 型化合物

NaCl 型晶体结构符号是 $B1$，为面心立方晶体；其相应的空间群是 $Fm3m$。钠原子占据 $4a$ 位置，氯原子占据 $4b$ 位置(图 3.2a)。属于这种结构的晶体有 VC、TiC、NbC、ZrO、PbSe、PbS、CrN、NbN、TaN、TiN、ZrN、TiB、MgO 等。CsCl 型或 $\beta'\text{-}CuZn$ 型晶体结构符号是 $B2$，为简单立方晶体；其相应的空间群是 $Pm3m$。铜原子占据 $1a$ 位置，锌原子占据 $1b$ 位置(图 3.2b)。属于这种结构的晶体有 AgCd、CoTi、FeAl、FeCo、FeTi、FeV、$\beta\text{-}NiAl$、$\beta\text{-}NiCa$、$\delta\text{-}NiIn$、NiTi、$\beta'\text{-}CuZn$ 等。ZnS 型晶体结构符号是 $B3$，为面心立方晶体；其相

**表 3.2　AX 型化合物晶体结构举例**

| 结构符号 | 类型 | 空间群 | 乌科夫位置 | 原子 | 单胞中原子中心点的3 个坐标位置 | 常见晶体 |
|---|---|---|---|---|---|---|
| $B1$ | NaCl | $Fm3m$ | $4a$ | Na | $(0,\ 0,\ 0)$、$\left(\dfrac{1}{2},\ \dfrac{1}{2},\ 0\right)$、$\left(\dfrac{1}{2},\ 0,\ \dfrac{1}{2}\right)$、$\left(0,\ \dfrac{1}{2},\ \dfrac{1}{2}\right)$ | VC、TiC、NbC、CaO、MgO、PbS、CrN、TiB、TiN、NbN、ZrN 等 |
| | | | $4b$ | Cl | $\left(0,\ 0,\ \dfrac{1}{2}\right)$、$\left(\dfrac{1}{2},\ 0,\ 0\right)$、$\left(0,\ \dfrac{1}{2},\ 0\right)$、$\left(\dfrac{1}{2},\ \dfrac{1}{2},\ \dfrac{1}{2}\right)$ | |
| $B2$ | CsCl | $Im3m$ | $1a$ | Cu | $(0,\ 0,\ 0)$ | CoTi、FeAl、FeCo、FeTi、FeV、$\beta\text{-}NiAl$、NiTi、$\beta'\text{-}CuZn$ 等 |
| | | | $1b$ | Zn | $\left(\dfrac{1}{2},\ \dfrac{1}{2},\ \dfrac{1}{2}\right)$ | |

| 结构符号 | 类型 | 空间群 | 乌科夫位置 | 原子 | 单胞中原子中心点的3个坐标位置 | 常见晶体 |
|---|---|---|---|---|---|---|
| $B3$ | ZnS | $F\bar{4}3m$ | $4a$ | Zn | $(0,\ 0,\ 0)$、$\left(\dfrac{1}{2},\ \dfrac{1}{2},\ 0\right)$、$\left(\dfrac{1}{2},\ 0,\ \dfrac{1}{2}\right)$、$\left(0,\ \dfrac{1}{2},\ \dfrac{1}{2}\right)$ | SiC、CdTe、InSb 等 |
| | | | $4c$ | S | $\left(\dfrac{1}{4},\ \dfrac{1}{4},\ \dfrac{1}{4}\right)$、$\left(\dfrac{3}{4},\ \dfrac{1}{4},\ \dfrac{3}{4}\right)$、$\left(\dfrac{1}{4},\ \dfrac{3}{4},\ \dfrac{3}{4}\right)$、$\left(\dfrac{3}{4},\ \dfrac{3}{4},\ \dfrac{1}{4}\right)$ | |
| $L1_0$ | AuCuI | $P4/mmm$ | $1a$、$1c$ | Au | $(0,\ 0,\ 0)$、$\left(\dfrac{1}{2},\ \dfrac{1}{2},\ 0\right)$ | AlTi、AuCuI、FePd、$\gamma''$-FePt、$\theta$-MnNi、NiPt 等 |
| | | | $2e$ | Cu | $\left(\dfrac{1}{2},\ 0,\ \dfrac{1}{2}\right)$、$\left(0,\ \dfrac{1}{2},\ \dfrac{1}{2}\right)$ | |

应的空间群是 $F\bar{4}3m$。锌原子占据 $4a$ 位置,硫原子占据 $4c$ 位置(图 3.2c)。属于这种结构的晶体有 SiC、CdSe、CdTe、CaSb、InAs、InSb、ZnSe、AlAs、CaAs 等。AuCuI 型晶体结构符号是 $L1_0$,为简单四方晶体;其相应的空间群是 $P4/mmm$。金原子占据 $1a$ 和 $1c$ 位置,铜原子占据 $2e$ 位置(图 3.2e)。属于这种结构的晶体有 AgTi、AlTi、AuCuI、$\theta$-CdPt、FePd、$\gamma''$-FePt、$\theta$-MnNi、NiPt 等。表 3.2 归纳了所列举的各 AX 型化合物晶体结构中原子的位置坐标。

## 3.1.4 $AX_2$ 型化合物

$CaF_2$ 型晶体结构符号是 $C1$,为面心立方晶体;其相应的空间群是 $Fm3m$。钙原子占据 $4a$ 位置,氟原子占据 $8c$ 位置(图 3.3a)。属于这种结构的晶体有 $Be_2B$、$CoSi_2$、$Mg_2Pb$、$Mg_2Si$、$CeO_2$、$ZrO_2$、$UO_2$、$ThO_2$、$PuO_2$、$\xi$-$NiSi_2$ 等。$TiO_2$ 型晶体结构符号是 $C4$,为简单四方晶体;其相应的空间群是 $P4_2/mnm$。钛原子占据 $2a$ 位置,氧原子占据 $4f$ 位置($x=0.305\,6$,图 3.3b)。属于这种结构的晶体有 $\beta$-$MnO_2$、$PbO_2$、$SnO_2$、$TaO_2$、$TeO_2$、$TiO_2$、$VO_2$、$WO_2$ 等。$FeS_2$ 型晶体结构符号是 $C18$,为简单正交晶体;其相应的空间群是 $Pnnm$。铁原子占据 $2a$ 位置,硫原子占据 $4g$ 位置($x=0.200$,$y=0.378$,图 3.3c)。属于这种结构的晶体有 $\gamma$-$CrSb_2$、$FeP_2$、$FeS_2$、$FeSe_2$、$FeTe_2$、$NiSb_2$ 等。$MoSi_2$ 型晶体结构符号是 $C11_b$,为体心四方晶体;其相应的空间群是 $I4/mmm$。钼原子占据 $2a$ 位置,硅原子占据 $4e$ 位置($z=1/3$,图 3.3d)。$CuAl_2$ 型晶体结构符号是

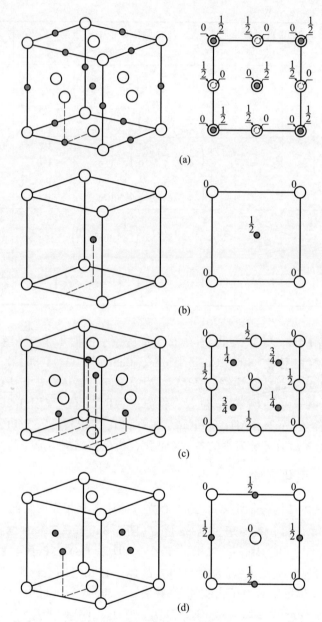

**图 3.2**　AX 型化合物晶体结构：（a）$B1$ 结构；（b）$B2$ 结构；
（c）$B3$ 结构；（d）$L1_0$ 结构

$C16$，为体心四方晶体；其相应的空间群是 $I4/mcm$。铜原子占据 $4a$ 位置，铝
原子占据 $8h$ 位置（$x = 0.158$）。属于这种结构的晶体有 $CuAl_2$、$Co_2B$、$Fe_2B$、

$MnB_2$、$NiB_2$、$MoB_2$、$WB_2$、$FeSn_2$ 等。表 3.3 归纳了所列举的各 $AX_2$ 型化合物晶体结构中原子的位置坐标。

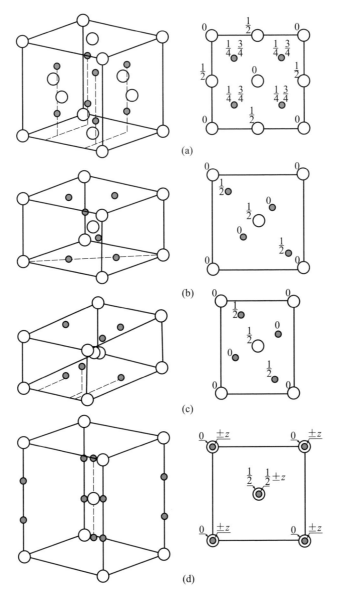

**图 3.3** $AX_2$ 型化合物晶体结构：（a）$C1$ 结构；（b）$C4$ 结构；

（c）$C18$ 结构；（d）$C11_b$ 结构

**表 3.3　AX$_2$ 型化合物晶体结构举例**

| 结构符号 | 类型 | 空间群 | 乌科夫位置 | 原子 | 单胞中原子中心点的 3 个坐标位置 | 常见晶体 |
|---|---|---|---|---|---|---|
| $C1$ | CaF$_2$ | $Fm3m$ | $4a$ | Ca | $(0,0,0)$、$\left(\frac{1}{2},\frac{1}{2},0\right)$、$\left(\frac{1}{2},0,\frac{1}{2}\right)$、$\left(0,\frac{1}{2},\frac{1}{2}\right)$ | Be$_2$B、CoSi$_2$、Mg$_2$Pb、Mg$_2$Si、ThO$_2$、$\xi$-NiSi$_2$ 等 |
| | | | $8c$ | F | $\left(\frac{1}{4},\frac{1}{4},\frac{1}{4}\right)$、$\left(\frac{3}{4},\frac{1}{4},\frac{3}{4}\right)$、$\left(\frac{1}{4},\frac{3}{4},\frac{3}{4}\right)$、$\left(\frac{3}{4},\frac{3}{4},\frac{1}{4}\right)$、$\left(\frac{1}{4},\frac{1}{4},\frac{3}{4}\right)$、$\left(\frac{3}{4},\frac{1}{4},\frac{1}{4}\right)$、$\left(\frac{1}{4},\frac{3}{4},\frac{1}{4}\right)$、$\left(\frac{3}{4},\frac{3}{4},\frac{3}{4}\right)$ | |
| $C4$ | TiO$_2$ | $P4_2/mnm$ | $2a$ | Ti | $(0,0,0)$、$\left(\frac{1}{2},\frac{1}{2},\frac{1}{2}\right)$ | $\beta$-MnO$_2$、PbO$_2$、SnO$_2$、TaO$_2$、TeO$_2$、TiO$_2$、VO$_2$、WO$_2$ 等 |
| | | | $4f$ | O | $(x,x,0)$、$(\bar{x},\bar{x},0)$、$\left(\bar{x}+\frac{1}{2},x+\frac{1}{2},\frac{1}{2}\right)$、$\left(x+\frac{1}{2},\bar{x}+\frac{1}{2},\frac{1}{2}\right)$，$x=0.305\,6$ | |
| $C18$ | FeS$_2$ | $Pnnm$ | $2a$ | Fe | $(0,0,0)$、$\left(\frac{1}{2},\frac{1}{2},\frac{1}{2}\right)$ | $\gamma$-CrSb$_2$、FeP$_2$、FeS$_2$、FeSe$_2$、FeTe$_2$、NiSb$_2$ 等 |
| | | | $4g$ | S | $(x,y,0)$、$(\bar{x},\bar{y},0)$、$\left(\bar{x}+\frac{1}{2},y+\frac{1}{2},\frac{1}{2}\right)$、$\left(x+\frac{1}{2},\bar{y}+\frac{1}{2},\frac{1}{2}\right)$，$x=0.200$，$y=0.378$ | |
| $C11_b$ | MoSi$_2$ | $I4/mmm$ | $2a$ | Mo | $(0,0,0)$、$\left(\frac{1}{2},\frac{1}{2},\frac{1}{2}\right)$ | AgZr$_2$、CuTi$_2$、Cr$_2$Al、Ni$_2$Ta、Si$_2$Mo、Si$_2$W 等 |
| | | | $4e$ | Si | $(0,0,z)$、$(0,0,\bar{z})$、$\left(\frac{1}{2},\frac{1}{2},z+\frac{1}{2}\right)$、$\left(\frac{1}{2},\frac{1}{2},\bar{z}+\frac{1}{2}\right)$，$z=\frac{1}{3}$ | |

续表

| 结构符号 | 类型 | 空间群 | 乌科夫位置 | 原子 | 单胞中原子中心点的3个坐标位置 | 常见晶体 |
|---|---|---|---|---|---|---|
| $C16$ | $CuAl_2$ | $I4/mcm$ | $4a$ | Cu | $\left(0,\,0,\,\dfrac{1}{4}\right)$、$\left(0,\,0,\,\dfrac{3}{4}\right)$、$\left(\dfrac{1}{2},\,\dfrac{1}{2},\,\dfrac{3}{4}\right)$、$\left(\dfrac{1}{2},\,\dfrac{1}{2},\,\dfrac{1}{4}\right)$ | $CuAl_2$、$Co_2B$、$Fe_2B$($x=0.1649$)、$MnB_2$、$NiB_2$、$MoB_2$、$WB_2$、$FeSn_2$ 等 |
| | | | $8h$ | Al | $\left(x,\,x+\dfrac{1}{2},\,0\right)$、$\left(\bar{x},\,\bar{x}+\dfrac{1}{2},\,0\right)$、$\left(\bar{x}+\dfrac{1}{2},\,x,\,0\right)$、$\left(x+\dfrac{1}{2},\,\bar{x},\,0\right)$、$\left(x,\,x+\dfrac{1}{2},\,\dfrac{1}{2}\right)$、$\left(\bar{x},\,\bar{x}+\dfrac{1}{2},\,\dfrac{1}{2}\right)$、$\left(\bar{x}+\dfrac{1}{2},\,x,\,\dfrac{1}{2}\right)$、$\left(x+\dfrac{1}{2},\,\bar{x},\,\dfrac{1}{2}\right)$，$x=0.158$ | |

## 3.1.5 AX₃型化合物

$Fe_3C$ 型晶体结构符号是 $D0_{11}$，为简单正交晶体（$a=0.508\,90$ nm，$b=0.674\,33$ nm，$c=0.452\,35$ nm）；其相应的空间群是 $Pnma$。铁原子占据 $4c$（如 $x=0.036$，$z=0.852$）和 $8d$（如 $x=0.186$，$y=0.063$，$z=0.328$）位置，碳原子占据 $4c$（如 $x=0.89$，$z=0.45$）位置。不同文献给出的上述 $4c$ 和 $8d$ 的 $x$、$y$、$z$ 值不尽相同。属于这种结构的晶体有 $Co_3B$、$Co_3C$、$Fe_3C$、$Mn_3C$、$Ni_3C$、$Pd_3P$ 等。$BiF_3$（或 $BiLi_3$）型晶体结构符号是 $D0_3$，为面心立方晶体；其相应的空间群是 $Fm3m$。铋原子占据 $4a$ 位置，氟或锂原子占据 $4b$ 和 $8c$ 位置（图 3.4a）。属于这种结构的晶体有 $BiLi_3$、$Fe_3Al$、$\gamma-Cu_3Sn$、$\alpha-Fe_3Si$、$Mn_3Si$、$Ni_3Sn$ 等。$AuCu_3I$ 型晶体结构符号是 $L1_2$，为简单立方晶体；其相应的空间群是 $Pm3m$。金原子占据 $1a$ 位置，铜原子占据 $3c$ 位置（图 3.4b）。属于这种结构的晶体有 $\alpha'-AlNi_3$、$AlZr_3$、$Au_3Cu$、$AuCu_3I$、$CoPt_3$、$Cr_3Pt$、$Fe_3Ca$、$FePd_3$、$Ni_3Fe$、$Ni_3Mn$、$Sn_3U$ 等。表 3.4 归纳了所列举的各 AX₃ 型化合物晶体结构中原子的位置坐标。

表 3.4　AX$_3$ 型化合物晶体结构举例

| 结构符号 | 类型 | 空间群 | 乌科夫位置 | 原子 | 单胞中原子中心点的 3 个坐标位置 | 常见晶体 |
|---|---|---|---|---|---|---|
| $DO_{11}$ | Fe$_3$C | $Pnma$ | $4c$ | | $\left(x,\ \dfrac{1}{4},\ z\right)$、$\left(\bar{x}+\dfrac{1}{2},\ \dfrac{3}{4},\ z+\dfrac{1}{2}\right)$、 $\left(\bar{x},\ \dfrac{3}{4},\ \bar{z}\right)$、$\left(x+\dfrac{1}{2},\ \dfrac{3}{4},\ \bar{z}+\dfrac{1}{2}\right)$， $x=0.036,\ z=0.852$ | Co$_3$B、 Co$_3$C、 Fe$_3$C、 Mn$_3$C、 Ni$_3$C、 Pd$_3$P 等 |
| | | | $8d$ | Fe | $(x,\ y,\ z)$、$\left(\bar{x},\ \bar{y}+\dfrac{1}{2},\ z+\dfrac{1}{2}\right)$、 $\left(\bar{x},\ y+\dfrac{1}{2},\ \bar{z}\right)$、$\left(x+\dfrac{1}{2},\ \bar{y}+\dfrac{1}{2},\ \bar{z}+\dfrac{1}{2}\right)$、 $(\bar{x},\ \bar{y},\ \bar{z})$、$\left(x+\dfrac{1}{2},\ y,\ \bar{z}+\dfrac{1}{2}\right)$、 $\left(x,\ \bar{y}+\dfrac{1}{2},\ z\right)$ 和 $\left(\bar{x}+\dfrac{1}{2},\ y+\dfrac{1}{2},\ z+\dfrac{1}{2}\right)$， $x=0.186,\ y=0.063,\ z=0.328$ | |
| | | | $4c$ | C | $\left(x,\ \dfrac{1}{4},\ z\right)$、$\left(\bar{x}+\dfrac{1}{2},\ \dfrac{3}{4},\ z+\dfrac{1}{2}\right)$、 $\left(\bar{x},\ \dfrac{3}{4},\ \bar{z}\right)$、$\left(x+\dfrac{1}{2},\ \dfrac{3}{4},\ \bar{z}+\dfrac{1}{2}\right)$， $x=0.89,\ z=0.45$ | |
| $DO_3$ | BiF$_3$ | $Fm3m$ | $4a$ | Bi | $(0,\ 0,\ 0)$、$\left(\dfrac{1}{2},\ \dfrac{1}{2},\ 0\right)$、 $\left(\dfrac{1}{2},\ 0,\ \dfrac{1}{2}\right)$、$\left(0,\ \dfrac{1}{2},\ \dfrac{1}{2}\right)$ | BiLi$_3$、 Fe$_3$Al、 $\gamma$-Cu$_3$Sn、 $\alpha$-Fe$_3$Si、 Mn$_3$Si、 Ni$_3$Sn 等 |
| | | | $4b$ | | $\left(0,\ 0,\ \dfrac{1}{2}\right)$、$\left(\dfrac{1}{2},\ 0,\ 0\right)$、 $\left(0,\ \dfrac{1}{2},\ 0\right)$、$\left(\dfrac{1}{2},\ \dfrac{1}{2},\ \dfrac{1}{2}\right)$ | |
| | | | $8c$ | F | $\left(\dfrac{1}{4},\ \dfrac{1}{4},\ \dfrac{1}{4}\right)$、$\left(\dfrac{3}{4},\ \dfrac{1}{4},\ \dfrac{3}{4}\right)$、 $\left(\dfrac{1}{4},\ \dfrac{3}{4},\ \dfrac{3}{4}\right)$、$\left(\dfrac{3}{4},\ \dfrac{3}{4},\ \dfrac{1}{4}\right)$、 $\left(\dfrac{1}{4},\ \dfrac{1}{4},\ \dfrac{3}{4}\right)$、$\left(\dfrac{3}{4},\ \dfrac{1}{4},\ \dfrac{1}{4}\right)$、 $\left(\dfrac{1}{4},\ \dfrac{3}{4},\ \dfrac{1}{4}\right)$、$\left(\dfrac{3}{4},\ \dfrac{3}{4},\ \dfrac{3}{4}\right)$ | |

| 结构符号 | 类型 | 空间群 | 乌科夫位置 | 原子 | 单胞中原子中心点的3个坐标位置 | 常见晶体 |
|---|---|---|---|---|---|---|
| $L1_2$ | $AuCu_3I$ | $Pm3m$ | $1a$ | Au | $(0, 0, 0)$ | $\alpha'-AlNi_3$、$AlZr_3$、$Au_3Cu$、$AuCu_3I$、$CoPt_3$、$Cr_3Pt$、$Ni_3Fe$、$Ni_3Mn$、$Sn_3U$ 等 |
| | | | $3c$ | Cu | $\left(\dfrac{1}{2}, \dfrac{1}{2}, 0\right)$、$\left(\dfrac{1}{2}, 0, \dfrac{1}{2}\right)$、$\left(0, \dfrac{1}{2}, \dfrac{1}{2}\right)$ | |

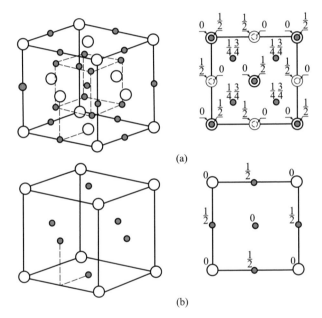

**图 3.4** $AX_3$ 型化合物晶体结构：（a）$DO_3$ 结构；（b）$L1_2$ 结构

## 3.1.6 离子晶体结构的一般规律

在具有离子键性的化合物结构中，不同元素的原子或离子会有不同的半径。可以把离子近似看成一个球体，正离子尺寸通常较小，往往位于大尺寸负离子堆垛的缝隙中。正、负离子尺寸大小差异的程度会对正离子的配位数产生很大影响[2]。在离子晶体中由于离子电荷的作用，正离子主要与负离子相接触，且从空间上正离子周围的负离子的数目应尽可能高；而电性相同的离子会互相排斥。用 $r$ 表示正离子的半径，$R$ 表示负离子的半径；当正离子比与其结合的周围负离子小很多时，即 $r/R$ 很小时，只能与两个负离子接触，其他负离子接近该正离子时首先会受到大尺寸负离子的排斥，而且太小的正离子在几何上也没有同时与第三个离子接触的可能。这样，正离子只与两个负离子配位，且配位数 CN＝2 的结构是直线形的（图 3.5a）。当正离子尺寸增大到一定程度使 $r/R$ 达到并超过其几何临界值 0.155 时，正离子有可能出现同时与第三个负离子接触形成 CN＝3 的情况，这种配位结构是三角形的（图 3.5b）。类似的空间几何推算发现，随着 $r/R$ 值继续增大，配位数可在 $r/R$ 值超过 0.225、0.414、0.732 时分别达到 4、6、8，当 $r/R$＝1 时配位数达到 12。根据正、负离子相互接触的空间几何条件可以计算出，CN＝4 时（图 3.5c）负离子可通过正四面体的形式包围负离子，形状如同粽子 4 个顶角的 4 原子包围粽子中心位置上原子的情况（参见图 3.6b）。CN＝6 时（图 3.5d）可成如图 3.2a 单胞中心原子被上下前后左右 6 个原子构成的正八面体所包围的情况（参见图 3.6a）。CN＝8 时（图 3.5e）可成如图 3.2b 的立方体包围。如图 3.1a 所示，A1 结构中每个原子接触 12 个与其尺寸相同的原子，把这 12 个配位原子勾画在一起可以形成一个十四面体（图 3.5f）。理想 A3 单质结构中的每一个原子（参见图 2.18）都与上、下层各 3 个原子及中层 6 个原子等距离相邻，这 12 个近邻原子也可以构建成类似的十四面体。可见，配位多面体的性质受到正、负离子半径比值 $r/R$ 的影响。离子晶体可看做由配位四面体、八面体、立方体等多面体按一定方式连接而成的晶体。

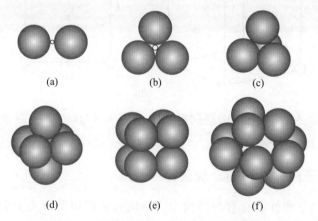

**图 3.5**　正、负离子尺寸比 $r/R$ 与正离子（白原子）配位数 CN 的关系：（a）$r/R$<0.155，CN＝2；（b）$r/R$＝0.155~0.225，CN＝3；（c）$r/R$＝0.225~0.414，CN＝4；（d）$r/R$＝0.414~0.732，CN＝6；（e）$r/R$＝0.732~1，CN＝8；（f）$r/R$＝1，CN＝12

离子晶体中正离子通常处于由负离子组成的配位多面体的中心，正、负离子会尽可能堆垛成使静电吸力最大和静电斥力最小的结构状态，以获得离子的稳定排列，进而使结构能最低。通过对大量离子晶体的研究和经验总结，人们获得了符合大多数离子晶体堆垛规则的 5 个鲍林规则。

鲍林第一规则认为，配位多面体中正、负离子间的平衡距离取决于离子半径之和，而正离子配位数取决于正、负离子半径比 $r/R$。正、负离子紧密堆积时正离子与尽可能多的负离子邻接，而一个稳定的结构应维持电中性。离子晶体最小的结构单元应该是配位多面体，配位多面体在空间再按次近邻交互作用最优化的方式排列，就构成了离子晶体。

鲍林第二规则从局部电中性的角度出发，认为在一稳定的离子晶体结构中每个负离子的电价 $Z^-$ 等于或近似等于从邻近正离子到该负离子各静电键强度 $S_i = Z^+/CN$ 的总和，即有

$$Z^- = \sum_i S_i = \sum_i \frac{Z_i^+}{CN_i} \tag{3.1}$$

式中，$Z^+$ 是正离子的电荷数；CN 是配位数。例如，正 4 价 Si 离子处于棕子形四面体中心，与位于棕子顶角的 4 个最近邻负离子(参见图 3.6b)配位，所以 $S = 4/4 = 1$。鲍林第二规则或称电价规则表明，离子结构中如果在正电位比较高的地方放置电价较高的负离子，则结构就会稳定。

鲍林第三规则指出，在一个配位多面体结构中，如果有共用的棱，尤其是如果有共用的面，则会降低结构的稳定性；该效应对高电价与低配位数的正离子特别显著。两个配位多面体共棱或共面时，多面体中心的正离子间距离缩短，造成正离子间互相排斥的库仑力增大，从而造成结构的不稳定性。

鲍林第四规则指出，从正离子间排斥力和结构不稳定性的角度出发，含有一种以上正离子的晶体中，高电价低配位数的那些正离子倾向于不共享或少共享配位多面体的顶点。

鲍林第五规则指出，在同一离子晶体中，同种类正、负离子之间的结合方式应尽可能一致，因为不同尺寸的配位多面体很难有效地堆垛在一起。据此，在同一晶体中倾向于尽量减少不同类型配位多面体的数量。

了解离子晶体中上述配位规则有助于对未知离子晶体结构的分析与判断。但完成配位后仍需划定出离子晶体结构基元的范围，以便借助其平移群的对称规则构建出三维的晶体结构。

## 3.1.7 氧化物晶体结构示例

3.1.4 节已经介绍了 $AO_2$ 型氧化物 C4 型结构的特征。这里再简述几种典

型的氧化物结构，包括 $A_2O_3$、$ABO_3$（钙钛矿）、$AB_2O_4$（尖晶石）型结构等。α-$Al_2O_3$ 型晶体的结构符号是 $D5_1$，为菱形三方晶体；其相应的空间群是 $R\bar{3}c$。晶体取 $R$ 单胞时铝占据 $4c$ 位置，氧占据 $6e$ 位置。属于这种结构的晶体有 α-$Al_2O_3$、α-$Fe_2O_3$、$Rh_2O_3$、$Ti_2O_3$、$V_2O_3$ 等。$CaTiO_3$ 钙钛矿型晶体的结构符号是 $E2_1$，为简单立方晶体；其相应的空间群是 $Pm3m$。钙占据 $1a$ 位置，钛占据 $1b$ 位置，氧占据 $3c$ 位置（图 3.6a）。属于这种结构的晶体有 $AlCFe_3$、$AlCMn_3$、$AlCTi_3$、$CaTiO_3$、$NiNFe_3$、$SnNFe_3$ 等。$MgAl_2O_4$ 尖晶石型晶体的结构符号是 $H1_1$，为面心立方晶体；其相应的空间群是 $Fd3m$。镁占据 $8a$ 位置，铝占据 $16d$ 位置，氧占据 $32e$ 位置。属于这种结构的晶体有 $CrAl_2S_4$、$MgAl_2O_4$、$NiCo_2S_4$、$Co_3O_4$、$Co_3S_4$、$CuTi_2S_4$、$FeNi_2S_4$、$Fe_3O_4$、$Fe_3S_4$、$Ni_3S_4$ 等。$SiO_2$ 的结构非常复杂，有多种可能的晶体结构。其中鳞石英属于六方晶体，相应的空间群是 $P6_3/mmc$；硅占据 $4f$ 位置，氧占据 $2c$、$6g$ 位置（图 3.6b）。方石英属于立方晶体，相应的空间群是 $Fd\bar{3}m$；硅占据 $8a$ 位置，氧占据 $16c$ 位置（图 3.6c）。β-石英属于三方晶体，相应的空间群是 $P3_221$；硅占据 $3a$ 位置，氧占据 $6c$ 位置。α-石英也属于六方晶体，相应的空间群是 $P6_222$；硅占据 $3c$ 位置，氧占据 $6j$ 位置。据报道 $SiO_2$ 还可以有单斜、四方结构，乃至常见的非晶结构；其中，四方结构对称性为 $P4_12_12$ 或 $P4_32_12$，原子分别占据 $4a$ 和 $8b$。由于 $SiO_2$ 结构多样性和复杂性，人们对其结构的认识并不完善，也不一致。因此这里提到的结构只是一种参考信息。在图 3.6b 和图 3.6c 的 $SiO_2$ 结构中可以找到图

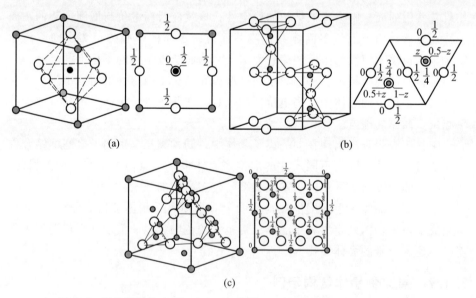

图 3.6　氧化物结构实例：（a）$E2_1$ 结构；（b）鳞石英；（c）β-方石英

3.5c 中 CN=4 的正四面体亚结构。由此，可以体会鲍林规则与晶体结构之间的关系。如果 $SiO_2$ 与 $Al_2O_3$ 结合构成硅线石结构 $Al_2SiO_5$，则为正交晶体，相应的空间群为 $Pbnm$；铝占据 $4a$ 和 $4c$ 位置，硅占据 $4c$ 位置，氧占据 $8d$ 位置和 3 组不同的 $4c$ 位置。表 3.5 归纳了所列举的各氧化物晶体结构中原子的位置坐标。

表 3.5　氧化物晶体结构举例

| 结构符号 | 类型 | 空间群 | 乌科夫位置 | 原子 | 单胞中原子中心点的 3 个坐标位置 | 常见晶体 |
|---|---|---|---|---|---|---|
| $D5_1$ | $\alpha$-$Al_2O_3$ | $R\bar{3}c$ | $4c$ | Al | $(x, x, x)$、$(\bar{x}+\frac{1}{2}, \bar{x}+\frac{1}{2}, \bar{x}+\frac{1}{2})$、$(\bar{x}, \bar{x}, \bar{x})$、$(x+\frac{1}{2}, x+\frac{1}{2}, x+\frac{1}{2})$，其中有 $x=0.352$ | $\alpha$-$Al_2O_3$、$\alpha$-$Fe_2O_3$、$Rh_2O_3$、$Ti_2O_3$、$V_2O_3$ 等 |
| | | | $6e$ | O | $(x, \bar{x}+\frac{1}{2}, \frac{1}{4})$、$(\frac{1}{4}, x, \bar{x}+\frac{1}{2})$、$(\bar{x}+\frac{1}{2}, \frac{1}{4}, x)$、$(\bar{x}, x+\frac{1}{2}, \frac{3}{4})$、$(\frac{3}{4}, \bar{x}, x+\frac{1}{2})$、$(x+\frac{1}{2}, \frac{3}{4}, \bar{x})$，其中有 $x=0.556$ | |
| $E2_1$ | $CaTiO_3$ 钙钛矿 | $Pm3m$ | $3c$ | O | $(\frac{1}{2}, \frac{1}{2}, 0)$、$(\frac{1}{2}, 0, \frac{1}{2})$、$(0, \frac{1}{2}, \frac{1}{2})$ | $CaTiO_3$、$SiTiO_3$、$CaZrO_3$、$BaSnO_3$ 等 |
| | | | $1b$ | Ti | $(\frac{1}{2}, \frac{1}{2}, \frac{1}{2})$ | |
| | | | $1a$ | Ca | $(0, 0, 0)$ | |
| $H1_1$ | $MgAl_2O_4$ 尖晶石 | $Fd3m$ | $32e$ | O | $(x, x, x)$、$(\bar{x}, \bar{x}+\frac{1}{2}, x+\frac{1}{2})$、$(\bar{x}+\frac{1}{2}, x+\frac{1}{2}, \bar{x})$、$(x+\frac{1}{2}, \bar{x}, \bar{x}+\frac{1}{2})$、 | |

续表

| 结构符号 | 类型 | 空间群 | 乌科夫位置 | 原子 | 单胞中原子中心点的 3 个坐标位置 | 常见晶体 |
|---|---|---|---|---|---|---|
| $H1_1$ | $MgAl_2O_4$ 尖晶石 | $Fd3m$ | $32e$ | O | $\left(x+\dfrac{3}{4},\ x+\dfrac{1}{4},\ \bar{x}+\dfrac{3}{4}\right)$、$\left(\bar{x}+\dfrac{1}{4},\ \bar{x}+\dfrac{1}{4},\ x+\dfrac{1}{4}\right)$、 $\left(x+\dfrac{1}{4},\ \bar{x}+\dfrac{3}{4},\ x+\dfrac{3}{4}\right)$、$\left(\bar{x}+\dfrac{3}{4},\ x+\dfrac{3}{4},\ x+\dfrac{1}{4}\right)$、 $\left(x,\ x+\dfrac{1}{2},\ x+\dfrac{1}{2}\right)$、$(\bar{x},\ \bar{x},\ x)$、 $\left(\bar{x}+\dfrac{1}{2},\ x,\ \bar{x}+\dfrac{1}{2}\right)$、$\left(x+\dfrac{1}{2},\ -x+\dfrac{1}{2},\ \bar{x}\right)$、 $\left(x+\dfrac{3}{4},\ x+\dfrac{3}{4},\ \bar{x}+\dfrac{1}{4}\right)$、$\left(\bar{x}+\dfrac{1}{4},\ \bar{x}+\dfrac{3}{4},\ x+\dfrac{3}{4}\right)$、 $\left(x+\dfrac{1}{4},\ \bar{x}+\dfrac{1}{4},\ x+\dfrac{1}{4}\right)$、$\left(\bar{x}+\dfrac{3}{4},\ x+\dfrac{1}{4},\ x+\dfrac{3}{4}\right)$、 $\left(x+\dfrac{1}{2},\ x,\ x+\dfrac{1}{2}\right)$、$\left(\bar{x}+\dfrac{1}{2},\ \bar{x}+\dfrac{1}{2},\ x\right)$、 $\left(\bar{x},\ x+\dfrac{1}{2},\ \bar{x}+\dfrac{1}{2}\right)$、$(x,\ \bar{x},\ \bar{x})$、 $\left(x+\dfrac{1}{4},\ x+\dfrac{1}{4},\ \bar{x}+\dfrac{1}{4}\right)$、$\left(\bar{x}+\dfrac{3}{4},\ \bar{x}+\dfrac{1}{4},\ x+\dfrac{3}{4}\right)$、 $\left(x+\dfrac{3}{4},\ \bar{x}+\dfrac{3}{4},\ x+\dfrac{1}{4}\right)$、$\left(\bar{x}+\dfrac{1}{4},\ x+\dfrac{1}{4},\ x+\dfrac{3}{4}\right)$、 $\left(x+\dfrac{1}{2},\ x+\dfrac{1}{2},\ x\right)$、$\left(\bar{x}+\dfrac{1}{2},\ \bar{x},\ x+\dfrac{1}{2}\right)$、 $(\bar{x},\ x,\ \bar{x})$、$\left(x,\ \bar{x}+\dfrac{1}{2},\ \bar{x}+\dfrac{1}{2}\right)$、 $\left(x+\dfrac{1}{4},\ x+\dfrac{3}{4},\ \bar{x}+\dfrac{3}{4}\right)$、$\left(\bar{x}+\dfrac{3}{4},\ \bar{x}+\dfrac{3}{4},\ x+\dfrac{1}{4}\right)$、 $\left(x+\dfrac{3}{4},\ \bar{x}+\dfrac{1}{4},\ x+\dfrac{3}{4}\right)$、$\left(\bar{x}+\dfrac{1}{4},\ x+\dfrac{1}{4},\ x+\dfrac{1}{4}\right)$, 其中有 $x = 0.361$ | $CrAl_2S_4$、 $MgAl_2O_4$、 $NiCo_2S_4$、 $Co_3O_4$、 $Co_3S_4$、 $CuTi_2S_4$、 $FeNi_2S_4$、 $Fe_3O_4$、 $Fe_3S_4$、 $Ni_3S_4$ 等 |
| | | | $16d$ | Al | $\left(\dfrac{5}{8},\ \dfrac{5}{8},\ \dfrac{5}{8}\right)$、$\left(\dfrac{5}{8},\ \dfrac{1}{8},\ \dfrac{1}{8}\right)$、 $\left(\dfrac{1}{8},\ \dfrac{5}{8},\ \dfrac{1}{8}\right)$、$\left(\dfrac{1}{8},\ \dfrac{1}{8},\ \dfrac{5}{8}\right)$、 $\left(\dfrac{3}{8},\ \dfrac{7}{8},\ \dfrac{1}{8}\right)$、$\left(\dfrac{3}{8},\ \dfrac{3}{8},\ \dfrac{5}{8}\right)$、 | |

| 结构符号 | 类型 | 空间群 | 乌科夫位置 | 原子 | 单胞中原子中心点的3个坐标位置 | 常见晶体 |
|---|---|---|---|---|---|---|
| $H1_1$ | $MgAl_2O_4$ 尖晶石 | $Fd3m$ | $16d$ | Al | $\left(\frac{7}{8},\frac{7}{8},\frac{5}{8}\right)$、$\left(\frac{7}{8},\frac{3}{8},\frac{1}{8}\right)$、 $\left(\frac{7}{8},\frac{1}{8},\frac{3}{8}\right)$、$\left(\frac{7}{8},\frac{5}{8},\frac{7}{8}\right)$、 $\left(\frac{3}{8},\frac{1}{8},\frac{7}{8}\right)$、$\left(\frac{3}{8},\frac{5}{8},\frac{3}{8}\right)$、 $\left(\frac{1}{8},\frac{3}{8},\frac{7}{8}\right)$、$\left(\frac{1}{8},\frac{7}{8},\frac{3}{8}\right)$、 $\left(\frac{5}{8},\frac{3}{8},\frac{3}{8}\right)$、$\left(\frac{5}{8},\frac{7}{8},\frac{7}{8}\right)$ | |
| | | | $8a$ | Mg | $(0,0,0)$、$\left(0,\frac{1}{2},\frac{1}{2}\right)$、$\left(\frac{1}{2},0,\frac{1}{2}\right)$、 $\left(\frac{1}{2},\frac{1}{2},0\right)$、$\left(\frac{3}{4},\frac{1}{4},\frac{3}{4}\right)$、 $\left(\frac{3}{4},\frac{3}{4},\frac{1}{4}\right)$、$\left(\frac{1}{4},\frac{1}{4},\frac{1}{4}\right)$、 $\left(\frac{1}{4},\frac{3}{4},\frac{3}{4}\right)$ | |
| | 鳞石英 $SiO_2$ | $P6_3/mmc$ | $2c$ $6g$ | O | $\left(\frac{1}{3},\frac{2}{3},\frac{1}{4}\right)$、$\left(\frac{2}{3},\frac{1}{3},\frac{3}{4}\right)$、 $\left(\frac{1}{2},0,0\right)$、$\left(0,\frac{1}{2},0\right)$、$\left(\frac{1}{2},\frac{1}{2},0\right)$、 $\left(\frac{1}{2},0,\frac{1}{2}\right)$、$\left(0,\frac{1}{2},\frac{1}{2}\right)$、 $\left(\frac{1}{2},\frac{1}{2},\frac{1}{2}\right)$ | |
| | | | $4f$ | Si | $\left(\frac{1}{3},\frac{2}{3},z\right)$、$\left(\frac{2}{3},\frac{1}{3},z+\frac{1}{2}\right)$、 $\left(\frac{2}{3},\frac{1}{3},\bar{z}\right)$、$\left(\frac{1}{3},\frac{2}{3},\bar{z}+\frac{1}{2}\right)$，$z=0.062$ | |

| 结构符号 | 类型 | 空间群 | 乌科夫位置 | 原子 | 单胞中原子中心点的 3 个坐标位置 | 常见晶体 |
|---|---|---|---|---|---|---|
| 方石英 SiO$_2$ | | $Fd\bar{3}m$ | 16$c$ | O | $\left(\frac{1}{8},\frac{1}{8},\frac{1}{8}\right)$、$\left(\frac{1}{8},\frac{5}{8},\frac{5}{8}\right)$、$\left(\frac{5}{8},\frac{1}{8},\frac{5}{8}\right)$、$\left(\frac{5}{8},\frac{5}{8},\frac{1}{8}\right)$、$\left(\frac{7}{8},\frac{3}{8},\frac{5}{8}\right)$、$\left(\frac{7}{8},\frac{7}{8},\frac{1}{8}\right)$、$\left(\frac{3}{8},\frac{3}{8},\frac{1}{8}\right)$、$\left(\frac{3}{8},\frac{7}{8},\frac{5}{8}\right)$、$\left(\frac{3}{8},\frac{5}{8},\frac{7}{8}\right)$、$\left(\frac{3}{8},\frac{1}{8},\frac{3}{8}\right)$、$\left(\frac{7}{8},\frac{5}{8},\frac{3}{8}\right)$、$\left(\frac{7}{8},\frac{1}{8},\frac{7}{8}\right)$、$\left(\frac{5}{8},\frac{7}{8},\frac{3}{8}\right)$、$\left(\frac{5}{8},\frac{3}{8},\frac{7}{8}\right)$、$\left(\frac{1}{8},\frac{7}{8},\frac{7}{8}\right)$、$\left(\frac{1}{8},\frac{3}{8},\frac{3}{8}\right)$ | |
| | | | 8$a$ | Si | $(0,0,0)$、$\left(0,\frac{1}{2},\frac{1}{2}\right)$、$\left(\frac{1}{2},0,\frac{1}{2}\right)$、$\left(\frac{1}{2},\frac{1}{2},0\right)$、$\left(\frac{3}{4},\frac{1}{4},\frac{3}{4}\right)$、$\left(\frac{3}{4},\frac{3}{4},\frac{1}{4}\right)$、$\left(\frac{1}{4},\frac{1}{4},\frac{1}{4}\right)$、$\left(\frac{1}{4},\frac{3}{4},\frac{3}{4}\right)$ | |

## 3.2　简单结构未知无机晶体的检测与分析实践

晶体的结构信息包括晶胞形状、棱边尺寸、棱边间夹角等参数，以及以此为基础所表示的晶体原子在三维空间排列的平移对称性和商群对称性，即空间群；同时也包括晶胞中原子的种类、数目和详细位置。这些位置用原子在晶胞中的坐标参数表示。当晶体结构非常简单时，其测定工作就比较容易。有时甚至利用一张 X 射线多晶衍射谱和简单的分析即可测定出晶体结构。但许多新材料或未知物质的晶体结构有时很复杂，且一个晶胞内往往含有很多原子。要逐一测出每一个原子的位置的确是一项非常浩繁的工作。这不仅指分析工作量很大，而且获得高精度测量的难度很高，所需的测试技术也会比较复杂。在很多情况下，X 射线多晶衍射实验是非常简便而实用的检测和分析无机晶体结构的手段，但需要使用者对相关技术及原理非常熟悉，并能娴熟地的使用。

由于测定晶体结构的一般规则比较复杂，也不常被材料工作者所应用，因此本节只根据无机多晶材料的一些特点初步而简洁地介绍一下材料研究实践中测定晶体结构的方法和思路。如果遇到较为复杂的结构问题，仍需要查阅有关参考文献，以作更深入的分析探讨。

现举出一个具体的物相分析实例，介绍从完全未知到最终完全确认其晶体结构的检测和分析过程，由此提供一个晶体结构检测分析的大致印象，供读者参考。

### 3.2.1 未知物相基础数据检测及其所属晶系的判断

现获得一个块状未知物质，先尽可能精确测量其体积和质量，由此计算出该物质的密度大约为 5.557 kg/dm³。然后选用适当的化学分析或物理检测手段，尽可能精确地测得该物质的化学组成。分析结果显示，该物质的主要成分由铬（Cr）和铝（Al）组成，其他元素的含量极少，所化验各元素含量的质量分数为：79.45%Cr；20.54%Al；其余元素合计 0.01%。其中，Cr 与 Al 两元素的原子质量分别为 51.996 和 26.982，因此这两个元素之间的原子百分数分别为 66.75%Cr 和 33.25%Al；Cr：Al 原子比大约为 2：1，所以可初步判定该物质为单相的 $Cr_2Al$ 化合物。已知原子质量单位 u 为 $1.660\,540\times10^{-27}$ kg，因此一个 $Cr_2Al$ 分子的质量为 $(2\times51.996+26.982)\times u = 2.175\times10^{-25}$ kg。

将该块状 $Cr_2Al$ 未知结构相制成粉末状，再压制成板状衍射试样。采用 Cu 靶单色 X 射线，对制成的板状粉末试样作 X 射线衍射检测，X 射线的波长 $\lambda_{Cu}$ 为 0.154 18 nm。经过小步长反复精细检测后获得的 X 射线衍射谱 $I(\theta)$ 如图 3.7 所示。整理衍射数据、去除背底散射等杂散信号后在不同半衍射角发现了衍射强度大小不等的 31 个衍射峰。大量衍射峰的出现表明该 $Cr_2Al$ 物相具备晶体结构，不是非晶体，为进一步确定其晶体结构提供了前提。

根据衍射信息确定 $Cr_2Al$ 的晶体结构时首先要判定该物质结构所属的晶系。如 1.4.7 节所述，分析各衍射角正弦平方值 $\sin^2\theta$ 之间的比值关系是判断晶系的重要参考。晶面指数规律显示，同样 $HKL$ 晶面指数的前提下（$HKL$）、（$2H$，$2K$，$2L$）、（$3H$，$3K$，$3L$）、（$4H$，$4K$，$4L$）、（$5H$，$5K$，$5L$）等晶面为互相平行、不同面间距的干涉面［式（1.22）］，参照式（1.36）～式（1.40）有

$$\sin^2\theta_{HKL} : \sin^2\theta_{2H,2K,2L} : \sin^2\theta_{3H,3K,3L} : \sin^2\theta_{4H,4K,4L} : \sin^2\theta_{5H,5K,5L} : \cdots = 1^2 : 2^2 : 3^2 :$$

$4^2 : 5^2 : \cdots = 1 : 4 : 9 : 16 : 25 : \cdots$，即在 $\theta_{HKL}$、$\theta_{2H,2K,2L}$、$\theta_{3H,3K,3L}$、$\theta_{4H,4K,4L}$

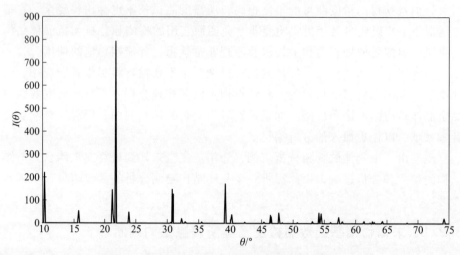

**图 3.7**　初步判定为 $Cr_2Al$ 晶体的 X 射线衍射谱 $I(\theta)$

$\theta_{5H,5K.5L}$、…半衍射角处出现的其正弦平方比为 $1:4:9:16:25:\cdots$ 的一组衍射为一组互相平行且面间距不同的不同干涉面指数的衍射。

根据式（1.36），立方晶系各 $HKL$ 晶面衍射的 $\sin^2\theta$ 之间的比值表现为 $\sin^2\theta_{100}:\sin^2\theta_{110}:\sin^2\theta_{111}:\sin^2\theta_{200}:\sin^2\theta_{210}:\sin^2\theta_{211}:\sin^2\theta_{220}:\cdots=1:2:3:4:5:6:8:\cdots$，即所有晶面 $\sin^2\theta$ 之间的比值均可转化为整数之间的比值关系。当某个衍射线未出现时，在各 $\sin^2\theta$ 比值关系中的该整数值会因消失而出现空缺。根据式（1.37）或式（1.39），四方晶系或六方晶系各 $HKL$ 晶面中当恒有 $L=0$ 时，各 $HK0$ 晶面衍射的 $\sin^2\theta$ 之间的比值分别为四方晶系的 $\sin^2\theta_{100}:\sin^2\theta_{110}:\sin^2\theta_{200}:\sin^2\theta_{210}:\sin^2\theta_{220}:\sin^2\theta_{300}:\sin^2\theta_{310}:\cdots=1:2:4:5:8:9:10:\cdots$ 或六方晶系的 $\sin^2\theta_{100}:\sin^2\theta_{110}:\sin^2\theta_{200}:\sin^2\theta_{210}:\sin^2\theta_{220}:\sin^2\theta_{300}:\sin^2\theta_{310}:\cdots=1:3:4:7:12:9:13:\cdots$。借助这类 $\sin^2\theta$ 比值关系，有助于判定图 3.7 中各衍射线 $\theta$ 角的分布规律，反映出该物质属于哪种晶系。

按照 $\theta_i$ 角从低到高的顺序，将图 3.7 中各衍射线的 $\theta$ 角取 $\sin^2\theta_i$ 值列于表 3.6。同时，将所有值分别相对于第 1、第 2、第 3、第 4 个 $\sin^2\theta_i$ 值，即分别相对于 $\sin^2\theta_1$、$\sin^2\theta_2$、$\sin^2\theta_3$、$\sin^2\theta_4$ 计算比值，并列于表 3.6 中。在这些比值中会出现一些整数比值的现象。需要注意的是，实测的 $\theta_i$ 值往往会出现一些实验误差，相应的比值不易出现刚好整数的现象。因此，在实施相应检测实验时要特别关注实验的精度；同时，在展示计算比值时可取小数点后面 2 位或 3 位作四舍五入，进而可使整数值在一定的允许实验误差范围内易于出现。

**表 3.6** 未知物相粉末衍射半衍射角 $\theta_i$ 分布及各衍射角正弦平方值之间的比值关系

| $i$ | $\theta_i$ | $\sin^2\theta_i$ | $\dfrac{\sin^2\theta_i}{\sin^2\theta_1}$ | $\dfrac{\sin^2\theta_i}{\sin^2\theta_2}$ | $\dfrac{\sin^2\theta_i}{\sin^2\theta_3}$ | $\dfrac{\sin^2\theta_i}{\sin^2\theta_4}$ | $d_i/\text{nm}$ |
|---|---|---|---|---|---|---|---|
| 1 | 10.26 | 0.031 7 | **1** | 0.430 8 | 0.250 0 | 0.241 4 | 0.430 9 |
| 2 | 15.75 | 0.073 7 | 2.321 1 | **1** | 0.580 3 | 0.560 4 | 0.282 8 |
| 3 | 20.87 | 0.126 9 | **4** | 1.723 3 | **1** | 0.965 7 | 0.215 5 |
| 4 | 21.26 | 0.131 5 | 4.142 2 | 1.784 6 | 1.035 6 | **1** | 0.211 7 |
| 5 | 21.74 | 0.137 1 | 4.321 2 | 1.861 7 | 1.080 3 | 1.043 2 | 0.207 3 |
| 6 | 23.83 | 0.163 2 | 5.142 3 | 2.215 4 | 1.285 6 | 1.241 5 | 0.190 0 |
| 7 | 30.55 | 0.258 4 | 8.142 2 | 3.507 9 | 2.035 6 | 1.965 7 | 0.149 7 |
| 8 | 30.85 | 0.262 9 | 8.284 4 | 3.569 1 | 2.071 1 | **2** | 0.149 4 |
| 9 | 30.92 | 0.264 1 | 8.321 2 | 3.585 0 | 2.080 3 | 2.008 9 | 0.143 6 |
| 10 | 32.31 | 0.285 6 | **9** | 3.877 5 | 2.250 1 | 2.172 8 | 0.143 6 |
| 11 | 32.88 | 0.294 7 | 9.284 5 | **4** | 2.321 1 | 2.241 5 | 0.141 1 |
| 12 | 35.46 | 0.336 6 | 10.605 7 | 4.569 2 | 2.651 5 | 2.560 4 | 0.132 3 |
| 13 | 39.24 | 0.400 1 | 12.605 6 | 5.430 8 | 3.151 4 | 3.043 2 | 0.121 4 |
| 14 | 40.23 | 0.417 1 | 13.142 2 | 5.662 0 | 3.285 6 | 3.172 8 | 0.118 9 |
| 15 | 42.39 | 0.454 5 | 14.321 3 | 6.170 0 | 3.580 4 | 3.457 4 | 0.113 9 |
| 16 | 45.45 | 0.507 8 | **16** | 6.893 4 | **4** | 3.862 8 | 0.107 7 |
| 17 | 46.48 | 0.525 9 | 16.569 0 | 7.138 3 | 4.142 3 | **4** | 0.105 9 |
| 18 | 46.55 | 0.527 | 16.605 8 | 7.154 2 | 4.151 5 | 4.008 9 | 0.105 7 |
| 19 | 47.79 | 0.548 6 | 17.284 6 | 7.446 6 | 4.321 2 | 4.172 8 | 0.103 7 |
| 20 | 48.307 | 0.557 6 | 17.568 9 | 7.569 1 | 4.392 3 | 4.241 5 | 0.102 8 |
| 21 | 53.086 5 | 0.639 3 | 20.142 5 | 8.677 9 | 5.035 7 | 4.862 8 | 0.096 0 |
| 22 | 54.169 5 | 0.657 5 | 20.711 3 | 8.922 9 | 5.177 9 | **5** | 0.094 7 |
| 23 | 54.512 5 | 0.663 | 20.889 9 | **9** | 5.222 5 | 5.043 2 | 0.094 3 |
| 24 | 56.108 5 | 0.689 1 | 21.711 3 | 9.353 8 | 5.427 9 | 5.241 5 | 0.092 5 |
| 25 | 57.318 | 0.708 4 | 22.321 6 | 9.616 7 | 5.580 4 | 5.388 8 | 0.091 2 |
| 26 | 57.889 5 | 0.717 5 | 22.605 9 | 9.739 2 | 5.651 5 | 5.457 5 | 0.090 6 |
| 27 | 61.391 5 | 0.770 7 | 24.284 7 | 10.462 5 | 6.071 2 | 5.862 8 | 0.087 4 |

续表

| $i$ | $\theta_i$ | $\sin^2\theta_i$ | $\dfrac{\sin^2\theta_i}{\sin^2\theta_1}$ | $\dfrac{\sin^2\theta_i}{\sin^2\theta_2}$ | $\dfrac{\sin^2\theta_i}{\sin^2\theta_3}$ | $\dfrac{\sin^2\theta_i}{\sin^2\theta_4}$ | $d_i/\text{nm}$ |
|---|---|---|---|---|---|---|---|
| 28 | 62.721 5 | 0.789 9 | 24.890 2 | 10.723 3 | 6.222 6 | 6.009 0 | 0.086 4 |
| 29 | 62.968 5 | 0.793 4 | **25** | 10.770 8 | 6.250 2 | 6.035 6 | 0.086 2 |
| 30 | 64.267 5 | 0.811 5 | 25.569 2 | 11.015 9 | 6.392 3 | 6.172 9 | 0.085 2 |
| 31 | 74.206 5 | 0.925 9 | 29.174 6 | 12.569 2 | 7.293 7 | 7.043 3 | 0.079 8 |

观察 $\sin^2\theta_i/\sin^2\theta_1$、$\sin^2\theta_i/\sin^2\theta_2$、$\sin^2\theta_i/\sin^2\theta_3$、$\sin^2\theta_i/\sin^2\theta_4$ 各系列比值中均未出现全部为整数的情况。因此，图 3.7 衍射谱所显示的衍射规律排除了出自立方晶系的可能。在 $\sin^2\theta_i/\sin^2\theta_1$、$\sin^2\theta_i/\sin^2\theta_2$、$\sin^2\theta_i/\sin^2\theta_3$ 3 个系列比值中观察到 $1:4:9:16:25$ 的现象，它们都应出自一组互相平行且面间距不同的不同干涉面。在一个方向上互相平行的不同干涉面在所有晶系内都会出现，因此 $1:4:9:16:25$ 的比值现象无助于晶系的判断。然而，在 $\sin^2\theta_i/\sin^2\theta_4$ 系列比值中出现了 $1:2:4:5$ 的现象。参照式（1.37）或许可以判断，图 3.7 衍射谱出自四方晶系，即对四方晶系有 $\sin^2\theta_{100}:\sin^2\theta_{110}:\sin^2\theta_{200}:\sin^2\theta_{210}=1:2:4:5$。但是，表 3.6 中比值为 1 的衍射角 $\theta_4$ 出现在第 4 位，之前还有 3 个衍射角更低，因而按照布拉格方程［式 1.22］应为面间距更大晶面的衍射。四方晶系中面间距比（100）面更大的晶面只可能是（001）面或（101）面；但这里出现了 3 个面间距更大的面。因此，$\sin^2\theta_4$ 所对应的衍射面不太可能是四方晶系的（100）晶面。设想，如果因为种种原因四方晶系 $HK0$ 中的某些衍射线未出现，诸如 $\sin^2\theta_{\mathbf{100}}:\sin^2\theta_{110}:\sin^2\theta_{200}:\sin^2\theta_{\mathbf{210}}:\sin^2\theta_{220}:\sin^2\theta_{\mathbf{300}}:\sin^2\theta_{310}:\cdots=\mathbf{1}:2:4:\mathbf{5}:8:\mathbf{9}:10:\cdots$，则也会出现 $\sin^2\theta_{110}:\sin^2\theta_{200}:\sin^2\theta_{220}:\sin^2\theta_{310}:\cdots=2:4:8:10:\cdots=1:2:4:5:\cdots$。由此可以基本确定，待分析的 $Cr_2Al$ 晶体结构属于四方晶系。同时可以确认表 3.6 中 $\theta_4$、$\theta_8$、$\theta_{17}$、$\theta_{32}$ 所对应晶面分别为（110）、（200）、（220）和（310）。如果遇到其他晶系的晶体结构问题，也可以参考上述的分析思路，作类似的分析。

### 3.2.2　$Cr_2Al$ 晶体衍射线的指数化及其单胞常数的确定

对 $Cr_2Al$ 晶体各衍射线作指数化处理需先确定晶体的单胞常数。四方晶体单胞有 $\alpha=\beta=\gamma=90°$，$a=b\neq c$。因此，这里只需要确定单胞的 $a$ 和 $c$ 的值。根据式（1.22）所示布拉格方程和衍射 X 射线波长可以参照各半衍射角 $\theta_i$ 计算出相应晶面的面间距 $d_i$，并列于表 3.6 中。现已知第 8 半衍射线 $\theta_8$ 处的衍射峰是由(200)面的衍射造成,且其面间距为 0.149 4 nm(表 3.6);因而可估算出(100)面的面间距,即对 $Cr_2Al$ 四方晶体单胞常数大约有 $a = 0.298\ 8$ nm。

参照上述分析和表 3.6 可知,第 4 半衍射角 $\theta_4$ 处的衍射峰是由(110)面的衍射造成,且其面间距为 0.211 7 nm,因而只检测到 3 个干涉面的面间距大于(110)的面间距,即其半衍射角低于 $\theta_4$。其面间距可能大于(110)面的干涉面首先包括(001)、(002)、(003)、…、(00L),L 值最高可取多少与单胞的 c 值有关,其中(001)面应该是该晶体面间距最大的面。另一类其面间距可能大于(110)面的干涉面还包括(101)、(102)、(103)、…、(10L)等,L 值最高可取多少也与单胞的 c 值有关。该晶体中不会存在其面间距大于(110)面的其他指数的干涉面或晶面。

假设表 3.6 中第 1 个半衍射角 $\theta_1$ 所对应的晶面为(001)面,则 $Cr_2Al$ 四方晶体单胞常数 c 就是该晶面的面间距,即有 $c = 0.430\ 9$ nm。表 3.6 显示 $\sin^2\theta_3/\sin^2\theta_1 = 4$,因此第 3 个半衍射角 $\theta_3$ 所对应的晶面为(002)面。(001)面与(002)面平行,但与第 2 个半衍射角 $\theta_2$ 所对应的晶面不平行;因此第 2 个半衍射角 $\theta_2$ 所对应的晶面只能是(10L)面。根据第 1 章四方晶系面间距计算公式[式(1.10)],以及初步估算的 $a = 0.298\ 8$ nm、$c = 0.430\ 9$ nm,可计算出(101)和(102)的面间距分别为 0.245 5 nm 和 0.174 8 nm,与第 2 个半衍射角 $\theta_2$ 所对应的面间距 0.282 8 nm 明显不符,且 0.174 8 nm 已经低于与第 3 个半衍射角 $\theta_3$ 所对应的 0.215 5 nm,超出了合理的范围。可见第 1 个半衍射角 $\theta_1$ 所对应的晶面不能是(001)面。如果假设第 1 个半衍射角 $\theta_1$ 所对应的晶面为(002)面,有单胞常数 $c = 2 \times 0.430\ 9$ nm $= 0.861\ 8$ nm,第 3 个半衍射角 $\theta_3$ 所对应的晶面为(004)面。由此可计算出(101)的面间距为 0.282 3 nm,大体与第 2 个半衍射角 $\theta_2$ 所对应的面间距 0.282 8 nm 相符。由此可以判断出第 1、2、3、4 个半衍射角所对应的晶面分别是(002)、(101)、(004)、(200)晶面,并大体掌握了单胞常数 $a = 0.298\ 8$ nm、$c = 0.861\ 8$ nm。

根据单胞常数可参照式(1.10)计算任何(HKL)晶面的面间距,根据晶面的面间距可参照布拉格方程[式 1.22]计算任何晶面的半衍射角 $\theta_{HKL}$。如此将所计算的半衍射角和相应的面间距与实测衍射线和相关数据逐一对照,就可以给每个实测衍射线标注出(HKL)指数,即完成 31 个衍射线的指数化过程,如图 3.8 所示。为便于清楚展示指数化的标定结果,图 3.8 对衍射强度采用了对数刻度表示。

人们熟知,实际测到的半衍射角总会存在一定实验误差,仅凭几个低半衍射角的衍射数据所确定的单胞常数不一定准确,因此并不可靠。每一个衍射线出现的位置和相关 θ 值都与单胞常数密切相关,在实测过程中产生的实验误差

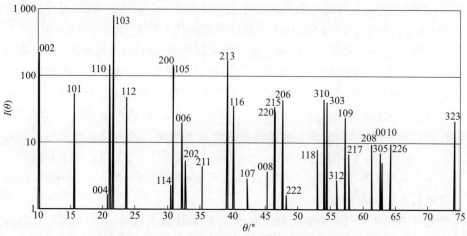

**图 3.8　Cr$_2$Al 晶体 X 射线衍射线的指数化结果**

也是随机的。如果把所有 31 个 $\theta$ 值和相应的 $(HKL)$ 指数都利用起来，统计计算单胞常数，则可获得较准确的结果。

如果用 $\tilde{d}_{HKL}$ 表达借助实验检测半衍射角 $\theta_{HKL}$ 并经布拉格方程[式 1.22]计算出的面间距，用 $d_{HKL}$ 表达 $(HKL)$ 面间距参照式(1.10)计算的理论值，则二者之间会因实验误差而造成偏差。将由 31 个衍射产生的每一个 $\tilde{d}_{HKL} - d_{HKL}$ 差值取平方并累加后得到总方差 $D$，即有

$$D = \sum_{HKL}^{31} \left[ \tilde{d}_{HKL} - d_{HKL} \right]^2 = \sum_{HKL}^{31} \left[ \frac{\lambda_{Cu}}{2\sin\theta_{HKL}} - \frac{1}{\sqrt{\dfrac{H^2 + K^2}{a^2} + \dfrac{L^2}{c^2}}} \right]^2 \qquad (3.2)$$

可对式(3.2)中 $D$ 作偏微分，并令 $\partial D/\partial a = 0$、$\partial D/\partial c = 0$，二者联立可解出使 $D$ 值最小的 $a$ 和 $c$，即最合理的 $a$ 和 $c$。然而，采用解析的方式求解式(3.2)的最小值往往比较繁杂，即求微分后 $\partial D/\partial a = 0$ 和 $\partial D/\partial c = 0$ 的形式比较复杂，不易求得解析解。因此，也可以把已经初步估算出的 $a = 0.298\ 8$ nm、$c = 0.861\ 8$ nm 直接代入式(3.2)，并依次尝试微调 $a$ 与 $c$ 的数值，借助计算机软件找出使 $D$ 值最小的 $a$、$c$ 值。如此求得的单胞最佳常数为 $a = 0.300\ 7$ nm、$c = 0.865\ 4$ nm。当然，还存在单胞常数精确测量的 X 射线衍射技术，可查阅相关书籍，这里不再细致介绍。

得到准确的单胞常数后可求得单胞体积为 $a^2c = 7.824\ 3 \times 10^{-2}$ nm$^3$ = $7.824\ 3 \times 10^{-26}$ dm$^3$。由此，根据已获知该晶体物质的密度求得单胞的质量为 $a^2c \times 5.557$ kg/dm$^3$ = $4.348 \times 10^{-25}$ kg。如上已经算出，一个 Cr$_2$Al 分子的质量为 $2.175 \times$

$10^{-25}$ kg，对比可以发现一个 $Cr_2Al$ 晶体单胞内刚好可以容纳两个 $Cr_2Al$ 分子。因此，一个 $Cr_2Al$ 晶体单胞内应该有 4 个 Cr 原子和 2 个 Al 原子。

### 3.2.3  $Cr_2Al$ 晶体完整对称性的确定

$Cr_2Al$ 晶体完整对称性除了其所属晶系信息外，还包括其所属点阵、点群、空间群，其中包括晶体的中心对称性判定。

参照图 3.8 所示 $Cr_2Al$ 晶体 X 射线衍射线的指数化结果可以发现，所有衍射线的 $H$、$K$、$L$ 值均符合 $H+K+L$ 为偶数的规则，这是体心点阵消光规律的反映。由此可以判断，反映 $Cr_2Al$ 晶体结构平移规律的点阵为体心四方点阵。把图 3.8 与表 2.17 对照可以发现，除了体心点阵的消光规律外，$Cr_2Al$ 晶体衍射线中未发现其他的系统消光现象，包括非点式基本操作造成的系统消光，因此 $Cr_2Al$ 晶体的空间群应该为点式空间群。

对衍射线数目较多的工程用晶体材料，可采用 2.2.4 节所介绍的 X 射线衍射强度统计分布检验法，即 $N(z)$ 函数检测法判别晶体的中心对称性。参照后文表 3.8 中给出的各衍射线实测强度 $I_{HKL}$，对 $Cr_2Al$ 晶体 31 个衍射线强度的统计分析结果如图 3.9 所示。结果显示，$Cr_2Al$ 晶体的 $N(z)$ 函数分布更加远离非中心对称的统计值，因此可判定 $Cr_2Al$ 晶体具备中心对称性。

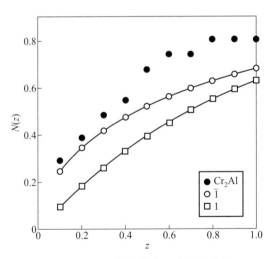

**图 3.9**  $Cr_2Al$ 晶体的中心对称性分析

四方晶系中心对称的点群只有 $4/m$ 和 $4/mmm$ 两个，分属两种劳厄群。点式空间群的限制使得 $Cr_2Al$ 晶体只可能具备 $I4/m$ 和 $I4/mmm$ 两种空间群所描述的对称性。若能制取单晶体则可借助单晶衍射法确定其劳厄群，但在实践上难度很大，成本很高。实际上可以借助查阅具备 $I4/m$ 和 $I4/mmm$ 对称性的其他已知晶体结构的相关资料，来辅助推断 $Cr_2Al$ 晶体的空间群。例如，表 3.7 给出了一些文献中的相关资料。

表 3.7　已知空间群为 $I4/m$ 或 $I4/mmm$ 的晶体结构单胞内的原子数目 $(n)$ [8,9]

| $I4/m$ | | $I4/mmm$ | | | | | |
|---|---|---|---|---|---|---|---|
| 分子式 | $n$ | 分子式 | $n$ | 分子式 | $n$ | 分子式 | $n$ |
| $MoNi_4$ | 10 | In | 2 | $N_3Nb_4$ | 14 | $Cu_4P_7U_4$ | 32 |
| $Ga_2Te_7$ | 14 | Pa | 2 | $Ag_3InLa_4$ | 16 | $Bi_6O_7$ | 38 |
| $BaFe_2S_4$ | 16 | CoO | 4 | $Al_5Ni_2Zr$ | 16 | $Ce_4Ga_{18}Ni$ | 46 |
| $C_4Cr_4U$ | 18 | $C_2Ca$ | 6 | $Al_3Zr$ | 16 | $B_4ErNi$ | 48 |
| $H_4Li_4Rh$ | 18 | $H_2Th$ | 6 | $N_3Nb_4$ | 16 | $Co_3Nb_4Si_7$ | 56 |
| $O_5Ti_4$ | 18 | $MoSi_2$ | 6 | $Fe_8N$ | 18 | $La_4NiS_7$ | 56 |
| $Te_4Ti_5$ | 18 | $Al_3Ti$ | 8 | $V_4Zn_5$ | 18 | $Co_4Ge_7Zr_4$ | 60 |
| CsHS | 24 | $Al_4Ba$ | 10 | $As_2BaPd_2$ | 20 | $AsBi_3Ni_{18}S_{216}$ | 76 |
| $MnO_2$ | 24 | $Al_3Os_2$ | 10 | $HMn_2Pd_6$ | 22 | $O_3V_{16}$ | 76 |
| $Cu_4Nb_5Si_4$ | 26 | $C_2IrU_2$ | 10 | $Ni_2Si_3U$ | 24 | $Cr_5Sc_7Si_9$ | 84 |
| $Ga_4Sm_9$ | 26 | $H_2PdZr_2$ | 10 | $PbPd_9Tl_2$ | 24 | $Ce_{10}Ho_{11}$ | 84 |
| $Ni_{12}P_5$ | 34 | $La_2Sb$ | 12 | $Ce_2Ga_{10}Ni$ | 26 | $Fe_4KS_5$ | 114 |
| $Pt_{11}Zr_9$ | 40 | $Al_4Mo_2Yb$ | 14 | $Cu_4Si_6Zr_3$ | 26 | $Fe_{23}H_{12}Ho_6$ | 122 |
| $Ga_{41}Mo_8S$ | 50 | $Bi_8O_{11}$ | 14 | $Mn_{12}Th$ | 26 | | |
| $Ba_6Fe_8S_{15}$ | 58 | $CaH_4Rb_2$ | 14 | $RhSn_2$ | 26 | | |
| $Nb_{21}S_8$ | 58 | $Cu_4Ti_3$ | 14 | $Cu_6S_4SbTl_2$ | 28 | | |
| $Ce_5Mg_{41}$ | 92 | $H_{24}Na_2Pt$ | 14 | $Ga_5Mg_2$ | 28 | | |

空间群 $I4/m$ 的对称性较低，资料表明，相应的晶体结构比较复杂。经统计分析发现，具有 $I4/m$ 对称性的晶体其单胞内的原子数目很大，其中最少的也有 10 个（如 $MoNi_4$），较多的可达 92 个（如 $Ce_5Mg_{41}$）。空间群 $I4/mmm$ 的对称性较高，具有 $I4/mmm$ 对称性的晶体单胞内可有很少的原子，最低可以只有 2 个，也可以有 6 个或更多个（表 3.7）。$Cr_2Al$ 晶体单胞内只有 6 个原子，所以它所对应的空间群应该是 $I4/mmm$。

### 3.2.4　Cr₂Al 晶体单胞内各原子的位置坐标

现分析各原子在单胞中的位置。在空间群 $I4/mmm$ 中位置数不大于 4 的等效位置、乌科夫符号和位置坐标如下：

$2a$：$(0, 0, 0)$，$(1/2, 1/2, 1/2)$

$2b$：$(0, 0, 1/2)$，$(1/2, 1/2, 0)$

$4c$：$(0, 1/2, 0)$，$(1/2, 0, 0)$，$(1/2, 0, 1/2)$，$(0, 1/2, 1/2)$

$4d$：$(0, 1/2, 1/4)$，$(1/2, 0, 1/4)$，$(1/2, 0, 3/4)$，$(0, 1/2, 3/4)$

$4e$：$(0, 0, z)$，$(0, 0, -z)$，$(1/2, 1/2, 1/2+z)$，$(1/2, 1/2, 1/2-z)$

一个 Cr₂Al 晶体单胞内会有 4 个 Cr 原子和 2 个 Al 原子。因此，Al 原子只能占据 $2a$ 或 $2b$ 位置，Cr 可占据的位置包括 $4c$、$4d$ 或 $4e$。由图 3.10 空间群 $I4/mmm$ 单胞结构分析可知，若将单胞沿 $c$ 向平移 1/2，则 $2b$ 即为 $2a$ 位置。可见平移后两位置并无原则区别。为分析方便，先设 $2a$ 为铝原子位置。由式 (1.35) 可算出，当 Al 原子占据 $2a$ 位置后，不论 Cr 原子在 $4c$ 或 $4d$ 位置，对 (004) 衍射都可获得最高的结构因子 $F_{004}^2 = (2f_{Al} + 4f_{Cr})^2$，即应该有很强的 (004) 衍射。但图 3.8 的结果却显示实测的 (004) 衍射强度非常低。由此可以判断，Cr 原子只能占据 $4e$ 位置。

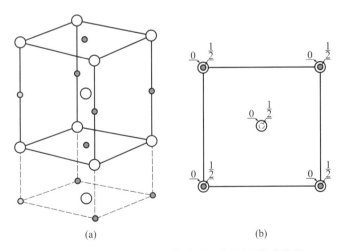

(a)　　　　　　　　　(b)

**图 3.10**　空间群 $I4/mmm$ 单胞中 Al 原子的占位分析

但是，$4e$ 位置有一个待定参数 $z$，需进一步确认。将 $2a$ 和 $4e$ 的原子坐标参数代入式 (1.35)，且 $H+K+L$ 为偶数时对理论结构因子有

$$F_{HKL}^2 = (2f_{Al} + 4f_{Cr}\cos 2\pi Lz)^2 \tag{3.3}$$

由此可见，$z$ 值对结构因子 $F_{HKL}^2$ 值的高低有重要影响，因而会显著影响实

测衍射强度 $I_{HKL}$。同时，$z$ 值的变化不会影响 $L=0$ 时 $(HKL)$ 面的结构因子 $F_{HK0}^2$ 值，因此计算 $z$ 值时可去掉图 3.8 中 $L=0$ 的 4 条衍射线。

可采用与式(3.2)类似的最小总方差 $D$ 法确定 $z$ 值。参照式(1.26)有

$$I_{HKL} = \kappa \tilde{F}_{HKL}^2 P_{HKL} f(\theta) \exp[-2M(\theta)] A(\theta)$$

或

$$\tilde{\tilde{F}}_{HKL}^2 = \kappa \tilde{F}_{HKL}^2 = \frac{I_{HKL}}{P_{HKL} f(\theta) \exp[-2M(\theta)] A(\theta)} \tag{3.4}$$

式中，$\tilde{F}_{HKL}^2$ 为包含实验检测误差的结构因子平方；$\kappa$ 为式(1.23)中所有与 $\theta$ 角无关的综合常数，其数值也与实测条件相关，因此待定；$\tilde{\tilde{F}}_{HKL}^2$ 为包含 $\kappa$ 值影响的实测结构因子平方，可由表 3.8 所示 $L \ne 0$ 的 27 个实测衍射峰的强度值 $I_{HKL}$ 推算出来。由此，实测结构因子与式(3.3)的理论结构因子之间的总方差 $D$ 为

$$D = \sum_{i=1}^{31} (\tilde{F}_{HKL}^2 - F_{HKL}^2)^2 = \sum_{i=1}^{31} \left[ \frac{\tilde{\tilde{F}}_{HKL}^2}{\kappa} - (2f_{Al} + 4f_{Cr} \cos 2\pi Lz)^2 \right]^2 \tag{3.5}$$

根据 1.4 节介绍的 X 射线衍射规则查阅或计算各衍射线的多重性因子(参见表 1.4)、角度因子 $f(\theta)$、温度因子 $\exp[-2M(\theta)]$（设 $\Theta = 453$ K）、平板试样吸收因子 $A(\theta)$ 等，如表 3.8 所示。去掉因 $L$ 为 0 而对 $D$ 值无影响的 $(HKL)$ 衍射数据，用其余的衍射强度计算实测结构因子。同时，查表 1.10 和表 1.11，计算 Al 和 Cr 原子散射因子，并代入式(3.3)以计算理论结构因子(参见表 3.8)。将各结构因子数据代入式(3.5)，以求总方差 $D$ 值。

表 3.8　与 $Cr_2Al$ 晶体各 X 射线衍射线对应的实验和理论结构

因子 $\tilde{\tilde{F}}_{HKL}^2$ 和 $F_{HKL}^2(z)$ 的计算

| $HKL$ | 002 | 101 | 004 | 103 | 112 | 114 | 105 | 006 | 202 |
|---|---|---|---|---|---|---|---|---|---|
| $\theta/°$ | 10.26 | 15.75 | 20.87 | 21.74 | 23.83 | 30.55 | 30.92 | 32.31 | 32.88 |
| $I_{HKL}$ | 251 | 55 | 4 | 999 | 71 | 3 | 127 | 48 | 19 |
| $P_{HKL}$ | 2 | 8 | 2 | 8 | 8 | 8 | 8 | 2 | 8 |
| $f(\theta)$ | 63.025 5 | 27.169 4 | 15.790 8 | 14.622 8 | 12.303 3 | 7.826 2 | 7.662 3 | 7.101 | 6.891 |
| $\exp[-2M(\theta)]$ | 0.989 4 | 0.975 5 | 0.958 2 | 0.954 9 | 0.946 6 | 0.916 8 | 0.915 | 0.908 4 | 0.905 7 |
| $A(\theta)$ | 0.002 6 | 0.002 6 | 0.002 6 | 0.002 6 | 0.002 6 | 0.002 6 | 0.002 6 | 0.002 6 | 0.002 6 |
| $\tilde{\tilde{F}}_{HKL}^2$ | 760.37 | 98 | 49.94 | 3 378.57 | 287.9 | 19.75 | 855.43 | 1 405.61 | 143.77 |
| $F_{HKL}^2(z=0.313)$ | 1 333.12 | 84.88 | 280.61 | 5 867.04 | 732 | 209.78 | 1 224.8 | 2 720.91 | 513.22 |

| $HKL$ | 211 | 213 | 116 | 107 | 008 | 215 | 206 | 222 | 118 |
|---|---|---|---|---|---|---|---|---|---|
| $\theta/°$ | 35.46 | 39.24 | 40.23 | 42.39 | 45.45 | 46.55 | 47.79 | 48.31 | 53.09 |
| $I_{HKL}$ | 5 | 217 | 38 | 8 | 5 | 27 | 47 | 5 | 12 |
| $P_{HKL}$ | 16 | 16 | 8 | 8 | 2 | 16 | 8 | 8 | 8 |
| $f(\theta)$ | 6.067 3 | 5.163 2 | 4.970 7 | 4.603 9 | 4.188 5 | 4.063 9 | 3.938 | 3.889 2 | 3.544 |
| $\exp[-2M(\theta)]$ | 0.893 | 0.874 1 | 0.869 1 | 0.858 3 | 0.843 | 0.837 6 | 0.831 6 | 0.829 | 0.806 6 |
| $A(\theta)$ | 0.002 6 | 0.002 6 | 0.002 6 | 0.002 6 | 0.002 6 | 0.002 6 | 0.002 6 | 0.002 6 | 0.002 6 |
| $\tilde{\tilde{F}}^2_{HKL}$ | 21.79 | 1 135.29 | 415.38 | 95.61 | 267.48 | 187.29 | 677.8 | 73.23 | 198.25 |
| $F^2_{HKL}(z=0.313)$ | 31.47 | 3 272.53 | 2 163.48 | 875.41 | 1 078.01 | 841.93 | 1 808.55 | 368.93 | 944.2 |

| $HKL$ | 303 | 312 | 109 | 217 | 208 | 305 | 0010 | 226 | 323 |
|---|---|---|---|---|---|---|---|---|---|
| $\theta/°$ | 54.51 | 56.11 | 57.32 | 57.89 | 61.39 | 62.72 | 62.97 | 64.27 | 74.21 |
| $I_{HKL}$ | 42 | 7 | 24 | 7 | 10 | 7 | 5 | 29 | 67 |
| $P_{HKL}$ | 8 | 16 | 8 | 16 | 8 | 8 | 2 | 8 | 16 |
| $f(\theta)$ | 3.473 8 | 3.411 8 | 3.376 4 | 3.363 1 | 3.331 | 3.342 3 | 3.345 9 | 3.373 3 | 4.262 1 |
| $\exp[-2M(\theta)]$ | 0.800 2 | 0.793 2 | 0.788 | 0.785 7 | 0.771 7 | 0.766 7 | 0.765 8 | 0.761 2 | 0.732 5 |
| $A(\theta)$ | 0.002 6 | 0.002 6 | 0.002 6 | 0.002 6 | 0.002 6 | 0.002 6 | 0.002 6 | 0.002 6 | 0.002 6 |
| $\tilde{\tilde{F}}^2_{HKL}$ | 713.56 | 61.08 | 425.97 | 62.55 | 183.72 | 129 | 368.6 | 533.36 | 506.77 |
| $F^2_{HKL}(z=0.313)$ | 2 325.83 | 329.11 | 667.18 | 614.35 | 835.1 | 657.04 | 1 291.13 | 1 310.61 | 1 731.05 |

对式(3.5)中 $D$ 作偏微分，并令 $\partial D/\partial\kappa=0$、$\partial D/\partial z=0$，二者联立可解出使 $D$ 值最小的 $\kappa$ 和 $z$，即最合理而准确的 $\kappa$ 和 $z$。然而，采用解析的方式求解式 3.5 的最小值也较繁杂，不易求得解析解。因此，可以先初步估计 $\kappa$ 和 $z$ 值，代入式(3.5)，依次尝试调整 $\kappa$ 与 $z$ 的数值。当 $D$ 值降低到较低水平时再微调 $\kappa$ 与 $z$ 值，借助计算机软件可找出使 $D$ 值达到最小的 $\kappa$、$z$ 值。如此求得的最佳值为 $\kappa=0.538\ 6$，$z=0.312\ 58$。如果把式(3.5)中的 $\tilde{F}^2_{HKL}-F^2_{HKL}$ 换成 $\sqrt{\tilde{F}^2_{HKL}}-F_{HKL}$，也可以得出同样的结果。如果 Al 原子取 $2b$ 位置，则 $4e$ 位置上 Cr 原子的 $z$ 坐标值为 $z=0.819\ 301$。这样，就最后确定出 $Cr_2Al$ 的晶体结构。

上述未知晶体结构的检测过程包括未知物质的密度、化学成分、X 射线衍射谱的实验测定。最终分析结果包括：化学成分的质量分数为 79.45% Cr，20.54% Al，其余元素合计 0.01%；化学式为 $Cr_2Al$；密度为 5.557 kg/dm³。其对称性表现为：四方晶系、体心四方点阵；其点群和空间群分别为中心对称的 $4/mmm$ 和 $I4/mmm$。单胞常数为：$a = 0.298\,8$ nm，$c = 0.861\,8$ nm，$\alpha = \beta = \gamma = 90°$。一个 $Cr_2Al$ 晶体单胞内有 2 个 Al 原子和 4 个 Cr 原子，Al 原子的位置坐标为 $(0,\ 0,\ 0)$、$(0.5,\ 0.5,\ 0.5)$，Cr 原子的位置坐标为 $(0,\ 0,\ 0.313\,01)$、$(0.5,\ 0.5,\ 0.313\,01)$、$(0,\ 0,\ 0.813\,01)$、$(0.5,\ 0.5,\ 0.813\,01)$。

需要强调的是，这里只是浅显地介绍了简单晶体结构分析的粗略过程。实际工作中所遇到的未知晶体结构的分析可能是一项专门的科研课题，因为大多数简单的晶体结构已被人们所掌握。在实际测定晶体结构时会遇到许多具体问题或困难。因此，需要利用已掌握的晶体学知识和规律认真细致地反复分析、推导、测量，尤其要注意保持各检测和分析过程中较高的精度。另一方面也必须查阅相关资料，进一步深入了解有关的晶体学知识，甚至不可避免地要求助于有关专家。以本节介绍的知识用于日常的科学研究通常是不够的，这里只是一个初步的介绍。

## 3.3　金属铀晶体结构参数的检测与确定

铀（U）是重要的核能材料和军工材料。尽管是单质的铀，其结构分析往往也比较复杂。对铀作合金化处理后铀基固溶体的结构参数会发生一定变化，定量确认参数的变化值有助于促进对铀合金的开发研究。本节以工业用铀的固溶体为例，介绍其晶体结构参数的检测与确定过程。同时，为进一步熟悉晶体结构测量的基本技术思路提供参考。

### 3.3.1　铀固溶体基础数据检测及其所属晶系的判断

现取得一块状铀固溶体，先尽可能精确测量其体积和质量，由此计算出该物质的密度大约为 19.02 $kg/dm^3$。然后通过适当的化学分析检测手段，测铀固溶体含铀量约为 99.5%U，基本为纯铀固溶体。U 元素的原子质量为 238.029，原子质量单位 u 为 $1.660\,540 \times 10^{-27}$ kg，因此一个 U 原子的质量为 $238.029 \times u = 3.9526 \times 10^{-25}$ kg。

将该块状铀制成粉末状，再压制成板状衍射试样。采用 Cu 靶单色 X 射线，对制成的板状的铀固溶体粉末试样作 X 射线衍射检测，X 射线的波长 $\lambda_{Cu}$ 为 0.154 18 nm。经过小步长反复精细检测后获得的 X 射线衍射谱 $I(\theta)$ 如图 3.11 所示。整理衍射数据后，在不同半衍射角发现了衍射强度大小不等的 40 个衍射峰，其中 24 个衍射峰强度较高。衍射峰的出现表明该铀固溶体具备晶体结构。

首先判定铀固溶体结构所属的晶系。参照 3.2.1 节对 $Cr_2Al$ 的分析，按照

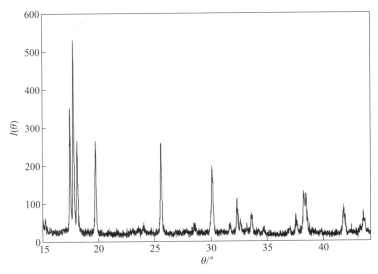

**图 3.11**　铀固溶体晶体的 X 射线衍射谱 $I(\theta)$

$\theta_i$ 角从低到高的顺序，将图 3.11 中 24 条较强衍射线 $\theta$ 角的 $\sin^2\theta_i$ 值以及根据布拉格方程式（1.22）计算得出的相应晶面间距 $d_i$ 列于表 3.9。同时，将所有值分别相对于第 1、第 2、第 3、第 4 个、第 5 个 $\sin^2\theta_i$ 值，即分别相对于 $\sin^2\theta_1$、$\sin^2\theta_2$、$\sin^2\theta_3$、$\sin^2\theta_4$、$\sin^2\theta_5$ 计算比值，并列于表 3.9 中。在这些比值中会出现一些非常接近整数比值的现象，但这些整数比只体现为 $1:4:\cdots$，即为同样 $HKL$ 指数的（$HKL$）、（$2H$，$2K$，$2L$）、$\cdots$ 互相平行、不同面间距的干涉面〔式（1.22）〕。没有出现全为整数比 $1:2:4:\cdots$、$1:3:4:\cdots$ 的现象，因此该晶体不应属于立方、四方、六方晶系。因此，需要降低对称性，考虑正交晶系的可能。

**表 3.9**　铀固溶体粉末衍射半衍射角 $\theta_i$ 分布及各衍射角正弦平方值之间的比值关系

| $i$ | $\theta_i$ | $\sin^2\theta_i$ | $\dfrac{\sin^2\theta_i}{\sin^2\theta_1}$ | $\dfrac{\sin^2\theta_i}{\sin^2\theta_2}$ | $\dfrac{\sin^2\theta_i}{\sin^2\theta_3}$ | $\dfrac{\sin^2\theta_i}{\sin^2\theta_4}$ | $\dfrac{\sin^2\theta_i}{\sin^2\theta_5}$ | $d_i/$ nm |
|---|---|---|---|---|---|---|---|---|
| 1 | 15.22 | 0.068 9 | 1 | | | | | 0.293 643 |
| 2 | 17.49 | 0.090 3 | 1.310 563 | 1 | | | | 0.256 502 |
| 3 | 17.77 | 0.093 1 | 1.351 497 | 1.031 234 | 1 | | | 0.252 588 |
| 4 | 18.09 | 0.096 4 | 1.398 969 | 1.067 456 | 1.035 125 | 1 | | 0.248 265 |
| 5 | 19.76 | 0.114 3 | 1.658 429 | 1.265 432 | 1.227 105 | 1.185 465 | 1 | 0.228 019 |

| $i$ | $\theta_i$ | $\sin^2\theta_i$ | $\dfrac{\sin^2\theta_i}{\sin^2\theta_1}$ | $\dfrac{\sin^2\theta_i}{\sin^2\theta_2}$ | $\dfrac{\sin^2\theta_i}{\sin^2\theta_3}$ | $\dfrac{\sin^2\theta_i}{\sin^2\theta_4}$ | $\dfrac{\sin^2\theta_i}{\sin^2\theta_5}$ | $d_i/$ nm |
|---|---|---|---|---|---|---|---|---|
| 6 | 24.06 | 0.166 2 | 2.411 693 | 1.840 196 | 1.784 46 | 1.723 908 | 1.454 204 | 0.189 086 |
| 7 | 25.59 | 0.186 6 | 2.706 94 | 2.065 479 | 2.002 92 | 1.934 954 | 1.632 232 | 0.178 476 |
| 8 | 28.54 | 0.228 3 | 3.312 051 | 2.527 197 | 2.450 654 | 2.367 495 | 1.997 102 | 0.161 351 |
| 9 | 30.12 | 0.251 8 | 3.653 748 | 2.787 922 | 2.703 482 | 2.611 744 | 2.203 139 | 0.153 621 |
| 10 | 31.71 | 0.276 3 | **4.008 661** | 3.058 731 | 2.966 089 | 2.865 44 | 2.417 144 | 0.146 663 |
| 11 | 32.34 | 0.286 2 | 4.152 114 | 3.168 19 | 3.072 233 | 2.967 982 | 2.503 643 | 0.144 107 |
| 12 | 32.64 | 0.290 9 | 4.220 956 | 3.220 719 | 3.123 171 | 3.017 191 | 2.545 154 | 0.142 927 |
| 13 | 33.24 | 0.300 5 | 4.359 632 | 3.326 533 | 3.225 78 | 3.116 318 | 2.628 773 | 0.140 636 |
| 14 | 33.67 | 0.307 4 | 4.459 801 | 3.402 965 | 3.299 897 | 3.187 92 | 2.689 173 | 0.139 047 |
| 15 | 34.81 | 0.325 9 | 4.728 352 | 3.607 878 | 3.498 603 | 3.379 884 | 2.851 104 | 0.135 041 |
| 16 | 36.94 | 0.361 2 | 5.240 503 | **3.998 665** | 3.877 555 | 3.745 976 | 3.159 921 | 0.128 273 |
| 17 | 37.61 | 0.372 4 | 5.404 039 | 4.123 448 | **3.998 558** | 3.862 874 | 3.258 53 | 0.126 317 |
| 18 | 38.29 | 0.384 0 | 5.571 05 | 4.250 883 | 4.122 133 | 3.982 255 | 3.359 234 | 0.124 409 |
| 19 | 38.44 | 0.386 5 | 5.608 022 | 4.279 093 | 4.149 489 | **4.008 683** | 3.381 528 | 0.123 998 |
| 20 | 38.61 | 0.389 4 | 5.649 978 | 4.311 107 | 4.180 533 | 4.038 674 | 3.406 826 | 0.123 537 |
| 21 | 41.84 | 0.445 0 | 6.456 18 | 4.926 264 | 4.777 059 | 4.614 957 | 3.892 95 | 0.115 567 |
| 22 | 42.51 | 0.456 6 | 6.625 023 | 5.055 096 | 4.901 989 | 4.735 648 | 3.994 759 | 0.114 084 |
| 23 | 42.56 | 0.457 5 | 6.637 638 | 5.064 722 | 4.911 323 | 4.744 666 | **4.002 366** | 0.113 976 |
| 24 | 43.71 | 0.477 5 | 6.928 228 | 5.286 451 | 5.126 337 | 4.952 383 | 4.177 586 | 0.111 56 |

正交晶系有 $a \neq b \neq c$, $\alpha = \beta = \gamma = 90°$。设 $c>b>a$, 首先寻找面间距较大的 (001)、(010) 面的衍射。考虑到可能的系统消光, 暂定在低半衍射角处首先出现 (002)、(020) 面衍射, 如果事后发现不妥, 有可能造成单胞尺寸过大, 可再成倍缩小。前 5 个最低半衍射角的 $\sin^2\theta_i$ 比, 没有 1∶4 的现象, 因此它们都互不平行。这 5 个衍射角若包含了 (002) 和 (020) 衍射, 则可以根据布拉格方程式 (1.22) 和计算面间距的式 (1.9) 推算出 $b$ 和 $c$, 而计算出 (022) 面的面间距。表 3.10 列出了穷举法计算前 5 个衍射面 $d_1 \sim d_5$, 为互相垂直的 (002) 和 (020) 时相应 (022) 面应有的面间距。计算显示 (见表 3.10 黑体字), 若 $d_1$

面与 $d_4$ 面垂直，或 $d_2$ 面与 $d_4$ 面垂直时，可计算出与实测相符的(022)衍射面分别为 $d_6$ 面或 $d_7$ 面(参见表3.9)，因而 $d_4$ 面与其他面垂直的概率更大。

**表 3.10** 穷举法计算前5个衍射面 $d_1 \sim d_5$，为互相垂直的(002)和(020)

时相应(022)面间距  单位：nm

|  | $d_1$ | $d_2$ | $d_3$ | $d_4$ |
|---|---|---|---|---|
| $d_2$ | 0.193 18 | | | |
| $d_3$ | 0.191 491 | 0.179 975 | | |
| $d_4$ | **0.189 587** | **0.178 391** | 0.177 059 | |
| $d_5$ | 0.180 097 | 0.170 418 | 0.169 255 | 0.167 936 |

由表3.9可知，$d_4$ 面的面间距较 $d_1$ 面和 $d_2$ 面的小，可暂设为(020)面。作为两种假设，分别设 $d_1$ 面或 $d_2$ 面为(002)面；另外作为第3种假设，再设 $d_1$ 面和 $d_2$ 面分别为(020)面和(002)面。在实际测到的面间距范围内以及这3种假设条件下计算不同(0KL)指数的晶面间距($0 \leqslant K$，$L \leqslant 4$)。表3.11列出了计算结果，其中用黑体表示的计算结果与表3.9中的实测面间距大体相符。观察表3.11可以发现，当 $d_4$ 面与 $d_1$ 面或 $d_2$ 面相垂直(即表3.11中 $d_1+d_4$ 或 $d_2+d_4$)时，许多计算面间距符合实测数据，说明 $d_1$ 面与 $d_4$ 面以及 $d_2$ 面与 $d_4$ 面确实应该互相垂直。但是，如果假设 $d_1$ 面与 $d_2$ 面也互相垂直，即 $d_1=d_{020}$，$d_2=d_{002}$，则在实测面间距范围内计算不同(0KL)指数的晶面间距($0 \leqslant K$，$L \leqslant 4$)大多不符合实测值(表3.11)，因此 $d_1$ 面与 $d_2$ 面虽然都垂直于 $d_4$ 面，但二者应该互相不垂直。

**表 3.11** $d_1$、$d_2$、$d_4$ 面分别为(020)和(002)面时计算(0KL)晶面的面间距($0 \leqslant K$、$L \leqslant 4$，

黑体给出的计算结果与表3.9中的实测面间距大体相符)  单位：nm

| $d_{020}+d_{002}$ | $d_1+d_4$ | $d_2+d_4$ | $d_1+d_2$ |
|---|---|---|---|
| $d_{011}$ | 0.379 173 | 0.356 782 | 0.386 359 |
| $d_{012}$ | 0.228 672 | 0.223 472 | 0.235 06 |
| $d_{021}$ | **0.252 752** | **0.227 89** | 0.254 847 |
| $d_{013}$ | 0.159 305 | 0.157 515 | 0.164 183 |
| $d_{014}$ | 0.121 449 | 0.120 651 | 0.125 298 |
| $d_{022}$ | **0.189 587** | **0.178 391** | 0.193 18 |

| $d_{020}+d_{002}$ | $d_1+d_4$ | $d_2+d_4$ | $d_1+d_2$ |
|---|---|---|---|
| $d_{023}$ | **0.144 184** | **0.139 072** | 0.147 771 |
| $d_{024}$ | **0.114 336** | **0.111 736** | 0.117 53 |
| $d_{030}$ | 0.195 762 | 0.171 001 | 0.195 762 |
| $d_{031}$ | 0.182 119 | **0.161 682** | 0.182 898 |
| $d_{032}$ | **0.153 722** | **0.140 828** | 0.155 618 |
| $d_{033}$ | **0.126 391** | 0.118 927 | **0.128 786** |
| $d_{034}$ | 0.104 833 | 0.100 455 | 0.107 279 |
| $d_{040}$ | **0.146 822** | **0.128 251** | **0.146 822** |
| $d_{041}$ | **0.140 795** | **0.124 176** | 0.141 154 |
| $d_{042}$ | **0.126 376** | **0.113 945** | 0.127 424 |
| $d_{043}$ | 0.109 834 | 0.101 377 | **0.111 395** |

在 $d_4=d_{020}$ 并确保 $d_1$ 和 $d_2$ 均与 $d_4$ 垂直的前提下，可以有两种设定 $d_1$、$d_2$、$d_4$ 3 个面之间关系的方案，即可分别设 $d_1=d_{002}$、$d_2=d_{101}$，或 $d_1=d_{101}$、$d_2=d_{002}$，进而计算出这两种方案下不同的 $d_{200}$ 面间距，分别与实测值 $d_{12}$ 或 $d_7$ 基本相符。由此确定出正交晶系两组单胞常数，如表 3.12 所示。

**表 3.12**　计算正交晶系单胞常数的两种方案及相应计算结果

| 方案 | $a/\text{nm}$ | $b/\text{nm}$ | $c/\text{nm}$ | (200) | (020) | (002) |
|---|---|---|---|---|---|---|
| 1 | 0.285 854 = $2d_{12}$ | 0.496 531 = $2d_4$ | 0.587 287 = $2d_1$ | $d_{12}$ 面 | $d_4$ 面 | $d_1$ 面 |
| 2 | 0.356 953 = $2d_7$ | 0.496 531 = $2d_4$ | 0.513 004 = $2d_2$ | $d_7$ 面 | $d_4$ 面 | $d_2$ 面 |

若采用方案 1，在实测面间距范围内计算不同 $(HKL)$ 指数的晶面间距 ($0 \leqslant H、K、L \leqslant 4$)，则可以比较恰当地标定所有衍射峰的 $(HKL)$ 指数。若采用方案 2，则会出现许多无法标定的情况，因此放弃方案 2。由此可以基本确定，所测铀粉结构属于正交晶系。指数化后各晶面的 $H$、$K$、$L$ 值都出现为 1 的情况，因此无法成倍缩小单胞尺寸，最初设定晶面时因考虑到可能的系统消光而选择 (002) 和 (020) 是恰当的。

### 3.3.2　铀固溶体晶体衍射线指数化标定及相应点阵参数

采用表 3.12 中方案 1 所给出的初步单胞常数，逐一计算可能的各衍射晶面的半衍射角和面间距，并与表 3.9 所列出的实测数据对比；进而可以核对出与实测正交晶系铀固溶体晶体各衍射线对应晶面的初步($HKL$)面指数，如表 3.13 所示。表 3.13 还给出了各实测衍射线的相对强度 $I_{HKL}$。

表 3.13　计算正交晶系铀固溶体晶体各衍射线的指数化标定

| $\theta_{\lambda_{Cu}}/°$ | $I_{HKL}$ | 初步 $HKL$ | 确认 $HKL$ | $\theta_{\lambda_{Cu}}/°$ | $I_{HKL}$ | 初步 $HKL$ | 确认 $HKL$ |
|---|---|---|---|---|---|---|---|
| 15.22 | 541 | 002 | 020 | 33.24 | 383 | 014 | 041 |
| 17.49 | 4678 | 101 | 110 | 33.67 | 1210 | 131 | 113 |
| 17.77 | 6883 | 012 | 021 | 34.81 | 276 | 123 | 132 |
| 18.09 | 3784 | 022 | 002 | 36.94 | 122 | 202 | 220 |
| 19.76 | 3587 | 111 | 111 | 37.61 | 1016 | 024 | 042 |
| 24.06 | 627 | 022 | 022 | 38.29 | 2034 | 212 | 221 |
| 25.59 | 3908 | 121 | 112 | 38.44 | 1697 | 040 | 004 |
| 28.54 | 666 | 103 | 130 | 38.61 | 560 | 220 | 202 |
| 30.12 | 3912 | 113 | 131 | 41.84 | 1964 | 133 | 133 |
| 31.71 | 573 | 004 | 040 | 42.51 | 109 | 042 | 024 |
| 32.34 | 1652 | 032 | 023 | 42.56 | 199 | 222 | 222 |
| 32.64 | 817 | 200 | 200 | 43.71 | 1375 | 141 | 114 |

观察表 3.13 各初步 $HKL$ 参数出现的规则并与表 2.17 中 $HKL$ 的消光规律对比可以发现，有 $H+K+L=$ 奇数的现象，所以该晶体不属于体心 $I$ 点阵；同时还有 $H$、$K$、$L$ 奇偶混杂的现象，所以也不属于面心 $F$ 点阵。进一步观察发现，有 $H+K=$ 奇数，所以不属于单面心 $C$ 点阵；无 $H+L=$ 奇数，所以可为单面心 $B$ 点阵；有 $K+L=$ 奇数，所以不属于单面心 $A$ 点阵。由此可以确定，所检测铀固溶体属于正交 $B$ 点阵。在晶体学表达习惯上更倾向于使用 $C$ 点阵表达，由此需要将 $K$ 与 $L$ 互换位置，将 $b$ 与 $c$ 轴互换位置，如表 3.13 所示的确认 $HKL$。此时，变为无 $H+K=$ 奇数，进而变成正交晶体单面心 $C$ 点阵。将确认的 $HKL$ 标注于图 3.11 给出的各衍射线上，如图 3.12 所示。

鉴于实验检测存在误差，仍可把所有 24 个衍射峰 $\theta$ 值和相应的($HKL$)指数利用起来，统计计算单胞常数，以获得具有统计意义、较准确的参数。用 $\bar{d}_{HKL}$ 表达借助实验检测半衍射角 $\theta_{HKL}$ 和布拉格方程[式(1.22)]计算出的面间距，用 $d_{HKL}$ 表达参照式(1.9)计算的($HKL$)面间距理论值，则两者之间会因实

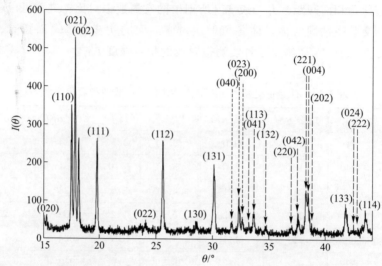

**图 3.12**　正交晶体单面心 $C$ 点阵铀固溶体晶体的 X 射线衍射谱的确认指数化标定

验误差而造成偏差。将由 24 个衍射造成的每一个 $\tilde{d}_{HKL}-d_{HKL}$ 差值取平方，并累加后得到总方差 $D$，即有

$$D = \sum_{HKL}^{24} \left[\tilde{d}_{HKL} - d_{HKL}\right]^2 = \sum_{HKL}^{24} \left[\frac{\lambda_{Cu}}{2\sin\theta_{HKL}} - \frac{1}{\sqrt{\dfrac{H^2}{a^2} + \dfrac{K^2}{b^2} + \dfrac{L^2}{c^2}}}\right]^2 \tag{3.6}$$

　　可对式(3.6)中 $D$ 作偏微分，并令 $\partial D/\partial a = 0$、$\partial D/\partial b = 0$、$\partial D/\partial c = 0$，三者联立可解出使 $D$ 值最小，即最合理的 $a$、$b$ 和 $c$。也可以把表 3.12 方案 1 初步估算出的 $a$、$b$、$c$ 值按确认 $HKL$ 变换后代入式(3.6)，并依次尝试微调 $a$、$b$ 与 $c$ 的数值，借助计算机软件找出使 $D$ 值最小的 $a$、$b$、$c$ 值。如此求得的单胞最佳常数为：$a = 0.285\ 419$ nm，$b = 0.586\ 945$ nm，$c = 0.496\ 092$ nm。当然，衍射线的指数化完成后也可以单独实施单胞常数精确测量。

　　得到准确单胞常数后可求得单胞体积，即 $a \cdot b \cdot c = 8.310\ 8 \times 10^{-2}$ nm³ $= 8.310\ 8 \times 10^{-26}$ dm³。由此，根据已获知该晶体物质的密度求得单胞的质量，即 $a \cdot b \cdot c \times 19.02$ kg/dm³ $= 1.580\ 7 \times 10^{-24}$ kg。如上已经算出，一个铀原子的质量为 $3.952\ 6 \times 10^{-25}$ kg，由此可算出一个铀晶体单胞内原子数目为 $(1.580\ 7 \times 10^{-24}$ kg$)/(3.952\ 6 \times 10^{-25}$ kg$) = 4$，即一个铀晶体单胞内有 4 个 U 原子。

### 3.3.3　铀固溶体晶体完整对称性的确定

　　首先判断铀固溶体晶体是否具备中心对称性。用 2.2.4 节所介绍的 X 射线衍射强度统计分布检验法，对表 3.13 所示铀晶体中全部 40 个衍射线强度进行统计分析，结果如图 3.13 所示。结果显示，所测量铀晶体的 $N(z)$ 函数分布尤其是在高 $z$ 值处多靠近中心对称的统计值，因此可判定铀晶体具备中心对称性。正交晶系中只有一个中心对称点群，因此参照表 2.13，所测铀固溶体晶体所对应的点群应该为正交晶系 $mmm$。

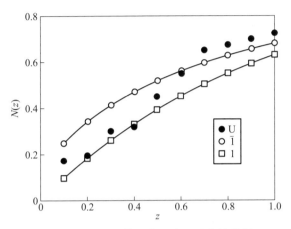

**图 3.13** 铀固溶体晶体的中心对称性分析

现已知所测铀固溶体属于正交晶系、底心 $C$ 点阵、中心对称 $mmm$ 点群的晶体。查看附录表 A2.10 可以发现，符合这些条件的空间群为 120 个衍射群中序号为 27、29、32、33 的 4 个中心对称空间群，即点式空间群 $Cmmm$，以及非点式空间群 $Cmcm$、$Cccm$、$Ccca$。空间群 $Cmcm$ 对 $00L$ 衍射没有消光限制，而表 3.13 中 $00L$ 中的 $L$ 只能是偶数，与之不符；空间群 $Cccm$ 对 $0KL$ 衍射要求 $K$、$L$ 均为偶数，而表 3.13 中 $0KL$ 中的 021、041、023 等衍射与之不符；空间群 $Ccca$ 不仅对 $0KL$ 衍射要求 $K$、$L$ 均为偶数，而且对 $HK0$ 衍射也要求 $H$、$K$ 均为偶数，而表 3.13 中 $0KL$ 中的 110、130 等衍射与之不符。只有空间群 $Cmcm$ 对消光规律的所有限制都与表 3.13 中显现的 $HKL$ 衍射规律相符，因此所观察铀固溶体晶体的空间群为 $Cmcm$，如图 2.33 所示。

参照表 2.17 并与图 2.33 单胞俯视图对照，逐一分析所测铀固溶体晶体具备的各种系统消光规律。这里首先不存在 $H+K=$ 奇数的衍射（图 3.12），所以晶体具备 $C$ 点阵的消光规律。在指数为 $0KL$ 的不同晶面中：没有 $K=$ 奇数的情况，所以应有 $(100)\boldsymbol{b}/2$ 滑移；有 $L=$ 奇数的情况，所以没有 $(100)\boldsymbol{c}/2$ 滑移；有 $K+L=$ 奇数的情况，所以没有 $(100)(\boldsymbol{b}+\boldsymbol{c})/2$ 滑移；有 $K+L$ 不为 4 整数倍，所以没有 $(100)(\boldsymbol{b}+\boldsymbol{c})/4$ 滑移。在指数为 $H0L$ 的不同晶面中：有 $H=$ 偶数，但 $C$ 点阵导致 $K=0$ 时必有 $H=$ 偶数，所以这可以与 $(010)\boldsymbol{a}/2$ 滑移无关；没有 $L=$

奇数，所以应有 $(010)c/2$ 滑移；没有 $H+L$=奇数，所以应有 $(010)(a+c)/2$ 滑移；有 $H+L$ 不为 4 整数倍，所以没有 $(010)(a+c)/4$ 滑移。在指数为 $HK0$ 的不同晶面中：有 $H$=奇数，所以没有 $(001)a/2$ 滑移；有 $K$=奇数，所以没有 $(001)b/2$ 滑移；没有 $H+K$=奇数，所以应有 $(001)(a+b)/2$ 滑移；有 $H+K$ 不为 4 整数倍，所以没有 $(001)(a+c)/4$ 滑移。在指数为 $HHL$ 的不同晶面中：有 $H$=奇数，所以没有 $(110)c/2$ 滑移；有 $L$=奇数，所以没有 $(110)(a+b)/2$ 滑移；有 $H+L$=奇数，所以没有 $(110)(a+b+c)/2$ 滑移；有 $2H+L$ 不为 4 整数倍，所以没有 $(110)(a+b+c)/4$ 滑移。在指数分别为 $H00$、$0K0$、$00L$ 的不同晶面中：没有 $H$=奇数、$K$=奇数、$L$=奇数，所以应存在 $[100]$、$[010]$、$[001]$ 3 个方向的 $2_1$。在指数为 $HH0$ 的不同晶面中有 $H$=奇数，所以没有绕 $[110]$ 方向平移 $(a+b)/2$ 的 $2_1$。对照图 2.33 单胞俯视图中的对称元素可以发现，$HKL$ 衍射规律所限制的不应有的非点式操作均未出现，应该有的非点式操作则都出现了；其中 $(001)(a+b)/2$ 滑移面在 $z=1/4$ 处，与同在 $z=1/4$ 处的镜面 $m$ 重叠，因此在单胞对称元素分布图中没有标出。但基本对称操作中针对底心阵点 $(1/2, 1/2, 0)$ 所列出的商群对称元素的第 (6) $n(1/2, 1/2, 0)$ $x$, $y$, $1/4$，即表示了在 $z=1/4$ 处 $(001)(a+b)/2$ 滑移面。由此确认无误，所测铀固溶体晶体的空间群为 $Cmcm$。

### 3.3.4　铀固溶体晶体单胞内各原子的位置坐标

现考虑一铀晶体单胞内 4 个铀原子的坐标位置。在空间群 $Cmcm$ 中有 3 种位置数不大于 4 的等效位置，其乌科夫符号和位置坐标如下（图 2.33）：

$4a$：$(0, 0, 0)$，$(0, 0, 1/2)$，$(1/2, 1/2, 0)$，$(1/2, 1/2, 1/2)$

$4b$：$(0, 1/2, 0)$，$(0, 1/2, 1/2)$，$(1/2, 0, 0)$，$(1/2, 0, 1/2)$

$4c$：$(0, y, 1/4)$，$(0, -y, 3/4)$，$(1/2, 1/2+y, 1/4)$，$(1/2, 1/2-y, 3/4)$

$4a$、$4b$、$4c$ 都可能是铀原子占据的位置。参照式（1.35），铀原子占据 $4a$ 位置的结构因子为 $F_{HKL}^2 = f_U^2 [1 + \cos\pi L + \cos\pi(H+K) + \cos\pi(H+K+L)]^2$，占据 $4b$ 位置的结构因子为 $F_{HKL}^2 = f_U^2 [\cos\pi K + \cos\pi(K+L) + \cos\pi L + \cos\pi(H+L)]^2$。据此，不论铀原子占据 $4a$ 还是 $4b$ 位置，220 和 024 衍射的结构因子总可以实现结构因子可能的最高值，即有 $F_{220}^2 = F_{024}^2 = 16f_U^2$。因此，在实测衍射谱中应该有很强的 220 和 024 衍射。然而，观察表 3.13 可以发现，其中 220 和 024 衍射是强度最低的两个衍射。由此可见，铀原子不会占据 $4a$ 或 $4b$ 位置。这样一来，铀原子只能占据 $4c$ 位置；根据式（1.35）可推导出相应的结构因子 $F_{HKL}^2$ 为

$$F_{HKL}^2 = 4f_U^2 \cos^2 2\pi\left(Ky - \frac{L}{4}\right)[\cos\pi L + \cos\pi(H + K + L)]^2 \qquad (3.7)$$

式中，4c 位置有一个待定参数 y，需进一步确认。可同样采用最小总方差 D 法确定 y 值。参照式(1.26)和式(3.4)、式(3.5)，则实测结构因子与理论结构因子之间的总方差 D 为

$$D = \sum_{i=1}^{24} (\tilde{F}_{HKL}^2 - F_{HKL}^2)^2$$

$$= \sum_{i=1}^{24} \left\{ \frac{\bar{\tilde{F}}_{HKL}^2}{\kappa} - 4f_U^2 \cos^2 2\pi \left( Ky - \frac{L}{4} \right) [\cos \pi L + \cos \pi (H + K + L)]^2 \right\}^2 \quad (3.8)$$

参照表 3.8 的计算过程，计算图 3.2 和表 3.13 中各衍射线的多重性因子(参见表 1.4)、角度因子 $f(\theta)$、温度因子 $\exp[-2M(\theta)]$、平板试样吸收因子 $A(\theta)$ 等，计算结果如表 3.14 所示。同时，也可以尝试计算理论结构因子(参见表 3.14)。代入式(3.8)，以求总方差 D 值。

**表 3.14** 铀晶体 24 个较强 X 射线衍射线的各影响因子和衍射参数($y=0.107\ 5$)的计算

| HKL | 020 | 110 | 021 | 002 | 111 | 022 | 112 | 130 |
|---|---|---|---|---|---|---|---|---|
| $\theta/°$ | 15.22 | 17.49 | 17.77 | 18.09 | 19.76 | 24.06 | 25.59 | 28.54 |
| $P_{HKL}$ | 2 | 4 | 4 | 2 | 8 | 4 | 8 | 4 |
| $f(\theta)$ | 29.038 | 22.167 | 21.498 | 20.770 | 17.530 | 12.082 | 10.777 | 8.835 |
| $\exp[-2M(\theta)]$ | 0.984 2 | 0.979 4 | 0.978 7 | 0.978 0 | 0.974 0 | 0.962 4 | 0.957 8 | 0.948 7 |
| $A(\theta)$ | 0.001 4 | 0.001 4 | 0.001 4 | 0.001 4 | 0.001 4 | 0.001 4 | 0.001 4 | 0.001 4 |
| $F_{HKL}^2(y)$ | 9 929.04 | 62 860.99 | 85 766.47 | 94 308.52 | 31 054.00 | 7 921.03 | 51 007.18 | 6 615.50 |
| $I_{HKL-B}^*$ | 7.9 | 75.6 | 100.0 | 53.1 | 58.7 | 5.1 | 58.3 | 3.1 |
| $I_{HKL}$ | 541 | 4 678 | 6 883 | 3 784 | 3 587 | 627 | 3 908 | 666 |
| $I_{HKL-B}$ | 7.9 | 68.0 | 100 | 55.0 | 52.1 | 9.1 | 56.8 | 9.7 |
| HKL | 131 | 040 | 023 | 200 | 041 | 113 | 132 | 220 |
| $\theta/°$ | 30.12 | 31.71 | 32.34 | 32.64 | 33.24 | 33.67 | 34.81 | 36.94 |
| $P_{HKL}$ | 8 | 2 | 4 | 2 | 4 | 8 | 8 | 4 |
| $f(\theta)$ | 8.026 | 7.334 | 7.089 | 6.977 | 6.763 | 6.617 | 6.257 | 5.677 |
| $\exp[-2M(\theta)]$ | 0.943 5 | 0.938 2 | 0.936 1 | 0.935 1 | 0.933 0 | 0.931 5 | 0.927 5 | 0.920 0 |
| $A(\theta)$ | 0.001 4 | 0.001 4 | 0.001 4 | 0.001 4 | 0.001 4 | 0.001 4 | 0.001 4 | 0.001 4 |
| $F_{HKL}^2(y)$ | 62 880.97 | 43 048.57 | 59 121.85 | 65 054.02 | 22 647.13 | 21 783.88 | 5 664.01 | 5 725.01 |

| $HKL$ | 131 | 040 | 023 | 200 | 041 | 113 | 132 | 220 |
|---|---|---|---|---|---|---|---|---|
| $I^*_{HKL-B}$ | 52.8 | 8.2 | 21.7 | 11.8 | 7.9 | 14.9 | 3.6 | 1.7 |
| $I_{HKL}$ | 3 912 | 573 | 1 652 | 817 | 383 | 1 210 | 276 | 122 |
| $I_{HKL-B}$ | 56.8 | 8.3 | 24.0 | 11.9 | 5.6 | 17.6 | 4.0 | 1.8 |
| $HKL$ | 042 | 221 | 004 | 202 | 133 | 024 | 222 | 114 |
| $\theta/°$ | 37.61 | 38.29 | 38.44 | 38.61 | 41.84 | 42.51 | 42.56 | 43.71 |
| $P_{HKL}$ | 4 | 8 | 2 | 4 | 8 | 4 | 8 | 8 |
| $f(\theta)$ | 5.516 | 5.362 | 5.330 | 5.293 | 4.691 | 4.585 | 4.578 | 4.411 |
| $\exp[-2M(\theta)]$ | 0.917 6 | 0.915 2 | 0.914 6 | 0.914 0 | 0.902 4 | 0.900 0 | 0.899 8 | 0.895 6 |
| $A(\theta)$ | 0.001 4 | 0.001 4 | 0.001 4 | 0.001 4 | 0.001 4 | 0.001 4 | 0.001 4 | 0.001 4 |
| $F^2_{HKL}(y)$ | 37 179.99 | 51 033.73 | 56 391.64 | 56 185.89 | 47 620.82 | 5 062.93 | 5 057.59 | 33 092.48 |
| $I^*_{HKL-B}$ | 10.4 | 27.7 | 7.6 | 15.1 | 22.3 | 1.2 | 2.3 | 14.5 |
| $I_{HKL}$ | 1 016 | 2 034 | 1 697 | 560 | 1 964 | 109 | 199 | 1 375 |
| $I_{HKL-B}$ | 14.8 | 29.6 | 24.7 | 8.1 | 28.5 | 1.6 | 2.9 | 20.0 |

对式(3.8)中 $D$ 作偏微分，并令 $\partial D/\partial \kappa = 0$、$\partial D/\partial y = 0$，二者联立可求解使 $D$ 值最小的 $\kappa$ 和 $y$，即最合理而准确的 $\kappa$ 和 $y$。通常难以获得解析解，因此仍可以先初步估计 $\kappa$ 和 $y$ 值，代入式(3.8)，依次尝试调整 $\kappa$ 与 $y$ 的数值。当 $D$ 值降低到较低水平时再微调 $\kappa$ 与 $y$ 值，借助计算机软件可找出使 $D$ 值达到最小的 $\kappa$、$y$ 值。如此求得的最佳值为：$\kappa = 0.009\ 75$，$y = 0.099\ 672$。

由此，获得最终分析结果，即实测铀固溶体晶体的对称性表现为：正交晶系，正交底心 $C$ 点阵；其点群和空间群分别为中心对称的 $mmm$ 和 $Cmcm$。单胞常数为：$a = 0.285\ 419$ nm，$b = 0.586\ 945$ nm，$c = 0.496\ 092$ nm，$\alpha = \beta = \gamma = 90°$。一个铀晶体单胞内有 4 个铀原子，铀原子占据空间群 $4c$ 位置，其位置坐标为$(0,\ 0.099\ 672,\ 0.25)$、$(0,\ 0.900\ 328,\ 0.75)$、$(0.5,\ 0.599\ 672,\ 0.25)$、$(0.5,\ 0.400\ 328,\ 0.75)$。

## 3.4　有序结构与概率占位

### 3.4.1　典型与非典型有序结构的长程有序

多数无机工程材料体系通常会由多种元素组成，这里所说的多种元素不包括那些少量或微量元素。多种元素之间往往会构成某种或多种有序结构或化合物相。以 Co-Ti 二元系为例，图 3.14 给出了 Co-Ti 二元相图；可以看出相图中间显示该二元系中存在 CoTi 相。如图 3.2 所示，CoTi 具备 B2 结构，其空间群为 $Pm3m$，Co 原子占据 1a 位置，Ti 原子占据 1b 位置。由图 3.14 可以看出，当二元体系中 Co 的原子百分数低于 50% 时，CoTi 相的化学成分不会改变，但二元体系中会出现 $Co_2Ti$ 相；当二元体系中 Co 的原子百分数高于 50% 时，CoTi 相的化学成分也不会改变，但二元体系中会出现 $CoTi_2$ 相。因此，这里 CoTi 相属于 Co 与 Ti 原子比始终保持 1:1 的典型有序结构 B2 相。

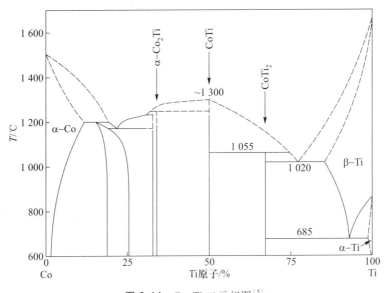

**图 3.14** Co-Ti 二元相图[5]

第 1 章把晶体定义为其结构基元三维长程有序排列的固体物质。在材料学中有时需要借助长程有序参数 $S$ 来描述晶体长程有序的情况。首先需要引入概率占位的概念。原子在乌科夫符号所标定的单胞位置上不是以 100% 的经典模式占位，而是在该类位置上以一定概率占位，与其他元素的原子共享该位置，有时甚至会出现一定比例相应位置上没有原子而空缺的现象，这一现象称为概率占位。概率占位表达了原子在乌科夫符号所标定的单胞位置上占位情况的统计特性。

以 B2 结构为例，设 $P$ 为 1a 位置上 A 原子的概率，即其具备概率占位条件；$x_A$ 为二元体系中 A 原子的摩尔分数，$S$ 为长程有序参数，则有如下关系式：

$$S = \frac{P - x_{A}}{1 - x_{A}} \qquad (3.9)$$

当 $P = x_{A}$ 使 $B2$ 结构完全无序时，有 $S = 0$；当 $P = 1$ 使 $B2$ 结构完全有序时，有完全有序的 $S = 1$。上述 CoTi 相就属于 $S = 1$ 的典型完全有序相。在一些有序结构相的形成过程中，尤其是那些金属键性较强的合金相，形成完全有序的平衡相往往需要一定的过程，当有序结构中的各原子还没有全部达到平衡位置时，其长程有序参数 $S$ 往往会低于 1，即尚处于非平衡状态。因此，可以用长程有序参数 $S$ 来描述典型有序相的平衡状态。

图 3.15 给出了 Fe-Ti 二元相图，其中 FeTi 相也具备 $B2$ 结构，Fe 原子占据 $1a$ 位置，Ti 原子占据 $1b$ 位置。然而由图 3.15 可以看出，FeTi 相的成分并不固定在原子百分数 50% Fe 的位置，而是分布在 50% 左右的一个成分范围，即 FeTi 相的 Fe 原子百分数在偏离 50% 左右一个小范围内仍保持 $B2$ 结构。例如，当 FeTi 相的 Fe 原子百分数为 51% 时，即便 $1a$ 位置上 Fe 原子的概率 $P = 100\% = 1$，在 $1b$ 位置上也无法保证 Ti 原子的概率为 100%，难免会有多余的 Fe 原子挤入 $1b$ 位置。此时，形成的 $B2$ 结构就不再属于典型的完全有序相。

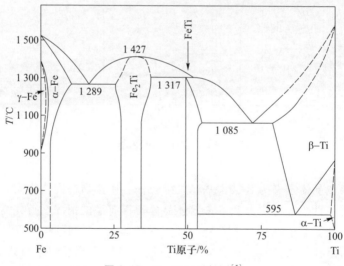

**图 3.15**　Fe-Ti 二元相图[5]

对于 FeTi 这种有一定成分范围的非典型 $B2$ 结构相，已不再适合用长程有序参数 $S$ 描述其长程有序的情况。因此，需引入相对长程有序参数 $S'$。设二元系中 $p_{aA}$ 为 $a$ 位置上 A 原子的摩尔分数，$p_{aB}$ 为 $a$ 位置上 B 原子的摩尔分数，且有 $p_{aA} + p_{aB} = 1$；$p_{bA}$ 为 $b$ 位置上 A 原子的摩尔分数，$p_{bB}$ 为 $b$ 位置上 B 原子的摩尔分数，且有 $p_{bA} + p_{bB} = 1$；若 $x_{A}$ 为二元体系中 A 原子的摩尔分数，则有（$p_{aA} +$

$p_{bA}$)/2 = $x_A$；由此有

$$S' = \frac{p_{aA} - x_A}{p_{aA(max)} - x_A} \qquad (3.10)$$

式中，$p_{aA(max)}$ 表示 $a$ 位置上 A 原子可能实现的最高摩尔分数。当图 3.15 中 Fe 原子的原子百分数 ≥50% 时，$p_{aA(max)}$ 可以为 1，否则 $p_{aA(max)}$ 为小于 1 的某一个数值。相对完全无序时有 $p_{aA} = x_A$、$S' = 0$，最大相对有序时有 $P_{aA} = P_{aA(max)}$、$S' = 1$。采用相似的方法也可以表达出 $b$ 位置上 B 原子占位情况的相对长程有序参数 $S'$。这里，不仅有序结构的平衡状态，而且有序结构的成分也会对相对长程有序参数有重要的影响。以上述有一定成分范围的 FeTi 结构为例，当 Fe 原子百分数 >50% 时，如 51%，$p_{aA(max)}$ 可以达到 1，即 $a$ 位置可以完全由 Fe 原子占据。但 $p_{bB(max)}$ 则无法达到 1，如最高只能达到 2×49% = 0.98，即 $b$ 位置虽然主要被 Ti 原子占据，但其上很可能会存在少量的 Fe 原子。呈现一定成分范围的有序结构相多存在于合金体系。

## 3.4.2 占位概率与结构转变

很多二元体系在固态加热或冷却时会发生结构转变，且转变前后的两种结构可能会有某种内在的联系。例如，$Fe_3Al$ 在室温的稳定结构是 $D0_3$，通常 Al 原子占据 $4a$ 位置，Fe 原子占据 $4b$ 和 $8c$ 位置（图 3.4a）。图 3.16 给出了 Fe-Al 二元相图，可以看出，在化学成分不变的情况下，把 $Fe_3Al$ 从室温加热到 550 ℃ 以上，$D0_3$ 结构就会转变成 $B2$ 结构；若再加热到 1 200 ℃ 左右，$B2$ 结构就又会转变成 $A2$ 结构。这种结构的内部转变可以以二级相变的形式进行，其结构的过渡和变化过程实际上是结构原子概率占位的变化过程。在分析概率占位会发现，有时特定乌科夫符号位置会出现一定的概率空缺状态，即相应位置上没有原子。例如有一种立方结构 $Cu_2S$ 所对应的空间群为 $F\bar{4}3m$，S 原子占据 $4a$ 位置，Cu 原子占据 $4b$ 和 $4c$ 位置，其中 Cu 原子在 $4b$ 位置的占位概率为 80%，即约有 20% 的空位；严格地讲这种结构的分子式是 $Cu_{1.8}S$。

以 Fe : Al 原子比为 3 : 1 的 $D0_3$ 结构的 $Fe_3Al$ 为例，Al、Fe 原子可以共享 $4a$、$4b$ 和 $8c$ 位置。原子在 $4a$ 位置原子占据的情况可以是 3(1-$p$)Fe+(3$p$-2)Al，$4b$ 和 $8c$ 位置原子占据 $p$Fe÷(1-$p$)Al；其中 $p$ 为概率因子。当 $p$ = 1 时表现为 $4a$ 位置为 100%Al，$4b$ 和 $8c$ 位置为 100%Fe；当 $p$ = 21/25 时表现为 $4a$ 位置为 48%Fe+52%Al，$4b$ 和 $8c$ 位置则为 84%Fe+16%Al。原则上只要在 5/6<$p$≤1 范围内取值，则所得到的结构均属于 $D0_3$ 结构；此时晶体的结构因子和衍射消光规律仍呈现 $D0_3$ 结构的特点；只是因原子呈概率占位而使衍射的相对强度有所改变。当 $p$ = 1 时即可得到典型的 $D0_3$ 结构。把 $Fe_3Al$ 加热到 550 ℃ 以上发生

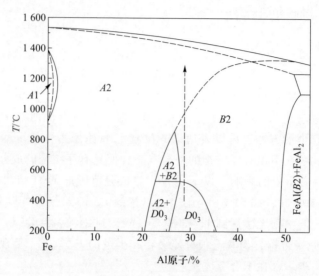

**图 3.16　Fe-Al 二元相图**

$B2$ 结构的转变时，$B2$ 结构的 $1a$ 位置原子占据的情况可以是 $(1.5-r)$ Fe$+(r-0.5)$Al，$1b$ 位置原子占据 $r$ Fe$+(1-r)$ Al；其中 $r$ 也是概率因子。当 $r=1$ 时表现为 $1a$ 位置为 $50\%$Fe$+50\%$Al，$1b$ 位置为 $100\%$Fe；当 $p=0.5$ 时表现为 $1a$ 位置为 $100\%$Fe，$1b$ 位置则为 $50\%$Fe$+50\%$Al。原则上只要在 $0.5 \leqslant r < 0.75$ 或 $0.75 < r \leqslant 1$ 范围内取值，则所得到的结构均属于 $B2$ 结构，且衍射呈现 $B2$ 结构的消光规律，此时原子亦是概率占位。但是，当 $r=0.75$ 时 $1a$ 位置为 $75\%$Fe$+25\%$Al，$1b$ 位置也是 $75\%$Fe$+25\%$Al；这样所有位置上的原子概率相同，因而该结构的衍射规律会呈现 $A2$ 结构的规律。可见，概率占位参数的量变也会导致相关结构类型发生质的变化。

与 $D0_3$ 结构比较可知，当 $D0_3$ 结构中的 $4b$ 位置原子占据的情况变得与 $4a$ 位置相同时晶体结构就转变成了 $B2$ 结构。这时单胞的尺寸只是 $D0_3$ 结构的 $1/8$（参见图 3.2b）。若再把 Fe$_3$Al 加热到 $1\,200\,\,℃$ 则 $B2$ 结构中 $1a$ 和 $1b$ 位置原子占位概率都是 $75\%$Fe$+25\%$Al，因而发生了向 $A2$ 结构的转变，衍射呈现 $A2$ 结构的消光规律。相对于 $A2$ 结构来说这里原子只占据 $2a$ 位置（参见图 3.1b）。因此，借助调整占位概率可以在一些特定合金中实现某种内在有序结构的转变。当合金的 Fe：Al 原子比适当偏离 3：1 时，参见图 3.16 可知，$A2$、$B2$、$D0_3$ 等结构相仍会在一定范围保持稳定，此时各相有序结构中各乌科夫符号位置上的原子占位概率只是会区别于 Fe：Al 原子比为 3：1 时的情况，并不必然出现新的相结构。

需要强调指出的是，晶体单胞内的任何一个具体位置只能由一个原子占据，不同的原子不能同时挤占一个具体位置。这里说的概率占位指的是从大量原子宏观统计上看，原子占位会偏离理想占位情况，整体上在某一位置有一定的占位百分比。分析晶体结构的转变主要靠 X 射线衍射，即大量原子相干散射的信息，因此借助分析衍射强度变化和消光规律的改变可以获知原子概率占位的变化情况。

### 3.4.3 拓扑密堆型化合物

拓扑密堆化合物是由两种或 3 种大小不同的原子所组成，大小原子通过适当配合构成空间利用率和配位数都很高的复杂结构。这种结构比面心立方和密排六方结构的空间利用率还要高，因而称为拓扑密堆结构。常见的拓扑密堆结构有 Laves 相、$\sigma$ 相、$\mu$ 相等。

$Cu_2Mg$ 型晶体结构的符号是 $C15$，为面心立方晶体 Laves 相；其相应的空间群是 $Fd3m$。Mg 原子占据 $8a$ 位置，Cu 原子占据 $16d$ 位置（图 3.17a）。属于这种结构的晶体有 $Al_2Ca$、$Al_2U$、$Co_2U$、$Co_2Zr$、$Cu_2Mg$、$Fe_2U$、$Fe_2Zr$、$\alpha$-$TiCo_2$、$ZrW_2$ 以及 $Fe_2(Dy，Tb)$ 等。

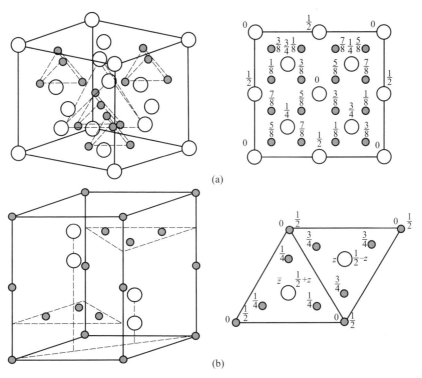

图 3.17 Laves 相结构：（a）$C15$ 结构；（b）$C14$ 结构

MgZn$_2$ 型晶体结构的符号是 $C14$，为密排六方晶体 Laves 相；其相应的空间群是 $P6_3/mmc$。Mg 原子占据 $4f(z=0.062)$ 位置，Zn 原子占据 $2a$ 和 $6h(x=0.83)$ 位置（图 3.17b）。属于这种结构的晶体有 Al$_2$Zr、Be$_2$Mo、CaCd$_2$、CaMg$_2$、CdCu$_2$、Fe$_2$Mo、Fe$_2$Ta、Fe$_2$Ti、Fe$_2$W、MgZn$_2$、TiZn$_2$、FeSiW、高温 TiCr$_2$ 等。

MgNi$_2$ 型晶体结构的符号是 $C36$，也为密排六方晶体 Laves 相；其相应的空间群是 $P6_3/mmc$。Mg 原子占据 $4e(z=0.094)$ 和 $4f(z=0.8442)$ 位置；Ni 原子占据 $4f(z=0.1251)$、$6g$ 和 $6h(x=0.164\,3)$ 位置。属于这种结构的晶体有 NbCo$_2$、MgNi$_2$、ZrFe$_2$ 等。

σ-FeCr 型晶体结构的符号是 $D8b$，为简单四方晶体 σ 相；其相应的空间群是 $P4_2/mnm$。原子位置为 $2a$、$4g(x=0.398\,1)$、$8i(x_1=0.536\,8,\ y_1=0.131\,6,\ x_2=0.065\,3,\ y_2=0.247\,6)$ 和 $8j(x=0.317\,7,\ z=0.247\,6)$。其中，$2a$ 位置上的原子 40% 是 Cr，60% 是 Fe，$4g$ 及 $8i_1$ 上为 45%Cr+55%Fe，$8i_2$ 上为 35%Cr+65%Fe，$8j$ 上为 50%Cr+50%Fe。这样 Cr 的原子分数总共为 43.3%。实际的原子分数会有波动，其他 σ 相的原子分布百分数也各不相同。属于这种结构的晶体有 σ-CoCr、Co$_2$Mo$_3$、CrMn$_3$、σ-FeCr、σ-FeMo、σ-FeV、σ-MnMo、TaV 等。

Fe$_7$W$_6$ 型晶体结构符号是 $D8_5$，为菱形三方晶体 μ 相；其相应的空间群是 $R3m$。采用菱形单胞的坐标系，则 Fe 原子占据 $1a$ 和 $6h(x=0.9,\ z=0.59)$ 位置，W 原子占据 $2c(x_1=0.167,\ x_2=0.346,\ x_3=0.448)$ 位置。菱形三方 Fe$_7$W$_6$ 的点阵常数为 $a=0.904$ nm，$\alpha=30.5°$。属于这种结构的晶体有 μ-Co$_7$Mo$_3$、Co$_7$W$_6$、Fe$_7$Mo$_6$、Fe$_7$W$_6$、NiTa 等。

### 3.4.4　有序结构占位概率的测定

多数有序晶体的理想结构比较简单，且已为人们所了解。然而许多有序晶体结构并不会保持理想结构，尤其是在合金体系中更容易出现偏离理想结构的有序相。因此，经常会需要测量和分析有序结构中各乌科夫符号位置上不同原子概率占位的情况。此外，在材料的发展与改进研究中往往需要改变已知材料的化学成分。如果能够获知新加入元素坐落于已知结构的哪个乌科夫符号位置，则有时对研究相应材料的性能及其改进原理具有重要意义。

例如，Fe$_3$Al（或 Fe、Al 原子比为 3∶1 的合金，即 Fe-25Al 合金）的结构是已知的 $DO_3$ 结构（图 3.4a），其理想的原子占位为 $4a$ 位置 100% 由 Al 原子占据，$4b$ 和 $8c$ 位置 100% 由 Fe 原子占据。由此根据式（1.35），并代入表 3.4$DO_3$ 结构中 $4a$、$4b$、$8c$ 位置所有坐标值，就可以计算理想 Fe$_3$Al（单胞常数 $a=0.579\,23$ nm）的结构因子

$$F_{HKL} = f_{Al}[1 + \cos(H+K)\pi + \cos(K+L)\pi + \cos(L+H)\pi] +$$
$$f_{Fe}[\cos(H+K+L)\pi + \cos H\pi + \cos K\pi + + \cos K\pi] +$$
$$8f_{Fe}\cos\frac{\pi H}{2}\cos\frac{\pi K}{2}\cos\frac{\pi L}{2}\cos(H+K+L)\pi \qquad (3.11)$$

选用 Fe-24.35Al 实验合金(原子百分数),如果在该合金中原子在 $4a$、$4b$、$8c$ 等位置上的占位情况偏离理想的 $Fe_3Al$ 结构,可设 Al 原子在 $4a$、$4b$、$8c$ 等位置上的占位概率分别为 $x_{a(Al)}$、$x_{b(Al)}$、$x_{c(Al)}$,实验合金中 Al 原子的原子分数为 $x_{Fe_3Al(Al)}$,则有

$$[x_{a(Al)} + x_{b(Al)} + 2x_{c(Al)}]\frac{1}{4} = x_{Fe_3Al(Al)}$$

这样,式(3.11)转变为

$$F_{HKL} = [x_{a(Al)}f_{Al} + (1 - x_{a(Al)})f_{Fe}] \cdot$$
$$[1 + \cos(H+K)\pi + \cos(K+L)\pi + \cos(L+H)\pi] +$$
$$[x_{b(Al)}f_{Al} + (1 - x_{b(Al)})f_{Fe}] \cdot$$
$$[\cos(H+K+L)\pi + \cos H\pi + \cos K\pi + \cos K\pi] +$$
$$8[x_{c(Al)}f_{Al} + (1 - x_{c(Al)})f_{Fe}] \cdot$$
$$\cos\frac{\pi H}{2}\cos\frac{\pi K}{2}\cos\frac{\pi L}{2}\cos(H+K+L)\pi \qquad (3.12)$$

用 Cu 靶单色 X 射线实际测量实验合金的 $\{220\}$、$\{400\}$、$\{422\}$、$\{440\}$、$\{200\}$、$\{222\}$、$\{420\}$、$\{111\}$、$\{311\}$、$\{331\}$、$\{511\}/\{333\}$ 11 个 $\{HKL\}$ 衍射峰的强度 $I_{HKL}$,借以参照式(3.4)推算包含 $\kappa$ 值影响的实测结构因子平方 $\tilde{\bar{F}}_{HKL}^2$,以及相应的包含实验检测误差的结构因子平方 $\bar{F}_{HKL}^2$。参照式(3.5),这里对总方差 $D$ 有

$$D = \sum_{i=1}^{6}(\bar{F}_{HKL} - F_{HKL})^2 = \sum_{i=1}^{6}\left(\sqrt{\frac{\tilde{\bar{F}}_{HKL}^2}{K}} - F_{HKL}\right)^2 = \sum_{i=1}^{6}\left(\kappa\sqrt{\tilde{\bar{F}}_{HKL}^2} - F_{HKL}\right)^2$$

$$(3.13)$$

式中,$\kappa = \sqrt{1/K}$。由此利用最小二乘法原理,对 $D$ 求微分

$$\frac{\partial D}{\partial \kappa} = 0, \qquad \frac{\partial D}{\partial x_{a(Al)}} = 0, \qquad \frac{\partial D}{\partial x_{b(Al)}} = 0 \qquad (3.14)$$

可以解析的方式求得使 $D$ 值最小的 $x_{a(Al)}$、$x_{b(Al)}$、$x_{c(Al)} = \frac{1}{2}[4x_{Fe_3Al(Al)} - x_{a(Al)} - x_{b(Al)}]$ 值及 $\kappa$ 值。求微分后的相关解析等式的表达及后续求解过程并不困难,但比较繁杂,这里不再罗列。也可以借助 3.2.4 节所介绍的输入并逐步调整 $x_{a(Al)}$、$x_{b(Al)}$、$\kappa$ 值以逐步降低 $D$ 值的方法求得所需的最佳解。

另选用和 Fe-25.08Al-5.75Mo 实验合金(原子百分数),用 Cu 靶单色 X 射线对该合金作衍射检测,以获得同样的 11 个 {HKL} 衍射峰的强度 $I_{HKL}$,则可以用类似的方法确认加入的 Mo 元素以何种概率占据了 $DO_3$ 结构中的哪一个位置。同理,再增设 $x_{a(Mo)}$、$x_{b(Mo)}$、$x_{c(Mo)}$ 分别为 Fe-25.08Al-5.75Mo 实验合金中 Mo 原子在 $4a$、$4b$、$8c$ 位置上的占位概率,实验合金中 Mo 原子的原子百分数为 $x_{Fe_3Al(Mo)}$,则有

$$\left[ x_{a(Mo)} + x_{b(Mo)} + 2x_{c(Mo)} \right] \frac{1}{4} = x_{Fe_3Al(Mo)}.$$

这样,式(3.11)转变为

$$\begin{aligned}
F_{HKL} = &\left[ x_{a(Al)}f_{Al} + x_{a(Mo)}f_{Mo} + (1 - x_{a(Al)} - x_{a(Al)})f_{Fe} \right] \cdot \\
&\left[ 1 + \cos(H + K)\pi + \cos(K + L)\pi + \cos(L + H)\pi \right] + \\
&\left[ x_{b(Al)}f_{Al} + x_{b(Mo)}f_{Mo} + (1 - x_{b(Al)} - x_{b(Mo)})f_{Fe} \right] \cdot \\
&\left[ \cos(H + K + L)\pi + \cos H\pi + \cos K\pi + \cos K\pi \right] + \\
&8\left[ x_{c(Al)}f_{Al} + x_{c(Mo)}f_{Mo} + (1 - x_{c(Al)})f_{Fe} - x_{c(Mo)}f_{Fe} \right] \cdot \\
&\cos\frac{\pi H}{2}\cos\frac{\pi K}{2}\cos\frac{\pi L}{2}\cos(H + K + L)\pi
\end{aligned} \tag{3.15}$$

对 $D$ 作如下微分:

$$\frac{\partial D}{\partial \kappa} = 0, \qquad \frac{\partial D}{\partial x_{a(Al)}} = 0, \qquad \frac{\partial D}{\partial x_{b(Al)}} = 0, \qquad \frac{\partial D}{\partial x_{a(Mo)}} = 0, \qquad \frac{\partial D}{\partial x_{b(Mo)}} = 0 \tag{3.16}$$

则可同时获得 Fe、Al、Mo 原子的占位情况。表 3.15 给出了借助上述方法推算出的 Fe-24.35Al 和 Fe-25.08Al-5.75Mo 实验合金偏离理想 $Fe_3Al$ 结构时原子在 $4a$、$4b$、$8c$ 位置上实际的占位概率值。相关的测算结构有助于推进细致的结构分析工作,也可以促进 $Fe_3Al$ 基合金性能的相应改进研究。

表 3.15　$Fe_3Al$ 基合金原子在不同位置的占位概率[10]　　　　单位:%

| 合金 | Al | | | Fe | | | Mo | | |
|---|---|---|---|---|---|---|---|---|---|
| | $4a$ | $4b$ | $8c$ | $4a$ | $4b$ | $8c$ | $4a$ | $4b$ | $8c$ |
| 理想 Fe-25Al | 100 | — | — | — | 100 | 100 | — | — | — |
| Fe-24.35Al | 69.2 | 11.1 | 8.6 | 30.8 | 88.9 | 91.4 | — | — | — |
| Fe-25.08Al-5.75Mo | 75.9 | 9.5 | 7.5 | 12.3 | 81.9 | 91.2 | 11.8 | 8.6 | 1.3 |

# 本章重点

充分认识到，空间群是表达实际晶体结构最完美的形式，需熟悉空间群与真实晶体结构的密切联系。了解用 X 射线衍射技术检测未知无机材料晶体结构的基本思路和技术手段。充分认知晶体结构分析工作循序渐进的严谨性和复杂性，以及经常需采用穷举法进行论证的必要性。习惯于真实晶体结构经常偏离晶体学理想结构的现象，掌握晶体结构长程有序参数和概率占位的概念，以及与之相关的一些金属体系有序结构转变的原理。熟悉 X 射线衍射强度分析过程，并掌握借助强度分析确定晶体中原子坐标位置和概率占位的方法。

# 参考文献

［1］ 毛卫民. 材料的晶体结构原理. 北京：冶金工业出版社，2007.

［2］ 刘国权. 材料科学与工程基础：上册. 北京：高等教育出版社，2015.

［3］ 周公度. 晶体结构测定. 北京：科学出版社，1981.

［4］ ASM Handbook Committee. Metal handbook：Metallurgy，structures and phase diagrams. 8th ed. USA Metal Park，Ohio，1973.

［5］ 长崎诚三，平林真. 二元合金状态图集. 刘安生，译. 北京：冶金工业出版社，2004.

［6］ Luzzati，V. International tables for X-ray crystallography，mathematical tables. ed. John S. Kasper. Kynoch Press，England，1959：355.

［7］ Hahn，T. International tables for crystallography，v. A，Space-group symmetry. Holland，Reidel，1983.

［8］ Villars，P.，Calvert，L. D. Pearson's handbook of crystallographic data for intermetallic phases，vol. 1~3. American Society for Metals，Metals Park，1985.

［9］ Villars，P.，Calvert，L. D. Pearson's handbook of crystallographic data for intermetallic phases，vol. 1~3. 2nd ed. American Society for Metals，Metals Park，1991.

［10］ 李敏. X 射线衍射法测定原子占位及 $Fe_3Al$ 基合金的原子占位概率. 硕士论文. 北京：北京科技大学，1997.

# 思考题

3.1　为什么要用空间群描述和理解无机材料的晶体结构？

3.2　如何深入理解概率占位的概念和实用价值？

3.3　为什么要重视 X 射线衍射强度的计算与分析？

## 练习题

3.1　选择题(可有 1 至 2 个正确答案)

1. 如果把布拉维点阵的单胞变为相应晶体的一个单胞,原阵点所在位置上是否有原子?

　　A. 一定有原子,　　　B. 应该有原子,　　　C. 可能有原子,　　　D. 一定没原子

2. 用 X 射线测定多晶体的晶体结构时,确定结构最重要的因素是下列哪项?

　　A. 结构因子,　　　B. 角度因子,　　　C. 多重性因子,　　　D. 吸收因子

3. 测得 AX 型晶体在空间群 2b 位置有 A 原子,一个单胞内多少 A 原子?(忽略概率占位)

　　A. 最多 2 个,　　　B. 最少 2 个,　　　C. 一定是 2 个,　　　D. 前三者都不对

4. X 射线测某立方晶系 AX 化合物时未测到 $I_{001}$ 衍射,此时 AX 是否存在有序结构?

　　A. 应不存在,　　　　　　　　　　　B. 不能准确判断,

　　C. 入射 X 射线弱时存在,　　　　　　D. A 和 X 原子序号差别小时可能存在

5. 某 AX 化合物单胞内共有两个原子,分别在(0, 0, 0)和(0.5, 0.5, 0.5),它会属于哪种点阵?

　　A. 可能是 P 点阵,　　B. 可能是 I 点阵,　　C. 可能是 F 点阵,　　D. 可能是 C 点阵

6. B2 结构 FeAl 合金中 Fe 原子占 1a 位置,Al 原子占 1b 位置;1a 上是否可以有 Al 原子?

　　A. 室温下不可以,　　　　　　　　　B. 含>50%Fe 时可以,

　　C. 含>50%Al 时可以,　　　　　　　D. 刚好含 50%Fe 时不可以

7. 六方 A3 晶体($P6_3/mmc$)原子占位结构的 c 向单胞俯视图如图 L3.1 所示,结构中有哪些对称元素?

　　A.　　　　　　B.　　　　　　C.　　　　　　D.

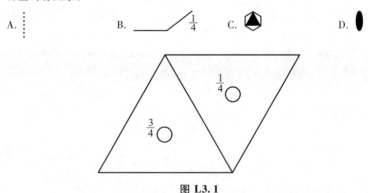

图 L3.1

8. 四方 A5 结构如图 L3.2 所示,其空间群为 $I4_1md$,结构中有哪些对称元素?

A. 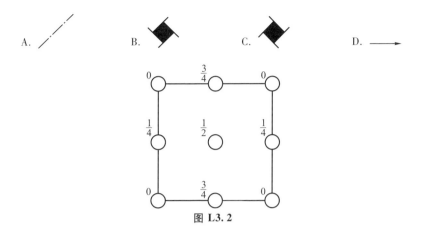  B.  C.  D.

图 L3.2

9. 三方 A7 晶体 As 单胞原子占位结构的 **c** 向俯视图如图 L3.3 所示，该结构中有哪些对称元素？

A. **c** 向 $6_2$，　　　B. **a** 向 $c$，　　　C. **c** 向 $3$，　　　D. **c** 向 $3_1$

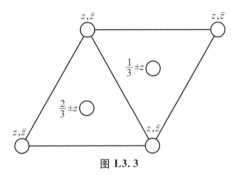

图 L3.3

10. 三方 A8 结构的硒晶体其空间群为 $P3_121$（图 L3.4），该结构中有哪些对称元素？

A. 　　B.  1/3　　C. 　　D.

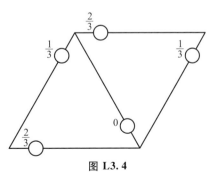

图 L3.4

11. 正交 $C18$ 晶体单胞内 $FeS_2$ 原子占位结构的 $c$ 向俯视图如图 L3.5 所示，该结构中有哪些对称元素？

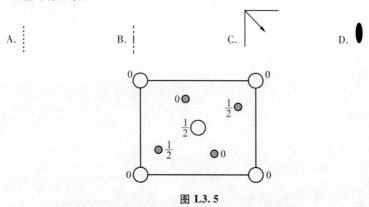

图 L3.5

12. 六方 $B8_1$ 结构 CoTe 晶体单胞 Co(白圆圈)、Te(灰圆圈)原子占位如图 L3.6 所示，该结构中有哪些对称元素？

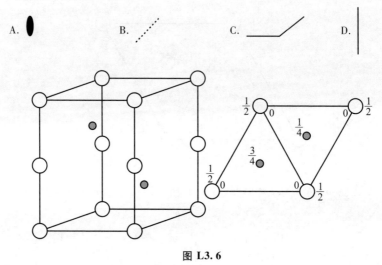

图 L3.6

13. 四方 $L1_0$ 型 AuCu 晶体单胞原子结构的 $c$ 向俯视图如图 L3.7 所示，该结构中有哪些对称元素？

　　A. $a$ 向 4,　　　　　B. $c$ 向 $m$,　　　　　C. [110] 向 $g$,　　　　D. [111] 向 3

　　3.2　相应空间群为 $P4_2/mnm$ 的 σ-AB 相中原子占据 $2a$、$4g$、$8i_1$、$8i_2$ 和 $8j$ 位置。令 $4g$ 原子位置 $x=0.4$；$8i_1$ 原子位置 $x_1=0.5$，$y_1=0.15$；$8i_2$ 原子位置 $x_2=0.05$，$y_2=0.25$；$8j$ 原子位置 $x=0.3$，$z=0.25$。绘出这种 σ 相单胞内 $z=0$、$z=0.25$、$z=0.5$、$z=0.75$ 和 $z=1$ 各截面上的原子分布图。各乌科夫符号位置坐标为

$2a$：$(0,0,0)$；$(1/2,1/2,1/2)$

$4g$：$(x,-x,0)$；$(-x,x,0)$；$(1/2+x,1/2+x,1/2)$；$(1/2-x,1/2-x,1/2)$

$8i$：$(x,y,0)$；$(-x,-y,0)$；$(1/2+x,1/2-y,1/2)$；$(1/2-x,1/2+y,1/2)$；

　　$(y,x,0)$；$(-y,-x,0)$；$(1/2+y,1/2-x,1/2)$；$(1/2-y,1/2+x,1/2)$

$8j$：$(x,x,z)$；$(-x,-x,z)$；$(1/2+x,1/2-x,1/2+z)$；$(1/2-x,1/2+x,1/2+z)$；

　　$(x,x,-z)$；$(-x,-x,-z)$；$(1/2+x,1/2-x,1/2-z)$；$(1/2-x,1/2+x,1/2-z)$

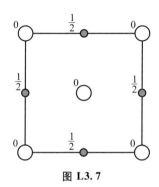

**图 L3.7**

3.3　已知空间群 $I4/mmm$ 的单胞内有位置 $a(0,0,0)$、$c(0,1/2,1/2)$ 和 $d(0,1/2,1/4)$。

1. 求单胞内 $a$、$c$ 和 $d$ 位置的其他等效点的坐标位置（$a$、$c$、$d$ 的等效点系共有多少个点？）。

2. 设有某金属间化合物 $AB_2$，其中 A 原子占据 $a$ 位置；计算 B 原子占据 $c$ 或 $d$ 位置时晶体的(002)和(004)衍射的结构因子。

3. 设 B 原子只可能在 $c$ 或 $d$ 位置上，当实测(004)衍射的强度明显高于(002)衍射强度时，试判断 B 原子应在哪种位置上，为什么？

3.4　空间群 $Fm3m$ 中有 $a(0,0,0)$、$c(1/4,1/4,1/4)$ 位置。

1. 求 $a$、$c$ 各有多少个等效点？

2. 设 $a$ 位置有 A 原子，$c$ 位置有 C 原子，计算这种晶体(002)衍射的结构因子。

3.5　用 3 个坐标参数 $(x,y,z)$ 可以简洁表达晶体单胞内某一有限的局部空间，尝试以此方法表达：

1. 正交晶系过原点且平行于 $\boldsymbol{c}$ 轴方向上所有点的坐标；

2. 四方晶系过原点且其法线与 $\boldsymbol{a}$ 和 $\boldsymbol{b}$ 轴夹角均为 45°平面上所有点的坐标；

3. 立方晶系过原点且垂直于 $\boldsymbol{c}$ 轴的平面上所有点的坐标。

# 第 4 章
# 无机晶体的取向特征及其检测技术

## 本章提要

在引入取向概念的基础上介绍了多晶体织构的概念及织构存在的普遍性。阐述了表达取向和织构的极图和反极图的几何原理，并简介了取向分布函数原理及其优点。讲解了 X 射线多晶体极图及背散射电子衍射晶体取向的测量原理。介绍了不同晶系的取向空间及取向分布函数的各种表达方式。强调了定量分析织构的理念与织构定量化的原则，并引述了织构与多晶体宏观性能各向异性定量关系的基本思路。

## 4.1 晶体的取向与多晶体织构

### 4.1.1 晶体取向的概念

一个固态物质在空间几何状态的变动形式可以分成平移和转动两大类型。平移表示位于空间坐标位置 $(x, y, z)$ 的物体，其坐标值发生了改变。现在探讨转动问题。设空间有一 $O\text{-}x_1\text{-}x_2\text{-}x_3$ 直角参考坐标系，再设有一个立方晶体坐标系，其坐标轴的排列方式为：$[100]$ 方向平行于 $x_1$ 轴，$[010]$ 方向平行于 $x_2$ 轴，$[001]$ 方向平行于 $x_3$ 轴，且 3 个晶体方向分别同与之平行的 $x_1$、$x_2$、$x_3$ 坐标轴保持同向。人们把晶体坐标系中晶体方向在参考坐标系内的这种排布方式称为晶体的起始取向或初始取向，用 $e$ 表示（图 4.1a）[1]。

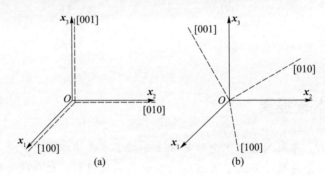

**图 4.1** 取向的确定：（a）初始取向 $e$；（b）任意取向 $g$

把一多晶体或任一单晶体放在坐标系 $O\text{-}x_1\text{-}x_2\text{-}x_3$ 内，每个晶粒坐标系的 <100> 方向通常不具有上述排列，因此它们不具有初始取向，而只有一般的取向，用 $g$ 表示（图 4.1b）。如果把一具有初始取向 $e$ 的晶体坐标系作某种转动，使它与单晶体或多晶体内一晶粒的晶体坐标系重合，这样转动过的晶体坐标系就具有了与之重合的晶体坐标系的取向。综上可知，取向描述了物体相对于参考坐标系的转动状态。可以用具有初始取向的晶体坐标系到达实际晶体坐标系时所转动的角度表达该实际晶体的取向。

人们通常用晶体的某晶面、晶向在参考坐标系中的排布方式来表达晶体的取向，如在立方晶体轧制试样坐标系中用 $(hkl)[uvw]$ 来表达某一晶粒的取向。这种晶粒的取向特征为 $(hkl)$ 晶面平行于轧面，$[uvw]$ 方向平行于轧向。另外，也可以用 $[rst] = [hkl] \times [uvw]$ 表示平行于轧板横向的晶向，这样就可以构成一个标准正交矩阵。若用轧制试样坐标系取代上述参考坐标系，即令 $x_1$ 平行于轧向($\textbf{RD}$)、$\textbf{x}_2$ 平行于轧横向($\textbf{TD}$)、$\textbf{x}_3$ 平行于法向($\textbf{ND}$)，用 $\textbf{g}$ 代表一取向，则有

$$\textbf{g} = \begin{bmatrix} g_{11} & g_{12} & g_{13} \\ g_{21} & g_{22} & g_{23} \\ g_{31} & g_{23} & g_{33} \end{bmatrix} = \begin{bmatrix} u & r & h \\ v & s & k \\ w & t & l \end{bmatrix} \tag{4.1}$$

式(4.1)可表达立方晶体中任一晶粒在轧制样品坐标系 $\textbf{O-RD-TD-ND}$ 中的取向。可见，晶体取向表达了基本的晶体坐标轴在一参考坐标系内排布的方式。对初始取向 $\textbf{e}$ 有

$$\textbf{e} = \begin{bmatrix} 1 & 0 & 0 \\ 0 & 1 & 0 \\ 0 & 0 & 1 \end{bmatrix} \tag{4.2}$$

从初始取向出发经过某种转动可将参考坐标系 $\textbf{O-x}_1\text{-}\textbf{x}_2\text{-}\textbf{x}_3$ 转到任意取向的晶体坐标系上，所以也可以用这种转动操作的转角表示晶体取向。一种常用的确定取向的方式是邦厄(Bunge)定义的欧拉角。图 4.2 给出了从初始取向出发，按 $\varphi_1$、$\Phi$、$\varphi_2$ 的顺序所作的 3 个逆时针欧拉转动。经过这种转动可以实现任意的晶体取向，因此取向 $\textbf{g}$ 可表示成

$$\textbf{g} = (\varphi_1, \Phi, \varphi_2) \tag{4.3}$$

显然对于初始取向 $\textbf{e}$ 有

$$\textbf{e} = (0, 0, 0) \tag{4.4}$$

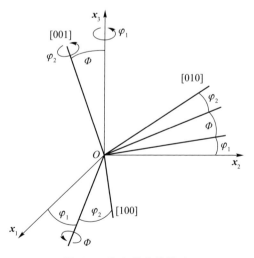

**图 4.2** 取向的欧拉转动

若用矩阵表示经任意$(\varphi_1, \Phi, \varphi_2)$转动所获得的取向，则有

$$g = \begin{bmatrix} \cos\varphi_2 & \sin\varphi_2 & 0 \\ -\sin\varphi_2 & \cos\varphi_2 & 0 \\ 0 & 0 & 1 \end{bmatrix} \begin{bmatrix} 1 & 0 & 0 \\ 0 & \cos\Phi & \sin\Phi \\ 0 & -\sin\Phi & \cos\Phi \end{bmatrix} \begin{bmatrix} \cos\varphi_1 & \sin\varphi_1 & 0 \\ -\sin\varphi_1 & \cos\varphi_1 & 0 \\ 0 & 0 & 1 \end{bmatrix}$$

$$(4.5)$$

各矩阵相乘后可得总的转置矩阵，且可以证明有下述关系：

$$g = \begin{bmatrix} \cos\varphi_1\cos\varphi_2 - \sin\varphi_1\sin\varphi_2\cos\Phi & \sin\varphi_1\cos\varphi_2 + \cos\varphi_1\sin\varphi_2\cos\Phi & \sin\varphi_2\sin\Phi \\ -\cos\varphi_1\sin\varphi_2 - \sin\varphi_1\cos\varphi_2\cos\Phi & -\sin\varphi_1\sin\varphi_2 + \cos\varphi_1\cos\varphi_2\cos\Phi & \cos\varphi_2\sin\Phi \\ \sin\varphi_1\sin\Phi & -\cos\varphi_1\sin\Phi & \cos\Phi \end{bmatrix}$$

$$= \begin{bmatrix} u & r & h \\ v & s & k \\ w & t & l \end{bmatrix}$$

$$(4.6)$$

此时，$x_1$、$x_2$ 和 $x_3$ 分别平行于 $[uvw]$、$[rst]$ 和 $[hkl]$，这样就建立了两种取向表达方式的换算关系。

由式 (4.1) 所示的取向表达方式可知，表达式中共有 9 个变量，但这 9 个变量并不都是独立的。由于该矩阵的标准正交特点，其中必有下列 6 个归一和正交的约束条件，即

$$r^2 + s^2 + t^2 = 1, \quad h^2 + k^2 + l^2 = 1, \quad u^2 + v^2 + w^2 = 1,$$
$$rh + sk + tl = 0, \quad hu + kv + lw = 0, \quad ur + vs + wt = 0 \quad (4.7)$$

由此可见，9 个变量中只可能有 3 个变量是独立的，因此取向的自由度是 3。用欧拉角表达取向时，$\varphi_1$、$\Phi$、$\varphi_2$ 刚好反映出取向的 3 个独立变量。

## 4.1.2　非立方晶系的晶体取向

对立方晶系单胞的 3 个棱边有 $a = b = c$，而非立方晶系往往不存在这种棱边条件[2]。不同晶系单胞棱边长度的差异会导致在转动同样角度的情况下，平行于参考坐标系内某个平面的晶面因晶系的差异而有所不同，即转动同样的角度却造成不同晶系的不同取向。

设正交晶体初始取向有 $c$ 与参考坐标系 $x_3$ 向平行，$a$ 与参考坐标系 $x_1$ 向平行 (参见图 4.1)，则可用 $\varphi_1$，$\Phi$，$\varphi_2$ 角确定正交晶体的取向，且与 $(hkl)$ $[uvw]$ 向有如下关系[3]：

$$\begin{bmatrix} \dfrac{ua}{r_{uvw}} & \dfrac{hbc}{r_{hkl}} \\[2ex] \dfrac{vb}{r_{uvw}} & \dfrac{kac}{r_{hkl}} \\[2ex] \dfrac{wc}{r_{uvw}} & \dfrac{lab}{r_{hkl}} \end{bmatrix} = \begin{bmatrix} \cos\varphi_1\cos\varphi_2 - \sin\varphi_1\sin\varphi_2\cos\Phi & \sin\varphi_2\sin\Phi \\ -\cos\varphi_1\sin\varphi_2 - \sin\varphi_1\cos\varphi_2\cos\Phi & \cos\varphi_2\sin\Phi \\ \sin\varphi_1\sin\Phi & \cos\Phi \end{bmatrix} \quad (4.8)$$

式中，$a$、$b$、$c$ 为正交晶体单胞常数；对 $r_{uvw}$ 和 $r_{hkl}$ 有

$$r_{uvw} = \sqrt{u^2 a^2 + v^2 b^2 + w^2 c^2}, \qquad r_{hkl} = \sqrt{h^2 b^2 c^2 + k^2 a^2 c^2 + l^2 a^2 b^2} \qquad (4.9)$$

根据式(4.8)可互相换算正交晶体取向的两种表达方法，即 $(hkl)[uvw]$ 和 $(\varphi_1, \varPhi, \varphi_2)$。由式(4.8)可知，换算结果与 $a$、$b$、$c$ 值有关，说明不同正交晶体同一 $(\varphi_1, \varPhi, \varphi_2)$ 可能对应着不同的 $\{hkl\}<uvw>$ 指数。

设四方晶体初始取向有：$c$ 与参考坐标系 $x_3$ 向平行，$a$ 与参考坐标系 $x_1$ 向平行(参见图4.1)。以 $\varphi_1, \varPhi, \varphi_2$ 角确定四方晶体取向与用 $(hkl)[uvw]$ 表达取向有如下关系：

$$\begin{bmatrix} \dfrac{ua}{r_{uvw}} & \dfrac{hc}{r_{hkl}} \\ \dfrac{va}{r_{uvw}} & \dfrac{kc}{r_{hkl}} \\ \dfrac{wc}{r_{uvw}} & \dfrac{la}{r_{hkl}} \end{bmatrix} = \begin{bmatrix} \cos\varphi_1\cos\varphi_2 - \sin\varphi_1\sin\varphi_2\cos\varPhi & \sin\varphi_2\sin\varPhi \\ -\cos\varphi_1\sin\varphi_2 - \sin\varphi_1\cos\varphi_2\cos\varPhi & \cos\varphi_2\sin\varPhi \\ \sin\varphi_1\sin\varPhi & \cos\varPhi \end{bmatrix} \qquad (4.10)$$

式中，$a$、$c$ 为四方晶体常数；对 $r_{uvw}$ 和 $r_{hkl}$ 有

$$r_{uvw} = \sqrt{u^2 a^2 + v^2 a^2 + w^2 c^2}, \qquad r_{khl} = \sqrt{h^2 c^2 + k^2 c^2 + 3l^2 a^2} \qquad (4.11)$$

根据式(4.10)可互相换算四方晶体取向的两种表达方法，即 $(hkl)[uvw]$ 和 $(\varphi_1, \varPhi, \varphi_2)$。由式(4.10)可知，换算结果也与 $c/a$ 有关，说明不同四方晶体同一 $(\varphi_1, \varPhi, \varphi_2)$ 可能对应着不同的 $\{hkl\}<uvw>$ 指数。

设六方晶体初始取向有：$c$ 与参考坐标系 $x_3$ 向平行，$a_2$ 与参考坐标系 $x_2$ 向平行，$a_2$ 与 $c$ 的矢量积为 $x_1$ 向(参见图4.3a)，则可用 $\varphi_1, \varPhi, \varphi_2$ 角确定六方晶体的取向。4轴坐标系中用 $\{hkil\}<uvtw>$ 表达六方晶体的取向，其中有 $h+k+i=0$，$u+v+t=0$；可以推导出如下关系：

$$\begin{bmatrix} \left(\sqrt{3}u + \dfrac{\sqrt{3}}{2}v\right)\dfrac{a}{d_{uvw}} & (2h+k)\dfrac{c}{d_{hkl}} \\ \dfrac{3}{2}\dfrac{va}{d_{uvw}} & \sqrt{3}k\dfrac{c}{d_{hkl}} \\ \dfrac{wc}{d_{uvw}} & \sqrt{3}l\dfrac{a}{d_{hkl}} \end{bmatrix}$$

$$= \begin{bmatrix} \cos\varphi_1\cos\varphi_2 - \sin\varphi_1\sin\varphi_2\cos\varPhi & \sin\varphi_2\sin\varPhi \\ -\cos\varphi_1\sin\varphi_2 - \sin\varphi_1\cos\varphi_2\cos\varPhi & \cos\varphi_2\sin\varPhi \\ \sin\varphi_1\sin\varPhi & \cos\varPhi \end{bmatrix} \qquad (4.12)$$

式中，$a$、$c$ 为六方晶体点阵常数，对 $d_{uvw}$ 有

$$d_{uvw} = \sqrt{3\left(u + \frac{v}{2}\right)^2 a^2 + \frac{9}{4}v^2 a^2 + w^2 c^2}$$

(4.13)

$$d_{khl} = \sqrt{(2h + k)^2 c^2 + 3k^2 c^2 + 3l^2 a^2}$$

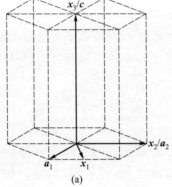
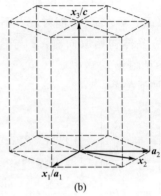

(a)                    (b)

**图 4.3**  六方晶系初始取向的确定

根据式(4.12)可互相换算六方晶体取向 $\{hkil\} <uvtw>$ 和 $(\varphi_1, \Phi, \varphi_2)$ 这两种表达方法。由式(4.12)可知换算结果与 $c/a$ 有关，说明不同六方晶体同一 $(\varphi_1, \Phi, \varphi_2)$ 可能对应着不同的 $\{hkil\} <uvtw>$ 指数。有些文献在定义六方晶体初始取向时设 $c$ 与参考坐标系 $x_3$ 向平行的同时，$a_1$ 与参考坐标系 $x_1$ 向平行，$a_2$ 与 $c$ 的矢量积为 $x_2$ 向(参见图 4.3b)。这两种不同定义的初始取向绕 $c$ 向相互偏转了 30°。

### 4.1.3  多晶体中的晶粒与织构的概念

由大量小晶体聚集在一起组成的集合体称为多晶体，多晶体中每个小晶体称为晶粒；单相多晶体中所有晶粒具有相同的晶体结构和化学成分，但每个晶粒的取向有所不同。许多多晶体中晶粒的直径在十至几十微米的范围。图 4.4 给出了利用光学显微镜在工业纯铁多晶体内观察到的晶粒聚集体。

如果用一个小立方体在参考坐标系内的偏转状态表示晶粒取向，则多晶体内各晶粒取向的分布状态如图 4.5a 所示。当多晶体内大量晶粒的取向变得一致时，多晶体内就会呈现织构现象。如图 4.5b 所示，一多晶体板中许多晶粒都有类似的取向，即该多晶体内有织构存在。一般认为，许多晶粒取向集中分布在某一或某些取向位置附近时称为择优取向。择优取向的多晶体取向结构称为织构。在多晶材料的生产、制备加工过程中难免出现织构现象。更一般地观察，当多晶体取向分布状态明显偏离随机分布时，其取向分布结构都可以认作织构。

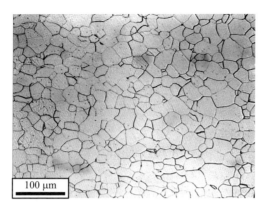

**图 4.4** 工业纯铁多晶体中晶粒的观察

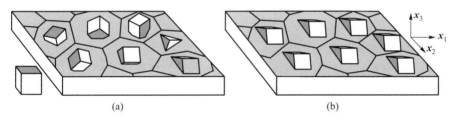

**图 4.5** 多晶体的织构现象

## 4.1.4 多晶织构的普遍性及其利用

人们熟知，通常需要通过特定的物理过程完成对材料的制备或加工，例如金属的熔铸凝固、压力加工和热处理、陶瓷的烧结，薄膜材料的沉积等。在这些制备或加工过程中对材料所施加的力场、温度场、电场、磁场、物流场等外场通常都是各向异性的。晶体的化学、物理等各向异性的基本性质决定了其在各向异性外场作用下会以不同的形式形成非随机的多晶取向分布形态，例如，形成铸造织构、变形织构、薄膜沉积织构、再结晶织构、烧结织构等。

材料的这些织构现象已经逐步地在许多工程材料中得到利用。人们熟知，金属板材中的织构会导致冲压制耳，因此应尽量避免织构出现。但当立方晶系的金属板材中出现了 {111} 面平行于板面的面织构时，板材的冲压性能可以得到极大地提高。利用这一原理，人们制造出了塑性变形抗力各向异性较大的新一代深冲压钢板。利用磁性各向异性，以硅钢板制备出强戈斯或立方织构时，可以制成性能优良的取向电工钢；加工出强 {100} 面织构时，可制成性能优良的无取向电工钢。若制备出强 {100} 面占有率的高压电容器阳极铝箔，则借助铝化学腐蚀抗力的各向异性可使铝箔的表面积增加高达 70 倍，从而大大提高电解电容器的容量体积比。控制在超大规模集成电路芯片上沉积铝、铜膜的工艺，促使沉积薄膜具有强的 {111} 面织构，可以明显提高薄膜的力学性能。改进化学气相沉积金刚石薄膜的工艺参数，可以控制薄膜织构的类型，以利用其弹性各向异性降低薄膜的应力。在高温超导材料方面，利用强织构可以提高超导薄膜的结合强度并改进其临界电流密度。另外，$PbTiO_3$ 铁电薄膜 (001) 面具有高自发极化和热释电系数，AlN 压电薄膜的 [001] 方向具有高超声波传播速度，Nd-Fe-B 基永磁合金 $Nd_2Fe_{14}B$ 相的 [001] 方向具有优异的磁学性能，$Tb_xDy_{1-x}Fe_2$ 磁致伸缩材料 [111] 的方向具有高磁致伸缩应变，InSb 磁阻材料 (111) 面具有灵敏的物理磁阻效应，因而可以制作出相应的织构来提高材料的性能水平。在金属间化合物结构材料、军工用装甲和穿甲材料以及许多新结构和功能材料方面，也都可以利用织构及其各向异性，使材料的性能得到明显的改进。因此，材料的织构及其各向异性的利用也是当前材料学科一个重要的研究领域。

现代工业的深入发展不断地对材料提出更高的性能要求，迫使人们不得不对材料作更深层次的开发。当前，新材料的开发虽然取得了较大的成果，但有时需要靠牺牲传统材料的一些优点来换取某些性能的明显提高。工程材料大多是晶体材料，利用晶体本身存在的织构及相应的各向异性可以成为改善传统材料性能的一个重要手段。这种手段在于制备出有明显各向异性的织构材料，将其性能优异的晶体学方向转置到材料需要的方向上，这样既保持了材料原有的全部传统优点，又可以使必要的性能得到显著的提高。

## 4.2　多晶体取向分布及其检测

### 4.2.1　取向与织构的极图表达

以 $X$、$Y$、$Z$ 为坐标轴的直角坐标系为试样坐标系，以坐标系原点为中心作一半径为单位长度 1 的球面。将一定取向的晶体放到该坐标系统的球心原点处，作该晶体所有 {HKL} 面的法线，交球面于若干点，形成球面投影图。图 4.6a 给出了一立方晶体所有 {100} 面法线的投影而成的 1、2、3 各点。然后对这些投影点再作极射赤面投影，使它们与垂直于 $Z$ 向且过球心的圆面（即赤面）有一组交点，如图 4.6b 所示的 1′、2′、3′各点。设试样坐标系中 $Z$ 向与球面的正向交点为 N 极，反向交点为 S 极，则投影线是图 4.6a 中上半球面上各投影点与下半球 S 极点的连线，以及下半球面上各投影点与上半球 N 极点的连线。一般一个 {HKL} 晶面法线在上下球面上各有一个交点，图 4.6b 中只取上半球的那一组点作极射赤面投影。投影过的赤面图即为表达该晶体取向的极射赤面投影图或称为极图，图 4.6c 即为相应的{100}极图。图 4.6 描述了表达晶体取向的{100}极图的形成过程。图 4.7 给出了获得一立方晶体取向{111}极图的投影过程。可以通过与此相似的过程得到表达晶体取向的{110}、{112}或任一{HKL}极图。图 4.6c 和图 4.7c 所示极图上各点的位置可用 $\alpha$、$\beta$ 两角表示。$\alpha$ 角表示{HKL}晶面法向与试样坐标系 Z 向的夹角，$\beta$ 角表示该{HKL}晶面法向绕 Z 向转动的角度。不同{HKL}极图上每个晶粒出现投影点的个数与该{HKL}晶面的多重性因子 $P_{HKL}$ 有关。极图只记录了 $P_{HKL}$ 个{HKL}晶面中一半的投影点(图 4.6a 和图 4.7a)，所以，不同{HKL}极图上每个晶粒出现的投影点个数为 $P_{HKL}/2$。

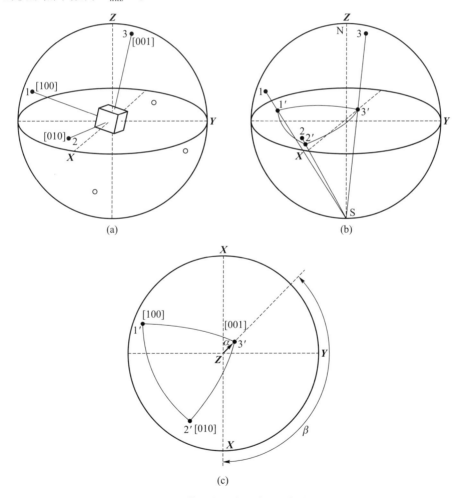

**图 4.6** 晶体取向的{100}极图投影原理

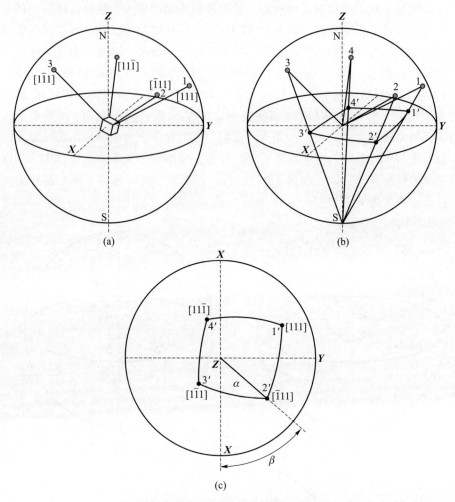

**图 4.7**　晶体取向的 |111| 极图投影原理

如果把一多晶体内所有晶粒都作上述的投影，则会在球面上得出许多投影点来。把每个点所代表的晶粒体积作为这个点的权重，则这些点在球面上的加权密度分布称为极密度分布。通常球面上极密度分布在赤面上的投影分布图称为多晶体的极图。如图 4.8a 所示，在半径为 1 的球面上该极密度分布为 $\alpha$、$\beta$ 两个角的函数。根据图 4.8a 的投影关系，图 4.6c 与图 4.7c 所示的极射赤面投影图上所标投影点到赤面中心的距离，即极径 $\alpha_p$ 为 $\tan(\alpha/2)$，但在实际表示时直接标为 $\alpha$（图 4.8b）。

假如多晶体内无织构，极密度分布在整个球面的分布将是均匀一致的；按照规定，此时极图上的密度值处处为 1，1 即为取向随机分布的密度值。如果

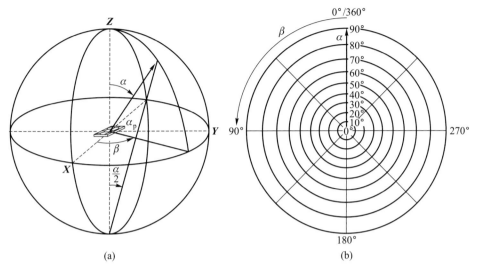

**图 4.8** 多晶体极密度分布函数 $p = p(\alpha, \beta)$：（a）极射赤面投影关系；
（b）极射赤面投影图上的 $\alpha$、$\beta$ 角

多晶体内存在织构，极密度在极图上呈不均匀分布，有些地方极密度值会比较
高。根据极密度的高低可得到赤面投影后的极图密度分布。再根据具体极密度
值的起伏范围画出等密度线，即可制成通常分析织构所用的极图。图 4.9 给出
了用极图显示铝板织构的 $\{200\}$ 和 $\{111\}$ 极图，其中把图 4.8a 中的参考坐标系
换成了轧制试样坐标系 $O\text{-}RD\text{-}TD\text{-}ND$。极图上的密度数值为相对于随机分布

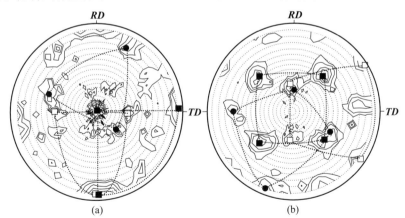

**图 4.9** 纯铝板再结晶织构(密度水平：1，2，4，7，10)：（a）$\{200\}$ 极图
（最大值：14.5）；（b）$\{111\}$ 极图（最大值：10.8）

■—$\{001\}$ <100>；●—$\{124\}$ <211>；□—$\{011\}$ <100>

密度的倍数，大于 1 或小于 1 分别表示高于或低于随机分布的情况。

## 4.2.2　反极图

　　为了一目了然地看出一晶体中所有重要晶面的分布和相对关系，通常需要制作各晶面法线的标准投影图。一般选择某个低指数晶面作为投影面，将其他重要的晶面的法线方向以极射投影的方式投影到赤面上。如所选的投影面是 $(hkl)$，则此投影图就称作 $(hkl)$ 标准投影图。图 4.10 是立方晶体 $(001)$ 标准投影图的制作过程及其标准赤面投影图。

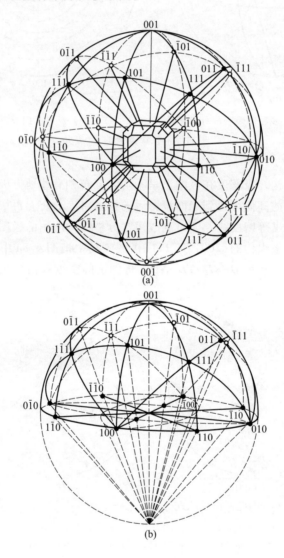

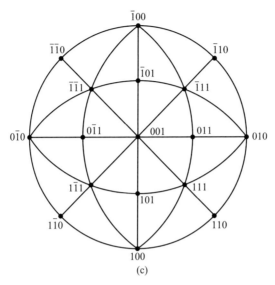

**图 4.10** 立方系标准(001)投影：(a)晶面法线的球面投影；
(b)极射赤面投影；(c)赤面投影

由图 4.10c 可以看出，立方晶体有很高的对称性，其任一{hkl}晶面族的法向<hkl>会在赤面投影图上多次重复出现。如果只选取图 4.10c 赤面投影图中一个球面三角投影区，则往往可使其任一晶面族法向<hkl>只出现一次，不再不必要地重复出现。对于立方晶系，通常从中心投影点沿标准(001)赤面投影图中心水平线向右取右上侧第一个球面三角区。在实际织构分析中，人们不只是要分析在试样参考坐标系中晶体取向的分布情况，而且有时也要分析某试样参考坐标轴在晶体坐系中的分布情况。这种分布情况可以在该球面三角区内通过绘制密度分布图的形式反映出来，称为反极图。图 4.11 以密度分布的

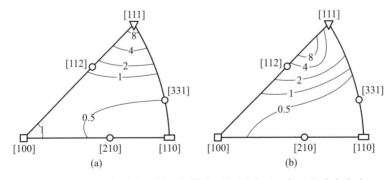

**图 4.11** 工业铝材特定试样坐标轴在反极图球面三角区的分布密度：
(a)热挤压棒材轴向；(b)冷轧板材轧向

形式给出了工业铝材特定试样坐标轴在该球面三角区的分布情况。可以看出，挤压棒材轴向偏聚于[111]方向，冷轧板材轧向则偏聚于[111]与[112]方向之间。其中，随机分布的密度为1，大于1或小于1分别表示高于或低于随机分布的情况。

### 4.2.3　多晶体极图 X 射线测量原理

极图是分析多晶体织构的重要依据。分析多晶体织构时往往需要测量多个不同{HKL}指数的极图。如图 4.12 所示，$I_0$ 和 $I$ 分别表示 X 射线入射和衍射方向的单位矢量，令矢量 $N = I - I_0$ 为各晶粒参加衍射(HKL)晶面的法线方向，其中设待测多晶试样的坐标系为右图所示的 $O\text{-}x_1\text{-}x_2\text{-}x_3$。同时可以认为，$I$、$I_0$ 和 $N$ 构成了一个衍射角固定在 $2\theta$ 位置的 X 射线衍射系统，$N$ 平行于参与衍射的一组晶粒(HKL)晶面的法向。图中各晶粒的(HKL)晶面用平行的线组标出，可以看出各晶粒取向及其(HKL)面的方向不相同，且其法向不会同时平行于 $N$。

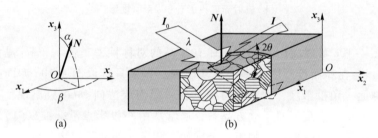

**图 4.12**　测量多晶体{HKL}极图的 X 射线衍射几何图

固定 X 射线衍射坐标系统 $I\text{-}I_0\text{-}N$，让多晶试样坐标系统 $O\text{-}x_1\text{-}x_2\text{-}x_3$ 按照图 4.12a 所示的两系统坐标关系做相对的 $\alpha$、$\beta$ 转动，则可测得 $N$ 为不同方向 $(\alpha, \beta)$ 时发生衍射的那些晶粒的衍射强度，进而获得极密度分布值 $p_{HKL}(\alpha, \beta)$。测量过程中，所有晶粒的{HKL}都有机会在特定 $(\alpha, \beta)$ 方位参加衍射。如图 4.8b 所示，$\alpha$、$\beta$ 的取值范围为 $0 \leqslant \alpha \leqslant \pi/2$，$0 \leqslant \beta \leqslant 2\pi$，则所有晶粒的{HKL}面参加衍射的次数为表 1.4 所示该晶粒的多重性因子 $P$ 的一半，因为其中(HKL)面与($\overline{HKL}$)面被看做同一个晶面。根据所测多晶体的衍射谱(参见图 1.22)，在测量前事先根据待测{HKL}衍射的需要调整好衍射角 $2\theta$ 的数值，随后在不同的 $2\theta$ 处即可获得不同{HKL}指数的极图数据 $p_{HKL}(\alpha, \beta)$[4]。

根据式(1.23)所表达的 X 射线衍射强度的定义，可以把式(1.24)中的 $\kappa$ 改为 $\kappa = \kappa' v$，其中 $v$ 为被 X 射线照射多晶试样区域内参加衍射的体积。当多晶体内存在织构时，被 X 射线照射多晶试样区域内参加衍射的体积就不再是通常理解的常数，而会随测量极图时 $\alpha$、$\beta$ 角的变化而改变；即有 $v=v(\alpha,\beta)$。当所测量极图的 $\{HKL\}$ 指数和 $\theta$ 角确定时，可设 $\kappa''=\kappa F_{HKL}^2 PS(\theta)$，即 $\kappa''$ 为常数；由此表示 $\{HKL\}$ 面衍射强度 $I$ 的式(1.26)转变为

$$I_{HKL}(\alpha,\beta)=\kappa'v(\alpha,\beta)F_{HKL}^2 P_{HKL}S(\theta)=\kappa''v(\alpha,\beta) \qquad (4.14)$$

此时 $\theta$ 角为与 $\{HKL\}$ 面指数相关的固定参数，衍射强度 $I_{HKL}(\alpha,\beta)$ 仅仅是多晶体取向分布的函数，即 $\alpha$、$\beta$ 角的函数。随着测量过程中操作测试设备如图4.12所示的 $\alpha$、$\beta$ 转动，被检测试样中各晶粒的相应的 $\{HKL\}$ 晶面都有机会在自身符合布拉格方程的衍射几何位置出现衍射，并对衍射强度 $I_{HKL}(\alpha,\beta)$ 作出贡献，进而按照在不同 $\alpha$、$\beta$ 位置参与衍射晶面的多少获得起伏变化的衍射强度 $I_{HKL}(\alpha,\beta)$。只有对所检测 $\{HKL\}$ 面的衍射强度 $I_{HKL}(\alpha,\beta)$ 作去除衍射背底和其他适当整理和修正后方可获得极密度函数 $p_{HKL}(\alpha,\beta)$。

图4.12所示测量极图的方法属于 X 射线反射法。由图4.12可以发现，当 $\alpha$ 角接近 90° 时入射线与衍射线均几乎平行于试样表面，此时几乎无法获得有价值的衍射强度。因此，反射法测量极图的 $\alpha$ 角范围通常为 0° 至低于 90° 的范围，这样获得的极图为不完整极图[5]。

### 4.2.4 取向分布函数原理

如式(4.7)所示，取向有 3 个自由度，因此多晶体取向分布需要三维空间表达。传统表达织构的方式主要是采用极图或反极图。它们仅仅是一个二维的平面图，其内的一个点不足以表示三维空间内的一个取向，因此在极图(或反极图)上只能用若干个点表示一取向。如图4.9所示，用 $\{200\}$ 极图表达一取向时需 3 个点(图4.9a)，用 $\{111\}$ 极图表达一取向时需 4 个点(图4.9b)，这就造成了极图的不确定性。某 $\{HKL\}$ 极图上一点的密度实际上是一系列取向的 $\{HKL\}$ 面法向在该极图点上的密度累积值，因此极图上某点的极密度若有变化，并不能确切地肯定哪个取向的密度在变。如图4.9a $\{200\}$ 极图上取向 $\{001\}<100>$ 和取向 $\{011\}<100>$ 各自的一个投影点重合在一起，所以极密度若在这一点上有变化，则不容易分清哪个取向上的密度在变。换成 $\{111\}$ 极图(图4.9b)，取向 $\{001\}<100>$ 与取向 $\{124\}<211>$ 有一点重合，取向 $\{124\}<211>$ 另一点又与取向 $\{011\}<100>$ 一点重合，不能把它们分开。极图的这一致命的弱点使得它难于对织构进行定量分析，而往往停留在定性的水平上。为了便于对织构作定量分析，需要建立三维空间描述多晶体取向分布的取向分布函数法[6,7]。

根据相关的数学原理，极密度函数 $p_{HKL}(\alpha,\beta)$ 在数学上可以表达成球函数 $K_l^n(\alpha,\beta)$ 的级数展开式

$$p_{HKL}(\alpha,\ \beta) = \sum_{l=0}^{\infty} \sum_{n=-l}^{l} F_{l(HKL)}^{n} K_{l}^{n}(\alpha,\ \beta),\qquad 0 \leqslant \alpha \leqslant \pi,\ 0 \leqslant \beta \leqslant 2\pi$$

$$(4.15)$$

式中，$F_{l(HKL)}^{n}$ 为线性展开系数，它们是一组常数。球函数的形式比较复杂，但它是像三角函数、指数函数一样的已知函数式，代入自变量 $(\alpha,\ \beta)$ 后可以随时求解。多晶试样的织构信息全部储存于展开系数组 $F_{l(HKL)}^{n}$ 之中。只要给出系数组 $F_{l(HKL)}^{n}$ 就可以获得极密度函数 $p_{HKL}(\alpha,\ \beta)$。

根据晶体取向自由度为 3 的特征，可建立一种 3 个自变量的函数 $f(\boldsymbol{g}) = f(\varphi_1,\ \Phi,\ \varphi_2)$ 来表达多晶体的空间取向分布，即为取向分布函数，以表达不同取向 $\boldsymbol{g} = (\varphi_1,\ \Phi,\ \varphi_2)$ 上的取向分布密度。这里定义取向完全随机分布时的取向密度 $f(\boldsymbol{g})$ 为 1。

与极密度分布的球函数级数表达相似，根据旋转群的一些概念和性质可以将取向分布函数以级数的形式展开为广义球函数的线性组合。形式如下：

$$f(\boldsymbol{g}) = f(\varphi_1,\ \Phi,\ \varphi_2) = \sum_{l=0}^{\infty} \sum_{m=-l}^{l} \sum_{n=-l}^{l} C_{l}^{mn} T_{l}^{mn}(\varphi_1,\ \Phi,\ \varphi_2) \qquad (4.16)$$

式中，$C_{l}^{mn}$ 为线性展开系数，它们是一组常数；$T_{l}^{mn}(\varphi_1,\ \Phi,\ \varphi_2)$ 为广义球函数。广义球函数的形式更为复杂，但它仍是已知函数式，代入自变量 $(\varphi_1,\ \Phi,\ \varphi_2)$ 后也可以随时求解。多晶试样取向分布函数 $f(\varphi_1,\ \Phi,\ \varphi_2)$ 中全部的织构信息储存在常系数组 $C_{l}^{mn}$ 之中。只要给出常系数组 $C_{l}^{mn}$ 就可以获得取向分布函数 $f(\varphi_1,\ \Phi,\ \varphi_2)$。

取向分布函数 $f(\varphi_1,\ \Phi,\ \varphi_2)$ 和极密度函数 $p_{HKL}(\alpha,\ \beta)$ 以不同的形式表达了多晶体取向分布和织构的信息，且这些信息全部储存于常系数组 $F_{l(HKL)}^{n}$ 和 $C_{l}^{mn}$ 之中；因此二者之间有必然的内在联系，且这种联系必然反映在常系数组 $F_{l(HKL)}^{n}$ 和 $C_{l}^{mn}$ 之间。数学推导表明，$C_{l}^{mn}$ 与 $F_{l(HKL)}^{n}$ 之间的联系表现为

$$F_{l(HKL)}^{n} = \frac{4\pi}{2l+1} \sum_{m=-l}^{l} C_{l}^{mn} K_{l}^{*\,m}(\delta_{HKL},\ \omega_{HKL}) \qquad (4.17)$$

$K_{l}^{*\,m}(\delta_{HKL},\ \omega_{HKL})$ 为另一种已知的球函数，其中 $(\delta_{HKL},\ \omega_{HKL})$ 表示 $[HKL]$ 晶向在晶体坐标系内的方向，如图 4.13 所示。

通过实际测量多晶试样的极密度分布，即极图获得 $p_{HKL}(\alpha,\ \beta)$ 数据，再根据已知的球函数 $K_{l}^{n}(\alpha,\ \beta)$，借助式（4.15）求出各 $F_{l(HKL)}^{n}$ 值，利用关系式（4.17）求出 $C_{l}^{mn}$，最后把 $C_{l}^{mn}$ 代入式（4.16）即可计算出所需要的取向分布函数。

由式（4.15）可以看出，$F_{l(HKL)}^{n}$ 是一组受 $n$ 和 $l$ 值影响的二维常数；由式（4.16）可以看出，$C_{l}^{mn}$ 是一组受 $m$、$n$ 和 $l$ 值影响的三维维常数。改变 $n$ 和 $l$ 的

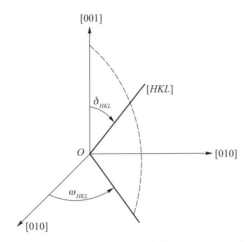

**图 4.13** 晶体坐标系内 $[HKL]$ 方向的 $(\delta_{HKL}, \omega_{HKL})$ 表达法

数值可使式（4.17）成为一系列等式构成的方程组。把 $F^n_{l(HKL)}$ 代入方程组可解得 $C^{mn}_l$。然而，通过实测极图数据并借助式（4.17）解出的已知二维数组的数量要低于未知的三维数组 $C^{mn}_l$ 的数量，实际上需要实测多个不同 $(HKL)$ 的极图数据，解得多组不同 $\{HKL\}$ 的 $F^n_{l(HKL)}$ 数组才能借助式（4.17）解得 $C^{mn}_l$ 数组。晶体的对称性可以降低所需实测极图的数量。对称性越高，所需极图数就越少。例如，测量 3~4 个不完整极图往往就可以计算出立方晶系多晶板的取向分布函数；而六方晶系多晶体则通常需要 4~6 个不完整极图。获得取向分布函数的 $C^{mn}_l$ 系数组后，可以根据相关数学原理反向计算出完整极图和反极图。此时的完整极图信息综合了源自多个实测极图的信息，且原则上排除了实验检测造成的偏差，因此应更加准确。

## 4.2.5 背散射电子衍射技术及其检测晶体取向原理

在高电压下定向运行的电子束是电子显微技术所使用的照明光源或用于结构分析的射线源。在扫描电子显微镜 20 kV 的常规工作电压下，电子束的波长 $\lambda$ 约为 0.008 59 nm，而可见光的常规波长范围高达 400~750 nm，因此电子显微镜的分辨能力远高于光学显微镜。当入射电子束照射到被观察试样时，一部分入射电子会被试样中的原子反弹回来，称为背散射电子；包括相干和不相干背散射电子。

如图 4.14 所示，当束径尺寸有限的电子束照射到法线方向接近 $[uvw]$ 的试样表面，并深入到表面以下几十至几百纳米深度时，在靠近表面且受电子束照射的一个微小部位会向周围发射不同波长 $\lambda$ 的不相干散射线，该不相干散射源位于图 4.14 中位置 2。该散射波的能量很高，且会在一个较小范围变化。通常散射强度沿入射方向的强度最高，随散射方向与入射方向夹角的增大而减弱；因此背散射的强度会比较低。当入射电子束接近于垂直照射试样表面时，有利于获得较强的背散射线。如果在电子束背散射的方向上放置感光底片或被散射电子记录装置，就可以记录到背散射电子强度的连续分布情况（图 4.14 中位置 4）[8]。

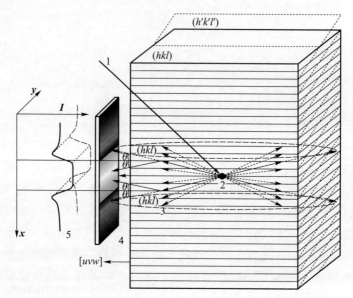

**图 4.14** 扫描电子显微镜背散射电子菊池衍射线产生原理
1—入射电子束；2—电子束散射源；3—符合布拉格方程的电子衍射；
4—背散射电子记录装置；5—菊池线强度分布特征

假设该散射源区域有密集排列、平行于 $[uvw]$ 方向且面间距为 $d_{hkl}$ 的晶面 $(hkl)$，则不相干散射线照射到不同部位 $(hkl)$ 面时的入射角 $\theta$ 会随相应晶面到散射源的距离而发生改变；在散射源中心区有入射角 $\theta = 0$，随着散射源距离的增加，入射角 $\theta$ 逐渐加大。对于距离散射源一定距离的若干 $(hkl)$ 面，当其散射入射角 $\theta$、散射波长范围内的某 $\lambda$ 与面间距 $d_{hkl}$ 符合式 (1.22) 所示的布拉格方程时就会发生衍射现象，同理在散射源另一侧同样距离的若干 $(\bar{h}\bar{k}\bar{l})$ 面也会发生类似的衍射（图 4.14 中位置 3）；这种衍射称为电子背散射衍射（electron back scattering diffraction，EBSD）。根据布拉格方程，这些 $(hkl)$ 和 $(\bar{h}\bar{k}\bar{l})$ 面对背散射线衍射的所有方向构成了一对圆锥面（图 4.14 中虚线圆锥）。该圆锥面与背散射电子记录装置的交线为一对双曲弧线，背散射电子记录装置上该弧线位置处的背散射电子强度分布会因所产生的布拉格衍射而受到影响。如上所述，在常规 20 kV 工作电压下电子束的波长 $\lambda$ 约为 0.008 59 nm，例如铁晶体试样的 (200) 的面间距 $d_{200} = 0.143\ 32$ nm，由此可以根据布拉格方程 $\lambda = 2d_{200} \sin \theta$ 计算出 $\theta = 1.7°$，即图 4.14 中发生电子衍射的 $\theta$ 非常接近 0°；因此，与背散射电子记录装置截交的双曲弧线非常接近直线。

在入射电子束被试样中的原子反弹回来向背散射电子记录装置辐射过程中，如果部分背散射电子束发生了图 4.14 所示的布拉格衍射，则会使该部分散射线改变散射方向；因而在原散射方向上的强度降低，而相干反射方向上则产生较高的散射强度 $I$（图 4.14 中位置 5），由此在背散射电子记录装置上形成明暗相间且接近于直线的条带状强度分布现象（图 4.14 中位置 4），称为菊池线，或菊池带。

如果 $(hkl)$ 晶面间距有所变化，则通过调整图 4.14 中的 $\theta$ 角仍可以使距离电子束散射源一定距离的晶面发生布拉格衍射，只是发生衍射的 $(hkl)$ 和 $(\bar{h}\bar{k}\bar{l})$ 面的位置及二者的间距会有所改变。因此，以 $[uvw]$ 方向为晶带轴的其他多个晶面，如图 4.14 所示的 $(h'k'l')$ 面，也会发生类似的衍射现象，并造成与 $(hkl)$ 面衍射所产生的菊池带相交的多个菊池带，其中交点就指示着 $[uvw]$ 的方向。如果另有一个与 $[uvw]$ 夹角不是很大的 $[u'v'w']$ 晶带轴，则可以在背散射电子记录装置上距 $[uvw]$ 晶带轴的一组菊池带不远的地方形成另一组 $[u'v'w']$ 菊池带。图 4.15a 给出了在纯铝晶体中观测到的，由多组菊池带构成的实测 EBSD 图像。

在掌握被检测试样的晶体参数的基础上，原则上获知 EBSD 图像上 3 条不平行菊池线的夹角或晶带轴间的距离，以及衍射图的中心到产生背散射电子试样表面的距离，便可确定晶带轴的指数，并根据菊池带相对于试样坐标系的方向算出晶粒的取向。根据菊池线形成原理及相关的计算软件，在输入晶体参数和检测条件参数后可以对 EBSD 图像作自动标定，包括在小于 0.01 s 的极短时间内有效地确定较弱菊池线所反映的晶体取向。图 4.15b 给出了计算机识别图 4.15a 中的多组菊池带后自动计算并标定出的各晶带轴的指数，包括理论上应该存在但实际上因信号太弱而难以识别出的菊池带。由此，可以迅速在给定的试样参考坐标系内确定出电子束所照射部位的晶体取向。

移动入射电子束或样品台可以测量试样不同部位的晶粒取向。利用扫描电子显微镜的电子束以二维扫描的形式和一定步长，例如以图 4.16a 所显示的检测点，规则地移动电子束或样品台，可以测量扫描电子显微镜视场内所有部位的晶体取向。图 4.16b 示意性地给出了按照图 4.16a 的扫描方案确定出的各位置的取向检测结果，其中符号形式相同的点代表各点的取向基本一致，符号形

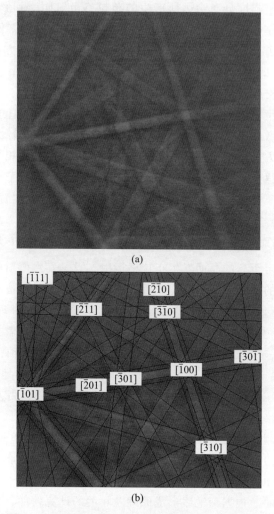

(a)

(b)

**图 4.15**　退火纯铝板的实测 EBSD 图像及其指数标定

式不同的各点则表示它们的取向有明显差异；而白色圆圈表示盲点，即检测技术不能确定该点的取向。根据多晶体各晶粒取向不同的特点可以从图 4.16b 的检测结果中分析出，取向相同且邻接排列的取向点属于同一个晶粒；而两个邻接排列取向不同的点应属于不同的两个晶粒，且这两个取向点之间应该存在着两晶粒间的晶界。由此，可以在图 4.16b 所示的视场中勾勒出晶界的走向。应该注意到，当入射电子束刚好照射到晶界处时，晶界区域的微小点阵畸变会使菊池带模糊而无法辨认，也有可能晶界两侧晶粒的菊池带同时出现使计算机无法确认其取向；由此都可能在取向识别中造成无法确认取向的盲点。可见，晶界附近容易出现盲点。如果在晶粒内部出现某种诸如外来物覆盖、表面污染或过度氧化、局部集中畸变以及其他各种缺陷，也会有盲点现象。只要盲点占的比例不高，并不影响在观察视场内对晶体取向的分析。

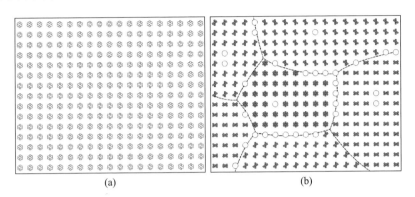

(a)          (b)

**图 4.16** 扫描电子显微镜视场内背散射菊池带检测点的二维规则分布

（a）及检测结果示意图（b）

图 4.17 显示了利用扫描电子显微镜系统实施 EBSD 分析的示意图。显微镜样品室内的试样经大角度倾转至入射束与试样表面法线夹角为 65°～70°时[8]，可获取足够强的背散射电子衍射信号。在电子束轰击下试样表面发生衍射，菊池线图像被显微镜内的衍射摄像系统接收，经图像处理器放大信号并扣除背底后以菊池图像的形式传输到计算机中。经相应变换后，计算机可以自动确定菊池线的位置、宽度、强度、夹角等，并与对应的晶体学理论值比较，最终标出各晶面和晶带轴的指数。由此还可以进一步算出所测晶粒相对于试样坐标系的取向，即利用扫描电子显微镜的背散射电子衍射获取菊池线，进而识别并标定晶体的取向。

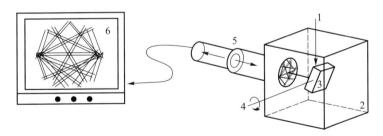

**图 4.17** 扫描电子显微镜 EBSD 分析系统示意图

1—电子束；2—扫描电镜样品室；3—试样；4—试样倾转轴；5—衍射成像及摄像系统；
6—EBSD 采集及分析用计算机

　　扫描电子显微镜装备了电子背散射衍射技术即 EBSD 技术后可以在观测微观组织结构的同时快速、统计性地获取多晶体各晶粒的取向信息，并计算扫描电镜所观察微区组织的织构。图 4.18 显示了根据取向检测结果获得的电工钢晶粒组织，由此可以获知该电工钢中各晶粒取向的分布情况。图 4.19a 显示了在扫描电子显微镜下观察到的集成电路引线 Au 焊点的微观形貌，图 4.19b 则给出了相应的 EBSD 结果；从中不仅可以观察到 Au 焊点中各部位晶粒的取向，还可以观察到晶粒组织的尺寸、形状等微观信息。

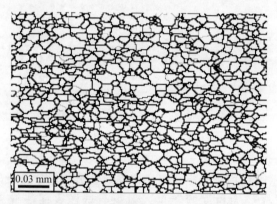

**图 4.18**　电工钢晶粒组织的 EBSD 观察

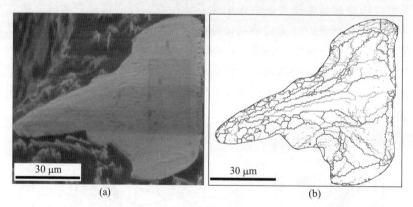

**图 4.19**　集成电路引线 Au 焊点的 EBSD 分析：（a）扫描电子显微镜视场；
（b）EBSD 检测结果

　　在计算分析系统内适当地植入不同晶体材料的结构参数，则这种二维扫描检测还可以在扫描中分辨出结构的位置及相界；同时分辨出相界两侧不同相结构的取向。图 4.20 给出了用 EBSD 分析技术对体心立方 A2 结构和面心立方 A1 结构双相铁基合金的检测实例。可以看出，利用 EBSD 技术可以根据各相结构的不同菊池线衍射规律清楚地分辨出不同的相组成、各相晶粒形态及其分布规律。

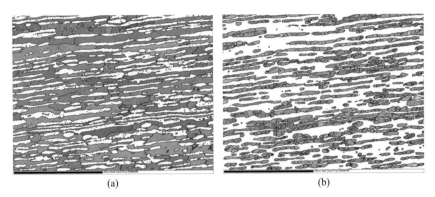

**图 4.20** 用 EBSD 技术测定同一视场的体心立方和面心立方双相铁基合金的相组织分布：(a) 体心立方 A2 相；(b) 面心立方 A1 相(参见书后彩图)

将扫描电子技术与 EBSD 技术结合所形成的组织结构分析技术称为取向显微分析技术，或称为 **OIM**(orientation imaging microscopy)技术。利用 OIM 技术可以在扫描电镜观察视场内获取多晶材料常用的信息：① 晶界的分布和晶粒的尺寸和形状，并因此计算出多晶体平均晶粒尺寸、晶粒非等轴的程度等一系列拓扑学参数；② 多晶体各个晶粒的取向，并根据各晶粒的取向计算出观察视场范围内有限区域的取向分布函数、完整极图和反极图，以及不同取向晶粒的尺寸等；③ 计算出相邻晶粒的取向关系，进而确定晶界的取向差特征及特征晶界的分布状态(参见 5.6 节)；④ 计算出所有界面的重合点阵参数和相应的分布状态(参见 5.6 节)，并由此对界面性质作出单个或统计性的分析；⑤ 识别出多相体系中不同相的上述信息。

## 4.3 织构的表达与定量分析

### 4.3.1 立方晶系与非立方晶系的取向空间

由式(4.6)可知，用一组($\varphi_1$，$\Phi$，$\varphi_2$)值即可表达晶体的一个取向，且有 $0 \leqslant \varphi_1 \leqslant 2\pi$、$0 \leqslant \Phi \leqslant \pi$、$0 \leqslant \varphi_2 \leqslant 2\pi$。用 $\varphi_1$、$\Phi$、$\varphi_2$ 作为空间直角坐标系的 3 个变量就可以建立起一个取向空间，或称欧拉空间，这一取向空间的范围是 $2\pi \times \pi \times 2\pi$。

在多数金属板材的制造过程中往往需要经过连铸、热轧、冷轧等加工工序。在这些工序中板材所经历的热过程或外加载荷状态通常呈现某种对称性，并可以用点群 222 来描述。如果分别用 **RD**、**TD**、**ND** 表示轧板的轧向、横向、法向，并以这 3 个方向为轧板坐标系的坐标轴，则金属板材在 **O-RD-TD-ND** 坐标系内绕这 3 个方向分别旋转 180°后再观察板材曾经历过的热过程和外加载荷过程状态可以发现，旋转后的状态与旋转前的基本相同，且旋转与否对测量极图的结果也没有太大影响。实践证明，连铸、热轧、冷轧等加工工序都会引起金属板材中某种织构的生成，且在板材试样坐标系中这些织构也呈现点群 222 对称性，对称阶数为 4。例如，将图 4.9 中的极图分别绕其 **RD** 或 **TD** 翻转 180°后所观察到的各极密度分布没有太大差别。一般认为，轧板试样坐标系导致多晶轧板内一个一般取向还有 3 个等效对称取向，即共有 4 个一般等效对称取向，记为 $P_{gs}=4$；$P_{gs}$ 为取向的样品多重因子。

图 4.21a 给出了纯铝—单晶体的 {111} 极图，图 4.21b 在 {111} 极图中给出了该单晶体极密度分布的中心位置，并可确定其取向为 $(123)[63\bar{4}]$，称为 $S$ 取向。从极图上看，单晶取向不具备 222 对称性。图 4.21c 在给出了纯铝多晶体—轧板的 {111} 极图，图 4.21d 在 {111} 极图中给出了该多个织构组分极密度分布的中心位置，并可确定出该轧板有 {123}<634>织构，即为铝板中常见的 $S$ 织构。参照图 4.21d 极图上实线所示的取向可知，该多晶体轧板中也存在取向与图 4.21a 单晶体一致的 $(123)[63\bar{4}]$ 织构；将这个织构分别绕 **RD**、**TD**、**ND** 旋转 180°后，在所达到的相应取向位置上也存在类似的织构，它们分别是 $(\bar{1}\bar{2}3)[63\bar{4}]$、$(\bar{1}23)[\bar{6}3\bar{4}]$、$(12\bar{3})[\bar{6}34]$ 织构组分，分别对应不同的 $(\varphi_1, \Phi, \varphi_2)$ 值。这 3 个织构组分与旋转前的 $(123)[63\bar{4}]$ 合在一起形成 $P_{gs}=4$ 个等价织构，共同组成 {123}<63\bar{4}>$S$ 织构。当轧板中存在其他任意取向的织构时，其对称性往往也具备与 $S$ 织构组分类似的对称性。在取向空间 $2\pi \times \pi \times 2\pi$ 范围内，每个织构组分的取向都会因此在不同地点出现 4 次。金属板材中任一 $(hkl)[uvw]$，即 $(\varphi_1, \Phi, \varphi_2)$ 取向上的极密度分布通常都会有 $P_{gs}=4$，因此实际表达板材织构时往往只需在取向空间 $2\pi \times \pi \times 2\pi$ 的 1/4 范围内描述或表达。

在以轧板坐标系为参考坐标系的取向空间内还存在一些高对称性织构组分及相应取向，它们虽然也具备 222 对称性，但在极图上的位置会出现重叠。图 4.21e 给出了纯铝多晶体—轧板的 {111} 极图，图 4.21f 在 {111} 极图中给出了该多晶体织构组分晶体极密度分布的中心位置，并可确定出该轧板有 {112}<11\bar{1}>织构，即为铝板中常见的铜型织构。图 4.21f 所示极图的实线勾勒出了 $(112)[11\bar{1}]$ 取向的位置，对该取向作 222 对称操作后只获得另一个取向

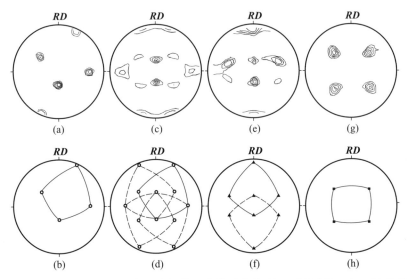

**图 4.21** 纯铝多晶体轧板坐标系内织构组分的对称性（{111}极图）：（a、b）单晶体及其(123)[$\bar{6}$34]S 取向；（c、d）多晶体{123}<63$\bar{4}$>S 织构及其轧板对称性；（e、f）多晶体{112}<11$\bar{1}$>铜型织构及其轧板对称性；（g、h）多晶体{001}<100>立方织构及其轧板对称性

($\bar{1}$1$\bar{2}$)[$\bar{1}$1$\bar{1}$]的位置，即对该织构有 $P_{gs}=2$。取向空间中有若干区间具备这样的对称性，它们是{0kl}<100>、{001}<uv0>、{011}<u$\bar{v}$v>、{0kl}<0$\bar{l}$k>、{h, h, 2l}<$\bar{l}\bar{l}$h>以及{h$\bar{h}$l}<110>；用欧拉角表示时分别为(0°，$\Phi$，0°)、($\varphi_1$，0°，0°)、($\varphi_1$，45°，0°)、(90°，$\Phi$，0°)、(90°，$\Phi$，45°)和(0°，$\Phi$，45°)。在以轧板坐标系为参考坐标系的取向空间内还存在一些更高对称性的织构组分及相应取向，它们虽然也具备 222 对称性，但在极图上的位置会出现严重重叠。图 4.21g 给出了纯铝多晶体—轧板的{111}极图，图 4.21h 在{111}极图中给出了该多晶体织构组分极密度分布的中心位置，并可确定出该轧板有{001}<100>织构，即为铝板中常见的立方织构。图 4.21h 所示取向为立方(001)[100]取向，对立方取向作 222 对称操作后其取向位置并不改变，即对称操作的所有 4 个取向位置完全重叠在一起，这类织构有 $P_{gs}=1$。共有 4 种取向具备这样的对称性，它们是{001}<100>、{001}<110>、{011}<100>和{011}<0$\bar{1}$1>；用欧拉角表示时分别为(0°，0°，0°)、(45°，0°，0°)、(0°，45°，0°)以及(90°，45°，0°)。

根据晶体取向的定义，取向的变化仅与晶体的旋转相关。立方晶体有 5 种可能的点群，参照表 2.8 其对应的旋转群只可能是阶数为 12 的 23 或阶数为 24 的 432；其中多数常见立方晶体的旋转对称性为 432。如果立方晶系自身存在阶数为 24 的旋转群对称性 432，则在取向空间内一个取向会出现 24 次，记为 $P_{gc} = 24$；$P_{gc}$ 为取向的晶体多重因子。考虑到轧板中一般取向的样品多重因子 $P_{gs} = 4$，一个一般取向可在完整取向空间内重复出现 $P_{gs} \times P_{gc} = 4 \times 24 = 96$ 次。这样分析取向分布函数时，可以大大缩小取向空间的范围。通常所取的空间范围只是完整取向空间的 1/32，为 $0 \leqslant \varphi_1 \leqslant \pi/2$、$0 \leqslant \Phi \leqslant \pi/2$、$0 \leqslant \varphi_2 \leqslant \pi/2$，其中没有排除涉及 <111> 晶体的 3 次对称性。因而，在这个范围内仍可将取向空间划分成 3 个小子空间（图 4.22）。在每个子空间内，任一取向只可能出现一次，或在 $0 \leqslant \varphi_1$，$\Phi$，$\varphi_2 \leqslant \pi/2$ 范围内出现 3 次。根据晶体的 3 次对称性，不能将取向空间作进一步的线性划分，因此通常不再对取向空间范围 $0 \leqslant \varphi_1$、$\Phi$、$\varphi_2 \leqslant \pi/2$ 作进一步的分割。也可以按照相同的原理对其他试样对称性和晶体对称性的取向空间作类似的精简分割。

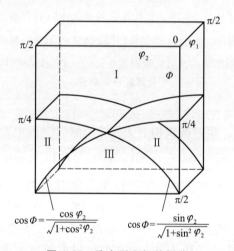

**图 4.22** 取向子空间的划分

令 $P_g$ 为取向空间内的取向多重因子，且有 $P_g = P_{gs} \times P_{gc}$。表 4.1 给出了 432 对称性立方多晶体 222 试样对称性时的取向多重因子。应注意到，一些相对轧制试样坐标系的高对称性取向在整个取向空间内出现的次数会成倍减少，但它们通常会位于缩小了的取向子空间的边、角地带（参见图 4.22），即也同属于其他外延取向子空间。源于其较低的样品多重因子 $P_{gs}$ 值，位于边棱或顶角取向的密度值需除以 2 或 4 后才可以与一般取向的密度值作比较。

表 4.1 432 对称性立方多晶体 222 试样对称性时的取向多重因子

| 米勒指数 | 欧拉角 | $P_{gs}$ | $P_{gc}$ | $P_g$ |
|---|---|---|---|---|
| $\{hkl\}<uvw>$ | $(\varphi_1,\ \Phi,\ \varphi_2)$ | 4 | | 96 |
| $\{0kl\}<100>$ | $(0°,\ \Phi,\ 0°)$ | | | |
| $\{001\}<uv0>$ | $(\varphi_1,\ 0°,\ 0°)$ | | | |
| $\{011\}<u\bar{v}v>$ | $(\varphi_1,\ 45°,\ 0°)$ | | | |
| $\{0kl\}<0\bar{l}k>$ | $(90°,\ \Phi,\ 0°)$ | 2 | | 48 |
| $\{h,\ h,\ 2l\}<\bar{l}\bar{l}h>$ | $(90°,\ \Phi,\ 45°)$ | | 24 | |
| $\{h\bar{h}l\}<110>$ | $(0°,\ \Phi,\ 45°)$ | | | |
| $\{001\}<100>$ | $(0°,\ 0°,\ 0°)$ | | | |
| $\{001\}<110>$ | $(45°,\ 0°,\ 0°)$ | | | |
| $\{101\}<100>$ | $(0°,\ 45°,\ 0°)$ | 1 | | 24 |
| $\{011\}<0\bar{1}1>$ | $(90°,\ 45°,\ 0°)$ | | | |

设正交多晶体板状试样的织构也具有正交旋转对称性，即有 $P_{gs}=4$。另外，正交晶系往往具备 $a$、$b$、$c$ 3 个方向的 2 次对称性，即有 $P_{gc}=4$；因此在整个 3 个方向均为 $2\pi$ 的取向空间内一个一般的取向会有 $P_g=4\times4=16$ 次。适当缩小取向空间内 $\varphi_1$、$\Phi$ 和 $\varphi_2$ 的取值范围可使每种取向只出现一次，例如取向空间可选为 $0\leqslant\varphi_1\leqslant\pi$、$0\leqslant\Phi\leqslant\pi/2$、$0\leqslant\varphi_2\leqslant\pi/2$。

设四方多晶体板状试样的织构也具有正交旋转对称性，即有 $P_{gs}=4$。另外，四方晶系通常具备 $c$ 方向的 4 次对称性和 $a$ 方向的 2 次对称性，即有 $P_{gc}=4\times2=8$；因此在整个取向空间内一个一般的取向会有 $P_g=4\times8=32$ 次。在取向空间内 $\varphi_1$，$\Phi$ 和 $\varphi_2$ 的取值范围为 $0\sim\pi/2$。在这个缩小到原取向空间 $1/32$ 的小空间内每种取向只出现一次。

六方多晶体板状试样的织构通常也会有正交旋转对称性，即有 $P_{gs}=4$。另外，六方晶系通常具备 $c$ 方向的 6 次对称性(转 $60°$ 织构状态不变)和 $a$ 方向的 2 次对称性，即有 $P_{gc}=6\times2=12$。因此，在整个取向空间内一个一般的取向会有 $P_g=4\times12=48$ 次。在取向空间内 $\varphi_2$ 的取值可限制在 $0\sim\pi/3$ 之间，$\Phi$ 和 $\varphi_1$ 的取值范围为 $0\sim\pi/2$。在这个缩小了的取向空间内每种取向只出现一次。

## 4.3.2　取向分布函数的表达方法

根据实测极密度函数，可以在图 4.22 所示的空间内计算出立方晶系取向分布函数。在立方晶系的取向空间内有一些十分重要的取向，表 4.2 列出了第

Ⅰ子空间中的一部分。为了便于分析和对比，人们常常把取向分布函数值绘在平面图上。绘制方法是垂直于取向空间的某一欧拉角坐标轴方向，从取向空间中截取若干个等间距的取向面，然后在各取向面上绘出取向分布函数，即取向密度的等密度线，进而获得取向分布函数的图像表达。图 4.23 给出了高纯铝板退火板、取向电工钢板、化学气相沉积金刚石薄膜的取向分布函数垂直于 $\varphi_2$ 方向的系列截面图，称为等 $\varphi_2$ 截面图；图 4.23a 还把表 4.2 所列的一些重要取向绘入取向空间相应的位置上。由此可见，退火后铝板内主要有立方织构和少量 $R$ 织构，取向电工钢板内主要有戈斯织构，金刚石薄膜内主要有 $\{100\}$ 面平行于薄膜表面的织构。

**表 4.2　立方晶系第 Ⅰ 子空间中重要的取向**

| 名称 | $\{hkl\}<uvw>$ | $\varphi_1$ | $\varPhi$ | $\varphi_2$ | 符号（见图 4.23a） |
|---|---|---|---|---|---|
| 立方 | $\{001\}<100>$ | 0° | 0° | 0° | ■ |
| 旋转立方 | $\{001\}<110>$ | 45° | 0° | 0° | ◇ |
| 铜型 | $\{112\}<111>$ | 90° | 35° | 45° | △ |
| 黄铜型 | $\{011\}<211>$ | 35° | 45° | 0° | ○ |
| 戈斯 | $\{011\}<100>$ | 0° | 45° | 0° | □ |
| $S$ | $\{123\}<634>$ | 59° | 37° | 63° | ● |
| $R$ | $\{124\}<211>$ | 57° | 29° | 63° | ● |
| 黄铜 $R$ | $\{236\}<385>$ | 79° | 31° | 33° | |
| | $\{025\}<100>$ | 0° | 22° | 0° | |
| | $\{111\}<112>$ | 90° | 55° | 45° | |
| | $\{111\}<110>$ | 0° | 55° | 45° | |

　　在很多情况下人们并不需要分析取向分布函数所能提供的全部数据，而只观察某一个特征截面上的取向分布情况就足以满足需要。对于许多立方晶系工程材料，$\varphi_2 = 45°$ 截面图已经包括了最重要的一些取向，因此只观察和分析 $\varphi_2 = 45°$ 截面图就可以满足对其取向分布和织构的研究。而对于六方晶系来说，$\varphi_2 = 0°$ 往往是重要的截面。图 4.24 给出了立方晶系 $\varphi_2 = 45°$ 截面图和六方晶系 $\varphi_2 = 0°$ 截面图上重要取向的位置，以及冷轧纯铝和冷轧钛合金分别在这两个截面上的取向分布图。可以看出，冷轧变形使晶粒取向在铝合金板中聚集于铜型取向 $\{112\}<111>$ 和黄铜取向 $\{011\}<211>$ 附近，而在钛合金轧板中则较多聚集于取向 $\{0001\}<1\bar{2}10>$ 附近。

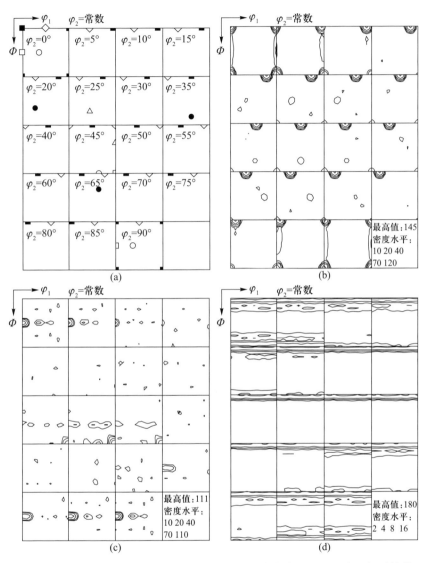

**图 4.23** 取向分布函数截面图分析：(a)重要取向的位置；(b)高纯铝再结晶织构(最高值：145)；(c)取向电工钢织构(最高值：111)；(d)金刚石薄膜织构(最高值：18.0)

■—{001}<100>；□—{011}<100>；●—{124}<211>；○—{011}<211>；

◇—{001}<110>；△—{112}<111>

  另一方面，为了更细致地观察和分析工程材料特定加工和制备过程中取向分布或织构的变化，往往只需分析在相关过程中取向空间内一些特定取向线上

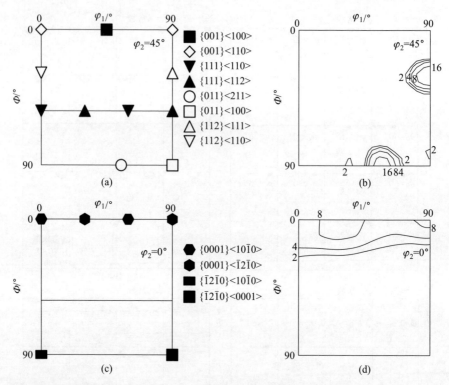

**图 4.24**　工程材料取向分布函数单个截面图上的取向密度分析：（a）立方晶系 $\varphi_2 = 45°$ 截面图上重要取向的位置；（b）冷轧纯铝板 $\varphi_2 = 45°$ 截面图上的取向分布；（c）六方晶系 $\varphi_2 = 0°$ 截面图上重要取向的位置；（d）钛合金轧板 $\varphi_2 = 0°$ 截面图上的取向分布

分布函数值的变化过程。因此，取向分布分析也可以简化为取向线分析。例如图 4.25 为经 50%冷轧变形的 $Fe_3Al$ 基合金板在 850 ℃退火过程中织构变化的取向线分析。可以看出，冷轧变形后合金板中主要有{001}＜110＞、{112}＜110＞、{111}＜110＞、{111}＜112＞等织构。退火加热过程的初期，各织构的取向密度呈现上升的趋势；退火加热超过 100 s 以后，织构明显减弱。冷轧合金板退火会伴随再结晶过程，观察再结晶过程取向分布密度的变化可以推断和研究再结晶的相关原理。可见，取向分布函数的取向线分析为不同材料的相关研究提供了一种良好的对比分析手段。

应该注意到，当 $\Phi = 0°$ 时取向为（$\varphi_1$, $0°$, $\varphi_2$）；参照图 4.2 的几何关系，在无 $\Phi$ 旋转的情况下所有 $\varphi_1 + \varphi_2$ 值相等的取向都是同一取向。如图 4.23a 所示，（$0°$, $0°$, $0°$）、（$0°$, $0°$, $90°$）、（$85°$, $0°$, $5°$）、（$80°$, $0°$, $10°$）、（$75°$, $0°$, $15°$）、…、（$5°$, $0°$, $85°$）、（$90°$, $0°$, $0°$）等都是立方取向。

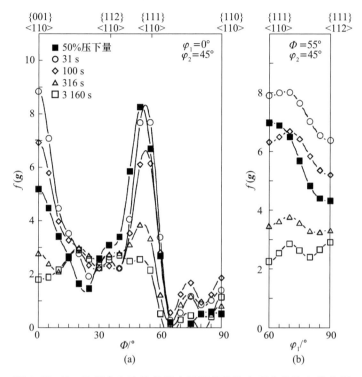

**图 4.25** $Fe_3Al$ 基合金冷轧板退火过程晶粒取向变化的取向线分析

### 4.3.3 织构与宏观性质的定量关系及织构定量分析的概念

当多晶体内有织构时，它的宏观性质会受到相应单晶体的各向异性以及晶粒取向分布两个因素的双重影响。如果掌握了单晶体的各向异性性质并获得多晶体取向分布函数，则在一定条件下可以从理论上定量计算多晶体的宏观性质。

设想各向异性单晶体在某一 $[uvw]$ 方向上有某一性能 $M([uvw])$，即 $M$ 为晶向 $[uvw]$ 的函数。将单晶体置于 $O\text{-}x_1\text{-}x_2\text{-}x_3$ 参考坐标系中使之具备取向 $\boldsymbol{g}$，在参考坐标系 $x_1$ 方向测量该性能时，单晶体沿 $x_1$ 方向的 $M([uvw])$ 值与单晶体的取向相关，因而 $M([uvw])$ 转变成为 $M_{x_1}(\boldsymbol{g})$ 函数。

通常单晶体各个方向上的性质 $M([uvw])$ 是已知的，或通过实测可知。若将函数 $M_{x_1}(\boldsymbol{g})$ 展开成广义球函数的级数形式，则有

$$M_{x_1}(\boldsymbol{g}) = \sum_{l=0}^{l_{max}} \sum_{m=-l}^{l} \sum_{n=-l}^{l} m_l^{mn} T_l^{mn}(\boldsymbol{g}) \qquad (4.18)$$

式中，$m_l^{mn}$ 为展开系数。已知在 $O\text{-}x_1\text{-}x_2\text{-}x_3$ 参考坐标系内多晶试样的取向分

布函数为 $f(\boldsymbol{g})$，可以把多晶体内各种取向的晶粒对宏观性质 $M_{x_1}(\boldsymbol{g})$ 的贡献 $\Delta\bar{M}_{x_1}$ 表达为

$$\Delta\bar{M}_{x_1} = M_{x_1}(\boldsymbol{g})\,f(\boldsymbol{g})\,\Delta\boldsymbol{g} \tag{4.19}$$

取积分有[5,6]

$$\bar{M}_{x_1} = \oint M_{x_1}(\boldsymbol{g})f(\boldsymbol{g})\,\mathrm{d}\boldsymbol{g} = \sum_{l=0}^{l_{\max}}\sum_{m=-l}^{l}\sum_{n=-l}^{l}\frac{1}{2l+1}m_l^{mn}\,C_l^{mn} \tag{4.20}$$

这样只要测得多晶试样的织构就可以定量算出其在 $\boldsymbol{x}_1$ 方向上与取向密切相关的性质 $\bar{M}_{x_1}$。

　　现在考虑一下织构定量分析的概念。所谓织构定量分析不仅是指明确地判定出多晶试样内各种织构的种类，而且要确定各织构组分的相对体积量。取向分布函数所直接表达的是取向分布密度，只有 $f(\boldsymbol{g})\Delta\boldsymbol{g}$ 才有体积量的概念。当板材有织构时，晶粒取向在取向空间内的分布就会明显偏离随机分布。如图 4.26a 所示，某多晶体内在取向 $\boldsymbol{g}_1$ 和取向 $\boldsymbol{g}_2$ 处有取向聚集现象。由图 4.26a 可直观看出，晶体取向于 $\boldsymbol{g}_1$ 和 $\boldsymbol{g}_2$ 附近的聚集不仅有量多少的差别，而且分布的锋锐情况也不相同。因此织构定量分析不仅包括晶体在特定取向附近的聚集量，而且还包括晶体取向分布的漫散或锋锐程度。

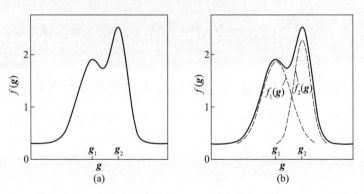

**图 4.26**　织构组分的正态分布啮合计算：（a）取向分布函数；（b）正态分布函数

　　如图 4.26a 所示，在取向空间内有取向分布函数 $f(\boldsymbol{g})$，而且在取向 $\boldsymbol{g}_1$、$\boldsymbol{g}_2$ 处有晶体取向聚集现象。一般认为，晶体取向倾向于散布在某一状态下的稳定取向附近。通常，这一散布基本服从正态分布规律。由此可把图 4.26a 所示晶体取向在 $\boldsymbol{g}_1$ 和 $\boldsymbol{g}_2$ 处的聚集看成在 $\boldsymbol{g}_1$ 和 $\boldsymbol{g}_2$ 处各有一个正态分布的取向分布函数 $f_1(\boldsymbol{g})$ 和 $f_2(\boldsymbol{g})$（图 4.26b）。这样可以认为，取向分布函数 $f(\boldsymbol{g})$ 是由 3 个组分叠加而成，即把取向分布函数 $f(\boldsymbol{g})$ 分解成若干正态分布部分和一个随机分布部分。$f_r(\boldsymbol{g})$ 是除了在 $\boldsymbol{g}_1$ 和 $\boldsymbol{g}_2$ 附近聚集的取向分布之外的随机取向分布密度。

叠加后的取向分布函数 $f(\boldsymbol{g})$ 形式为

$$f(\boldsymbol{g}) = f_r(\boldsymbol{g}) + \sum_{j=1}^{n} f_j(\boldsymbol{g}) \tag{4.21}$$

式中，$n = 2$。对某一正态分布的织构组分，可以推导出其体积含量 $V_j$ 应为

$$V_j = P_j S_0^j \int_0^{\infty} \exp\left(-\frac{\psi^2}{\psi_j^2}\right)(1 - \cos\psi)\,\mathrm{d}\psi = \frac{1}{2\sqrt{\pi}} P_{gj} S_0^j \psi_j \left[1 - \exp\left(-\frac{\psi_j^2}{4}\right)\right] \tag{4.22}$$

式中，$j$ 表示第 $j$ 个织构组分；$P_{gj}$ 为中心取向的取向多重因子（参见表4.1）；$S_0$ 为正态分布织构组分中心的取向密度值；$\Psi_j$ 为取向密度由中心的 $S_0$ 降至 $S_0 e^{-1}$ 时偏离中心的角度。由此，可算出各织构分量的体积量。图4.27 是用上述方法计算而获得的铝板在冷轧过程中各织构组分的定量变化情况。可以看出，随变形量的增加，变形织构组分 $\{123\}<634>$ 的体积量 $V$ 在增加，而散布宽度 $\Psi$ 下降，即织构变得更加锋锐，同时随机分布的织构组分却在减少。

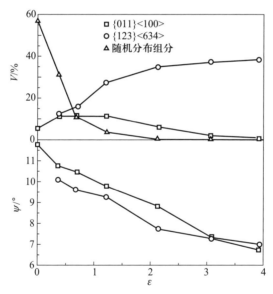

**图 4.27** 冷轧铝板各织构组分体积量 $V$、散布宽度 $\Psi$ 与冷轧变形量 $\varepsilon$ 的关系
□—$\{011\}<100>$；○—$\{123\}<634>$；△—随机分布组分

## 4.3.4 织构占有率的定量计算

在工程材料的科学研究和技术开发过程中经常会遇到多晶材料织构的定量描述和表达的问题，相关的数学过程往往比较复杂，不利于工程应用。根据织

构定量分析涉及织构的体积分数和锋锐程度两个定量参数的特点，现介绍一种比较简洁的利用实测极图数据定量计算织构的方法。

在工程实践中，在测量完极图后有时需要定量掌握多晶体某种晶体学方向或晶体学平面平行于某一试样方向或试样平面的分布情况，例如某 $\{HKL\}$ 晶面平行于试样表面的情况。图 4.28 给出了无取向电工钢板的 $\{200\}$ 极图，其上下纵向为轧板的轧制方向 $\boldsymbol{RD}$，左右水平方向为轧板横向 $\boldsymbol{TD}$，极图平面中心的法线方向为轧板表面的法线方向 $\boldsymbol{ND}$。可以看出，极图中心展现出 $\{200\}$ 晶面明显的高极密度分布，即多晶体各晶粒的 $\{100\}$ 面较多地呈现出倾向于平行轧板表面分布。工程上常需定量表达无取向电工钢 $\{100\}$ 平行于轧板表面的情况。如果需要借助 $\{HKL\}$ 极图定量描述多晶体 $\{HKL\}$ 平行于轧板表面的情况，即 $<HKL>//\boldsymbol{ND}$，则可以如下定量计算特定 $<HKL>//\boldsymbol{ND}$ 织构。对 $\{HKL\}$ 整体积分可获得极密度分布的整体积分值 $v_{\mathrm{p}}$，即极密度分布的整体体积量；当沿 $\alpha$、$\beta$ 角测量极图的步长分别为 $\Delta\alpha$、$\Delta\beta$ 时，有

$$v_{\mathrm{p}} = \frac{1}{2\pi}\int_{\alpha=0}^{\pi/2}\int_{\beta=0}^{2\pi} p(\alpha,\ \beta)\sin\alpha\mathrm{d}\alpha\mathrm{d}\beta = \frac{1}{2\pi}\sum_{\alpha=0(\Delta\alpha)}^{\pi/2}\sum_{\beta=0(\Delta\beta)}^{2\pi} p(\alpha,\ \beta)\sin\alpha\Delta\alpha\Delta\beta$$

$$(4.23)$$

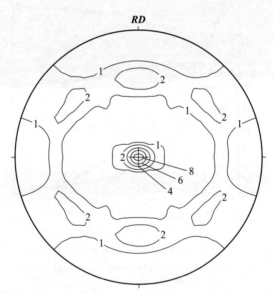

**图 4.28**   无取向电工钢板的 $\{200\}$ 极图

原则上 $v_{\mathrm{p}}$ 应该是 $100\% = 1$。如果把 $<HKL>//\boldsymbol{ND}$ 织构看做以 $\alpha = 0°$ 为中心的正态密度分布，则这个分布函数 $p(\alpha)$ 应表现为

$$p(\alpha) = S_o \exp\left(-\frac{\alpha^2}{\psi_{HKL}^2}\right) \tag{4.24}$$

式中，$S_o$ 为正态分布函数的峰值；$\psi_{HKL}$ 为正态分布函数的半高宽，即随 $\alpha$ 角的增加正态分布函数值从峰值 $S_o$ 降低到 $S_o e^{-1}$ 时的 $\alpha$ 值。$<HKL>//ND$ 织构的体积量 $v_{HKL}$ 应该表现为

$$v_{HKL} = \frac{\dfrac{P_{HKL}}{2} \displaystyle\sum_{\alpha=0(\Delta\alpha)}^{\alpha_{\max}} \sum_{\beta=0(\Delta\beta)}^{2\pi} p(\alpha, \beta) \sin\alpha\Delta\alpha\Delta\beta}{\displaystyle\sum_{\alpha=0(\Delta\alpha)}^{\pi/2} \sum_{\beta=0(\Delta\beta)}^{2\pi} p(\alpha, \beta) \sin\alpha\Delta\alpha\Delta\beta} \tag{4.25}$$

式中，$P_{HKL}$ 为 $\{HKL\}$ 晶面的多重性因子（表 1.4）；$\alpha_{\max}$ 为图 4.28 中心部位多晶体 $<HKL>//ND$ 织构有限分布范围涉及的最大 $\alpha$ 值。对于所涉及的无取向电工钢有 $P_{200}/2 = 6/2 = 3$。

在图 4.8a 所示球面全方向上测量极图时每个晶粒的 $\{HKL\}$ 面会有 $P_{HKL}$ 次参与衍射并在极图数据内留下记录。由于实测极图的 $\alpha$ 角范围不是 $\pi$，而是 $\pi/2$，因此参与衍射的次数变为 $P_{HKL}/2$。对极图中心部位高极密度区的密度值累计求和时，还应考虑到在极图其他部位还有 $P_{HKL}/2-1$ 处有相同的需要累计求和的极密度值；因此式（4.25）中的分子需对极图中心部位累计求和后再乘 $P_{HKL}/2$。

在一些工程实践中，不仅需要了解织构的体积分数，还需要掌握织构的锋锐程度，即相关极密度分布的半高宽 $\psi_{HKL}$［式（4.24）］。此时，首先将实测极密度数据 $p(\alpha, \beta)$ 处理为

$$\tilde{p}(\alpha) = \frac{\Delta\beta}{2\pi} \sum_{\beta=0(\Delta\beta)}^{2\pi} p(\alpha, \beta) \tag{4.26}$$

根据数理统计学原理，参照式（4.24）和式（4.26），对二者偏差 $D$ 有

$$D = \sum_{\alpha=0(\Delta\alpha)}^{\alpha_{\max}} \left[\tilde{p}(\alpha) - p(\alpha)\right]^2 = \sum_{i=1}^{n} \left[\tilde{p}(\alpha_i) - p(\alpha_i)\right]^2 \tag{4.27}$$

这里把 $\alpha$ 从 $0\sim\alpha_{\max}$ 测量范围内的极密度数据转换成 $n$ 个测量步长下的 $n$ 个测量数据；其中，$p(\alpha_i)$ 为根据式（4.24）在各角处应有的极密度值，$\tilde{p}(\alpha_i)$ 为根据实测数据借助式（4.26）整理出的极密度值。将式（4.24）改写成线性方程 $\ln[p(\alpha)] = \ln(S_o) + (-1/\psi_{HKL}^2)\alpha^2$，即 $y = a+bx$ 形式，由此根据一元线性回归的方法可借助 $D$ 对 $a$ 和 $b$ 的偏微分为 0 解析出半高宽 $\psi_{HKL}$，即

$$\psi_{HKL} = \sqrt{-\frac{\displaystyle\sum_{i=1}^{n}\left(\alpha_i^2 - \frac{1}{n}\sum_{i=1}^{n}\alpha_i^2\right)^2}{\displaystyle\sum_{i=1}^{n}\left\{\left(\alpha_i^2 - \frac{1}{n}\sum_{i=1}^{n}\alpha_i^2\right)\left[\ln p(\alpha_i) - \frac{1}{n}\sum_{i=1}^{n}\ln p(\alpha_i)\right]\right\}}} \tag{4.28}$$

同时，也可以解出正态分布函数峰值 $S_o$，即

$$S_o = \exp\left\{\frac{1}{n}\sum_{i=1}^{n}\ln p(\alpha_i) - \frac{1}{n}\sum_{i=1}^{n}\alpha_i^2 \frac{\sum_{i=1}^{n}\left(\alpha_i^2 - \frac{1}{n}\sum_{i=1}^{n}\alpha_i^2\right)\sum_{i=1}^{n}\left[\ln p(\alpha_i) - \frac{1}{n}\sum_{i=1}^{n}\ln p(\alpha_i)\right]}{\sum_{i=1}^{n}\left(\alpha_i^2 - \frac{1}{n}\sum_{i=1}^{n}\alpha_i^2\right)^2}\right\}$$

$$(4.29)$$

求得 $\psi_{HKL}$ 与 $S_o$ 后，可以参照式(4.23)、式(4.25)、式(4.26)如下获得回归计算的 $\{HKL\}//ND$ 织构组分的体积量 $v_{HKL}$：

$$v_{HKL} = \frac{S_o P_{HKL} \sum_{\alpha=0(\Delta\alpha)}^{\pi/2} \exp\left(-\frac{\alpha^2}{\psi_{HKL}^2}\right)\sin\alpha\Delta\alpha}{2v_{\mathrm{p}}}$$

$$(4.30)$$

如果所需计算的织构是特定的 $\{HKL\}<UVW>$，则相关过程会复杂一些。图 4.29 给出了取向电工钢板的 $\{200\}$ 极图，通常人们需要定量了解其内 $\{110\}$ $<001>$织构，即戈斯织构的体积量和散布锋锐程度。在立方晶系 $\{200\}$ 极图上任一个取向会有 $P_{200}/2 = 3$ 个投影点。图 4.29 纵向中间部位左右的两个密度峰以及极图上下两端合成的第 3 个密度峰即反映出 $\{110\}<001>$织构的分布情况。

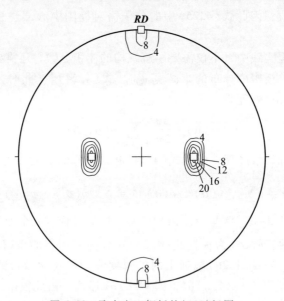

**图 4.29**　取向电工钢板的 $\{200\}$ 极图

假如图 4.29 中 3 个 $\{110\}<001>$织构峰的任一个峰的中心位置用角 $\psi_o$ 表示且呈正态分布，用 $\psi$ 角表示该密度峰附近的某位置，用 $\psi_{\{HKL\}<UVW>}$ 角表示织构 $\{HKL\}\{UVW\}$ 分布的半高宽；则这里所描述 $\{110\}<001>$织构正态分布峰的

形式为

$$p(\Delta\psi) = S_o\exp\left[-\frac{(\psi - \psi_0)^2}{\psi^2_{\{110\}<001>}}\right] = S_o\exp\left[-\frac{\Delta\psi^2}{\psi^2_{\{110\}<001>}}\right] \qquad (4.31)$$

式中，$\Delta\psi$ 表示密度峰附近的某位置至峰中心位置的角度差。用同样的一元线性回归的数理统计学原理可求得 $\psi_{\{110\}<001>}$ 和 $S_o$，其中需要把极密度峰的中心位置转置到极图中心 $\alpha = \Delta\psi = 0$ 的位置，其附近的极密度值也需经类似的转置而达到 $\alpha = \Delta\psi = 0$ 附近相应的位置，然后借助与推导式（4.30）类似的过程，推导出如下计算 $\{110\}<001>$ 织构的体积量 $v_{\{110\}<001>}$：

$$v_{\{110\}<001>} = \frac{S_o P_{200} \sum\limits_{\Delta\psi=0[\Delta(\Delta\psi)]}^{\pi/2} \exp\left(-\frac{\Delta\psi^2}{\psi^2_{\{110\}<001>}}\right)\sin\Delta\psi\Delta(\Delta\psi)}{2v_p}$$

$$= \frac{3S_o \sum\limits_{\Delta\psi=0[\Delta(\Delta\psi)]}^{\pi/2} \exp\left(-\frac{\Delta\psi^2}{\psi^2_{\{110\}<001>}}\right)\sin\Delta\psi\Delta(\Delta\psi)}{v_p} \qquad (4.32)$$

极密度数据在极图上的位置转置仅涉及数学问题，这里不再作细致介绍。需要注意的是，上述用极图数据定量计算织构的方法通常只适用于多晶体织构结构比较简单，例如只有一种简单织构的情况。

## 本章重点

注意取向（或称位向）与位置在几何理念上的异同。掌握 $\{HKL\}$ 极图与相应多重性因子 $P_{HKL}$ 的关系，及其对表达取向和织构的影响。特别要了解到，以前各章涉及多晶体粉末试样 X 射线衍射强度时均假设多晶体内不存在织构；而本章强调了织构在多晶体工程材料内存在的普遍性以及织构对 X 射线衍射强度的明显影响。因此，需注意区分多晶体结构分析和织构分析的差异，避免相互干扰和混淆。熟悉取向分布函数在表达织构方面的优势及以其为基础定量分析织构的理念和方法。初步尝试定量计算织构。体会织构与宏观各向异性的内在联系。

## 参考文献

［1］ 毛卫民. 晶体材料的结构. 北京：冶金工业出版社，1998.

［2］ 刘国权. 材料科学与工程基础：上册. 北京：高等教育出版社，2015.

［3］ 杨平，毛卫民. 工程材料结构原理. 北京：高等教育出版社，2016.

［4］ 毛卫民，杨平，陈冷. 材料织构分析原理与检测技术. 北京：冶金工业出版社，2008.

[5]　毛卫民. 金属材料的晶体学织构与各向异性. 北京：科学出版社，2002.

[6]　Bunge, H. J. Quantitative texture analysis. DGM – Informationsgesellschaft, Oberursel, 1981.

[7]　Bunge, H. J. Texture analysis in material science. Butterworths, London，1982.

[8]　杨平. 电子背散射衍射技术及其应用. 北京：冶金工业出版社，2007.

## 思考题

4.1　比较晶体的取向或位向与晶体的位置这两个概念，二者的差异和内在联系是什么？

4.2　将一晶体取向的各极射赤面投影点绘入某｛HKL｝极图后，如何判断该｛HKL｝极图能否确定此晶体的取向？

4.3　应怎样阐述多晶体取向分布与多晶体晶体学织构的关系？

4.4　利用极图或取向分布函数分析多晶材料织构时，二者各有什么优劣？

4.5　如何用简洁的语言阐述获得取向分布函数的测算过程？

## 练习题

4.1　选择题（可有 1~2 个正确答案）

1. 晶体取向表达了晶体的哪种几何特征？
   A. 平移特征，　　　　　　　　　　B. 旋转特征，
   C. 平移特征和旋转特征，　　　　　D. 平移特征或旋转特征

2. 下列哪种情况会存在织构？
   A. 单晶体内一定有，　　　　　　　B. 多晶体内一定有，
   C. 单晶体内可能有，　　　　　　　D. 多晶体内可能有

3. 用 X 射线 $\theta-2\theta$ 衍射记录多晶厚试样的衍射强度时下列哪一项原则上不影响衍射强度？
   A. 结构因子，　　　　　　　　　　B. 材料织构，
   C. 多重性因子，　　　　　　　　　D. 试样的厚度

4. 利用测得的正交晶系单晶体｛002｝极图能否确定该单晶体的取向？
   A. 通常不可以，　　　　　　　　　B. 原则上可以，
   C. 当有点阵常数 $a=c$ 时可以，　　D. 当有点阵常数 $a=b$ 时可以

5. 用 X 射线测得正交晶系某一单晶体｛200｝和｛004｝极图；用哪个极图可确定该单晶取向？
   A. ｛200｝和｛004｝均不可，　　　　B. ｛200｝可以，
   C. ｛004｝可以，　　　　　　　　　D. ｛200｝和｛004｝均可

6. 用 X 射线测量四方点阵晶体的｛200｝和｛006｝极图；从晶体对称性角度观察，两实测极图所表达多晶体取向分布的表达方式上是否有本质差别？

A. 对单质晶体没有，               B. 不一定有，

C. 一定有，                        D. 对非单质晶体有

7. 用 X 射线测得四方晶系某一单晶体 $\{200\}$ 和 $\{006\}$ 极图；用哪个极图可确定该单晶取向？

    A. $\{006\}$ 可以，              B. $\{200\}$ 可以，

    C. $\{200\}$ 和 $\{006\}$ 均可，     D. $\{200\}$ 和 $\{006\}$ 均不可

8. 用 X 射线衍射确定某 $\{HKL\}$ 极图数据 $p(\alpha, \beta)$ 时，哪个因素不断影响极图数据的起伏变化？

    A. 布拉格角 $\theta$ 的高低，       B. 结构因子，

    C. 多重性因子，             D. 参加衍射的晶粒数

9. 用取向分布函数研究织构的主要优点有哪些？

    A. 可计算与织构相关的性能，    B. 可避免极图分析的局限，

    C. 可读出织构体积量，          D. 可减少测量数据量

10. 下列哪个对背散射电子检测技术的描写是正确的？

    A. 基于布拉格方程原理，      B. 入射线波长固定，

    C. 入射线波长小范围变化，    D. 一点背散射可确定微区织构

4.2 假设实际获得某立方晶系多晶体的 $\{200\}$ 完整极图，如图 L4.1 所示，且有 $\alpha = 0° \sim 90°$，$\beta = 0° \sim 360°$，$\Delta\alpha = \Delta\beta = 5°$；$\alpha$ 角确定时极密度分布不随 $\beta$ 角变化，即有 $p(\alpha, \beta) = p(\alpha)$，$p(\alpha)$ 值如表 L4.1 所示。试定量计算该多晶体的 $\{200\}$ 面织构，包括体积分数 $v_{200}$ 和散布宽度 $\psi_{200}$。

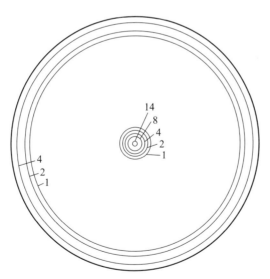

**图 L4.1** 立方晶系多晶体 $\{200\}$ 完整极图

**表 L4. 1**　$p(\alpha)$ 值

| $\alpha/°$ | $p(\alpha)=p(\alpha,\ \beta)$ | $\alpha/°$ | $p(\alpha)=p(\alpha,\ \beta)$ |
|---|---|---|---|
| 0 | 15. 05 | 50 | 0. 13 |
| 5 | 10. 12 | 55 | 0. 13 |
| 10 | 3. 17 | 60 | 0. 13 |
| 15 | 0. 46 | 65 | 0. 13 |
| 20 | 0. 03 | 70 | 0. 01 |
| 25 | 0. 13 | 75 | 0. 14 |
| 30 | 0. 13 | 80 | 1. 00 |
| 35 | 0. 13 | 85 | 3. 24 |
| 40 | 0. 13 | 90 | 4. 79 |
| 45 | 0. 13 | | |

# 第 5 章
# 无机材料中的晶体缺陷

## 本章提要

　　以材料理想晶体结构为基础，介绍了真实晶体结构中的缺陷形态及其一些重要特征。简述了点缺陷热力学特征及其测量、辐照条件下点缺陷行为及其对晶体结构的影响、点缺陷与材料性能关系等。以位错的弹性效应为中心阐述了位错应力场、位错能量、位错与点缺陷交互作用，分析了位错承受的外力、线张力、化学力、映像力等；描述了不同类型的位错结构及其力学行为特征。介绍了金属晶体塑性变形晶体学原理，以及塑性变形过程中晶体取向变化的基本规律和计算方法。探讨了晶界的取向差特征、晶界的分类、多晶体取向差分布，以及取向差和取向差分布的计算与分析。

世界上大多数的无机工程材料都具有特定的晶体结构，前面几章介绍的均是完整晶体结构的特征。然而完整的晶体结构通常只具备理论意义，实际工程材料的晶体结构往往是不完整的，晶体中总会存在某种缺陷结构。晶体中的缺陷会对材料的力学性能及各种物理性能产生重要甚至是决定性的影响。按晶体中缺陷的类型及其在晶体结构中的影响范围，可把晶体缺陷分为点缺陷、线缺陷和面缺陷三类。

## 5.1　晶体结构中的点缺陷

### 5.1.1　晶体点缺陷的类型与基本热力学

晶体中的点缺陷可以是由空位或自间隙原子构成的固有缺陷，也可能是由杂质原子构成的外来缺陷。点缺陷会引起晶体结构内局部的畸变，其范围局限在几个原子间距的范围内。相对于整个晶体的尺度，点缺陷所涉及的空间范围非常小，因此可以把它们看成晶体结构中一个一个的几何点，即点缺陷，或零维缺陷。

材料晶体结构中的外来原子或杂质原子也可以构成点缺陷，它们的存在及对材料性能的影响属于工程材料学的内容，这里不作深入介绍。这里着重讨论材料晶体结构自身产生的点缺陷。晶体结构中若某一原子位置上丧失了相应的原子而形成空缺原子的状态，即为空位。如果晶体中的一个原子挤入结构中其他正常占位原子之间的间隙位置，则该原子就构成了一个自间隙原子（图5.1）。

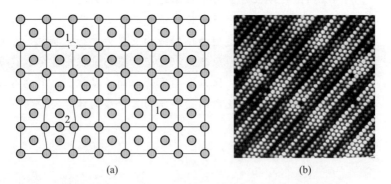

(a)　　　　　　　　　　　　　　　(b)

**图 5.1**　晶体中的点缺陷：（a）点缺陷示意图；（b）Pt 表面的空位观察[1]

1—空位；2—自间隙原子

空位是晶体结构中固有的点缺陷，可以有一定的平衡浓度。空位可以与原子交换位置造成原子的热激活输运，空位的迁移性质直接影响原子的热输运，并影响到材料的电、磁、热力学等方面的性能，因而受到广泛重视。自间隙原子也有一定的平衡浓度，但形成自间隙原子所耗费的能量非常高，因而其平衡浓度极低，通常可以忽略。只有在诸如高能粒子辐照、离子注入等外界强烈作功的条件下，晶体结构中才可能获得有意义的自间隙原子浓度。

从热力学的角度观察，点缺陷的存在或出现会造成晶体结构体系内热力学焓升高和熵的改变。晶体结构中点缺陷的浓度 $x$ 一般都比较低，即有 $x \ll 1$。当点缺陷浓度 $x$ 发生 $\delta x$ 改变后，引起吉布斯自由能变化 $\delta G$ 为

$$\delta G = (\Delta H^{\mathrm{f}} - T\Delta S^{\mathrm{f}} + Tk\ln x)\delta x \tag{5.1}$$

式中，$\Delta H^{\mathrm{f}}$ 是点缺陷形成焓；$k$ 是玻耳兹曼常量；$T$ 是绝对温度；$k\ln x$ 是理想混合熵；$\Delta S^{\mathrm{f}}$ 可近似看成点缺陷形成时引起的振动熵。平衡时有

$$\frac{\delta G}{\delta x} = 0 = \Delta H^{\mathrm{f}} - T\Delta S^{\mathrm{f}} + Tk\ln x_o \tag{5.2}$$

$$x_o = \exp\left(\frac{\Delta S^{\mathrm{f}}}{k}\right)\exp\left(-\frac{\Delta H^{\mathrm{f}}}{kT}\right) \tag{5.3}$$

式中，$x_o$ 是点缺陷平衡浓度。

式(5.2)中 $\Delta S^{\mathrm{f}}$ 主要来源于晶体中加入点缺陷后所引起的晶体振动频率的改变。对于配位数为 12 的面心立方晶体结构，可以求得 $\Delta S_{\mathrm{V}}^{\mathrm{f}} = 1.73k$。对于面心立方结构的铜晶体，如果同时考虑空位周围最近邻和次近邻的 19 个原子壳层结构，则借助不同的简化计算可得到 $\Delta S_{\mathrm{V}}^{\mathrm{f}}$ 值处于 $2.3k \sim 1.6k$ 之间。

晶体结构中点缺陷平衡浓度通常很低。接近熔点时，金属中空位的平衡浓度约为 $10^{-4}$。自间隙原子的形成焓比空位大 $3 \sim 5$ 倍，在热平衡状态下自间隙原子的平衡浓度非常小，为 $10^{-12} \sim 10^{-20}$。

参照式(5.3)可知，对平衡空位浓度 $x_{o\mathrm{V}}$ 有

$$x_{o\mathrm{V}} = \exp\left(\frac{\Delta S_{\mathrm{V}}^{\mathrm{f}}}{k}\right)\exp\left(-\frac{\Delta H_{\mathrm{V}}^{\mathrm{f}}}{kT}\right) \tag{5.4}$$

式中，$\Delta H_{\mathrm{V}}^{\mathrm{f}}$ 是空位形成焓；$\Delta S_{\mathrm{V}}^{\mathrm{f}}$ 是空位振动熵。这种由一定温度下的热激活引起的空位称为热空位。

## 5.1.2 空位浓度的测量

在工程材料性能的分析研究中经常需要获知材料空位浓度的变化规律。传统的实验测定空位浓度的方法是示差膨胀法。这个方法需要测量材料宏观长度 $L$ 的热膨胀 $\Delta L/L$ 以及材料微观晶体点阵常数 $a$ 的热膨胀 $\Delta a/a$；其中点阵常数热膨胀需要借助高温 X 射线衍射仪测定。图 5.2 给出了反映铝试样宏观长度和微观点阵常数随温度的变化规律的实测值。可以看出，随温度的升高，宏观长

度的热膨胀率渐高于微观晶体点阵常数的热膨胀。

设试样宏观体积 $V$ 为 $L^3$，则在升温过程中其体积变化 $\Delta V = \Delta(L^3) = 3L^2 \Delta L$。所以有宏观膨胀引起的体积变化率 $\Delta V/V = 3\Delta L/L$。同理，可以推导出试样微观膨胀引起的体积变化率为 $3\Delta a/a$。试样宏观的 $\Delta L/L$ 包括了由微观的 $\Delta a/a$ 变化率以及引入空位所引起的体积变化，由此可以求出空位浓度 $x_V$ 为

$$x_V = 3\left(\frac{\Delta L}{L} - \frac{\Delta a}{a}\right) \tag{5.5}$$

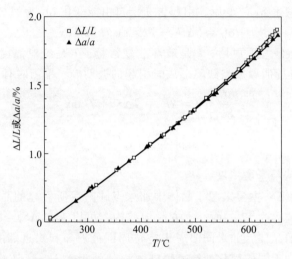

**图 5.2**　铝试样长度和点阵常数随温度的变化

如果测出不同温度下的若干个空位浓度，就可以根据式(5.3)求出空位形成焓和空位形成熵。由于工程材料的实际空位浓度很低，因此要想测得 $\Delta L/L$ 和 $\Delta a/a$ 的微小差异，需要使用灵敏度和精确性很高的测量设备。

在高温条件下直接测量空位浓度通常比较困难，有时可以考虑采用快冷的方法把高温的空位浓度保留到空位不易移动的低温区来测量。应该注意的是，空位的移动性往往很高，在快速冷却的过程中不可避免地会有部分空位进入晶体内的晶界、表面以及其他晶体缺陷形成的空位陷阱并湮没，使低温测得的空位浓度低于高温空位浓度的真实值。

### 5.1.3　自间隙原子的产生

自间隙原子的形成焓通常数倍于空位的形成焓，只有在高能粒子辐照下，才会产生对材料性能有显著影响的自间隙原子浓度。当高能粒子射入晶体时，会与晶体结构中的原子发生碰撞。碰撞后原子获得反冲能。当反冲能高于某一

阈值 $E_d$ 时，会使受撞原子发生永久位移，并形成由空位与自间隙原子构成的缺陷对。反冲能阈值 $E_d$ 随温度降低而升高。例如铜在 500 K 时的阈值为 $1.6\times10^{-18}$ J，而在 80 K 时为 $2.72\times10^{-18}$ J。晶体结构中不同晶体学方向上的原子密度不同，因此使结构中的原子离开其平衡位置并形成空位和间隙原子对的反冲能阈值 $E_d$ 的大小，与高能粒子射入晶体结构的方向及相应方向上原子平衡位置的距离有关。即反冲能阈值是各向异性的，且与具体的晶体结构类型、点阵常数、原子间键能等因素有关。图 5.3 以反极图的形式给出了铜晶体的各向异性阈值 $E_d$。分析面心立方 A1 结构（图 3.1a）可以看出，<100>方向的原子间距较大，为单胞常数 $a$，且近邻{100}面对形成自间隙原子的束缚较小，因此该方向阈值最小。<110>方向的原子间距较小，为 $0.707a$，所以该方向阈值有所升高。<111>方向的原子间距虽然很大，但近邻{111}面上 3 个最近邻原子对沿<111>方向生成自间隙原子有很大约束，因此在<111>方向附近出现最大阈值。

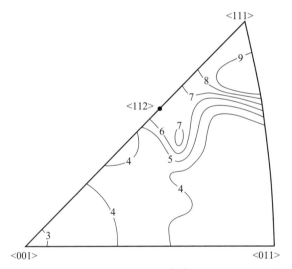

**图 5.3** 铜晶体阈值 $E_d$ 的各向异性[2-4]（阈值单位：$\times10^{-18}$ J）

入射的高能粒子与晶体结构内的原子发生碰撞时，会把一定的能量传递给原子。当所发生的碰撞为正碰撞时，受撞原子可以获得最大的反冲能 $U_{max}$。设质量为 $m_h$ 且以一定速度入射的高能粒子，其动能为 $E_0$。粒子与原子发生正碰撞后其速度发生转变；同时，质量为 $m_a$ 的受撞原子由静止开始以特定速度沿碰撞方向运动。根据动量守恒和能量守恒定律可以推导出最大反冲能 $U_{max}$，即

$$U_{max} = \frac{4m_h m_a E_0}{(m_h + m_a)^2} \qquad (5.6)$$

用中子辐照铜晶体时，约有 $U_{max} \approx E_0/16$；如果 $U_{max}$ 远大于相应阈值 $E_d$ 时，一个原子被高能粒子从平衡位置激发后会具有很高的能量，可以继续作为一个撞击粒子，把另一个平衡位置上的原子激发出来，这种过程称为级联。一个能量极高的高能粒子可以制造出一个系列级联过程，使结构中的一组原子被激发而脱离其原始平衡位置。可以如下估算所有被激发原子的数目 $n$：

$$n = \frac{\overline{U}}{2E_d} \tag{5.7}$$

式中，$\overline{U}$ 是入射高能粒子激发出的第一个原子能量的平均值。估算式(5.7)假设第一个被激发原子所具备的能量中只有约50%耗费于激发晶体结构中的其他自间隙原子，但不计入被激发后又与邻近的空位复合的那些原子。

假设具有 $1.6 \times 10^{-13}$ J 的电子入射到铜晶体内，参照式(5.6)其 $U_{max}$ 约为 $1.088 \times 10^{-17}$ J，第一个被激发原子能量的平均值 $\overline{U}$ 约为 $5.28 \times 10^{-18}$ J，铜晶体的阈值 $E_d$ 约为 $4 \times 10^{-18}$ J。在实施第二次撞击之前，入射电子所激发原子的能量已经减弱至式(5.7)所示的限制条件以下($n < 1$)，因此，该入射电子只能产生一个空位与自间隙原子构成的缺陷对。如果采用具有 $1.6 \times 10^{-13}$ J 的中子作入射粒子，则第一个被激发原子能量的平均值 $\overline{U}$ 为 $3.52 \times 10^{-15}$ J，由此参照式(5.7)算得 $n$ 值明显高于400，即比电子质量高很多的中子入射会激发出大量的级联自间隙原子。

在核反应过程中，铀裂变发射出的中子的动能可以达到 $3.2 \times 10^{-13}$ J，与铜原子正面碰撞后，中子可向铜原子转移的反冲能为 $2 \times 10^{-14}$ J。由此推算，在铀裂变条件下服役的铜质构件内部随时都会产生大量的辐照缺陷，并对构件的性能带来不可忽视的影响。在这种情况下，分析研究材料内点缺陷的产生和演化规律显得尤为重要。

## 5.1.4　有序结构的点缺陷特征

非金属晶体往往具有比较完整的长程有序结构，即具备较高的长程有序参数；且多以离子键或共价键构建晶体结构，其结构中也会存在少量空位。非金属晶体的中离子会带有正、负电性，所以空位中会有正离子空位和负离子空位。离子晶体中一般应同时兼有这两种空位以保持晶体的静电性平衡。对于 AB 型晶体，正、负离子空位常成对出现，以保证局部范围静电中性(图5.4)。结构中因失去原子形成空位而产生的电荷，需借助电荷的重新分布加以平衡。

AB 型长程有序的晶体结构中，A 和 B 原子在晶体的单胞中各有其固定位置。因此，可以把晶体结构分解成 A 原子所占据的 $a$ 位置和由 B 原子所占据的 $b$ 位置在空间三维长程有序的周期性排列。若在 $a$ 类或 $b$ 类位置上出现点缺

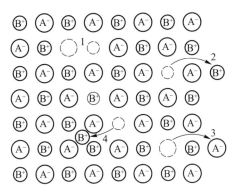

**图 5.4** AB 型离子晶体中的点缺陷

1—离子空位对；2—正离子空位；3—负离子空位；4—空位-自间隙原子对

陷，则因二者所邻接的原子类型和数目都不相同，造成不同的形成焓 $\Delta H^{\mathrm{f}}$。根据式（5.3），不同的形成焓会导致 $a$ 类或 $b$ 类位置上不同的点缺陷平衡浓度。例如，CoGa 化合物具有 CsCl 型 $B2$ 结构，Co 占据 $1a$ 位置，Ga 占据 $1b$ 位置。如果 $1a$ 位置出现空位则应被 Ga 原子所包围，$1b$ 位置出现空位则是被 Co 原子所包围。$1a$ 位置的空位形成焓约为 $0.8\times10^{-19}$ J，而 $1b$ 位置的空位的形成焓约为 $2.24\times10^{-19}$ J，接近 $1a$ 位置的 3 倍。$1b$ 位置偏高的形成焓会使其空位浓度比 $1a$ 位置低几个数量级，尤其在低温的时候，这种差异会更加明显。这种在有序化合物特定结构位置上出现偏离正常的平均空位浓度的超额空位称为结构空位。

另一方面，要想在 $B2$ 结构 AB 型化合物中的 $1a$ 位置生成明显高于 $1b$ 位置的空位，则需使更多的 A 原子离开 $1a$ 位置。这些离开原位的 A 原子除了极少数形成自间隙原子外，大多数会进入 $1b$ 位置。如果 A 原子占据了在理想结构中不应占据的 $1b$ 位置，就会在晶体中形成一个反结构原子，或称反位置原子。$B2$ 结构要求其 $1a$ 和 $1b$ 的位置数 $N_a$ 与 $N_b$ 必须保持 1∶1 的比例，因而也需要 A、B 原子的比例保持 1∶1。但空位引起的 A 原子反结构占位使晶体失去了原需维持的 $N_a$ 与 $N_b$ 数目之间 1∶1 的比例，造成 $1b$ 位置的数量 $N_b$ 增加，而结构中也不能提供足够的 A 原子去补充占据 $1a$ 位置，因此要在晶体结构中的 $1a$ 位置上再产生一个空位，以保持晶体的 $B2$ 结构。这一现象也导致晶体的单胞数量增加，即晶体体积增加。

综上分析可以看出，AB 型晶体结构中 $a$ 位置与 $b$ 位置上空位形成焓的差异导致两类位置不同的空位浓度，因而会造成一种偏离理想结构的结构缺陷。同时，占据 $a$ 位置的 A 原子较低的空位形成焓使其更多地脱离 $a$ 位置，并主要进入 $b$ 位置，因此会造成一种偏离理想有序结构的结构缺陷。再有，A 原子进

入 $b$ 位置后为保持 $a$、$b$ 两类位置数 $1:1$ 的比例关系，需在 $a$ 类位置上引入新的空位以使结构保持平衡，这些新引入的 $a$ 位置上的空位又是一种偏离理想结构的结构缺陷。由此可见，AB 型晶体结构中 $a$、$b$ 位置空位形成焓的差异会同时造成上述三重的晶体结构缺陷。

很多有序化合物可以借助调整空位浓度而在偏离理想成分的一定范围内稳定存在，即可以保持偏离化学计量比的成分。如果 AB 型化合物 A 和 B 两类原子的价电子数不同，当原子偏离化学剂量成分时，为了维持价电子浓度不变，即维持单位体积内价电子数不变，也会产生结构空位，即合金的电子浓度变化会改变空位形成焓。例如 CoGa 化合物中 Ga 为高价原子，Co 的稳定成分范围为原子比 $45\% \sim 65\%$ Co。在化学剂量成分，即原子比 $50\%$ Co 时，Co 在所占据 $1a$ 位置的空位浓度为 $2.5\%$。而当 Co 的原子比为 $45\%$ Co 时，空位浓度约为 $10\%$，$65\%$ Co 时则降为 $0.1\%$。可以看出，为维持特定的价电子浓度，低价的 Co 含量减少时需引入较高的空位浓度以使化合物的价电子浓度不明显升高；反之当低价的 Co 含量增加时需降低空位浓度保持化合物的价电子浓度不明显降低。

分析表明，在有序化合物不同类型位置上不仅其空位浓度会有明显差异，而且不同类型位置上空位湮没速度也会有明显差异。这使得影响有序化合物点缺陷行为的因素变得非常复杂。在实验上，目前也难以明确分别观察热空位和结构空位的相关行为，相关的理论还有待进一步完善。

## 5.1.5　晶体结构中点缺陷的组态及点缺陷流引起的原子再分布

可以借助计算机模拟高能粒子入射后在晶体结构中造成的自间隙原子和空位的分布组态。图 5.5 给出了对铜晶体作入射模拟计算后得出的一个高能粒子所造成级联过程的示意图。该模拟过程设想一个 $125 \times 125 \times 125$ 个原子构成的立方体形铜晶体，所采用的 $\overline{U}$ 值为 $3.2 \times 10^{-14}$ J，高能粒子初始入射由图的左下方开始。图 5.5 中的大黑点是所激发出的空位的位置，小黑点是所激发出的自间隙原子的位置。可以看出，该高能粒子在晶体中造成的缺陷密度分布波动很大，同时也可以看出，空位倾向于聚集，而自间隙原子则大多以单个形式排列。

图 5.6 示意性地给出由一入射高能粒子进行初级撞击后，在晶体内部引发的点缺陷的分布情况。可以观察到，能量足够高的入射粒子发生初级撞击后不仅引发出空位–自间隙原子对，而且还会造成一系列的级联反应。被激发出的自间隙原子会把结构中正常的原子撞击出其平衡位置并取而代之，同时使这个原处于正常位置的原子进入间隙位置，称为换位碰撞。级联撞击也可以使某一

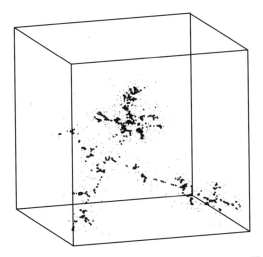

**图 5.5** 计算机模拟高能粒子激发铜晶体后产生的级联示意图($\overline{U} \approx 3.2 \times 10^{-14}$ J, 立方体边长为 125 个最近邻原子间距)

方向上原子的排列密度在一小范围内提高,其间各原子均一定程度地偏离了平衡位置,称为挤列子;此时 $n+1$ 个原子沿特定方向占据了 $n$ 个原子的位置;其中两个原子并排占据晶体结构中一个原子的平衡位置的现象称为哑铃状自间隙对。晶体结构内发生剧烈级联碰撞的区域会向周围发射出大量自间隙原子,并因而导致其转变成低密度区。

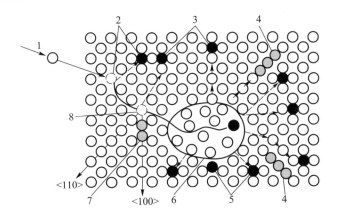

**图 5.6** 高能粒子撞击原子产生点缺陷示意图

1—高能粒子;2—空位-自间隙原子对;3—换位碰撞;4—挤列子;5—自间隙原子;

6—稀疏区;7—哑铃状间隙对;8—空位

对晶体持续的辐照造成了过饱和的空位和自间隙原子浓度。空位-自间隙原子对的复合以及点缺陷在陷阱处的湮没可以降低过饱和的缺陷浓度。晶体的表面、内部界面及其他晶体缺陷是点缺陷持续不饱和的陷阱，因此在特定的稳定条件下会引起持续、定向的缺陷流。

在 A-B 二元固溶体合金中，流向陷阱的空位流 $J_V$ 必等于逆向的 A、B 原子流 $-(J_A+J_B)$。陷阱使空位浓度 $C_V$ 随与陷阱的距离缩短而降低。如果两组元的秉性扩散系数 $D_A^V$、$D_B^V$ 不同，且有 $D_A^V > D_B^V$，则对逆向原子流 $J_A$、$J_B$ 有 $J_A > J_B$。这样持续的点缺陷流会在陷阱附近造成 A 原子的贫化，低于其正常浓度 $C_{A0}$。如图 5.7a 所示（$x=0$ 为点缺陷陷阱的动态前沿位置），A 原子的浓度 $C_A$ 在靠近陷阱的地方明显降低，而在距离陷阱一定距离的地方富集。如果陷阱所引起的是间隙原子流 $J_I$，则陷阱的位置会随 $J_I$ 不断迁移，且陷阱会使间隙原子的总浓度 $C_I$ 随与陷阱的距离缩短而降低；但正常位置上的 A 原子会在陷阱附近相对富化，高于其正常浓度 $C_{A0}$。如图 5.7b 所示，A 原子的相对浓度 $C_A$ 在靠近陷阱的地方明显升高，而在距离陷阱一定距离的地方相对贫化。

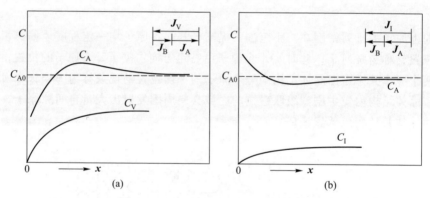

**图 5.7**　A-B 二元合金中的点缺陷流在陷阱（$x=0$）附近造成的原子再分布（假设 $D_A^V > D_B^V$）[3,4]：（a）流向陷阱的空位流；（b）流向陷阱的间隙原子流

在持续受到辐照的 A-B 二元固溶体合金中，如果空位与正常占位的 A 原子、或自间隙原子 B 与正常占位的 A 原子可形成紧密结合的复合体，则在陷阱附近也可以发生类似的 A 原子再分布现象。例如当空位或自间隙原子 B 向陷阱流动时会带动 A 原子一起流动，并在陷阱附近引起组元 A 的富化。这种因与点缺陷紧密结合而被带动的组元富化过程可以使该组元的浓度不断上升，直至达到其溶解极限。当浓度超过溶解极限且在形核条件允许的条件下，就可能析出新相。辐照停止后，借助空位的热激活运动可以使上述过程逆转。

## 5.1.6 点缺陷对晶体材料结构与物理性能的影响

以大于 $10^{21} \sim 10^{22}$ 中子/cm² 的辐照流在低于熔点 $T_m$ 的温度范围内（$0.3 \sim 0.6 T_m$）对晶体进行中子辐照时，大多数金属晶体的体积都会增加，体积增加量与辐照流大小成正比。这样的辐照条件下，在晶体结构中可以观察到各种各样的由空位聚集成的空位群，称为空洞。研究表明，合金的沉淀析出物或合金中的杂质团等结构不均匀区域是空洞容易形核的地方；由核反应所产生的氦气泡等杂质可以增加空洞形核的速度。辐照使结构中空洞的体积分数升高，且很容易达到 10% 的水平，因此材料的体积会明显增加。如 5.1.1 节所述，自间隙原子的形成焓比空位大 3~5 倍，所以位错等陷阱对自间隙原子的吸引力比对空位的大得多，导致自间隙原子容易以更高的速度湮没，为大量空位聚合成空洞提供了条件。空洞一旦形成便处于热力学亚稳定状态，它可以作为陷阱不断吸收附近的空位，使结构中的空位浓度降低。在持续辐照的条件下，空洞会因不断吸收辐照产生的空位而长大，使材料体积发生肿胀。在较低温度时，空位移动速度小，易于和间隙原子复合，空洞不容易出现；在很高温度时，空位平衡浓度高且热激活剧烈，因而减少了可以用来聚集成空洞的空位量。只有在某一中间温度范围，晶体材料的肿胀现象才最明显。在辐照条件下使用的晶体材料大多会在此中间温度下工作，相应肿胀现象不利于材料的使用。在材料中加入一些和自间隙原子有强交互作用的元素，使它们成为自间隙原子暂时的陷阱，把自间隙原子拖住，以降低自间隙原子的湮没速度，从而增加其与空位复合的机会，可以减小材料的肿胀。

在辐照下服役的材料，因低温阶段的回复而消失的缺陷会在后续辐照过程中再生出来。辐照缺陷反复的产生和湮没带动了材料结构内原子反复的微扩散。在原子热扩散行为可以忽略的低温条件下，这种反复微扩散过程有可能推动材料体系内部的某些转变的发生。图 5.8 给出了 Cu-Zn 二元相图。在较大的中子辐照剂量下 A1 结构 Cu-30%Zn 合金可能在较低温度建立起显著的成分起伏。当局部区域的非平衡成分超过 39%Zn 时，辐照产生的微扩散会促进亚稳短程有序结构的形成，即在过饱和 Cu-Zn 体系中形成 Zn 原子富集的 GP 区，乃至推进局部 B2 结构 β′-CuZn 相的脱溶。其他多元体系也会在辐照条件下出现类似的脱溶行为。

在高能粒子的持续辐照下会造成工程材料内部一定的损伤，称为辐照损伤。辐照损伤起源于晶体结构内点缺陷的不稳定性，并导致材料性能的改变。例如，辐照会造成材料密度下降、在很低的温度下诱发蠕变、诱生异常相变等。不同的材料会有不同的辐照损伤行为。一般材料热蠕变的蠕变速率与温度

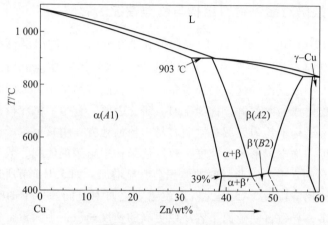

**图 5.8**　Cu-Zn 二元相图

呈指数变化关系。在辐照条件下，材料可以在 $T_m/2$ 以下的温度发生蠕变。辐照产生的空位和自间隙原子会频繁与刃位错结合，使其在很低的温度下沿垂直于位错线 $t$ 矢量和伯氏矢量 $b$ 的方向迁移，因此辐照诱发蠕变的蠕变速率大体和温度无关。在应力不太大的情况下，蠕变速率不仅与应力成正比，也与缺陷产生的速率成正比。

很多复相材料在使用温度下常常含有非平衡相，如果它们在辐照条件下使用，高浓度的可动空位和自间隙原子可提供强的物质输运，并促进复相材料向平衡方向转变。这种相变因辐照而加速，称为辐照诱发相变。辐照也可能改变复相材料各相的自由焓，进而导致原来热力学平衡的相转变成不平衡的相，并因此引起相变。辐照会引起材料体系中各组元原子间的混合，可以使原长程有序相分解，影响有序相的稳定性。

空位、自间隙原子会提高金属晶体的电阻率。表 5.1 给出了部分金属晶体中 1% 空位浓度对电阻率增幅 $\Delta\rho_V$ 的影响[5]。如式 (5.4) 所示，高温条件下晶体内的平衡空位浓度会保持比较高的水平，但在室温却保持很低的水平。分析显示，接近熔点时金属的平衡空位浓度可达室温的 $10^8$ 倍[6]，或更高。因此与高温状态相比，室温的平衡空位浓度可以忽略不计。一般认为，金属晶体的电阻率与空位浓度有线性正比关系。如果把金属晶体加热到接近其熔点的温度，并使晶体达到平衡浓度后以淬火的方式急速冷却到室温，则高温下的高平衡空位浓度就会被强制地保留到室温，使晶体的电阻率大幅度升高。参照式 (5.4) 可推导出电阻率增幅 $\Delta\rho$ 为

$$\Delta\rho = \rho_T - \rho_{T_r} = \rho_0 \exp\left(-\frac{\Delta H^f}{kT}\right) - \rho_0 \exp\left(-\frac{\Delta H^f}{kT_r}\right) \approx \rho_0 \exp\left(-\frac{\Delta H^f}{kT}\right) \quad (5.8)$$

式中，$\Delta H^f$ 是空位形成焓；$T_r$ 表示室温；$T$ 表示淬火前的加热温度；$\rho_T$ 是淬火前加热温度下的电阻率；$\rho_{T_r}$ 是室温电阻率，$\rho_0$ 为电阻率常数。

表 5.1  部分金属晶体中 1% 空位浓度对电阻率增幅 $\Delta\rho_V$ 的影响[5]

| 金属 | $\Delta\rho_V/(10^{-6}\Omega\cdot cm)$ | 金属 | $\Delta\rho_V/(10^{-6}\Omega\cdot cm)$ |
|---|---|---|---|
| Cu | 2.3 | Pt | 9.0 |
| Ag | 1.9 | Fe | 2.0 |
| Au | 2.6 | W | 29 |
| Al | 3.3 | Zr | 100 |
| Ni | 9.4 | | |

在辐照流持续照射下，晶体内产生的空位会聚集形成空洞。空洞有很高的电阻率，且其介电常数和抗电压击穿的能力都很低。如果在辐照条件下服役的介电陶瓷晶体内出现了空洞，则空洞附近的电位差会迅速升高，很容易造成介电陶瓷晶体的电击穿现象[5]，并导致失效。尤其是高频、高压下工作的介电陶瓷，空洞的存在很容易引起电击穿，并造成很大损失，因此在辐照条件下需要给予所使用介电陶瓷晶体特别的关注。另一方面，如图 5.2 所示，除了常规热胀冷缩造成的加热膨胀外，空位浓度随温度的升高也会造成额外的热膨胀。对于要求物质尺寸稳定的晶体材料乃至热膨胀材料等，要专门注意空位浓度变化对晶体材料膨胀行为的额外影响[7]。

参照图 5.4，陶瓷晶体中的负离子位置应该是负电荷中心。如果结构中出现了一个负离子空位，则因该位置被正离子所包围而变成了正电荷中心。这种转变会使负离子空位周围价电子偏离其在正常晶体位置时的能级状态，使之产生多种能态。这些价电子因吸收光子而被激发后所能转移到的第一激发态也区别于常态，即离子空位会引发晶体产生特定的光吸收带。例如，F、Cl、Br、I 等卤族元素与 Li、Na、K、Rb、Cs 等碱金属元素所构成的 AB 型卤化物中，RbBr 离子空位的吸收能级为 $2.88\times10^{-19}$ J，LiF 离子空位吸收能级为 $8.0\times10^{-19}$ J。大多数其他卤化物离子空位的吸收能级范围为 $(3.2\sim4.8)\times10^{-19}$ J。另外在氧化物离子空位的吸收能级中，MgO 的为 $(3.84\sim8.0)\times10^{-19}$ J，CaO、BaO 的吸收能级会更小，而 $Al_2O_3$ 的吸收能级则更高。当空位附近被激发的价电子重新恢复到基态时，也可以发射出区别于其结构主体的特征光子。由此可见，陶瓷晶体中的离子空位会改变其光学吸收及发射特性。人们熟知，可见光的波长范围为 $0.4\sim0.75$ μm，相应光子的能量范围为 $(2.6\sim4.8)\times10^{-19}$ J。可以看出，陶瓷晶体中离子空位的光子吸收能级范围刚好覆盖了可见光光子能量的范围，因此离子空位的存在尤其会影响到陶瓷晶体在可见光范围内的光学特性。离子空位吸收能级偏高的会影响到其紫外吸收特性，偏低的会影响到其红外吸收特性。

## 5.2　晶体结构中的位错与弹性效应

### 5.2.1　晶体中的位错及其应力场

晶体中一维线形范围内原子排列严重不规则的组态称为位错。位错作为晶体中的一维缺陷已为人们所熟知。图 5.9a 给出了在透射电子显微镜下对不锈钢薄膜试样的观察，图中的黑色线条即为位错。需要注意的是，图 5.9a 中所观察到黑色线条的长度并不是其真实的长度。不锈钢试样具有一定厚度 $d$，因此真实的位错长度应如图 5.9b 所示。

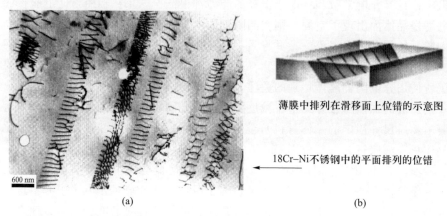

薄膜中排列在滑移面上位错的示意图

← 18Cr–Ni不锈钢中的平面排列的位错

(a)　　　　　　　　　　(b)

**图 5.9**　透射电子显微镜观察不锈钢内的位错(a)及其三维空间内的立体分布(b)[1]

如果在所观察透射电子显微镜图片区域内测量到 $n$ 个位错，每个位错的长度为 $s_i$，则可把各位错的真实长度 $l_i$ 大致估算为

$$l_i = \sqrt{d^2 - s_i^2} \tag{5.9}$$

若所观察图片区域的长×宽为 $a \times b$，则所观察区域内位错的密度 $\rho_\perp$ 大致为

$$\rho_\perp = \frac{\sum_{i=1}^{n} l_i}{abd} = \frac{\sum_{i=1}^{n} \sqrt{d^2 - s_i^2}}{abd} \tag{5.10}$$

在位错周围有一个畸变区，其特点在于只在一维方向上有很大的尺度，与之相垂直的其他两维的尺度则非常小，通常只涉及几个原子的距离。位错很大

尺度的方向被视为位错线的方向，用矢量 $t$ 表示，称为位错线方向矢量。位错线不会在晶体内部有端点，它或者形成某种形式的封闭位错线，即位错环，或者结束于晶体表面或内部界面。位错主要分为两种基本形式：一种是刃位错；另一种是螺位错。图 5.10a、b 给出了晶体中这两种位错的示意图。

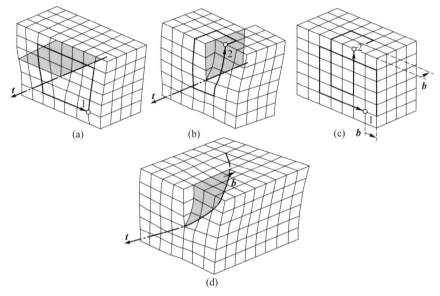

**图 5.10** 晶体中的位错[8]：（a）刃位错（伯氏回路 1）；（b）螺位错
（伯氏回路 2）；（c）伯氏矢量的确定；（d）混合位错

　　如果人为定义出位错线单位矢量 $t$ 的正向，在距离位错线足够远并达到几乎完整晶体的地方绕位错线 $t$ 方向以原子的完整间距为步长作右旋闭合回路，然后在完整晶体中以原子的完整间距为步长作相同的回路后，它必然是不闭合的。这个不闭合回路的终点（回路箭头）指向起点（小圆圈）的矢量称为伯氏矢量，用矢量 $B$ 表示，其长度为 $b$；单位长度伯氏矢量用长度为 1 的 $b$ 表示。伯氏矢量反映了晶体结构中位错线周围的畸变情况。图 5.10c 分别对照图 5.10a 和 b，利用伯氏回路确定出了刃位错和螺位错的伯氏矢量。

　　不同类型位错的特征可以通过位错的伯氏矢量 $b$ 和位错线方向矢量 $t$ 表达出来。刃位错的伯氏矢量 $b$ 和位错线方向矢量 $t$ 互相垂直，螺位错的伯氏矢量 $b$ 和位错线方向矢量 $t$ 互相平行。任何其他位错均可分解出刃位错分量和螺位错分量。由刃位错分量与螺位错分量叠加而成的位错称为混型位错（图 5.10d）。

　　在含有位错的晶体中，沿位错线附近的许多原子不同程度地偏离了完整晶体的平衡位置，因而位错会造成晶体的内应力。如 1.1.3 节所述，各向异性是晶体材料具备的基本共性，其中晶体的弹性性质通常也是各向异性的。然而，如果直接采用弹性各向异性原理分析位错造成的应变、应力场，则使分析工作变得十分繁杂，不利于人们以简洁的方式了解位错的基本弹性行为，也不利于把位错弹性理论应用于工程实践。因此，常规的位错应变、应力分析均首先基于各向同性弹性理论，并由此获得位错造成的应力场。随后，在结合工程材料的相关研究时，再根据材料具体的弹性各向异性性质，对其应变、应力分析作相应的修正和调整。表 5.2 给出了一些多晶材料被视为弹性各向同性体时的弹性常数。

**表 5.2**　一些多晶材料被视为弹性各向同性体时的弹性常数

| 材料 | 弹性模量 $E$/GPa | 切变模量 $G$/GPa | 泊松比 |
| --- | --- | --- | --- |
| W | 360 | 130 | 0.35 |
| $\alpha$-Fe、钢 | 215 | 82 | 0.33 |
| Ni | 200 | 80 | 0.31 |
| Cu | 125 | 46 | 0.35 |
| Al | 72 | 26 | 0.34 |
| Pb | 16 | 5.5 | 0.44 |
| 普通陶瓷 | 58 | 24 | 0.23 |
| 石英玻璃 | 76 | 23 | 0.17 |
| 硅质玻璃 | 60 | 25 | 0.22 |
| 有机玻璃 | 4 | 1.5 | 0.35 |
| 聚苯乙烯 | 3.5 | 1.3 | 0.32 |
| 硬质橡胶 | 5 | 2.4 | 0.2 |
| 普通橡胶 | 0.1 | 0.03 | 0.42 |

　　获得位错的弹性应变和应力场后，根据弹性场的知识，可以获知位错能量。位错的弹性场不受外加应力源的影响，所以处理晶体结构内的总应力时，可以把内应力和外应力作简单的叠加。

　　一般位错线的形状是复杂的，因此在分析其弹性畸变时会遇到很多困难。同时，对直位错线的弹性畸变分析却容易得多。目前，人们借助对直位错应力场的分析，得以对位错的弹性性质有了很深入的了解。本节将粗略地讨论直位错的弹性性质。

## 5.2.2 位错弹性应力场引起的位错能量

在 $O$-$x_1$-$x_2$-$x_3$ 空间直角坐标系内，设直螺位错的位错线过原点且平行于 $x_3$ 轴。在各向同性体内，依据位错造成的位移场所表达的平衡方程及位移与应变的关系，可求得直螺位错的弹性应变场 $\{\varepsilon_{ij}\}_s$ 为

$$\{\varepsilon_{ij}\}_s = \begin{bmatrix} \varepsilon_{11} & \varepsilon_{12} & \varepsilon_{13} \\ \varepsilon_{21} & \varepsilon_{22} & \varepsilon_{23} \\ \varepsilon_{31} & \varepsilon_{32} & \varepsilon_{33} \end{bmatrix} = \begin{bmatrix} 0 & 0 & -\dfrac{b}{4\pi}\dfrac{x_2}{x_1^2 + x_2^2} \\ 0 & 0 & \dfrac{b}{4\pi}\dfrac{x_1}{x_1^2 + x_2^2} \\ -\dfrac{b}{4\pi}\dfrac{x_2}{x_1^2 + x_2^2} & \dfrac{b}{4\pi}\dfrac{x_1}{x_1^2 + x_2^2} & 0 \end{bmatrix}$$

$$(5.11)$$

式中，$b$ 为位错伯氏矢量的长度。利用胡克定律，可由应变场求得应力场 $\{\sigma_{ij}\}_s$ 为

$$\{\sigma_{ij}\}_s = \begin{bmatrix} \sigma_{11} & \sigma_{12} & \sigma_{13} \\ \sigma_{21} & \sigma_{22} & \sigma_{23} \\ \sigma_{31} & \sigma_{32} & \sigma_{33} \end{bmatrix} = \begin{bmatrix} 0 & 0 & -\dfrac{Gb}{2\pi}\dfrac{x_2}{x_1^2 + x_2^2} \\ 0 & 0 & \dfrac{Gb}{2\pi}\dfrac{x_1}{x_1^2 + x_2^2} \\ -\dfrac{Gb}{2\pi}\dfrac{x_2}{x_1^2 + x_2^2} & \dfrac{Gb}{2\pi}\dfrac{x_1}{x_1^2 + x_2^2} & 0 \end{bmatrix}$$

$$(5.12)$$

式中，$G$ 为各向同性材料的剪切模量。

由式（5.12）可见，螺位错的应力场是纯切应力场，没有正应力。若把应力场转换成柱坐标表示时就可以发现，螺位错的切应力场相对于螺位错线呈轴对称分布。令 $r^2 = x_1^2 + x_2^2$，则由式（5.11）和式（5.12）可知，应力和应变均与 $r$ 成反比。但是当 $r \to 0$ 时，应力和应变均趋于无限大，与实际情况不符。为了避免这种发散，$r$ 应有下限值 $r_0$。从式（5.12）可看出，当 $r \approx b$ 时，应力会达到晶体理论强度极限水平。因此，合理的 $r_0$ 值范围应在 $b \sim 4b$ 之间，即在大多数情况下有 $r_0 \leqslant 1$ nm。

位错在它周围的介质产生应力场，这个应力场中有弹性应变能，称为位错的弹性应变能 $E_{el}$。借助直螺位错的弹性应变场和应力场并作适当简化后，可求得直螺位错的弹性应变能 $E_{el}^s$ 为

$$E_{el}^s = \frac{Gb^2}{4\pi}\ln\frac{4D}{b} \tag{5.13}$$

式中，$D$ 为位错应力场的影响范围，实际上可取为晶体内位错平均间距的一半。

在 $O\text{-}x_1\text{-}x_2\text{-}x_3$ 空间直角坐标系内，设直刃位错的位错线过原点且平行于 $x_3$ 轴，伯氏矢量方向平行于 $x_1$ 轴，同时垂直于位错线方向矢量和伯氏矢量的方向为 $x_2$ 轴。在各向同性体内，依据位错造成的位移场所表达的平衡方程，可求得直刃位错的弹性应力场 $\{\sigma_{ij}\}_e$ 为

$$\{\sigma_{ij}\}_e = \begin{bmatrix} -\dfrac{Gb}{2\pi(1-\nu)}\dfrac{x_2(3x_1^2+x_2^2)}{(x_1^2+x_2^2)^2} & \dfrac{Gb}{2\pi(1-\nu)}\dfrac{x_1(x_1^2-x_2^2)}{(x_1^2+x_2^2)^2} & 0 \\[3mm] \dfrac{Gb}{2\pi(1-\nu)}\dfrac{x_1(x_1^2-x_2^2)}{(x_1^2+x_2^2)^2} & \dfrac{Gb}{2\pi(1-\nu)}\dfrac{x_2(x_1^2-x_2^2)}{(x_1^2+x_2^2)^2} & 0 \\[3mm] 0 & 0 & -\dfrac{\nu Gb}{\pi(1-\nu)}\dfrac{x_2}{x_1^2+x_2^2} \end{bmatrix}$$

$$\tag{5.14}$$

式中，$\nu$ 为各向同性材料的泊松比，对多数材料 $\nu$ 为 0.3 左右(参见表 5.2)。

根据式(5.14)所示直刃位错附近应力分布特征，可以定性分析该应力场对周围介质的影响。图 5.11 是描述刃位错周围应力场性质的简单图形。当 $x_2=0$ 时，正应力为零，只有切应力，并且切应力是最大值；在 $x_1=\pm x_2$ 时，$\sigma_{12}=\sigma_{22}=0$；在 $x_1=0$ 时，$\sigma_{12}=0$。对于相对这个位错的反号位错，所得应力场与上面所给出的符号相反。

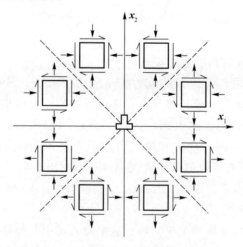

**图 5.11**　刃位错周围的应力场性质的示意图

另外，还可以用刃位错附近应力场等应力线的方式表示应力场的分布情况，如根据式(5.14)应力场的表达式在 $O\text{-}x_1\text{-}x_2$ 平面上绘制等应力线分布图。图 5.12 给出了刃位错周围 $\sigma_{11}$、$\sigma_{12}$ 和 $\sigma_{22}$ 的某一等应力线分布示意图。

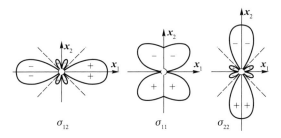

**图 5.12** 刃位错周围应力场的等应力线分布示意图

借助直刃位错的弹性应力场，并作适当简化后也可求得直刃位错的弹性应变能 $E_{el}^e$ 为：

$$E_{el}^e = \frac{Gb^2}{4\pi(1-\nu)}\ln\frac{4D}{b} \tag{5.15}$$

对比刃位错和螺位错弹性应变能的表达式(5.13)和式(5.15)，可以看出 $E_{el}^e$ 为 $E_{el}^s$ 的 $1/(1-\nu)$ 倍，即约 1.5 倍。

混型直位错可以看做由一个刃型分量和一个螺型分量叠加而成的位错。从刃位错和螺位错的应力场看，它们不会同时有非零分量，因此这两个应力场是正交的，互相不发生影响。设混型直位错伯氏矢量 $B$ 与平行于 $x_3$ 轴的位错线矢量 $t$ 的夹角为 $\varphi$，则该混型位错的伯氏矢量的刃型分量为 $b_e = b\sin\varphi$，螺型分量为 $b_s = b\cos\varphi$。由此，混型位错的应力场 $\{\sigma_{ij}\}_m$ 就可以是其刃位错应力场分量和螺位错应力场分量的简单叠加，即

$$\{\sigma_{ij}\}_m = \begin{bmatrix} -\dfrac{Gb\sin\varphi}{2\pi(1-\nu)}\dfrac{x_2(3x_1^2+x_2^2)}{(x_1^2+x_2^2)^2} & \dfrac{Gb\sin\varphi}{2\pi(1-\nu)}\dfrac{x_1(x_1^2-x_2^2)}{(x_1^2+x_2^2)^2} & -\dfrac{Gb\cos\varphi}{2\pi}\dfrac{x_2}{x_1^2+x_2^2} \\[3mm] \dfrac{Gb\sin\varphi}{2\pi(1-\nu)}\dfrac{x_1(x_1^2-x_2^2)}{(x_1^2+x_2^2)^2} & \dfrac{Gb\sin\varphi}{2\pi(1-\nu)}\dfrac{x_2(x_1^2-x_2^2)}{(x_1^2+x_2^2)^2} & \dfrac{Gb\cos\varphi}{2\pi}\dfrac{x_1}{x_1^2+x_2^2} \\[3mm] -\dfrac{Gb\cos\varphi}{2\pi}\dfrac{x_2}{x_1^2+x_2^2} & \dfrac{Gb\cos\varphi}{2\pi}\dfrac{x_1}{x_1^2+x_2^2} & -\dfrac{\nu Gb\sin\varphi}{\pi(1-\nu)}\dfrac{x_2}{x_1^2+x_2^2} \end{bmatrix}$$

$$\tag{5.16}$$

混型位错能量也是其中刃型和螺型两个位错分量能量的叠加，所以混型位错的能量 $E_{el}^m$ 为

$$E_{el}^m = \frac{Gb^2}{4\pi}\left(\cos^2\varphi + \frac{\sin^2\varphi}{1-\nu}\right)\ln\frac{4D}{b} = \frac{Gb^2}{4\pi K}\ln\frac{4D}{b} \tag{5.17}$$

式中，有 $\dfrac{1}{K} = \left( \cos^2\varphi + \dfrac{\sin^2\varphi}{1-\nu} \right)$。实际上，式（5.16）和式（5.17）也包括了刃位错和螺位错的情况：对于螺位错有 $\varphi = 0°$，$K = 1$；对于刃位错有 $\varphi = 90°$，$K = 1-\nu$。

从上面的公式可以看出，相对来说，单位长度位错线的能量与位错类型的关系不大，且 $D$ 变化时其对数 $\ln D$ 值变化也不大。材料实际的 $D$ 值多为微米数量级，可将其取为 $b$ 的若干倍并代入式（5.13）、式（5.15）或式（5.17），则所有的能量公式都可近似写成

$$E_{el} = k_d Gb^2 \tag{5.18}$$

式中，$k_d \approx 0.5 \sim 1$。

在各向异性弹性体中，由于应力应变关系比较复杂，几乎无法用解析的方式对直位错的应力场进行求解分析。长期研究发现，只要在各向同性的式子中使用合适的 $G$ 和 $\nu$ 值，则可用各向同性的式子足够近似地表达出晶体的弹性各向异性问题。这些合适的 $G$、$\nu$ 等的数值称为有效各向同性常数。

在式（5.17）所示直位错的能量表达式中，设 $B = Gb^2/4\pi K$，$B$ 称为能量因子。由此，在各向同性介质中螺位错和刃位错的能量因子 $B_s$、$B_e$ 分别是

$$B_s = \frac{Gb^2}{4\pi}, \qquad B_e = \frac{Gb^2}{4\pi(1-\nu)} \tag{5.19}$$

如果能统计算出各向异性晶体材料相应的能量因子 $B_s$ 和 $B_e$，代入式（5.19）就可以求出其有效的 $G$ 和 $\nu$ 值。表 5.3 汇集了用这一方法计算出的常见的立方结构金属的有效各向同性常数 $G$ 和 $\nu$ 值。用这些数值可以在 $1\% \sim 2\%$ 误差范围内近似求出无限长直位错的各向异性应力场和能量。要注意的是，给定金属的有效常数会随晶面的变化而改变，这取决于材料的弹性各向异性程度 $A$，且有

$$A \approx \frac{E_{<111>}}{E_{<100>}} \tag{5.20}$$

式中，$E_{<111>}$ 和 $E_{<100>}$ 分别为晶体 $<111>$ 和 $<100>$ 方向的弹性模量。当 $A = 1$ 时表明晶体呈现各向异性。

**表 5.3**　一些常见的立方金属位错的泊松比 $\nu$、有效弹性模量 $E$ 及剪切模量 $G$

| 面心立方 | $A$ | (111) $[1\bar{1}0]$ | | (111) $[11\bar{2}]$ | | $E_{<111>}$ /GPa | $E_{<100>}$ /GPa |
| --- | --- | --- | --- | --- | --- | --- | --- |
| | | $G$/GPa | $\nu$ | $G$/GPa | $\nu$ | | |
| Ag | 3.01 | 26.6 | 0.449 | 27.8 | 0.434 | | |
| Al | 1.21 | 25.9 | 0.360 | 25.9 | 0.359 | 77 | 64 |

| 面心立方 | $A$ | (111)[$1\bar{1}0$] | | (111)[$11\bar{2}$] | | $E_{<111>}$ | $E_{<100>}$ |
|---|---|---|---|---|---|---|---|
| | | $G$/GPa | $\nu$ | $G$/GPa | $\nu$ | /GPa | /GPa |
| Au | 2.90 | 24.7 | 0.498 | 25.9 | 0.484 | 116.7 | 42.9 |
| Cu | 3.21 | 42.1 | 0.431 | 44.2 | 0.413 | 194 | 68 |
| Ni | 2.51 | 78.6 | 0.363 | 80.7 | 0.351 | 303 | 137 |

| 体心立方 | $A$ | (110)[$\bar{1}11$] | | (211)[$\bar{1}11$] | | $E_{<111>}$ | $E_{<100>}$ |
|---|---|---|---|---|---|---|---|
| | | $G$/GPa | $\nu$ | $G$/GPa | $\nu$ | /GPa | /GPa |
| Fe | 2.35 | 62.5 | 0.473 | 62.5 | 0.485 | 290 | 120 |
| W | 1.0 | 161 | 0.28 | 161 | 0.28 | 411 | 411 |
| Cr | 0.69 | 128.4 | 0.102 | 128.4 | 0.103 | | |
| Mo | 0.77 | 130.1 | 0.248 | 130.1 | 0.249 | | |
| Nb | 0.51 | 44.3 | 0.270 | 44.3 | 0.278 | | |
| Ta | 1.56 | 61.2 | 0.428 | 61.2 | 0.432 | | |
| V | 0.78 | 50.1 | 0.313 | 50.1 | 0.314 | | |

注：1. 每列的标题指明位错所在晶面的面指数和 $\boldsymbol{B}$ 方向；2. W 被视为弹性各向同性晶体。

### 5.2.3 辐照下点缺陷与位错弹性场交互作用引起的缺陷自组织及其对晶体的影响

在高能重粒子的持续辐照下，晶体结构内会产生大量的空位和自间隙原子，在点缺陷密集的部位还会形成缺陷聚合体。位错是晶体有序结构中的不完整的局部，位错造成的局部弹性能必然与点缺陷产生交互作用，促使位错能量有所降低。这种交互作用通常表现为大量点缺陷在位错附近以缺陷聚合体形式聚集，并引起位错的迁移。在足够高的温度条件下，辐照产生的大量空位和自间隙原子很容易发生位置调整和移动，而位错或位错环则被视为点缺陷主要的陷阱，可以大量吞噬空位和自间隙原子。

在持续辐照的条件下，晶体结构中空位和自间隙原子的密度逐步积累和升高；它们会不断地与位错环发生交互作用，并因而导致位错环作为点缺陷的陷阱在晶体结构中的组态发生规律性的演变，称为陷阱的自组织。假设持续辐照下所产生的大量空位聚集成片状聚合体，并造成空位片两侧崩塌，则可形成一个位错环，称为负位错环；同理，由自间隙原子聚集成一新的原子面而构成的位错环称为正位错环。

在晶体结构中移动的点缺陷一旦进入位错环的捕获半径就会湮没。空位的湮没会使负位错环增大，使该点缺陷陷阱的强度增大；反之，自间隙原子的湮没会使负位错环缩小，使该点缺陷陷阱的强度减弱。自间隙原子和空位都倾向于落入陷阱，分别使陷阱向两个相反的方向发展。自间隙原子的形成焓比空位高 3~5 倍，因此自间隙原子与位错交互作用后能引起体系能量更明显的降低；同时，自间隙原子的扩散系数也比空位高很多，进而导致位错环对自间隙原子的吞噬能力比对空位的要大得多。由此可见，实际自间隙原子落入陷阱的速度远高于空位落入陷阱的速度。自间隙原子的快速湮没造成负位错环不断收缩并最终消失，而正位错环则不断扩大。当随机分布的各正位错环不断扩大并互相接近时，会在受辐照的晶体结构中形成特征的自组织网络结构。图 5.13 给出了在 100 ℃用 $5.44×10^{-19}$ J 能量的质子对铜晶体进行辐照后，在其 {100} 面上所观察到的位错自组织结构。可以看到，大量位错环的自组织过程，使其呈现出某种规则或亚稳结构。

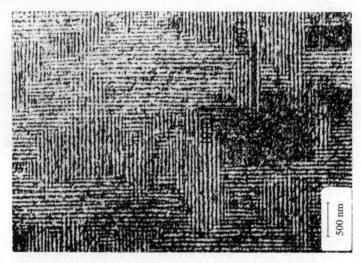

**图 5.13**　辐照后铜晶体 {100} 面的位错自组织结构[2]

（100 ℃，辐照质子能量为 $5.44×10^{-19}$ J）

经辐照后，晶体结构内部产生了大量的点缺陷，电阻率也会明显升高；电阻率增长值记为 $\Delta\rho$。在不同温度下辐照，缺陷会出现不同程度的回复，并促使电阻率增长值因回复而下降。图 5.14 给出了经电子或中子辐照的面心立方金属在不同温度下其电阻率增长值 $\Delta\rho$ 回复变化的示意图，包括经电子辐照后电阻率 $\Delta\rho_1$ 的回复和经中子辐照后电阻率 $\Delta\rho_2$ 的回复。图 5.14 同时给出了塑性变形后电阻率 $\Delta\rho_3$ 的回复及淬火后电阻率 $\Delta\rho_4$ 的回复。图中 100% 回复即为电阻率达到了该金属常规退火状态下的电阻率。作为对比参考，图 5.14 还显示了金属塑性形变后其塑性变形临界分切应力增长值 $\Delta\tau_0$ 的回复曲线。

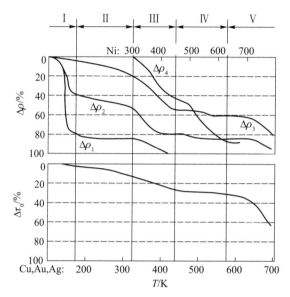

**图 5.14**　面心立方金属辐照、变形、淬火后不同温度下电阻率 $\Delta\rho$ 和临界分切应力 $\Delta\tau_0$ 的回复行为

上图：1 为电子辐照，2 为中子辐照，3 为塑性形变，4 为淬火；下图：临界分切应力。
Ni 与 Cu、Au、Ag 的回复温度坐标不相同

　　总体上看，回复曲线可分成 5 个阶段。第 I 阶段是极低温度阶段，在这个阶段只发生空位–自间隙原子对的短程复合。经电子轰击的铜晶体中只能观察到空位–自间隙原子对，所以在第 I 阶段能出现大幅度的回复。淬火或塑性变形很难在金属中造成空位–自间隙原子对，因此在第 I 阶段只有很少的回复。金属经中子轰击后会产生多种点缺陷组态，其中很大部分需要在更高的温度下才会被湮没。在温度略高的第 II 阶段会发生自间隙原子的迁移与逐步湮没，同时伴随着电阻率的少量回复。目前，人们尚未完全了解第 III 阶段的回复机制。一般认为，在这个温度段自间隙原子可以作较长程的扩散，以致能与较远距离的空位复合或落入陷阱，进而造成明显回复。金属在高温时的空位浓度较高，两个空位可借助热激活聚合在一起形成双空位；在淬火后的第 III 阶段回复加热过程中，双空位会发生迁移和湮没，进而导致电阻率的明显回复。冷变形金属在第 III 阶段也会发生类似的过程。第 IV 阶段的回复主要是单空位的迁移湮没。第 V 阶段的回复则主要是空位聚合体、稀疏区等剩余辐照损伤的湮没和消失，且往往需借助体扩散推动的再结晶过程完成；这也是冷变形金属完成再结晶过

程的阶段。

　　参照图 5.14 可以推断，把铜、镍等金属用作在室温以上工作的常规反应堆的构件时，构件在承受辐照的同时也进行着低温阶段的回复，进而只保留下低温难以回复的缺陷聚合体。因此，对反应堆有重要影响的是构件材料内低温稳定的辐照缺陷的回复问题。

## 5.3　晶体中位错的受力

### 5.3.1　位错在外应力场下的受力

　　当外加载荷作用到晶体上时，有可能使晶体内的位错移动并改变位错线的位置。因此，外加载荷会使位错受到力的作用。刃位错在其伯氏矢量 $B$ 和位错线矢量 $t$ 所决定平面上的移动称为滑移，$B$ 和 $t$ 所决定的平面称为滑移面，伯氏矢量 $B$ 则反映了位错扫过滑移面后晶体滑移面上下发生的相对平移，因此也称为滑移方向。滑移面与该面上晶体发生相对点阵平移的滑移方向组合在一起称为滑移系。

　　如图 5.15a 所示，设外载荷作用于某体积元，并转化到一直刃位错滑动面上沿伯氏矢量方向的切应力 $\tau$。在应力 $\tau$ 作用下，长度为 $L$ 的该位错线在平行于 $L\times S$ 的平面上沿 $B$ 向移动了 $dS$。这样 $L\times dS$ 面受力 $F_{LS}$ 为 $F_{LS}=\tau L dS$。考虑到位错线扫过平面时两侧原子的相对平移为 $b$，可以推导出外载荷作功 $\delta W_s$ 为

$$\delta W_s = F_{LS}b = \tau \cdot b \cdot L \cdot dS \tag{5.21}$$

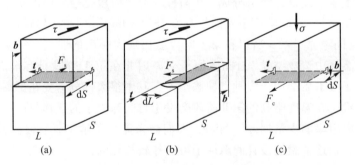

**图 5.15**　位错受力分析示意图

　　同时，考虑位错线在力 $F_s$ 的作用下移动了 $dS$ 距离，因此位错耗能为 $F_s \cdot dS$。位错耗能应与外载荷作功 $\delta W_s$ 相等，由此代入式（5.21）有 $F_s = L\tau b$，所以单位位错线长所承受的垂直于位错线的滑动力 $f_s$ 为

$$f_s = \frac{F_s}{L} = \tau \cdot b \qquad (5.22)$$

如图 5.15b 所示，设外载荷转化到某体积元内一直螺位错可滑移平面上且沿其伯氏矢量方向的切应力为 $\tau$。应力 $\tau$ 促使长度为 $S$ 的该位错线在平行于 $L\times S$ 的平面上垂直 $\boldsymbol{B}$ 向移动了 $dL$。这样 $S\times dL$ 面受力 $F_{LS}$ 为 $F_{LS} = \tau S dL$。考虑到位错扫过平面时两侧原子的相对平移为 $\boldsymbol{B}$，可以推导出外载荷作功 $\delta W_s$ 为

$$\delta W_s = F_{LS} b = \tau \cdot b \cdot S \cdot dL \qquad (5.23)$$

同理，考虑位错线在力 $F_s$ 的作用下移动了 $dL$ 距离，因此位错耗能为 $F_s \cdot dL$。位错耗能应与外载荷作功相等。由此代入式（5.23）有 $F_s = S\tau b$，所以对单位位错线长所承受的垂直于位错线的滑动力 $f_s$ 有

$$f_s = \frac{F_s}{S} = \tau \cdot b \qquad (5.24)$$

结果与式（5.22）相同。应该注意到，这里位错线受力 $f_s$ 的方向与滑移面原子相对平移的方向 $\boldsymbol{B}$ 互相垂直。一般来说，不论是刃型、螺型或混型位错，当位错滑移时位错线受滑移力 $f_s$ 的方向始终垂直于位错线，其大小为 $f_s = \tau b$。

如图 5.15c 所示，外载荷作用于某体积元，其转化到沿直刃位错伯氏矢量方向的正应力为 $\sigma$；应力 $\sigma$ 会促使长度为 $L$ 的该位错线在平行于 $L\times S$ 的平面上垂直于 $\boldsymbol{B}$ 向移动 $dS$，这种位错运动称为攀移。这样 $L\times dS$ 面受力为 $F_{LS} = \sigma L dS$。考虑位错线扫过部位两侧的原子面在正应力 $\sigma$ 作用下相对移动了 $b$，可以推导出外载荷作功 $\delta W_c$ 为

$$\delta W_c = F_{LS} b = \sigma \cdot b \cdot L \cdot dS \qquad (5.25)$$

另外也考虑，位错线在力 $F_c$ 的作用下移动了 $dS$ 距离，因此位错耗能为 $F_c \cdot dS$。这里位错耗能也应与外载荷作功 $\delta W_c$ 相等，由此代入式（5.25）有 $F_c = L\sigma b$，所以单位位错线长所承受的垂直于位错线和伯氏矢量的攀移力 $f_c$ 为

$$f_c = \frac{F_c}{L} = \sigma \cdot b \qquad (5.26)$$

## 5.3.2　位错的线张力

除了外加应力场外，作用在位错线上的机械力也可以源于晶体中的内应力。这些内应力的来源包括位错自身的应力场、点缺陷应力场、其他位错的应力场等。位错自身应力场对位错的作用力称为自力。

如果把位错线想象成一根张力很大的橡胶绳，则可以理解位错的弹性能正比于位错线的长度，增加长度可使能量增加，因而会产生线张力 $F_t$。线张力的方向沿位错线矢量方向，量纲为每单位长度的能量，即每增加单位长度位错线所引起的能量的增加。因此参照式（5.18）有

$$F_t = E_{el} \tag{5.27}$$

图 5.16 给出了一小段长度为 $dt$ 的弯曲位错线。位错线张力 $F_t$ 会造成使位错线收缩并趋向平直的力，以减小位错能。位错线收缩力 $F_{cf}$ 的方向垂直于位错线，并指向弯曲弧段的曲率中心。如果不存在反向的外在应力或反向的滑移阻力，位错线就不能保持弯曲的状态。设弯曲位错线 $dt$ 在其滑移面上的曲率半径为 $R$，$dt$ 所对应的曲率圆心角为 $d\omega$，因此有

$$d\omega = \frac{dt}{R} \tag{5.28}$$

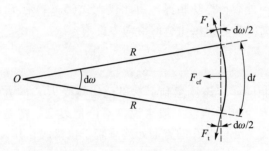

**图 5.16**　线张力作用下的弯曲位错段

图 5.16 所示的几何关系中用于分析讨论的小段位错线 $dt$ 所对应的 $d\omega$ 通常很小，因此参照式(5.28)可计算出 $dt$ 线两端张力 $F_t$ 造成的指向曲率中心的向心合力 $F_{cf}$ 为

$$F_{cf} = 2F_t \sin\frac{d\omega}{2} \approx F_t d\omega = \frac{F_t dt}{R} \tag{5.29}$$

为了维持位错的弯曲状态，需要滑移面上存在位错移动的阻力或存在外应力场。参照式(5.22)或式(5.24)，设作用在单位长度位错上的滑移阻力为 $\tau b$，则 $dt$ 线所受阻力大小为 $\tau b dt$，其指向与式(5.29)所示的合力相反。这两个力相等时位错的弯曲形状保持平衡态，此时有

$$\frac{F_t dt}{R} = \tau \cdot b \cdot dt, \qquad \tau = \frac{F_t}{bR} \tag{5.30}$$

代入式(5.27)和式(5.18)有

$$\tau = \frac{k_d G b}{R} \tag{5.31}$$

式(5.30)给出了位错线张力保持不变的条件下将直位错线弯成曲率半径为 $R$ 的弯曲位错所需的切应力，或位错线保持弯曲状态所需晶体滑移面提供的阻碍应力。由此，可以根据滑移的临界切应力 $\tau_c$ 计算出位错弯曲临界半径

$R_c$ 为

$$R_c = \frac{k_d G b}{\tau_c} \qquad (5.32)$$

取刃位错 $k_d = 1$ 时则为 $Gb/\tau_c$。表 5.4 给出了一些金属刃位错的 $R_c$ 推算值，其中影响各金属 $R_c$ 的临界切应力值 $\tau_c$ 会有很大变化。$R_c$ 值越低则晶体内位错越容易保持弯曲状态。

式 (5.31) 是根据式 (5.18) 的位错能量表达式得来的。然而参照式 (5.13)、式 (5.15) 和式 (5.17) 可知，刃型、螺型和混型位错的能量都不相同，因而位错线张力的大小也与所分析位错的几何特征有关。考虑位错张力时所涉及的位错线一定是弯曲的，此时位错线刃型位错分量与螺型位错分量的比例关系会沿着弯曲的位错线发生变化。由此可见，沿弯曲位错线的线张力并不能保持不变。严格来说，刃型位错和螺型位错能量和线张力的差异会产生一个扭矩，把位错线尽量转至螺位错方向，因为螺位错的能量最低。

线张力模型计算出如式 (5.29) 所示的位错向心合力 $F_{cf}$ 仅与位错线 $dt$ 的局部曲率 $R$ 有关，与该位错线较远处部位的形状无关。位错自身应力场对所观察位错线段作用的自力中应包括位错线其他部位的影响。但是这些因素的影响通常比较小，且处理起来比较复杂，因此往往忽略不计。

**表 5.4** 一些金属常温刃位错 $R_c$ 推算值及自由表面下直刃位错临界距离 $d_0$ 计算值[3]

| 金属 | 纯度 % | 滑移面 {hkl} | 伯氏矢量 **B** <uvw>, nm | 剪切模量 G/GPa | 泊松比 ν | 临界分切应力 $\tau_c$/MPa | 推算 $R_c$/μm | 计算 $d_0$/nm |
|---|---|---|---|---|---|---|---|---|
| Ag | 99.999 99.99 | {111} | <110>, 0.289 | 26.6 | 0.449 | 0.37 0.52 | ~20 ~14 | 3 000 2 135 |
| Al | 99.996 | {111} | <110>, 0.286 | 25.9 | 0.360 | 0.78~1.02 | ~7.5 | ~1 100 |
| Au | 99.99 | {111} | <110>, 0.288 | 24.7 | 0.498 | 0.80~0.91 | ~8.4 | ~1 330 |
| Cu | 99.999 99.98 | {111} | <110>, 0.256 | 42.1 | 0.431 | 0.63 0.94 | ~17 ~11 | 2 393 1 604 |
| Ni | 99.8 | {111} | <110>, 0.249 | 78.6 | 0.363 | 4.41 | ~4.4 | 554 |
| Fe | — | {110}, {112} | <111>, 0.248 | 62.5 | 0.473 | 27.4 | ~0.56 | 85 |

| 金属 | 纯度 % | 滑移面 {hkl} | 伯氏矢量 B <uvw>, nm | 剪切模量 G/GPa | 泊松比 ν | 临界分切应力 τc/MPa | 推算 Rc/μm | 计算 d0/nm |
|---|---|---|---|---|---|---|---|---|
| Mo | — | {110}, {112} | <111>, 0.273 | 130.1 | 0.248 | 71.66~ 96.50 | ~0.44 | ~46 |
| Nb | | {110} | <111>, 0.286 | 44.3 | 0.270 | 33.35 | ~0.34 | 41 |
| Ta | | {110} | <111>, 0.286 | 61.2 | 0.428 | 41.4 | ~0.42 | 59 |
| Co | | (0001) | [11$\bar{2}$0], 0.251 | 80.0 | 0.32 | 6.61 | ~3.0 | 356 |
| Ti | 99.99 99.93 | (0001) | [11$\bar{2}$0], 0.295 | 45.6 | 0.361 | 14.0 91.9 | ~0.96 ~0.14 | 120 18 |
| Zn | 99.999 99.96 | (0001) | [11$\bar{2}$0], 0.266 | 41.9 | 0.249 | 0.18 0.83 | ~61 ~13 | 6 561 1 423 |
| Cd | 99.996 | (0001) | [11$\bar{2}$0], 0.298 | 19.2 | 0.43 | 0.57 | ~10 | 1 401 |
| Mg | 99.95 — | (0001) (10$\bar{1}$0) | [11$\bar{2}$0], 0.321 | 16.3 | 0.35 | 0.43~0.73 40.7 | ~8.7 ~0.13 | ~1 100 16 |

注：六方晶体的剪切模量和泊松比数据为多晶体数据。

## 5.3.3　位错线承受的化学力

图 5.17 展示了刃位错线攀移运动的示意图。攀移前晶体中存在许多空位和少量自间隙原子(图 5.17a)；其中灰色原子表示自间隙原子，符号×处表示空位位置。在与刃位错半原子面相垂直的压应力作用下，刃位错线边缘的会借助释放原子而大量吸附晶体中的空位以松弛压应力，因而造成了半原子面的收缩，即刃位错发生了收缩攀移(图 5.17b)。反之，在与刃位错半原子面相垂直的拉应力作用下，刃位错线边缘的会吸附正常原子并同时造成晶体内新的空位原子，或吸附自间隙原子 (图 5.17c) 以松弛拉应力，因而造成了半原子面的扩张，即刃位错发生了扩张攀移(图 5.17c)。

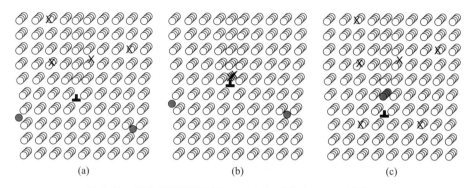

**图5.17** 刃位错线的攀移运动：（a）攀移前；（b）半原子面
收缩攀移；（c）半原子面扩张攀移

×为空位；（a、b）中灰原子为自间隙原子；（c）中灰原子为半原子面攀移前沿的原子

如图5.18所示，设晶体中某滑移面上有一个长度为 $\delta t$ 的位错线。若 $\delta t$ 长的位错线移动了 $dh$，则扫过面积为 $\delta t \times dh$。如果位错移动 $dh$ 时所移动的平面不在伯氏矢量和位错线所决定的平面上，即所移动平面与 $\boldsymbol{B} \times \boldsymbol{t}$ 所决定的平面有夹角 $\psi = \pm 90°$，则该位错运动可能会引起晶体体积的变化。

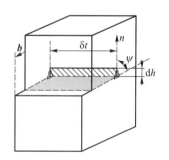

**图5.18** 位错的非保守运动示意图

假设纯刃位错作 $dh$ 移动所在的平面与 $\boldsymbol{B} \times \boldsymbol{t}$ 所决定的平面的夹角为 $\psi = 90°$ 或 $\psi = 270°$，则位错实际上在作垂直于 $\boldsymbol{B}$ 的攀移。攀移造成体积的增减取决于位错攀移的正负方向。可以认为，位错攀移过程中纯刃位错的位错线以宽度 $b$ 扫过 $\delta t \times dh$ 区域，故所引起的体积变化 $dV$ 为

$$dV = b \cdot \delta t \cdot dh \tag{5.33}$$

式（5.33）所示的体积 $dV$ 实际对应着位错在攀移过程中吸收或释放出空位的体积量，或者吸收或释放出原子的体积量。如果位错作 $dh$ 移动所在的平面与 $\boldsymbol{B} \times \boldsymbol{t}$ 所决定的平面的夹角为 $\psi = 0°$ 或 $\psi = 180°$，则位错实际上在作常规的滑

移，因而不会引起体积变化。不造成体积变化的位错运动称为保守运动；夹角为 $\psi = 90°$ 或 $\psi = 270°$ 都引起体积的变化，因而称为非保守运动。

为了统一描述位错运动造成的体积变化，可以把式(5.33)转变成

$$dV = b \cdot \delta t \cdot dh \cdot \sin \psi \tag{5.34}$$

式中，$\psi = 0°$ 或 $\psi = 180°$ 时为滑移，不造成体积变化；$\psi = 90°$ 或 $\psi = 270°$ 时为攀移，可造成体积变化。

可以想象，位错作非保守运动所引起晶体体积的变化会造成介质的不连续性。可以借助点缺陷的形成和扩散过程继续保持晶体的连续性，即随位错的攀移在位错附近释出或湮灭相应数量的点缺陷。以 $\Omega$ 表示单个原子或空位体积，根据式(5.34)可计算出点缺陷数目的变化 $dN$ 为

$$dN = \frac{dV}{\Omega} = \frac{b \cdot \delta t \cdot dh \cdot \sin \psi}{\Omega} \tag{5.35}$$

对单位长度位错线上点缺陷数目的变化 $dn$ 有

$$dn = \frac{dN}{\delta t} = \frac{b \cdot dh \cdot \sin \psi}{\Omega} \tag{5.36}$$

位错的攀移总是伴随着点缺陷浓度的变化，因此晶体材料中点缺陷的密度对位错攀移会有重要影响。除了温度以外，还有应力、辐照、离子注入等许多外界条件会造成点缺陷浓度 $x$ 偏离平衡浓度 $x_0$。例如，外来正压力不仅会直接促进位错攀移，而且还会借助对晶体点缺陷浓度的改变而影响到位错的攀移。设 $\Delta G_V^{th}$ 为点缺陷热激活能，$\Delta G_V^{nth}$ 为非热激活因素造成的点缺陷激活能的变化，则有

$$x = \exp\left(-\frac{\Delta G_V^{th} + \Delta G_V^{nth}}{kT}\right) = \exp\left(-\frac{\Delta G_V^{th}}{kT}\right) \exp\left(-\frac{\Delta G_V^{nth}}{kT}\right) = x_0 \exp\left(-\frac{\Delta G_V^{nth}}{kT}\right)$$

$$\Delta G_V^{nth} = -kT\ln\frac{x}{x_0} \tag{5.37}$$

式中，$x_0$ 为纯热激活作用时的点缺陷平衡浓度。在非热激活因素推动下，由式(5.36)、式(5.37)可以推导出单位长度位错线移动 $dh$ 所引起自由能的变化 $\delta G$ 与 $\Delta G_V^{nth}$ 的关系

$$\Delta G_V^{nth} = \frac{\delta G}{dn} = \frac{\Omega}{b \cdot \sin \psi} \frac{\delta G}{dh} = \frac{\Omega}{b \cdot \sin \psi} \cdot f_{ch} \tag{5.38}$$

按照位错受力的定义，单位长度位错线所受垂直于滑移面的攀移力 $f_{ch}$ 为

$$f_{ch} = \frac{b \cdot \sin \psi}{\Omega} \Delta G_V^{nth} = \frac{b \cdot \sin \psi}{\Omega} kT\ln\frac{x_0}{x} \tag{5.39}$$

这里讨论的攀移力 $f_{ch}$ 是指非热激活因素引起点缺陷浓度偏离平衡浓度时造成的推动位错攀移的力，与点缺陷的热力学性质有关，称为化学力。如果所

讨论的点缺陷是空位，那么，当 $x > x_0$ 时刃位错受到一个使其半原子面缩小的化学力，反之，当 $x < x_0$ 时受到一个使半原子面扩大的化学力。位错受力发生攀移，直至化学力消失，或被外加应力或线张力抵消为止。

### 5.3.4 位错映像力

前面式(5.17)给出了各种类型位错弹性能的一般形式，其中 $D$ 为位错应力场的影响范围，可取值为位错平均间距的一半。如果一根平行于平直自由表面的位错与该表面的间距 $d$ 很小，则式(5.17)所表达的位错弹性能 $E_{el}$ 近似可改写成

$$E_{el} = \frac{Gb^2}{4\pi K} \ln \frac{4d}{b} \tag{5.40}$$

式中，位错移向表面时，$d$ 值减小，并使位错能量减小。这表明自由表面附近的位错会受到一个力 $f_{im}$ 的作用，该力方向指向自由表面，使位错弹性应变能降低，因此为负值，即有

$$f_{im} = \frac{\partial E_{el}}{\partial d} = -\frac{Gb^2}{4\pi K}\frac{1}{d} \tag{5.41}$$

对于平行于表面的直刃位错有

$$f_{im}^e = -\frac{Gb^2}{4\pi(1-\nu)}\frac{1}{d} = -\frac{Gb}{2\pi(1-\nu)}\frac{1}{2d}b \tag{5.42}$$

参照图 5.19，设一至表面距离为 $d$ 的直刃位错，其伯氏矢量平行于表面法向的 $x_1$ 轴，位错线矢量平行于表面，与 $x_1$、$x_2$ 轴方向垂直。参照式(5.14)所给出的位错切应力分量 $\sigma_{12}$ 的表达式，在该位错伯氏矢量和位错线矢量所决定的平面上，可把式(5.42)改写成

$$f_{im}^e = -\frac{Gb}{2\pi(1-\nu)}\frac{1}{2d}b = -\sigma_{12}b \bigg|_{\substack{x_1=2d \\ x_2=0}} \tag{5.43}$$

可以看出，图 5.19 所示表面附近(右侧)的直刃位错承受了式(5.43)所示的剪切力。假设表面以外的空间介质(图 5.19 左侧)与表面内的晶体介质相同，在表面以外、相对于原位错(图 5.19 右侧)的映像位置有一个类型同样、符号相反的虚拟位错，称为映像位错。映像位错与原位错到表面的距离均为 $d$。这样，式(5.43)所示剪切力相当于伯氏矢量为 $-B$ 映像位错的应力场对该直刃位错的剪切作用力。实际上可以推导出，虚拟映像位错应力场的所有应力分量均以相同的方式作用于靠近表面的位错。上述分析也适合于螺位错和混型位错。因此，任何靠近表面的位错都会受到一个类型同样、符号相反的映像位错应力场的作用，该作用力称为映像力，式(5.43)中 $\sigma_{12}$ 为映像切应力。映像力有把位错吸向表面并逸出的倾向，以使系统的能量降低。只有在位错靠近表

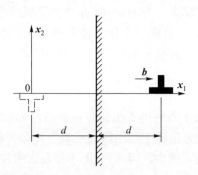

**图 5.19**　平行于表面的直刃位错所承受的映像力示意图(右侧为真实位错)

面时映像力才有意义，在远离表面时，这个力可忽略不计。一般来说，多数真实位错不具有和表面平行这样简单的组态，这使相应映像力的分析变得比较复杂。在很多情况下，只能用简单的映像位错的方法做粗略的近似分析。自由表面受力为 0，因此真实位错与映像位错的合力应为 0，二者平衡。

对于许多金属材料，当位错所承受的映像切应力超过其临界分切应力时，位错就会开始滑移。表面附近的位错有可能在映像力的作用下逸出表面。设促使图 5.19 所示直刃位错开始滑移的临界分切应力为 $\tau_c$，代入式(5.43)则有

$$d_0 = \frac{Gb}{4\pi(1-\nu)\tau_c} \tag{5.44}$$

式中，$d_0$ 为自由表面附近且平行于表面的直刃位错在映像力作用下能够向表面滑移靠近的最大距离，或称临界距离。式(5.44)表明，形如图 5.19 所示的靠近金属自由表面的直刃位错，当它与表面的距离小于 $d_0$ 时就会逸出表面。因此，对于许多金属材料来说，位错映像力往往会造成靠近自由表面的一层薄薄的低位错密度区。表 5.4 给出了针对一些金属在常温条件下按照式(5.44)所进行的 $d_0$ 值计算。根据表 5.4 的计算结果可以看到，金属的纯度、不同类型的滑移都会影响到 $d_0$ 值的大小。可以推断，提高温度会降低位错开动的临界分切应力，因而也会提高理论 $d_0$ 值。

根据表 5.4 的计算结果可以看出，对于有自由表面的晶体，当其尺度小到纳米层次以后，其内部有可能因映像力的作用而呈现无位错的状态，使晶体的力学性能发生突变，接近于无缺陷理想晶体的性能。这应属于纳米效应，是发展纳米结构材料的基础之一。

在实际的材料研究之中经常会使用透射电子显微镜观察材料的微观结构。其间首先需要制备薄片试样，使最终试样厚度往往低于 1 μm，即已转为二维材料。在真空样品室内，透射电子显微镜的高能量电子束持续轰击并穿越薄片

试样，薄片试样表面的映像力会驱使一些位错逸出表面，使位错密度降低，或改变位错的组态；同时，持续的电子束也会促进映像力发挥作用。可见，在透射电子显微镜下观察到的位错结构状态往往不是其在三维体材料内的原生状态，因此不宜用透射电子显微镜对许多材料的位错结构作非常精确的定量观察。

真实金属的 $d_0$ 值通常会因种种原因偏离表 5.4 所示的结果。例如，所涉及的是金属内部的晶界或金属的化学活性使其表面形成一层氧化膜，因而不再是自由表面。同时，靠近表面区域位错间的交互作用也会影响 $d_0$ 值。例如，位错间的缠结、连锁等会阻碍位错的逸出；同一滑移面上同号位错间的应力场则会促进位错的逸出。

表 5.4 中计算 $d_0$ 值所给出的剪切模量、泊松比、临界分切应力等数据来自不同的参考文献，其中六方晶体的剪切模量和泊松比均采用了多晶体的数据，其计算精度有待考察。因此表 5.4 所计算的 $d_0$ 值只能作为参考。

### 5.3.5　非自由表面附近位错的受力

如图 5.20a 所示，在 $O\text{-}x_1\text{-}x_2\text{-}x_3$ 坐标系内表达一螺型位错，其位错线及伯氏矢量 $\boldsymbol{B}$ 均平行于 $x_3$ 轴，位错可滑移面为 $O\text{-}x_1\text{-}x_3$ 面。在 $O\text{-}x_1\text{-}x_2$ 面上作一与位错线中心等距离的圆弧，如图 5.20a 虚线所示。为了简化分析过程，圆弧线与位错线中心的距离要足够远，以避开位错线中心部位复杂的应力、应变状态。

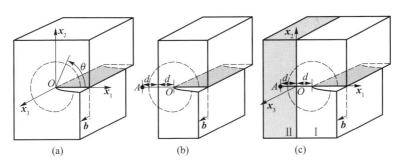

**图 5.20**　平行于表面直螺位错的受力示意图：（a）晶体内的螺位错；（b）靠近自由表面的螺位错；（c）靠近非自由表面的螺位错

如图 5.20b 所示，当该螺位错靠近自由表面时，位错周围应变场内靠自由表面一侧的部分应变能获得释放。同时，螺位错会因受到式（5.41）所示映像力的作用而倾向逸出自由表面。如果在自由表面以外且与自由表面等距离 $d$ 的位置 A 处（图 5.20b）虚设一反号的映像螺位错，则映像力也可以表达成该映像位错应力场的作用。

当位错所靠近的不是自由表面，而是内部的晶界或相界时，内部界面也会对位错产生作用力，称为内部界面引起的映像力。如图 5.20c 所示，在 $x_1 = 0$ 处有一平直的内部界面，界面右侧为所观察的带有平行于表面直螺位错的晶体 I，其剪切模量为 $G_I$；界面左侧为无限大的晶体 II，其剪切模量为 $G_{II}$。在右侧离界面 $d$ 处有一平行于 $x_3$ 轴的螺型位错，因而该位错的应力场会波及界面左侧。如果有 $G_{II} = 0$，则界面自由表面，相应的映像力如式（5.41）所示。$G_{II} > 0$ 时，即界面为内部界面的情况下，位错遭受的映像力必然会发生变化。推导显示，此时螺位错受到的映像力 $f_{im}^{II-I}$ 表现为

$$f_{im}^{II-I} = \frac{G_I(G_{II} - G_I)b}{4\pi(G_{II} + G_I)} \frac{1}{d} b = \sigma_{23}^{II-I} b \Big|_{\substack{x_1 = 2d \\ x_2 = 0}} \tag{5.45}$$

式中，$\sigma_{23}^{II-I}$ 为靠近内部界面的位错实际承受的映像切应力。当 $G_{II} = 0$ 时，有 $f_{im}^{II-I} < 0$，所涉及的界面就是自由表面，式（5.45）简化成式（5.41）。当内部界面两侧为同种晶体物质，即为晶体非表面区的常规内部界面时，有 $G_I = G_{II}$，因此映像力为零。但是晶体可能存在弹性各向异性，单相多晶体晶粒界面两侧的弹性模量会有差异，晶界两侧的位错也会受到映像力的影响。

作为一般情况，若 $G_I > G_{II}$，则有 $f_{im}^{II-I} < 0$，表明映像位错与原位错符号相反，映像力把位错吸向内部界面；若 $G_I < G_{II}$，则有 $f_{im}^{II-I} > 0$，表明映像位错与原位错符号相同，映像力排斥原位错，使之远离内部界面。

当非自由表面的位错所承受的映像切应力超过其临界分切应力时，位错也会开始滑移，由此可参照式（5.44）、式（5.45）推导出

$$d_c = \frac{G_I b}{4\pi\tau_c} \times \frac{G_{II} - G_I}{G_{II} + G_I} = \frac{G_I b}{4\pi\tau_c}\gamma, \qquad \gamma = \frac{G_{II} - G_I}{G_{II} + G_I} \tag{5.46}$$

式中，$d_c$ 为非自由表面附近且位错线平行于表面的直螺位错在映像力的作用下能够开始滑移的临界距离。$G_I > G_{II}$ 时有 $\tau_c < 0$，式（5.46）表示距离表面小于 $d_c$ 的直螺位错会在映像力的作用下逸出表面，并造成自表面至 $d_c$ 的低位错密度区；$G_I < G_{II}$ 时有 $\tau_c > 0$，式（5.46）表示距离表面小于 $d_c$ 的直螺位错会在映像力的作用下向晶体内部移动而远离表面，也会造成自表面至 $d_c$ 的低位错密度区。

若自由表面覆盖着一层厚度为 $t$、比被覆盖晶体剪切模量大的薄膜覆盖物，当位错至表面的距离 $d$ 远大于 $t$ 时，映像力会倾向把位错吸向表面。如果 $d$ 值很小，且位错与覆盖物的距离非常接近时，会受到覆盖物的排斥。由此可见，在晶体表面附着极薄的高剪切模量覆盖物的情况下，晶体表面下某一部位会生成一个位错密度相对偏高的区域。很多金属表面形成一层很薄的氧化膜时就属

于这种情况。

推导显示，薄膜覆盖物的作用下螺位错受到的映像力 $f^t_{im}$ 可以表达成

$$f^t_{im} = \frac{G_1 b^2}{2\pi} \left\{ \frac{\gamma}{2d} - (1-\gamma^2) \left[ \frac{1}{2(d+t)} + \frac{\gamma}{2(d+2t)} + \frac{\gamma^2}{2(d+3t)} + \cdots \right] \right\}$$

$$= \frac{G_1 b^2}{4\pi} \left[ \frac{\gamma}{d} - (1-\gamma^2) \sum_{n=1}^{\infty} \frac{\gamma^{n-1}}{d+nt} \right]$$

(5.47)

式（5.47）中，令 $t$ 为 0，可推导出晶体为自由表面的映像力（式 5.41）；令 $t$ 为无穷大，可推导出晶体有无限大覆盖物时的映像力（式 5.45）。参照式（5.45），相应真实位错所承受的映像切应力 $\sigma_{23}$ 表现为

$$\sigma_{23} = -\frac{G_1 \gamma b}{2\pi} \frac{x_1 + 2d}{(x_1 + 2d)^2 + x_2^2} \Bigg|_{\substack{x_1=0 \\ x_2=0}} + \frac{G_1(1-\gamma^2)b}{2\pi} \cdot$$

$$\sum_{n=1}^{\infty} \frac{\gamma^{n-1}[x_1 + 2(d+nt)]}{[x_1 + 2(d+nt)]^2 + x_2^2} \Bigg|_{\substack{x_1=0 \\ x_2=0}}$$

(5.48)

$$= \frac{G_1 b}{4\pi} \left[ -\frac{\gamma}{d} + (1-\gamma^2) \sum_{n=1}^{\infty} \frac{\gamma^{n-1}}{d+nt} \right]$$

式（5.48）表达了平行于表面直螺位错到表面距离 $d$、晶体表面有薄膜覆盖物的厚度 $t$ 及该螺位错所承受的映像应力 $\sigma_{23}$ 之间的关系，可用于分析不同介质外覆盖物薄膜对介质内界面附近位错的作用。

图 5.21 给出了利用式（5.48）所计算的覆盖氧化薄膜的纯铝表面附近直螺位错受力的相应关系。计算中，对纯铝取 $G_1 = 26$ GPa，对氧化铝取 $G_{II} = 175$ GPa，纯铝伯氏矢量长度取 0.286 3 nm；序列映像位错的最高阶数 $n$ 取 10 000，氧化膜厚度分别取无穷大（∞）、200 nm、20 nm、6 nm、2 nm 和 0 nm；0 nm 即自由表面。

图 5.21 显示，对无限厚的氧化铝始终有映像应力 $\sigma_{23} > 0$，即不论直螺位错的 $d$ 值如何，表面始终会排斥直螺位错。当没有氧化铝覆盖时始终有映像应力 $\sigma_{23} < 0$，即不论直螺位错的 $d$ 值如何，表面始终会吸引直螺位错。随氧化铝膜厚度的降低，排斥位错的映像应力会降低。纯铝表面常有厚度为几至几十纳米的氧化铝膜，因此纯铝晶体表面下的适当位置会出现应力 $\sigma_{23}$ 正负号的转换。此时，高 $d$ 值处的螺位错会受到吸向表面的应力，而低 $d$ 值时会受到斥离表面的应力。使纯铝位错开动的临界分切应力通常低于 1 MPa（参见表 5.4），如果映像应力 $\sigma_{23}$ 的作用面为位错滑移面，则可能会导致螺位错的滑移，并塞积在映像应力正负号转换的位置附近。随着氧化铝膜厚度的降低，位错塞积处会逐渐接近纯铝与氧化铝的界面；当氧化铝膜厚度降低到一定程度时，有可能会因

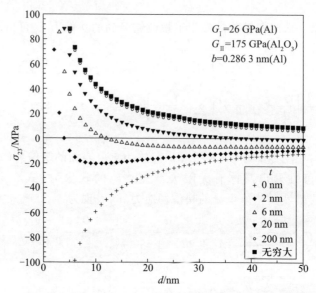

**图 5.21**　覆盖氧化铝薄膜的纯铝表面附近直螺位错映像应力的理论计算[3]

受塞积位错的应力场作用而破裂，并导致塞积位错溢出界面。

刃位错和内部界面的交互作用问题比较复杂，但如果用上述与螺位错相似的方法分析处理，也可能得到误差不超出 15% 的分析结果。

## 5.4　晶体中的位错结构

在晶体结构中，位错线能量与伯氏矢量 **B** 长度的平方 $b^2$ 成正比，因而位错的伯氏矢量尽可能取最短的矢量。同时，如果位错的伯氏矢量不是点阵的平移矢量，则位错线移动后晶体的原子长程结构中会出现局部错排，错排也会使晶体能量增加。

伯氏矢量为晶体点阵单位平移矢量的位错称为全位错。在一些情况下，如果一个全位错分解成两个伯氏矢量比较小但不是点阵平移矢量的位错可能会使位错能量降低。分解开的两个部分位错的伯氏矢量通常有同方向的分量，因此这两个部分位错的应力场会产生互相排斥的作用力，且排斥作用力随两位错间距的加大而降低。全位错的这种分解还会造成两个部分位错间产生错排面，并造成错排能，从而使晶体能量升高；两个部分位错分解的间距越大，则总错排能越高。同时，错排能会产生拉住两分解位错使之互相靠近的拉力，以降低总错排能。当随两位错间距加大使得排斥作用力降低到与错排能造成的拉力互相平衡时，位错达到稳定状态。这时晶体中分解位错的伯氏矢量长度小于点阵平移矢量，这类位错称为部分位错或不全位错。部分位错所造成的错排面，称为堆垛层错，或简称层错，错排能也称为层错能。实际晶体中的位错不但取决于晶体的点阵结构，同时还取决于原子的键合性质。因此，不同晶体结构的位错并不相同，同一类型晶体结构中的不同晶体其位错也不尽相同。本节将列举并讨论一些典型晶体结构中的位错。

## 5.4.1 典型晶体结构中的位错

晶体中位错的伯氏矢量通常尽可能取最短的点阵矢量。根据这个原则，表5.5 列出一些常见晶体结构中预期的伯氏矢量。

**表 5.5** 几种晶体结构中稳定的全位错的伯氏矢量

| 晶体结构 | 结构符号 | 空间群 | 稳定的伯氏矢量 | 可能的伯氏矢量 |
|---|---|---|---|---|
| 面心立方金属 | $A1$ | $Fm3m$ | $\langle 110 \rangle$ | $\langle 100 \rangle$ |
| 体心立方金属 | $A2$ | $Im3m$ | $\langle 111 \rangle$ | $\langle 100 \rangle$ |
| 密排六方金属 | $A3$ | $P6_3/mmc$ | $\langle 11\bar{2}0 \rangle$, $\langle 0001 \rangle$ | $\langle 11\bar{2}3 \rangle$, $\langle 1\bar{1}00 \rangle$ |
| 金刚石 C | $A4$ | $Fd3m$ | $\langle 110 \rangle$ | |
| 立方 MgO | $B1$ | $Fm3m$ | $\langle 110 \rangle$ | |
| 立方 TiC | $B1$ | $Fm3m$ | $\langle 110 \rangle$ | |
| 立方 TiNi | $B2$ | $Pm3m$ | $\langle 111 \rangle$ | $\langle 100 \rangle$ |
| 立方 YAg | $B2$ | $Pm3m$ | $\langle 111 \rangle$ | $\langle 110 \rangle$ |
| 立方-SiC | $B3$ | $F\bar{4}3m$ | $\langle 110 \rangle$ | |
| 六方 BeO | $B4$ | $P6_3mc$ | $\langle 11\bar{2}0 \rangle$ | $\langle 0001 \rangle$ |
| 四方 FePd | $L1_0$ | $P4/mmm$ | $[110]$, $[1\bar{1}0]$ | $[101]$, $[011]$ |
| 立方 Ni$_3$Al | $L1_2$ | $Pm3m$ | $\langle 110 \rangle$ | |
| 立方 UO$_2$ | $C1$ | $Fm3m$ | $\langle 110 \rangle$ | |
| 六方 ZrB$_2$ | $C32$ | $P6/mmm$ | $\langle 11\bar{2}0 \rangle$ | |
| 立方 Fe$_3$Si | $D0_3$ | $Fm3m$ | $\langle 111 \rangle$ | |
| 六方 Al$_2$O$_3$ | $D5_1$ | $R\bar{3}c$ | $\langle 11\bar{2}0 \rangle$ | $\langle 1\bar{1}00 \rangle$, $\langle 1\bar{1}01 \rangle$ |
| 立方 MgO·Al$_2$O$_3$ | $H1_1$ | $Fd3m$ | $\langle 110 \rangle$ | |
| 六方-Si$_3$N$_4$ | $H1_3$ | $P6_3/m$ | $\langle 0001 \rangle$ | |

由实验测出面心立方晶体位错构成的滑移系是 $\{111\}<110>$。滑移面 $\{111\}$ 是面心立方晶体中最密排的面；同时，$\{111\}$ 面的层错能比较低，容易出现层错。滑移方向 $<110>/2$ 是晶体中的最短的点阵矢量，是最密排方向，所以面心立方晶体的全位错与位错理论所预期的一样。体心立方晶体全位错的伯氏矢量是 $<111>/2$，也是最密排方向，因此实际观察到的位错滑移方向也是 $<111>$，与位错理论所预期的相同。体心立方晶体的最密排面是 $\{110\}$ 面，能产生稳定的堆垛层错的面是 $\{112\}$ 面；因此在大多数的体心立方晶体中，主要的位错滑移面是 $\{110\}$ 和 $\{112\}$。实际观测也常看到 $\{123\}$ 或其他 $\{hkl\}$ 滑移面，但相关的原理还有待深入探索。

密排六方晶体有 $a$ 和 $c$ 两个点阵参数，按照刚性球模型，当 $c/a = 1.633$ 时，晶体有最紧密堆垛。一般六方晶体的 $c/a$ 值都不等于 1.633。Zn、Cd 等晶体有 $c/a > 1.633$，基面的面间距最大，且基面层错能比较低，所以位错滑移面主要是（0001）面。对于 $c/a$ 略小于 1.633 的金属，例如 Mg（$c/a = 1.62$），Co（$c/a = 1.62$），Re（$c/a = 1.62$）等，其室温位错构成的滑移系是 $\{0001\}<11\bar{2}0>$。在高温时，这些金属晶体中位错可能滑移的面还有 $\{10\bar{1}0\}$ 或 $\{10\bar{1}1\}$。当 $c/a <$ 1.62 时，例如，Ti（$c/a = 1.587$）、Zr（$c/a = 1.59$）、Y（$c/a = 1.57$）等室温位错构成的滑移系为 $\{10\bar{1}1\}<11\bar{2}0>$；但 Be（$c/a = 1.57$，明显低于 1.633）例外，其室温位错构成的滑移系仍是 $\{0001\}<11\bar{2}0>$。$<11\bar{2}0>/3$ 是六方晶体最主要的伯氏矢量，除此之外，$<11\bar{2}3>/3$、$<10\bar{1}0>$ 也是六方晶体较重要的伯氏矢量，不过有人认为 $<10\bar{1}0>$ 是由不同的 $<11\bar{2}0>/3$ 位错组合的结果。Mg、Ti、Zr、Y、Be 等晶体的层错能较高，尤其在高温下位错伯氏矢量保持 $<11\bar{2}0>/3$ 的同时会发生交滑移。Zn 和 Cd 晶体的层错能比较低，$<11\bar{2}0>/3$ 位错容易在 $\{0001\}$ 面分解成间距较宽的部分位错对，所以不易交滑移；这时伯氏矢量为 $<11\bar{2}3>/3$ 的位错会在其他晶面上发生滑移。

非单质晶体的位错结构比较复杂，其特殊的多组元结构、较弱的金属键性和较大的伯氏矢量，导致位错能量很高，且很难滑动。因此，这些晶体中的位错密度往往较低，且不容易发生滑移。

## 5.4.2 单质晶体结构中全位错的分解

根据原子的刚球模型，面心立方晶体中 $\{111\}$ 面是最密排面，其全位错的伯氏矢量通常是这个面上的最密排 $<110>$ 方向，即有 $\boldsymbol{B} = <110>/2$。图 5.22 给出了面心立方晶体（$1\bar{1}1$）面上的全位错伯氏矢量 $\boldsymbol{B} = (110)/2$。如图 5.22 所示，如果这个全位错的伯氏矢量在 $(1\bar{1}1)$ 面上分解成沿 $[21\bar{1}]$ 和 $[121]$ 方向的两个分量，则有

$$\frac{1}{2}[110] \rightarrow \frac{1}{6}[21\bar{1}] + \frac{1}{6}[121] \tag{5.49}$$

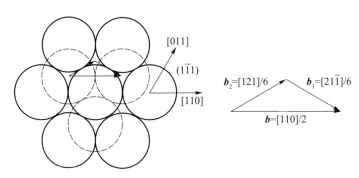

**图 5.22**　面心立方晶体(111)面上的全位错及其分解

这样把全位错分解生成伯氏矢量夹角为锐角(60°)的两个部分位错，二矢量沿 $[110]$ 方向有同号分量，所以会相互排斥，将两个部分位错推开，形成扩展位错。当一全位错分解成两个部分位错后，其间夹着一个堆垛层错区，两部分位错就是层错区的边界。根据图 5.22 所示的矢量长度的关系有：

$$b^2 > b_1^2 + b_2^2 = \frac{2}{3}b^2 \tag{5.50}$$

根据式(5.18)给出的位错能量正比于 $b^2$ 的关系可知，位错的这种分解使位错弹性能降低，因而可以是自发过程。图 5.23 描述了上述位错分解的具体示意。图 5.23a 显示，在灰色原子组成的(111)面上有一全位错 <110>/2 按照式(5.49)分解成两个部分位错，图中上下垂直的一组短实线和一组短虚线代表垂直于 $(1\bar{1}1)$ 面且垂直于伯氏矢量方向的两组不同的(110)面。图 5.23b 进一步以立体图的方式表达了刃型全位错分解的示意。可以看出，在两个部分位错之间所夹的位错滑移面的灰色区内原子排列顺序出现错乱的情况，即构成了层错。

图 5.24 给出了面心立方晶体 $a$、$b$、$c$ 3 种 {111} 面的正常堆垛顺序，即面心立方晶体{111}面以…$abcabcabc$…的顺序沿相应<111>方向周期性排列。这种周期性排列在图 5.23 所示的层错处局部遭到破坏，如排列顺序变为…$abcababc$…，其中 $abab$ 处中间丢失了 $c$ 层原子面而造成了错排。层错区会因原子错排而造成层错能，且随层错区宽度 $d_w$ 的加大使总错排能上升。因此，层错能的出现制约着全位错分解后两部分位错的分解间距 $d_w$。当位错分解造

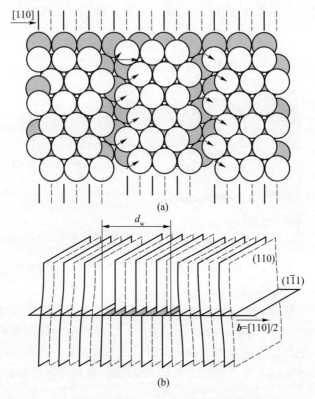

图 5.23　面心立方晶体(111)面上的全位错分解造成的层错

成两分解位错间斥力与层错能二者之间的拉力达到平衡时，位错的分解就达到了一个稳定的分解宽度。显然，晶体的层错能越低则全位错的分解宽度越大；当层错能非常高时，全位错实际上不能被分解。

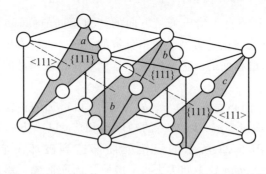

图 5.24　面心立方晶体 $a$、$b$、$c$ 3 种{111}面的正常堆垛顺序

考虑到两个部分位错处于同一个滑移面的几何关系，可以简化式(5.16) 所示位错剪切应力场的表达式。参照式(5.17)，设图 5.22 中 $\boldsymbol{B}_1$、$\boldsymbol{B}_2$ 矢量夹角为 $\omega$，则一个部分位错的应力场作用于另一部分位错，且沿其伯氏矢量方向的排斥力 $f_{pd}$ 为

$$f_{pd} = \frac{Gb_1 b_2 \cos\omega}{2\pi K} \frac{1}{d_w} \tag{5.51}$$

图 5.22 给出的面心立方晶体的位错分解方式有 $b_1 b_2 \cos\omega = b^2/6$。设位错扩展分解后形成的单位面积的层错能为 $\gamma_{sf}$，则扩展位错排斥力与层错能平衡时有 $\gamma_{sf} = f_{pd}$，因此对面心立方晶体位错平衡扩展宽度 $d_{cw}$ 有

$$d_{cw} = \frac{Gb_1 b_2 \cos\omega}{2\pi K \gamma_{sf}} = \frac{Gb^2}{12\pi K \gamma_{sf}} \tag{5.52}$$

密排六方晶体的密排面是(0001)面，也是最常观察到的位错滑移面。(0001)面上原子的排列和面心立方晶体(111)面的完全相同。密排六方晶体(0001)面以$\cdots ababababab \cdots$的顺序沿相应<0001>方向周期性排列，这种周期性排列也会在层错处局部遭到破坏，如排列顺序变为$\cdots ababcabab \cdots$，其中 $abcab$ 处中间发生增加 $c$ 层的错排。若{0001}面上全位错的伯氏矢量为$[\bar{1}2\bar{1}0]/3$，则位错分解式可为

$$\frac{1}{3}[\bar{1}2\bar{1}0] \rightarrow \frac{1}{3}[01\bar{1}0] + \frac{1}{3}[\bar{1}100] \tag{5.53}$$

根据原子的刚球模型，体心立方晶体中{110}面是最密排面，其全位错的伯氏矢量通常是这个面上的最密排<111>方向，即有 $\boldsymbol{B} = <111>/2$。图 5.25 给出了体心立方晶体(110)面上的全位错伯氏矢量 $\boldsymbol{B} = (111)/2$。如图 5.25 所示，如果这个全位错的伯氏矢量在(110)面上分解成沿[110]和[112]方向的 3 个分量，则有

$$\frac{1}{2}[111] \rightarrow \frac{1}{8}[110] + \frac{1}{4}[112] + \frac{1}{8}[110] \tag{5.54}$$

这样把全位错分解生成伯氏矢量夹角为锐角的 3 个部分位错，二矢量沿[111]方向有同号分量，所以会相互排斥。根据图 5.25 所示的矢量长度的关系有

$$b^2 > b_1^2 + b_2^2 + b_3^2 = \frac{7}{12}b^2 \tag{5.55}$$

可以看出，位错的这种分解能使位错弹性能降低，因而可以是自发过程，然而在实验中并没有观察到体心立方晶体位错的分解及相应的层错。体心立方金属很容易发生交滑移，这个现象说明晶体的层错很高，不能造成明显的全位错分解和扩展。同时，大伯氏矢量位错的能量很高，必然会表现出位错能如式

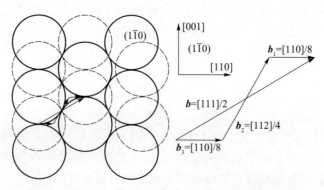

**图 5. 25**　体心立方晶体($1\bar{1}0$)面上的全位错及其分解

(5.55)或其他形式的降低趋势,因此应该有扩展现象出现。这一现象并没有被观察到,说明体心立方晶体位错不会真正以类似于式(5.55)的方式分解,通常认为位错能量的降低是靠位错核心的结构的变化实现。

　　假设体心立方晶体结构中有一静止的螺型位错在(110)面上,其伯氏矢量 **B** 和位错线矢量 **t** 均为 $[1\bar{1}1]/2$。由于螺型位错的特点,其伯氏矢量 **B** $=[1\bar{1}1]/2$,可以被视为既在(110)面上,也在(011)或($10\bar{1}$)面上。即存在一种可能性,螺型位错可能同时在(110)、(011)、($10\bar{1}$)面上发生分解或称核心结构的调整。图 5.26a 以夸张的形式示意性表达出螺型位错在这 3 个面上可能发生的核心结构调整,这种位错结构又称为三叶位错。这里所提出的位错结构的调整不一定要理解成位错分解成了扩展位错,可以理解成位错在这 3 个面上以伯氏矢量分量的形式同步作了分解性调整,以降低位错的能量,同时没有因层错能的出现而引起明显的能量升高。体心立方晶体位错结构的这种分解性调整可以表达成

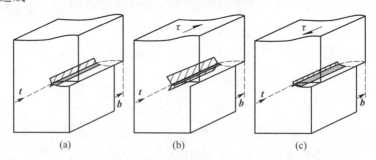

**图 5. 26**　体心立方晶体螺型位错核心结构的变化及外力对位错结构的影响示意图:
(a) 三叶位错结构;(b) 正向切应力作用于三叶位错;(c) 反向切应力作用于三叶位错

$$\frac{1}{2}[1\bar{1}1] \rightarrow \frac{1}{6}[1\bar{1}1] + \frac{1}{6}[1\bar{1}1] + \frac{1}{6}[1\bar{1}1] \tag{5.56}$$

其中 $\boldsymbol{B}_1 = \boldsymbol{B}_2 = \boldsymbol{B}_3 = [1\bar{1}1]/6$，分别表示在 $(110)$、$(011)$、$(10\bar{1})$ 面上的调整量。

如图 5.27 所示，$t$ 的方向为 $[1\bar{1}1]/2$ 的位错线不仅可以在 $(110)$、$(011)$、$(10\bar{1})$ 面上，而且也可以在 $(121)$、$(\bar{1}12)$ 或 $(21\bar{1})$ 面上。$\{112\}$ 类型的面是体心立方结构的孪生面，因此 $\{112\}$ 面的层错能应该比较低，容易形成层错。与上面分析类似，螺型位错伯氏矢量 $\boldsymbol{B} = [1\bar{1}1]/2$，也可以被视为在 $(121)$、$(\bar{1}12)$ 或 $(21\bar{1})$ 面上。当 $\{112\}$ 类型面的层错能足够低时，也存在螺型位错同时在 $(121)$、$(\bar{1}12)$、$(21\bar{1})$ 面上发生分解性调整的可能。此时，位错结构的分解性调整也可以如图 5.26a 所示的三叶位错形式，用式 (5.55) 表达。还会存在体心立方晶体位错结构分解性调整的其他形式，这里不再一一讨论。

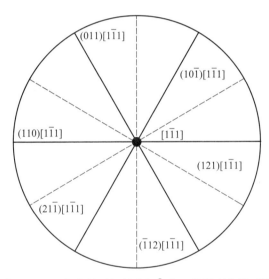

**图 5.27**　体心立方晶体中柏氏矢量为 $[1\bar{1}1]/2$ 的螺型位错可扩展的晶面

如式 (5.55)，3 个分位错的伯氏矢量相同，在图 5.26b 显示的均匀外部切应力 $\tau$ 作用下，它们受力的方向相同，即在 3 个面上有同方向的分切应力。这些分切应力会造成图 5.26b 位错中心线右侧的部分位错移向中心线，而左侧的两个面上的部分位错远离中心线。这种现象会造成位错继续滑移的很大障碍，位错难以在外力作用下迁移。如图 5.26c 所示，在反向均匀外切应力 $\tau$ 的作用下，3 个面上的分切应力会造成位错中心线右侧的部分位错远离中心线，而左侧的两个面上的部分位错却移向中心线。这种现象会造成被分解或调整的位错回归到单一的滑移面上，使位错继续滑移变得更加容易。因此在应力的作用下，图 5.26a 所示非共面扩展或调整的位错核心结构会表现出力学"各向异性"的性质。在这种情况下，有时可能不宜简单地使用临界分切应力定律分析体心立方金属晶体塑性变形的屈服行为。

### 5.4.3　非单质晶体中的位错

非单质晶体结构的复杂性会导致其位错结构也比较复杂。图 5.28a 在面心立方晶体 A1 结构单胞中显示了全位错 $[011]/2$ 型伯氏矢量的示意图。如果如图 5.28b 所示，把这个单胞转换成 $L1_2$ 结构的单胞，则单胞属于简单立方结构。当一定伯氏矢量的位错扫过滑移面后晶体结构的周期性没有发生改变，在扫过部位也没有引起缺陷结构，则非单质晶体中的这种位错可称为完整位错。图 5.28b 所给结构完整位错的伯氏矢量应为 $[011]$，其长度是单质面心立方单胞全位错伯氏矢量的二倍。

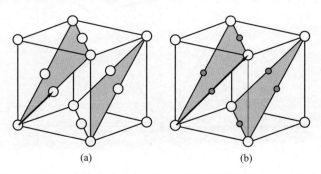

      (a)        (b)

**图 5.28**　$L1_2$ 结构中的完整位错：（a）A2 结构全位错；（b）$L12$ 结构全位错

图 5.29a 给出了 $L1_2$ 有序结构的 (100) 晶面。如果一个与图 5.28a 所示结构中伯氏矢量为 $[011]/2$ 的位错在有序晶体的 $(1\bar{1}1)$ 滑移面上扫过后，则在滑移面上、下侧的原子排接方式会偏离原来的有序结构（图 5.29b）。每个原子从原来的完全与异类原子相邻变为也与同类原子相邻。单独观察偏离滑移面的两侧晶体时发现与原有序情况没区别，只是以滑移面为界限，在滑移面处出现了排列周期的相对错位，或相位差。在有序晶体结构内，排列相位不同的区域称为反相畴，畴与畴间的边界称为反相畴界。反相畴界打破了结构原有的排列顺序，因而会使结构体系的能量增加，单位面积反相畴界所增加的能量称为反相畴界能。如图 5.29b 所示，若结构中另一伯氏矢量为 $[011]/2$ 的位错在同样的 $(1\bar{1}1)$ 滑移面上扫过，则上述相对错位的结构又会恢复到原来的有序结构。前、后两个位错具有同样的伯氏矢量，属同号位错。两位错之间因存在的排斥

力而相互保持一定的距离。这样的两个位错连同它们之间的反相畴界称为超位错。在位错扫过平面上反相畴界的两边各保有一个伯氏矢量完全相等的位错。设单位面积反相畴界能为 $\gamma_{ap}$，则参照式(5.52)可以推导出超位错中两位错的平衡距离 $d_{ap}$ 为

$$d_{ap} = \frac{Gb^2}{2\pi K\gamma_{ap}} \tag{5.57}$$

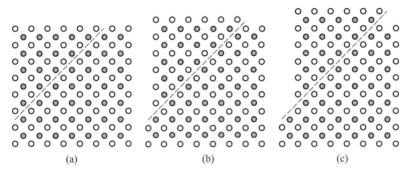

**图 5.29** 从 $L1_2$ 结构的(100)面观察其反相畴界：(a)完整晶体；(b)一个$[011]/2$位错扫过滑移面；(c)两个$[011]/2$位错扫过滑移面

鉴于位错能量自发降低的趋势，超位错中的每一个位错也可以分解为两个部分位错，并伴生层错，这种情况如图 5.30 所示。其中有序结构完整位错 $\boldsymbol{B}$ 由超位错中的两个位错 $\boldsymbol{B}_1$ 和 $\boldsymbol{B}_2$ 组成，超位错中每个位错再分解成 $\boldsymbol{B}_{11}$ 与 $\boldsymbol{B}_{12}$ 以及 $\boldsymbol{B}_{21}$ 与 $\boldsymbol{B}_{22}$ 两对部分位错，即有 $\boldsymbol{B}_1 = \boldsymbol{B}_{11} + \boldsymbol{B}_{12}$、$\boldsymbol{B}_2 = \boldsymbol{B}_{21} + \boldsymbol{B}_{22}$、$\boldsymbol{B} = \boldsymbol{B} + \boldsymbol{B}_2 = \boldsymbol{B}_{11} + \boldsymbol{B}_{12} + \boldsymbol{B}_{21} + \boldsymbol{B}_{22}$。对 $L1_2$ 结构，$\boldsymbol{B} = \boldsymbol{B}_1 + \boldsymbol{B}_2 = \boldsymbol{B}_{11} + \boldsymbol{B}_{12} + \boldsymbol{B}_{21} + \boldsymbol{B}_{22}$可表达成

$$[011] = \frac{1}{2}[011] + \frac{1}{2}[011] = \frac{1}{6}[\bar{1}21] + \frac{1}{6}[112] + \frac{1}{6}[\bar{1}21] + \frac{1}{6}[112] \tag{5.58}$$

参照式(5.57)，超位错中两位错的平衡距离取决于反相畴界能 $\gamma_{ap}$。当晶体倾向于完全有序时，其反相畴界能通常很高，造成超位错宽度很低。在一些金属键性较强的有序晶体中，反相畴界能会比较低，而原子往往会呈现一定程度的概率占位，因此超位错宽度很高。当反相畴界能降低到某一特定水平后，超位错中的两个位错实际上可以相当独立地滑动，此时就不再有必要从超位错的角度观察晶体的位错。当位错滑移所造成的有序结构的破坏没有显著使体系能量升高时，位错的结构特点就接近单质晶体中的位错。

$L1_0$ 型四方晶体结构中常见的伯氏矢量的方向为不含 $c$ 向分量的$[110]$和$[1\bar{1}0]$。参照图 3.2d 所示的 $L1_0$ 结构单胞可知，这类位错的滑动并不会造成异

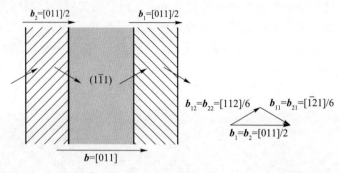

图 5.30　$L1_2$ 结构 $(1\bar{1}1)$ 面位错引起的层错(影线区)与反相畴界(灰色区)

类原子位置之间的变换，因而不会产生反相畴界。如果 $L1_0$ 结构中位错的伯氏矢量方向为 $[101]$ 和 $[011]$ 等，包含了 $c$ 向分量，则这类位错的滑动会造成异类原子位置之间的变换，因而将造成反相畴界。由此可见，$L1_0$ 结构中伯氏矢量包含 $c$ 向分量的位错因反相畴界能的阻碍而比较难于滑移。

$B2$ 型晶体结构完整位错的伯氏矢量是 $<111>$。$B2$ 有序合金 CuZn 中 $\{110\}$ 面的反相畴界能是 $8.3\times10^4$ $J/m^2$，由此参照式 (5.57) 算得其 $\{110\}$ 面上刃型超位错的宽度约为 88 nm，螺型超位错的宽度约为 56 nm。当超位错的宽度接近无限大，即原子占位可完全无序时，$B2$ 结构就转变成了 $A2$ 结构，两种原子在所有乌科夫符号位置上都有相同的占位概率，其完整位错的伯氏矢量变为 $<111>/2$。

$D0_3$ 型结构是一种常见的面心立方晶体结构，$Fe_3Si$、$Fe_3Al$ 等晶体都具有这种结构。图 5.31a 给出了 $D0_3$ 结构的单胞，它可以看成由 8 个亚单胞所构成。参见表 3.4，Si 或 Al 占据 $4a$ 位置(白圆圈)，Fe 占据 $4b$(深灰圆圈)和 $8c$ 位置(浅灰圆圈)。$D0_3$ 结构中主要的完整位错伯氏矢量为 $<111>$，位错的主要滑移面是 $\{110\}$ 面。

根据图 5.31a 显示的 $D0_3$ 结构完整位错可以看出，其伯氏矢量 $B$ 可以分解成 $B_1+B_2+B_3+B_4$ 4 部分，如图 5.31b 有

$$[\bar{1}11] = \frac{1}{4}[\bar{1}11] + \frac{1}{4}[\bar{1}11] + \frac{1}{4}[\bar{1}11] + \frac{1}{4}[\bar{1}11] \tag{5.59}$$

对于 $Fe_3Si$ 结构，其完整位错中 $B_1$ 矢量在 $\{110\}$ 面上的滑移发生后会造成 $\{110\}$ 面间 Fe、Si 原子近邻关系的全面改变，并引入反相畴界能 $\gamma_1$。$B_2$ 矢量滑移发生后，$\{110\}$ 面间 Fe、Si 原子近邻关系中只有 $4a$ 和 $4b$ 位置的关系改变，而 $8c$ 位置 Fe 原子的近邻关系不改变，并引入另一反相畴界能 $\gamma_2$。$B_3$ 矢量滑移发生后又会造成 $\{110\}$ 面间 Fe、Si 原子近邻关系的全面改变，并引入反

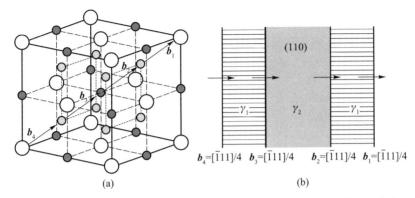

**图 5.31** $D0_3$ 结构(110)面位错引起的高层错能区(影线区)与低层错能区(灰色区):
(a) 单胞结构中的位错的分解;(b) 位错分解造成的层错能

相畴界能 $\gamma_1$。$\boldsymbol{B}_4$ 矢量滑移发生后,一个完整位错的滑移完成,结构中 $\{110\}$ 面间 Fe、Si 原子近邻关系又恢复到原来的正常状态。$\boldsymbol{B}_1$、$\boldsymbol{B}_3$ 位错造成 $\{110\}$ 面间原子近邻关系全面变化,相应反相畴界能 $\gamma_1$ 比较高,而 $\boldsymbol{B}_2$ 位错只改变 $\{110\}$ 面间 $4a$ 和 $4b$ 原子的近邻关系,因此其反相畴界能 $\gamma_2$ 比较低。如 3.4.2 节讨论概率占位时谈到的,若温度升高造成的原子概率占位发生变化使得从统计上讲 $D0_3$ 结构转变成 $B2$ 结构,则反相畴界能 $\gamma_2$ 接近 0。图 5.31 所示位错中,$B_1+B_2$ 与 $B_3+B_4$ 两对位错构成了两个小的超位错,它们的移动变得相互独立。当温度继续升高,原子在所有乌科夫符号位置上都有相似的占位概率、导致 $B2$ 结构转变成 $A2$ 结构时,反相界能 $\gamma_1$ 也接近 0,图 5.31 所示位错中 $B_1$、$B_2$、$B_3$、$B_4$ 等超位错中的部分位错就可变为独立移动的位错。另一方面,不断的位错滑移也可以改变各乌科夫符号位置上原子的占位概率。由此可见,如果能够控制 $Fe_3Si$ 类合金的结构类型,则可以明显改变其塑性行为,显然 $A2$、$B2$ 结构的塑性因其更易迁移的位错应优于 $D0_3$ 结构的塑性。

## 5.5 塑性变形及晶体取向的变化

许多金属晶体在使用前都经过变形加工。金属塑性变形的晶体学机制主要为位错滑移和机械孪生。塑性变形过程通常伴随着晶体取向的变化和变形织构的生成。

### 5.5.1 位错滑移造成的塑性变形及独立的滑移系

设 $O\text{-}x_1\text{-}x_2\text{-}x_3$ 参考坐标系中一单晶体内某滑移系开动,以滑移系的伯氏

矢量方向 $\boldsymbol{b}$、滑移面法线方向 $\boldsymbol{n}$ 和二者的横向 $\boldsymbol{t}$ 分别为 $\boldsymbol{x}_1$、$\boldsymbol{x}_2$ 和 $\boldsymbol{x}_3$ 轴方向的单位矢量（图 5.32a）。设在 $\boldsymbol{n}$ 方向上平均每间隔 $l$ 远存在沿 $\boldsymbol{x}_1$//$\boldsymbol{b}$ 方向的均匀滑动，滑动距离为 $\Delta s$。定义此时晶体 $M$ 点沿 $\boldsymbol{x}_1$、$\boldsymbol{x}_2$ 和 $\boldsymbol{x}_3$ 方向的位移分别为 $u_1 = \Delta s$、$u_2 = u_3 = 0$，即位移矢量 $\boldsymbol{u} = [\, u_1,\ u_2,\ u_3\,] = [\Delta s,\ 0,\ 0]$。由此，由各相对

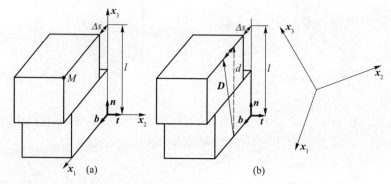

**图 5.32**　单个滑移系开动造成的变形：（a）$\boldsymbol{x}_3$ 为法向面的 $\boldsymbol{x}_1$ 向滑移；
（b）任意面上沿该面某方向的滑移

位移组成的滑移应变梯度或位移张量表达为[9]

$$
\begin{bmatrix}
\dfrac{\partial u_1}{\partial x_1} & \dfrac{\partial u_1}{\partial x_2} & \dfrac{\partial u_1}{\partial x_3} \\[2mm]
\dfrac{\partial u_2}{\partial x_1} & \dfrac{\partial u_2}{\partial x_2} & \dfrac{\partial u_2}{\partial x_3} \\[2mm]
\dfrac{\partial u_3}{\partial x_1} & \dfrac{\partial u_3}{\partial x_2} & \dfrac{\partial u_3}{\partial x_3}
\end{bmatrix}
=
\begin{bmatrix}
0 & 0 & \dfrac{\Delta s}{l} \\[2mm]
0 & 0 & 0 \\[2mm]
0 & 0 & 0
\end{bmatrix}
= \delta
\begin{bmatrix}
0 & 0 & 1 \\
0 & 0 & 0 \\
0 & 0 & 0
\end{bmatrix}
\tag{5.60}
$$

式中，$\partial u_1 / \partial x_3 = \Delta s/l = \delta$，即位移张量中只有法线为 $\boldsymbol{x}_3$ 的面上沿 $\boldsymbol{x}_1$ 方向的位移 $\partial u_1 / \partial x_3$ 为非零值。

若滑移系由任意法线为 $\boldsymbol{n}$ 的滑移面和其上某 $\boldsymbol{b}$ 方向的滑移组成时（图 5.32b），则相对位移应表达为变换的位移矢量 $\boldsymbol{u} = [\, u_1,\ u_2,\ u_3\,]$，但仍有 $|\boldsymbol{u}| = \delta$；相应的滑移系各单位矢量的坐标经转动变换后可表示为

$$
[\boldsymbol{b}\quad \boldsymbol{t}\quad \boldsymbol{n}] =
\begin{bmatrix}
b_1 & t_1 & n_1 \\
b_2 & t_2 & n_2 \\
b_3 & t_3 & n_3
\end{bmatrix}
\ \text{或}\
\begin{bmatrix}
\boldsymbol{b} \\
\boldsymbol{t} \\
\boldsymbol{n}
\end{bmatrix}
=
\begin{bmatrix}
b_1 & b_2 & b_3 \\
t_1 & t_2 & t_3 \\
n_1 & n_2 & n_3
\end{bmatrix}
\tag{5.61}
$$

这样式（5.60）就转变成

$$
\begin{bmatrix}
\dfrac{\partial u_1}{\partial x_1} & \dfrac{\partial u_1}{\partial x_2} & \dfrac{\partial u_1}{\partial x_3} \\[2mm]
\dfrac{\partial u_2}{\partial x_1} & \dfrac{\partial u_2}{\partial x_2} & \dfrac{\partial u_2}{\partial x_3} \\[2mm]
\dfrac{\partial u_3}{\partial x_1} & \dfrac{\partial u_3}{\partial x_2} & \dfrac{\partial u_3}{\partial x_3}
\end{bmatrix}
= \delta
\begin{bmatrix}
b_1 & t_1 & n_1 \\
b_2 & t_2 & n_2 \\
b_3 & t_3 & n_3
\end{bmatrix}
\begin{bmatrix}
0 & 0 & 1 \\
0 & 0 & 0 \\
0 & 0 & 0
\end{bmatrix} \cdot
$$

$$
\begin{bmatrix}
b_1 & b_2 & b_3 \\
t_1 & t_2 & t_3 \\
n_1 & n_2 & n_3
\end{bmatrix}
= \delta
\begin{bmatrix}
b_1 n_1 & b_1 n_2 & b_1 n_3 \\
b_2 n_1 & b_2 n_2 & b_2 n_3 \\
b_3 n_1 & b_3 n_3 & b_3 n_3
\end{bmatrix}
\tag{5.62}
$$

力学分析显示，位移张量可分解成应变张量 $[\varepsilon_{ij}]$ 和刚性转动张量之和，即

$$
\begin{bmatrix}
\dfrac{\partial u_1}{\partial x_1} & \dfrac{\partial u_1}{\partial x_2} & \dfrac{\partial u_1}{\partial x_3} \\[2mm]
\dfrac{\partial u_2}{\partial x_1} & \dfrac{\partial u_2}{\partial x_2} & \dfrac{\partial u_2}{\partial x_3} \\[2mm]
\dfrac{\partial u_3}{\partial x_1} & \dfrac{\partial u_3}{\partial x_2} & \dfrac{\partial u_3}{\partial x_3}
\end{bmatrix}
=
\begin{bmatrix}
\dfrac{\partial u_1}{\partial x_1} & \dfrac{1}{2}\left(\dfrac{\partial u_2}{\partial x_1} + \dfrac{\partial u_1}{\partial x_2}\right) & \dfrac{1}{2}\left(\dfrac{\partial u_3}{\partial x_1} + \dfrac{\partial u_1}{\partial x_3}\right) \\[3mm]
\dfrac{1}{2}\left(\dfrac{\partial u_2}{\partial x_1} + \dfrac{\partial u_1}{\partial x_2}\right) & \dfrac{\partial u_2}{\partial x_2} & \dfrac{1}{2}\left(\dfrac{\partial u_3}{\partial x_2} + \dfrac{\partial u_2}{\partial x_3}\right) \\[3mm]
\dfrac{1}{2}\left(\dfrac{\partial u_3}{\partial x_1} + \dfrac{\partial u_1}{\partial x_3}\right) & \dfrac{1}{2}\left(\dfrac{\partial u_3}{\partial x_2} + \dfrac{\partial u_2}{\partial x_3}\right) & \dfrac{\partial u_3}{\partial x_3}
\end{bmatrix}
+
$$

$$
\begin{bmatrix}
0 & -\dfrac{1}{2}\left(\dfrac{\partial u_2}{\partial x_1} - \dfrac{\partial u_1}{\partial x_2}\right) & -\dfrac{1}{2}\left(\dfrac{\partial u_3}{\partial x_1} - \dfrac{\partial u_1}{\partial x_3}\right) \\[3mm]
\dfrac{1}{2}\left(\dfrac{\partial u_2}{\partial x_1} - \dfrac{\partial u_1}{\partial x_2}\right) & 0 & -\dfrac{1}{2}\left(\dfrac{\partial u_3}{\partial x_2} - \dfrac{\partial u_2}{\partial x_3}\right) \\[3mm]
\dfrac{1}{2}\left(\dfrac{\partial u_3}{\partial x_1} - \dfrac{\partial u_1}{\partial x_3}\right) & \dfrac{1}{2}\left(\dfrac{\partial u_3}{\partial x_2} - \dfrac{\partial u_2}{\partial x_3}\right) & 0
\end{bmatrix}
$$

$$
= \delta
\begin{bmatrix}
b_1 n_1 & \dfrac{1}{2}(b_1 n_2 + b_2 n_1) & \dfrac{1}{2}(b_1 n_3 + b_3 n_1) \\[3mm]
\dfrac{1}{2}(b_2 n_1 + b_1 n_2) & b_2 n_2 & \dfrac{1}{2}(b_2 n_3 + b_3 n_2) \\[3mm]
\dfrac{1}{2}(b_3 n_1 + b_1 n_3) & \dfrac{1}{2}(b_3 n_2 + b_2 n_3) & b_3 n_3
\end{bmatrix}
+
$$

$$\delta\begin{bmatrix} 0 & \frac{1}{2}(b_1 n_2 - b_2 n_1) & \frac{1}{2}(b_1 n_3 - b_3 n_1) \\ \frac{1}{2}(b_2 n_1 - b_1 n_2) & 0 & \frac{1}{2}(b_2 n_3 - b_3 n_2) \\ \frac{1}{2}(b_3 n_1 - b_1 n_3) & \frac{1}{2}(b_3 n_2 - b_2 n_3) & 0 \end{bmatrix}$$

$$= \begin{bmatrix} \varepsilon_{11} & \varepsilon_{12} & \varepsilon_{13} \\ \varepsilon_{21} & \varepsilon_{22} & \varepsilon_{23} \\ \varepsilon_{31} & \varepsilon_{32} & \varepsilon_{33} \end{bmatrix} + \frac{1}{2}\begin{bmatrix} 0 & -\omega_3 & \omega_2 \\ \omega_3 & 0 & -\omega_1 \\ -\omega_2 & \omega_1 & 0 \end{bmatrix} \tag{5.63}$$

式中，绕 $x_1$、$x_2$ 和 $x_3$ 的转角 $\omega_1/2$、$\omega_2/2$ 和 $\omega_3/2$ 取值时定义逆时针旋转为正，顺时针旋转为负（参见图 5.33），且有

$$\frac{1}{2}\begin{bmatrix} \omega_1 \\ \omega_2 \\ \omega_3 \end{bmatrix} = \begin{bmatrix} \frac{1}{2}\left(\frac{\partial u_3}{\partial x_2} - \frac{\partial u_2}{\partial x_3}\right) \\ -\frac{1}{2}\left(\frac{\partial u_3}{\partial x_1} - \frac{\partial u_1}{\partial x_3}\right) \\ \frac{1}{2}\left(\frac{\partial u_2}{\partial x_1} - \frac{\partial u_1}{\partial x_2}\right) \end{bmatrix} = \frac{\delta}{2}\begin{bmatrix} b_3 n_2 - b_2 n_3 \\ -b_3 n_1 + b_1 n_3 \\ b_2 n_1 - b_1 n_2 \end{bmatrix} \tag{5.64}$$

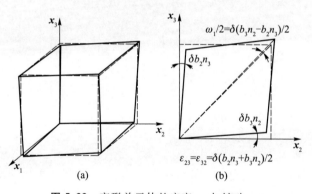

**图 5.33**　变形单元体的应变 $\varepsilon_{23}$ 与转动 $\omega_1$

从宏观上可以粗略地把变形晶体看成连续变形介质，因而这一应变和转动张量不仅表达了图 5.32 中 $M$ 点的塑性应变状态，而且也可扩展表达成该晶体其他各点的塑性应变和外形转动状态。可以看出，当滑移系确定之后应变和转动张量与位错相对滑移量 $\delta$ 密切相关。如果变形由一个以上的不同位错滑移完成，则可根据各个位错滑移的相对切应变 $\delta$ 值分别算出各位错滑移产生的应变和转动张量，然后将各张量加和在一起，即为总的应变和转动张量。

设晶体内有一单位矢量 $\boldsymbol{d}$（图 5.32b），且在 $O\text{-}\boldsymbol{x}_1\text{-}\boldsymbol{x}_2\text{-}\boldsymbol{x}_3$ 坐标系内可表达成 $\boldsymbol{d}=[\,d_1、d_2、d_3\,]$，其中 $d_1$、$d_2$、$d_3$ 分别为矢量 $\boldsymbol{d}$ 在 $\boldsymbol{x}_1$、$\boldsymbol{x}_2$、$\boldsymbol{x}_3$ 3 个轴上的投影，即为与这 3 个轴的夹角余弦。变形之后 $\boldsymbol{d}$ 矢量转变成 $\boldsymbol{D}$ 矢量（图 5.32b），且有 $\boldsymbol{D}=[\,D_1，D_2，D_3\,]$。可以看出，$\boldsymbol{d}$ 与 $\boldsymbol{D}$ 具有不同的晶体学方向。设 $\boldsymbol{d}$ 矢量方向的正应变为 $\varepsilon_d$，则有

$$\varepsilon_d = \varepsilon_{11}d_1^2 + \varepsilon_{22}d_2^2 + \varepsilon_{33}d_3^2 + 2\varepsilon_{12}d_1d_2 + 2\varepsilon_{23}d_2d_3 + 2\varepsilon_{31}d_3d_1 \qquad (5.65)$$

由此可以求出变形后的 $\boldsymbol{D}$ 矢量为

$$\boldsymbol{D} = \begin{bmatrix} D_1 \\ D_2 \\ D_3 \end{bmatrix} = \frac{1}{1+\varepsilon_d} \begin{bmatrix} 1 + \dfrac{\partial u}{\partial x_1} & \dfrac{\partial u}{\partial x_2} & \dfrac{\partial u}{\partial x_3} \\[2mm] \dfrac{\partial v}{\partial x_1} & 1 + \dfrac{\partial v}{\partial x_2} & \dfrac{\partial v}{\partial x_3} \\[2mm] \dfrac{\partial w}{\partial x_1} & \dfrac{\partial w}{\partial x_2} & 1 + \dfrac{\partial w}{\partial x_3} \end{bmatrix} \begin{bmatrix} d_1 \\ d_2 \\ d_3 \end{bmatrix}$$

$$= \frac{\delta}{1+\varepsilon_d} \begin{bmatrix} \dfrac{1}{\delta} + b_1 n_1 & b_1 n_2 & b_1 n_3 \\[2mm] b_2 n_1 & \dfrac{1}{\delta} + b_2 n_2 & b_2 n_3 \\[2mm] b_3 n_1 & b_3 n_2 & \dfrac{1}{\delta} + b_3 n_3 \end{bmatrix} \begin{bmatrix} d_1 \\ d_2 \\ d_3 \end{bmatrix} \qquad (5.66)$$

参照式（5.62）和式（5.63）可知，$\boldsymbol{D}$ 矢量的方向与长短也与应变和转动张量相关。

在外应力驱动下一滑移系的开动造成如式（5.63）所示的应变张量中包括了 9 个应变分量 $\varepsilon_{ij}$。其中各应变分量之间并不是完全独立的。根据式（5.63）有

$$\varepsilon_{12} = \varepsilon_{21}, \qquad \varepsilon_{23} = \varepsilon_{32}, \qquad \varepsilon_{31} = \varepsilon_{13}$$
$$\varepsilon_{11} + \varepsilon_{22} + \varepsilon_{33} = b_1 n_1 + b_2 n_2 + b_3 n_3 = \boldsymbol{b} \cdot \boldsymbol{n} = 0 \qquad (5.67)$$

可见，针对 9 个应变分量有 4 个约束条件，因而应变分量中只能有 5 个是独立的。

以面心立方金属为例，其塑性变形过程中可开动滑移系的滑移面为 4 个不同的 $\{111\}$ 面，每个滑移面上各有 3 个不同的 $<110>$ 滑移方向，因此面心立方金属共有 12 个不同的 $\{111\}<110>$ 滑移系。然而这 12 个滑移系并不是完全独立的。如在 $(111)$ 面上有 $(111)[1\bar{1}0]$、$(111)[10\bar{1}]$ 和 $(111)[01\bar{1}]$ 3 个滑移系，其中任何 2 个滑移系的组合开动都可以实现第 3 个滑移系的开动效果，因此 $(111)$ 面上的 3 个滑移系中只能有 2 个独立滑移系。应变张量中有 5 个独立的

应变分量，由此可以理解，借助 5 个独立滑移系适当的线性组合开动，可以实现金属晶体任意给定的应变张量。反之，在体积不变的前提下，如果晶体在三维空间内借助滑移系开动而发生塑性变形，则所需独立滑移系的数目最多只有 5 个，因此面心立方金属 12 个滑移系中也只能有 5 个独立的滑移系，但 5 个独立滑移系可以有不同的选择方式。

由此可见，当晶体材料的独立滑移系数目不够 5 个时，其塑性变形能力一定有限。例如，若某些密排六方金属晶体只能作基面滑移，其滑移系只有 3 个，且独立的滑移系只能有 2 个，因而其塑性变形能力通常会比较低。

## 5.5.2　机械孪生造成的塑性变形

在外力作用下晶体材料也会借助机械孪生机制实现塑性变形。图 5.34 给出了在纯锌和纯铁塑性变形过程中观察到的机械孪生造成的组织形貌。发生机械孪生时晶体中特定晶面一侧的原子沿该晶面的一特定方向发生切变运动，而晶面另一侧的原子保持不动。该特定晶面称为孪生面，用 $K_1$ 表示，其法向单位矢量为 $K_1$。孪生面上原子切变运动的方向称为孪生方向，用 $\eta_1$ 表示（图 5.35a），其单位方向矢量为 $\eta_1$。机械孪生完成后晶体仍保持原结构不变，孪生面两侧的原子呈镜面对称。一个孪生面与其上的孪生方向在一起构成了一个机械孪生系，简称孪生系；与滑移面其上的滑移方向组成的滑移系类似。

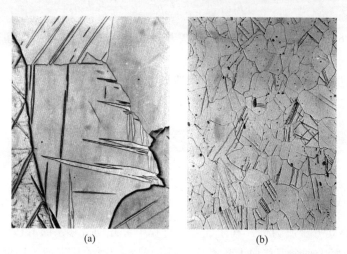

(a)　　　　　　　　　　　　(b)

**图 5.34**　塑性变形后纯锌(a)和纯铁(b)晶粒中的机械孪生组织[10]

机械孪生完成前后孪生面上的原子位置没有发生任何变化，因此 $K_1$ 面称为第一不畸变面。如图 5.35b 所示，在机械孪生发生前，即将切变运动的那些

区域中存在着一个 $K_2$ 面；切变运动完成后 $K_2$ 面到达了新位置。机械孪生过程中切变运动的原子之间的位置会发生规律性的变化，$K_2$ 面上原子之间的相对位置没有发生任何变化，因此 $K_2$ 面称为第二不畸变面。

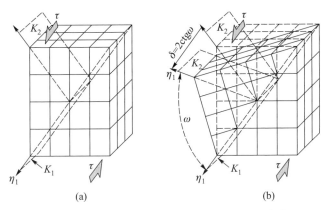

**图 5.35**   晶体机械孪生的晶面晶向几何关系[11]

令 $\omega$ 为 $K_1$ 面和 $K_2$ 面的夹角，则机械孪生造成的切应变 $\delta$ 为

$$\delta = 2\mathrm{ctg}\omega \tag{5.68}$$

不同金属的单胞常数、$K_1$ 和 $K_2$ 面指数以及 $\eta_1$ 晶向指数如表 5.6 所示。根据式(1.13)~式(1.16)各晶系内晶面间夹角的计算公式以及式(5.68)，可计算出各金属晶体孪生系开动后所产生的切应变 $\delta$，列于表 5.6 中。

**表 5.6**   一些常见金属的单胞常数及孪生要素

| 金属 | 点阵类型 | $a/\mathrm{nm}$ | $b/\mathrm{nm}$ | $c/\mathrm{nm}$ | $K_1$ | $K_2$ | $\delta$ | $\eta_1$ |
|------|---------|------|------|------|------|------|------|------|
| Fe | 体心立方 | | | | $\{112\}$ | $\{11\bar{2}\}$ | 0.707 11 | $<11\bar{1}>$ |
| Cu | 面心立方 | | | | $\{111\}$ | $\{11\bar{1}\}$ | 0.707 11 | $<11\bar{2}>$ |
| Ni | 面心立方 | | | | $\{111\}$ | $\{11\bar{1}\}$ | 0.707 11 | $<11\bar{2}>$ |
| Cd | 密排六方 | 0.297 9 | | 0.561 8 | $\{10\bar{1}2\}$ | $\{10\bar{1}2\}$ | 0.170 20 | $<\bar{1}011>$ |
| Zn | 密排六方 | 0.266 5 | | 0.494 7 | $\{10\bar{1}2\}$ | $\{10\bar{1}2\}$ | 0.138 65 | $<\bar{1}011>$ |
| Mg | 密排六方 | 0.320 9 | | 0.521 1 | $\{10\bar{1}2\}$ | $\{\bar{1}012\}$ | 0.129 22 | $<\bar{1}011>$ |
| | | | | | $\{10\bar{1}1\}$ | $\{10\bar{1}3\}$ | 0.137 45 | $<10\bar{1}2>$ |
| Co | 密排六方 | | | | $\{10\bar{1}2\}$ | $\{\bar{1}012\}$ | 0.130 15 | $<\bar{1}011>$ |
| Zr | 密排六方 | 0.323 2 | | 0.514 7 | $\{10\bar{1}2\}$ | $\{\bar{1}012\}$ | 0.168 18 | $<\bar{1}011>$ |

续表

| 金属 | 点阵类型 | $a$/nm | $b$/nm | $c$/nm | $K_1$ | $K_2$ | $\delta$ | $\eta_1$ |
|------|----------|--------|--------|--------|-------|-------|----------|----------|
| Ti | 密排六方 | 0.295 1 | | 0.468 3 | $\{10\bar{1}2\}$ | $\{\bar{1}012\}$ | 0.175 08 | $<\bar{1}011>$ |
| | | | | | $\{2\bar{1}\bar{1}2\}$ | $\{2\bar{1}\bar{1}4\}$ | 0.315 42 | $<2\bar{1}\bar{1}3>$ |
| Be | 密排六方 | 0.228 6 | | 0.358 4 | $\{10\bar{1}2\}$ | $\{\bar{1}012\}$ | 0.199 25 | $<\bar{1}011>$ |
| Sn | 体心四方 | 0.583 2 | | 0.318 2 | $\{301\}$ | $\{\bar{1}01\}$ | 0.097 98 | $<\bar{1}03>$ |
| U | 底心正交 | 0.285 4 | 0.587 0 | 0.495 5 | $\{130\}$ | $\{1\bar{1}0\}$ | 0.299 12 | $<3\bar{1}0>$ |

可利用式(5.60)~式(5.68)对机械孪生产生的应变作类似的分析和计算。此时，$n$ 表示 $K_1$ 方向，$b$ 表示 $\eta_1$ 方向。$\delta$ 表示孪生时的切应变。所不同的是，在位错滑移时 $\delta$ 是一个不确定的数值；而机械孪生时 $\delta$ 则是一个确定的常数，它只与金属晶体的种类及开动的孪生系有关。

### 5.5.3　晶体取向在塑性变形过程中的变化

当晶体中的滑移系开动(图 5.32)并造成式(5.63)所示的位移张量和应变张量$[\varepsilon_{ij}]$后，其几何外形也发生了一定偏转，式(5.64)表示出了其转动张量。如图 5.32b 和图 5.33 所示，单纯的滑移系开动造成的外形转动并未包含晶体取向的变化。取向变化的规律与外加载荷的方向密切相关。

晶体塑性变形过程中的取向变化与其受力状态有关。设在某方向上对单晶体施加拉力 $F$，使某一滑移系开动(图 5.36a)。晶体变形如图 5.36b 所示，同时保持原来取向。但滑移会在变形晶体上造成一个力矩 $F \times x$，并促使晶体取向转动至图 5.36c 所示的位置。只有这样才能使晶体保持平衡状态。设变形前的拉伸方向为 $d$，变形后 $d$ 转变成了 $D$。在变形过程中晶体取向绕与 $d$ 和 $D$ 垂直的方向发生了转动。根据拉伸时把晶体的取向变化拆解成如图 5.36 所示过程的观察和分析可知，$D$ 即为变形后的拉伸方向。参照变形前 $d$ 的方向指数和式(5.66)可以算出拉伸过程中 $d$ 的变化及最终 $D$ 的方向指数。根据 $d$ 与 $D$ 的夹角及与这两个矢量垂直的方向矢量(取向偏转的转轴)，就可以算出取向的变化。

同理，若在某方向上对单晶体施加压应力并使一滑移系开动(见图 5.37a)，则在随后的变形过程中也会引起该晶体取向变化(图 5.37b)。此时，变形前垂直于压应力的晶面发生了转动。由该晶面上两个互不平行的矢量即可确定该晶面的法向，用式(5.66)算出这两个矢量变形后的方向即可求出变形后垂直于压应力晶面法向的指数。变形后这一法向仍应与压应力方向平行。在法向的变化过程中始终有一个垂直于法向的方向，晶体取向在变形过程中绕这

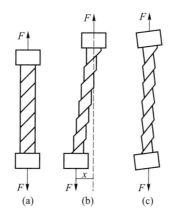

**图 5.36** 晶体在拉伸时的取向变化：（a）未滑移状态；
（b）已滑移未转动状态；（c）已滑移并转动状态

一方向转动，由此可以参照式（5.66）和拉伸取向变化的计算方法求出压缩过程中晶体取向的变化。

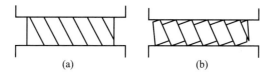

**图 5.37** 晶体在压缩时的取向变化：（a）未滑移状态；（b）已滑移并转动状态

轧制变形时，取向变化情况略复杂些。取向为 $g = (hkl)[uvw]$ 的晶体内滑移系的参数还需包括取向的影响。用特定晶体坐标系内滑移系的滑移方向 $\boldsymbol{b}_c$、滑移面法向 $\boldsymbol{n}_c$ 等单位矢量在晶体坐标系 $[100]$、$[010]$、$[001]$ 3 个坐标轴向的投影表示时有

$$\begin{bmatrix} \boldsymbol{b}_c \\ \boldsymbol{t}_c \\ \boldsymbol{n}_c \end{bmatrix} = \begin{bmatrix} b_{[100]} & b_{[010]} & b_{[001]} \\ t_{[100]} & t_{[010]} & t_{[001]} \\ n_{[100]} & n_{[010]} & n_{[001]} \end{bmatrix} \qquad (5.69)$$

则式（5.61）应转换为

$$\begin{bmatrix} \boldsymbol{b} & \boldsymbol{t} & \boldsymbol{n} \end{bmatrix} = \begin{bmatrix} b_1 & t_1 & n_1 \\ b_2 & t_2 & n_2 \\ b_3 & t_3 & n_3 \end{bmatrix} = \begin{bmatrix} u & v & w \\ r & s & t \\ h & k & l \end{bmatrix} \begin{bmatrix} b_{[100]} & t_{[100]} & n_{[100]} \\ b_{[010]} & t_{[010]} & n_{[010]} \\ b_{[001]} & t_{[001]} & n_{[001]} \end{bmatrix}$$

$$\begin{bmatrix} b \\ t \\ n \end{bmatrix} = \begin{bmatrix} b_1 & b_2 & b_3 \\ t_1 & t_2 & t_3 \\ n_1 & n_2 & n_3 \end{bmatrix} = \begin{bmatrix} b_{[100]} & b_{[010]} & b_{[001]} \\ t_{[100]} & t_{[010]} & t_{[001]} \\ n_{[100]} & n_{[010]} & n_{[001]} \end{bmatrix} \begin{bmatrix} u & r & h \\ v & s & k \\ w & t & l \end{bmatrix} \qquad (5.70)$$

代入式(5.63)即可计算出各应变分量的数值。

### 5.5.4　平面应变轧制引起取向变化的定量计算

轧制变形属于一种近似平面应变的变形行为，主要表现为轧板法向和轧向正应变的变化[12]。假设用 $RD = [100]$、$TD = [010]$ 和 $ND = [001]$ 等分别表示轧板坐标系的轧向、横向和法向等基本坐标轴，且有 $x_1//RD$、$x_2//TD$、$x_3//ND$ 等，则法向正应变 $\varepsilon_{33} < 0$，或轧向正应变 $\varepsilon_{11} > 0$。通常，计算轧制变形过程中的取向变化时需要把总的正应变分解成许多小的应变步长 $\Delta\varepsilon_{33}$ 以逐步计算取向的变化过程。根据式(5.63)有 $\Delta\varepsilon_{33} = \delta b_3 n_3$，因而在已知滑移系参数的情况下可求出 $\delta$ 值。经 $\Delta\varepsilon_{33}$ 变形后，$RD$、$TD$、$ND$ 3 个轧制试样坐标系中的坐标轴相对于晶体发生了少量偏转，变成了 $RD'$、$TD'$、$ND'$ 3 个新方向。参照式(5.66)，这 3 个新方向可表达为

$$[RD'\ \ TD'\ \ ND'] = \begin{bmatrix} 1 + \delta b_1 n_1 & \delta b_1 n_2 & \delta b_1 n_3 \\ \delta b_2 n_1 & 1 + \delta b_2 n_2 & \delta b_2 n_3 \\ \delta b_3 n_1 & \delta b_3 n_2 & 1 + \delta b_3 n_3 \end{bmatrix} \overset{\textstyle RD\ \ TD\ \ ND}{\begin{bmatrix} 1 & 0 & 0 \\ 0 & 1 & 0 \\ 0 & 0 & 1 \end{bmatrix}}$$

$$(5.71)$$

变形后的 $RD'$、$TD'$、$ND'$ 3 个轴通常不再正交。轧制应力状态分析表明，金属在变形过程中主要承受了三向压应力。如果去除静水压力，金属实际承受了轧向的拉应力和板法向的压应力。借助上述对拉伸变形和压缩变形的分析可以认为，在轧制变形过程中变形物体的轧向不变，轧面也不变。根据轧面不变和轧向不变原理，变形后的新轧面法向由 $RD'$ 和 $TD'$ 确定，新轧向直接由 $RD'$ 确定，新横向则与前两者正交。因此，互为正交的法向、轧向和横向经归一化处理的单位矢量 $N$、$R$、$T$ 应分别为

$$N = \frac{RD' \times TD'}{|RD' \times TD'|}, \qquad R = \frac{RD'}{|RD'|}, \qquad T = N \times R \qquad (5.72)$$

即这里把所导出新轧向和横向所决定面的法线定义为新法向，以保持轧面不变；同时把导出的轧向 $RD'$ 定为新取向的轧向，以保持轧向不变；随后用新法向与新轧向的矢量积重新确认新横向，进而获得轧制变形后表示轧制试样坐标系的单位矢量矩阵 $[R, T, N]$，即在原来轧制试样坐标系中新轧制试样坐标系的取向为 $[R, T, N]$。参照图 5.38 并与图 4.2 比较可知，先将新轧制试样

坐标系偏转至原轧制试样坐标系，再转至取向 **g**，即可获得变形后轧制试样坐标系内晶体的取向 **g′** 为

$$[g'] = [g][R, T, N] \tag{5.73}$$

参照式(4.6)就可以求出新取向的欧拉角或米勒指数。

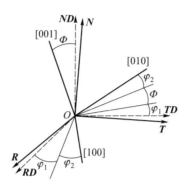

**图 5.38** 轧制变形过程中滑移系开动造成的[**R**, **T**, **N**]坐标系及新取向

以上讨论了单晶体变形时的转动，即取向变化。多晶体发生塑性变形时各晶粒也会发生类似的转动。理论和实际都表明，多晶体变形时，各晶粒取向的转动结果往往会使晶粒取向聚集到某一或某些取向附近，从而形成变形织构。在分析多晶体内一个晶粒借助滑移实现塑性变形时，经常需要分析多个滑移系同时开动造成的取向变化。若有 $n$ 个滑移系同时开动，则每个滑移系都可以推导出式(5.71)，即有 $n$ 个式(5.71)。将 $n$ 个式(5.71)简单累加在一起，再代入式(5.72)和式(5.73)就可以算出这 $n$ 滑移系同时开动造成的取向变化；其中需要注意确定一定轧制变形量下各滑移系分担的应变量。

利用式(5.71)~式(5.73)也可以计算塑性变形过程中机械孪生造成的取向变化。此时仍有 $n$ 表示 $K_1$ 面法线方向，$b$ 表示 $\eta_1$ 方向，$\delta$ 表示与滑移类似的孪生切应变。

## 5.5.5 晶体塑性变形时滑移系及孪生系的选择

当一个晶粒受到外部应力的作用时，其内部所有的位错都会受到外应力的作用。由这种作用转化而来的作用于位错的相关分切应力是推动该位错作为滑移系开动的潜在因素。一般认为，促使位错开动的前提是其所承受的切应力需达到特定的临界值，即临界分切应力，用 $\tau_c$ 表示。同样，外应力作用下转化到各位错的分切应力各不相同。因此实际上，并不是所有承受切应力的位错都会开动；但承受最大分切应力的位错通常会率先开动。在研究晶体塑性变形行为时，往往需要找出或确认在特定外载荷下能率先开动的位错或滑移系。

用位错的伯氏矢量方向以及位错滑移面的法线方向构成一个位错坐标系，令 $x_{1'}$ 为伯氏矢量方向、$x_{3'}$ 为位错滑移面的法线方向，则 $x_{2'}$ 就是同时与 $x_{1'}$ 和 $x_{3'}$ 垂直的第 3 个方向。另一方面，设晶体所在试样的坐标系由 $x_1$、$x_2$、$x_3$ 3 轴构成。当在试样坐标系中的多晶体试样受到外载荷作用时，试样所承受的应力张量 $[\sigma_{ij}]$ 会转化成所观察一个晶体内位错坐标系下特定位错承受的应力张量 $[\sigma_{i'j'}]$；$[\sigma_{i'j'}]$ 与 $[\sigma_{ij}]$ 之间的一般关系可表达为

$$[\sigma_{i'j'}] = \begin{bmatrix} \sigma_{1'1'} & \sigma_{1'2'} & \sigma_{1'3'} \\ \sigma_{2'1'} & \sigma_{2'2'} & \sigma_{2'3'} \\ \sigma_{3'1'} & \sigma_{3'2'} & \sigma_{3'3'} \end{bmatrix} = \begin{bmatrix} \boldsymbol{b} \\ \boldsymbol{t} \\ \boldsymbol{n} \end{bmatrix} \begin{bmatrix} \sigma_{11} & \sigma_{12} & \sigma_{13} \\ \sigma_{21} & \sigma_{22} & \sigma_{23} \\ \sigma_{31} & \sigma_{32} & \sigma_{33} \end{bmatrix} [\boldsymbol{b} \quad \boldsymbol{t} \quad \boldsymbol{n}] \quad (5.74)$$

鉴于 $x_{1'}$ 为伯氏矢量方向、$x_{3'}$ 为位错滑移面的法线方向，因此位错实际所承受的能促使其滑移的切应力为 $\sigma_{3'1'}$。如果所观察的位错为刃位错，则该位错所承受的能促使其攀移的正应力，即外来攀移力为伯氏矢量方向的 $\sigma_{1'1'}$。

假设一晶体或晶粒所在的多晶试样承受了单向拉伸应力，且拉伸方向为试样的方向 $x_1$，其单位矢量用 $\boldsymbol{DD}$ 表示，则参照式(5.70)可把式(5.74)表示的位错所承受的应力转化成

$$[\sigma_{i'j'}] = \begin{bmatrix} \boldsymbol{b} \\ \boldsymbol{t} \\ \boldsymbol{n} \end{bmatrix} \begin{bmatrix} \sigma_{11} & 0 & 0 \\ 0 & 0 & 0 \\ 0 & 0 & 0 \end{bmatrix} [\boldsymbol{b} \quad \boldsymbol{t} \quad \boldsymbol{n}] = \sigma_{11} \begin{bmatrix} b_1 b_1 & b_1 t_1 & b_1 n_1 \\ b_1 t_1 & t_1 t_1 & t_1 n_1 \\ b_1 n_1 & t_1 n_1 & n_1 n_1 \end{bmatrix} \quad (5.75)$$

当拉伸应力上升到试样的屈服应力 $\sigma_y$ 时，即 $\sigma_{11} = \sigma_y$ 时晶体内一个位错所承受的切应力也达到了临界值 $\tau_c$，此时参照式(5.75)，对该成为滑移系的位错所承受的切应力有

$$\sigma_{3'1'} = \tau_c = \sigma_y b_1 n_1 = \sigma_y \cos(\boldsymbol{b}_c, \boldsymbol{DD}) \cos(\boldsymbol{n}_c, \boldsymbol{DD}) = \sigma_y \mu$$
$$\mu = \cos(\boldsymbol{b}_c, \boldsymbol{DD}) \cos(\boldsymbol{n}_c, \boldsymbol{DD}) \tag{5.76}$$

式中，$\mu$ 为该滑移系在拉伸变形条件下的取向因子，或称为 Schmid 因子。不论潜在滑移系是否已经开动，特定取向晶粒内在拉伸应力下都存在并可以如上计算出各自的取向因子 $\mu$。这里，取向因子可实现的最高值为 0.5。通常，取向因子越高的滑移系越容易开动。

许多金属材料都需要经历轧制加工过程。轧制变形过程中轧板试样内各晶粒都会沿轧向伸长，而在轧板法线方向减薄。应力分析显示，轧制过程会造成各晶粒变形时始终处于屈服状态，且在轧板试样坐标系内承受 3 个方向的压应力。设对轧板试样坐标系有轧向 $x_1$、轧板横向 $x_2$、轧板法向 $x_3$，则对三向压应力有 $\sigma_{33} < \sigma_{22} < \sigma_{11} < 0$，其中包括了对变形晶粒的静水压力 $\sigma_{22}$。扣除静水压力后在屈服情况下有 $\sigma_{11} - \sigma_{22} = -(\sigma_{33} - \sigma_{22}) = \sigma_y/2$。参照式(5.70)，把静水压力拆分出来，则式(5.74)表达的位错所承受的应力可转化成

$$
\begin{aligned}
[\sigma_{i'j'}] &= \begin{bmatrix} \boldsymbol{b} \\ \boldsymbol{t} \\ \boldsymbol{n} \end{bmatrix} \begin{bmatrix} \sigma_{11} & 0 & 0 \\ 0 & \sigma_{22} & 0 \\ 0 & 0 & \sigma_{33} \end{bmatrix} [\boldsymbol{b} \quad \boldsymbol{t} \quad \boldsymbol{n}] \\
&= \begin{bmatrix} \boldsymbol{b} \\ \boldsymbol{t} \\ \boldsymbol{n} \end{bmatrix} \left\{ \begin{bmatrix} \sigma_{11} - \sigma_{22} & 0 & 0 \\ 0 & 0 & 0 \\ 0 & 0 & \sigma_{33} - \sigma_{22} \end{bmatrix} + \sigma_{22} \begin{bmatrix} 1 & 0 & 0 \\ 0 & 1 & 0 \\ 0 & 0 & 1 \end{bmatrix} \right\} [\boldsymbol{b} \quad \boldsymbol{t} \quad \boldsymbol{n}] \\
&= \frac{\sigma_y}{2} \begin{bmatrix} \boldsymbol{b} \\ \boldsymbol{t} \\ \boldsymbol{n} \end{bmatrix} \begin{bmatrix} 1 & 0 & 0 \\ 0 & 0 & 0 \\ 0 & 0 & -1 \end{bmatrix} [\boldsymbol{b} \quad \boldsymbol{t} \quad \boldsymbol{n}] + \sigma_{22} \begin{bmatrix} \boldsymbol{b} \\ \boldsymbol{t} \\ \boldsymbol{n} \end{bmatrix} \begin{bmatrix} 1 & 0 & 0 \\ 0 & 1 & 0 \\ 0 & 0 & 1 \end{bmatrix} [\boldsymbol{b} \quad \boldsymbol{t} \quad \boldsymbol{n}] \\
&= \frac{\sigma_y}{2} \begin{bmatrix} b_1 b_1 - b_3 b_3 & b_1 t_1 - b_3 t_3 & b_1 n_1 - b_3 n_3 \\ b_1 t_1 - b_3 t_3 & t_1 t_1 - t_3 t_3 & t_1 n_1 - t_3 b_3 \\ b_1 n_1 - b_3 n_3 & t_1 n_1 - t_3 n_3 & n_1 n_1 - n_3 n_3 \end{bmatrix} + \sigma_{22} \begin{bmatrix} 1 & 0 & 0 \\ 0 & 1 & 0 \\ 0 & 0 & 1 \end{bmatrix} \quad (5.77)
\end{aligned}
$$

可以看出，静水压力项对滑移系所承受的切应力 $\sigma_{3'1'}$ 没有贡献，不影响其滑移行为。因此，滑移系所承受的切应力 $\sigma_{3'1'}$ 为

$$
\begin{aligned}
\sigma_{3'1'} = \tau_c &= \sigma_y \frac{b_1 n_1 - b_3 n_3}{2} \\
&= \sigma_y \frac{\cos(\boldsymbol{b}_c, \boldsymbol{RD}) \cos(\boldsymbol{n}_c, \boldsymbol{RD}) - \cos(\boldsymbol{b}_c, \boldsymbol{ND}) \cos(\boldsymbol{n}_c, \boldsymbol{ND}_c)}{2} = \sigma_y \mu \\
\mu &= \frac{\cos(\boldsymbol{b}_c, \boldsymbol{RD}) \cos(\boldsymbol{n}_c, \boldsymbol{RD}) - \cos(\boldsymbol{b}_c, \boldsymbol{ND}) \cos(\boldsymbol{n}_c, \boldsymbol{ND}_c)}{2} \quad (5.78)
\end{aligned}
$$

式中，$\boldsymbol{RD}$、$\boldsymbol{TD}$、$\boldsymbol{ND}$ 分别为轧制试样坐标系轧向 $\boldsymbol{x}_1$、横向 $\boldsymbol{x}_2$、法向 $\boldsymbol{x}_3$ 的单位矢量；$\mu$ 为该滑移系在轧制变形条件下的取向因子。这里，取向因子 $\mu$ 可实现的最高值也是 0.5。

在很多情况下，晶体或多晶体内晶粒塑性变形时所承受的外部应力比上述简单拉伸或轧制更为复杂。但只要把应力张量中所有可能的应力分量全部代入式（5.74），就可以用与上述类似的方法寻找或计算出率先开动的滑移系；只是相应的分析过程可能会比较复杂，其中需要特别关注应力张量中各应力分量之间的相互关系，以便简化分析过程。

如果晶体或多晶体内晶粒塑性变形时有可能出现机械孪生，则其内会有多个潜在的孪生系。变形时哪个孪生系易于率先开动也与孪生的取向因子有关。发生孪生时晶体一部分相对于原始部分发生孪生切变。孪生系取向因子和原始部分取向变化的计算方法与滑移系的类似，只是需要把滑移面矢量 $\boldsymbol{n}$ 换成孪生面矢量 $\boldsymbol{K}_1$，把滑移方向单位矢量 $\boldsymbol{b}$ 换成孪生方向单位矢量 $\boldsymbol{\eta}_1$，由此可计算出

未切变原始部分的取向变化。发生孪生切变部分的取向从原始部分的新取向出发，再叠加上孪生取向差后获得(参见 5.6 节)。

## 5.6　晶体界面的取向差特征

多晶体内大量晶粒通常具有不同的取向，各晶粒之间的界面称为晶体界面，或简称晶界。晶界的晶体学取向特性对多晶体材料的许多行为或过程具有重要的影响，如会影响晶界的迁移行为、组织结构的转变过程、取向分布的变化等；同时，也会影响材料的相关性能。在晶界附近，晶体原子的排列方式会在一定程度上偏离晶体固有的排列规则，因此对于完整晶体来说，晶界属于晶体缺陷。三维多晶体中的晶界主要沿二维方向分布，因此三维多晶体中的晶界属于二维缺陷。

### 5.6.1　晶界的自由度及取向差

晶界是取向不同的晶粒间的界面，因此晶界两侧晶粒的取向对晶界的性质有重要的影响。从晶界某一侧晶粒的晶体坐标系出发经过适当的旋转操作可以到达晶界另一侧晶粒的取向。因此，根据 4.1.1 节的分析可知，晶界两侧晶粒取向的变化对晶界空间几何特征影响的自由度为 3。然而，当晶界两侧晶粒的取向确定之后，还不能唯一地确定这两个晶粒间的晶界。如图 5.39 所示，在晶界两侧晶粒取向保持不变的情况下仍可以有不同方位的晶界出现。

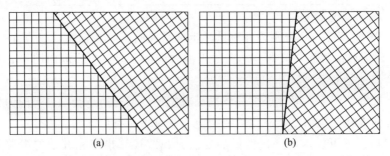

(a)　　　　　　　　　　(b)

**图 5.39**　晶界两侧晶粒取向保持不变情况下不同的晶界方位[3]

如果把晶界想象成空间的某一平面，则可用该平面的法线方向矢量表达晶界的空间方位。三维空间任一矢量方向的自由度为 2。晶界的空间几何特征取决于晶界两侧晶粒的取向以及晶界法线方向矢量方位，由此可见晶界的空间自由度为 5，即需要 5 个互相独立的参数来确定晶界的空间几何特点。这种几何特点只涉及旋转几何关系，不涉及晶界的平移。

在 $O\text{-}x_1\text{-}x_2\text{-}x_3$ 参考坐标系内，绕两晶粒共有的单位矢量 $\boldsymbol{r}=\boldsymbol{r}_1+\boldsymbol{r}_2+\boldsymbol{r}_3$ 旋转 $\delta$ 角就可以使两晶粒取向重合；或绕晶界两侧晶粒中一个晶粒的这个 $\boldsymbol{r}$ 矢量，即绕 $[r_1r_2r_3]$ 反向转 $\delta$ 角，就可以到达另一个给定的晶粒取向。如果把晶界两侧晶粒中一个晶粒的取向确定为初始取向（参见 4.1.1 节），则这种转动关系可以借助图 5.40 表达出来。如图 5.40 所示，具有初始取向的晶体其坐标系 $O\text{-}[100]\text{-}[010]\text{-}[001]$ 与 $O\text{-}x_1\text{-}x_2\text{-}x_3$ 参考坐标系完全重合，晶体内有单位矢量 $[r_1r_2r_3]$。绕 $[r_1r_2r_3]$ 使晶体坐标系与参考坐标系作相对旋转操作，转角为 $\delta$；如果适当选择 $[r_1r_2r_3]$ 方向和 $\delta$ 值，则旋转后可使参考坐标系 $x_1$ 方向与任一 $[uvw]$ 晶体方向平行，同时有 $x_2$ 方向平行于 $[rst]$ 方向，$x_3$ 方向平行于 $[hkl]$ 方向。

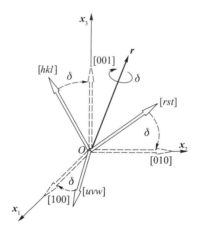

**图 5.40**  相对于初始取向的取向差示意图[3]

借助球面三角余弦定理，可以推导出旋转后晶体 $[uvw]$、$[rst]$、$[hkl]$ 等各晶向的方向参数，且有

$$
\begin{bmatrix} u & r & h \\ v & s & k \\ w & t & l \end{bmatrix} =
$$

$$
\begin{bmatrix}
(1-r_1^2)\cos\delta + r_1^2 & r_1r_2(1-\cos\delta) + r_3\sin\delta & r_1r_3(1-\cos\delta) - r_2\sin\delta \\
r_1r_2(1-\cos\delta) - r_3\sin\delta & (1-r_2^2)\cos\delta + r_2^2 & r_2r_3(1-\cos\delta) + r_1\sin\delta \\
r_1r_3(1-\cos\delta) + r_2\sin\delta & r_2r_3(1-\cos\delta) - r_1\sin\delta & (1-r_3^2)\cos\delta + r_3^2
\end{bmatrix}
$$

$$
= \Delta\boldsymbol{g}([r_1r_2r_3],\ \delta) =
\begin{bmatrix}
\Delta g_{11} & \Delta g_{12} & \Delta g_{13} \\
\Delta g_{21} & \Delta g_{22} & \Delta g_{23} \\
\Delta g_{31} & \Delta g_{32} & \Delta g_{33}
\end{bmatrix}
\tag{5.79}
$$

　　式(5.79)给出了计算任一晶体取向与初始取向之间取向差 $\Delta g$ 的表达式。相邻晶粒的取向差通常指，晶界一侧的晶粒绕特定的晶体学方向转动到与晶界另一侧晶粒有同样取向时所转动的最小转角 $\delta_{\min}$。式(5.79)中 $\Delta g$（$[r_1 r_2 r_3]$，$\delta$）所表达的取向差中有两个要素，一是上述旋转操作的转轴 $r$，其自由度是 2；另一个是转角 $\delta$，其自由度是 1。由此可见，取向差的自由度是 3，但人们在讨论取向差时有时只关注取向差角 $\delta$，而不关注转轴 $r$。式(5.79)所表达的取向差特指与初始取向的取向差，根据晶体取向的概念（参见 4.1.1 节），式(5.79)实际上表达的也是晶体的取向，因此有

$$
\begin{bmatrix}
\cos\varphi_1\cos\varphi_2 - \sin\varphi_1\sin\varphi_2\cos\Phi & \sin\varphi_1\cos\varphi_2 + \cos\varphi_1\sin\varphi_2\cos\Phi & \sin\varphi_2\sin\Phi \\
-\cos\varphi_1\sin\varphi_2 - \sin\varphi_1\cos\varphi_2\cos\Phi & -\sin\varphi_1\sin\varphi_2 + \cos\varphi_1\cos\varphi_2\cos\Phi & \cos\varphi_2\sin\Phi \\
\sin\varphi_1\sin\Phi & -\cos\varphi_1\sin\Phi & \cos\Phi
\end{bmatrix}
$$

$$
=
\begin{bmatrix}
(1-r_1^2)\cos\delta + r_1^2 & r_1 r_2(1-\cos\delta) + r_3\sin\delta & r_1 r_3(1-\cos\delta) - r_2\sin\delta \\
r_1 r_2(1-\cos\delta) - r_3\sin\delta & (1-r_2^2)\cos\delta + r_2^2 & r_2 r_3(1-\cos\delta) + r_1\sin\delta \\
r_1 r_3(1-\cos\delta) + r_2\sin\delta & r_2 r_3(1-\cos\delta) - r_1\sin\delta & (1-r_3^2)\cos\delta + r_3^2
\end{bmatrix}
$$

$$(5.80)$$

　　由此可以根据晶粒取向的欧拉角 $\{\varphi_1, \Phi, \varphi_2\}$ 或米勒指数 $(hkl)[uvw]$ 借助式(5.79)、式(5.80)计算相对于初始取向的取向差 $\Delta g$（$[r_1 r_2 r_3]$，$\delta$）。

## 5.6.2　取向差的计算方法

　　实际多晶体中两相邻晶粒通常都不具备初始取向，因此需要建立计算两个任意取向间取向差的方法。设两相邻晶粒分别具有 $(hkl)[uvw]$ 和 $(h_0 k_0 l_0)[u_0 v_0 w_0]$ 取向，则参照式(5.79)两取向之间的关系可以表达为

$$
\begin{bmatrix}
u & r & h \\
v & s & k \\
w & t & l
\end{bmatrix}
=
\begin{bmatrix}
\Delta g_{11} & \Delta g_{12} & \Delta g_{13} \\
\Delta g_{21} & \Delta g_{22} & \Delta g_{23} \\
\Delta g_{31} & \Delta g_{32} & \Delta g_{33}
\end{bmatrix}
\begin{bmatrix}
u_0 & r_0 & h_0 \\
v_0 & s_0 & k_0 \\
w_0 & t_0 & l_0
\end{bmatrix}
\tag{5.81}
$$

　　若取向 $(h_0 k_0 l_0)[u_0 v_0 w_0]$ 为初始取向，$(hkl)[uvw]$ 为目标取向，则参照式(4.2)可知，式(5.81)就转变成式(5.79)。一般情况下可以把式(5.81)转换成

$$
\Delta g([r_1 r_2 r_3],\ \delta) =
\begin{bmatrix}
\Delta g_{11} & \Delta g_{12} & \Delta g_{13} \\
\Delta g_{21} & \Delta g_{22} & \Delta g_{23} \\
\Delta g_{31} & \Delta g_{32} & \Delta g_{33}
\end{bmatrix}
=
\begin{bmatrix}
u & r & h \\
v & s & k \\
w & t & l
\end{bmatrix}
\begin{bmatrix}
u_0 & r_0 & h_0 \\
v_0 & s_0 & k_0 \\
w_0 & t_0 & l_0
\end{bmatrix}^{-1}
$$

$$(5.82)$$

　　由此，可参照式(5.79)计算取向差角 $\delta$ 为

$$
\delta = \arccos\left(\frac{\Delta g_{11} + \Delta g_{22} + \Delta g_{33} - 1}{2}\right)
\tag{5.83}
$$

同时，也可以参照式(5.79)计算旋转操作的转轴 $\boldsymbol{r}$ 为

$$r_1 = \frac{\Delta g_{23} - \Delta g_{32}}{2\sin\delta}, \qquad r_2 = \frac{\Delta g_{31} - \Delta g_{13}}{2\sin\delta}, \qquad r_3 = \frac{\Delta g_{12} - \Delta g_{21}}{2\sin\delta} \qquad (5.84)$$

需要注意的是，晶体具有的对称性会影响到取向差的计算。由于取向差只涉及晶体取向的旋转，因此这里只需考虑晶体的旋转对称性。在晶体所具备的 32 种点群对称特性内，实际上如表 2.11 所示，只涉及 11 种旋转群。由于晶体的旋转对称性，按照式(5.83)可计算出多个 $\delta$ 值，其数目与所对应旋转群的阶数 $h$ 一致(表 2.11)。例如，对于旋转对称性为 432 的立方晶体其阶数为 24，即可以按照不同对称旋转操作——计算出 24 个转轴和 24 个 $\delta$ 值。可以通过把旋转群中 24 个对称操作先作用于取向 $(hkl)[uvw]$，然后分别计算与取向 $(h_0 k_0 l_0)[u_0 v_0 w_0]$ 的 24 组取向差数值。表 5.7 以 432 对称性立方晶体取向 $(111)[1\bar{1}0]$ 与 $(111)[10\bar{1}]$ 为例，对二者之间可能的取向差进行了全面计算，表中对 $r_1$、$r_2$、$r_3$ 作了化整处理。

**表 5.7** 432 立方晶体 $(111)[1\bar{1}0]$ 与 $(111)[10\bar{1}]$ 的取向差计算

| 序号 | $r_1$ | $r_2$ | $r_3$ | $\delta/°$ | 序号 | $r_1$ | $r_2$ | $r_3$ | $\delta/°$ | 序号 | $r_1$ | $r_2$ | $r_3$ | $\delta/°$ |
|---|---|---|---|---|---|---|---|---|---|---|---|---|---|---|
| 1 | −1 | −1 | −1 | 60.000 | 9 | −1 | 0 | 1 | 70.529 | 17 | 1 | 1 | 1 | 60.000 |
| 2 | −2 | 0 | −1 | 131.810 | 10 | 0 | −1 | −2 | 131.810 | 18 | 1 | 1 | 1 | 180.000 |
| 3 | 3 | −1 | 1 | 146.443 | 11 | 1 | −3 | −1 | 146.443 | 19 | 2 | 1 | 0 | 131.810 |
| 4 | 1 | −1 | 0 | 70.529 | 12 | 0 | −1 | 1 | 109.471 | 20 | 0 | 2 | 1 | 131.810 |
| 5 | 0 | 1 | −1 | 70.529 | 13 | −1 | 1 | −3 | 146.443 | 21 | 1 | 0 | 2 | 131.810 |
| 6 | −1 | −2 | 0 | 131.810 | 14 | 1 | 0 | −1 | 109.471 | 22 | 1 | 1 | 2 | 180.000 |
| 7 | 1 | 3 | −1 | 146.443 | 15 | −3 | −1 | 1 | 146.443 | 23 | 1 | 2 | 1 | 180.000 |
| 8 | −1 | 1 | 3 | 146.443 | 16 | −1 | 1 | 0 | 109.471 | 24 | 1 | 2 | 1 | 180.000 |

在所有计算出的取向差角中，只有数值最小的转角 $\delta_{\min}$ 才是所要求的表达相应取向差的特征数值，相应的操作的转轴可表达成 $<r_1 r_2 r_3>_{\min}$。由此，两晶粒的取向差可表达成 $<r_1 r_2 r_3>_{\min}\delta_{\min}$，对应表 5.7 有 $<111>60°$。通常所说的取向差角 $\delta$ 实际上指最小的取向差角 $\delta_{\min}$。

## 5.6.3　常规晶粒界面

多晶体中常规的晶粒界面往往没有特定的取向特征，只是取向差的大小上

有一定区别。因此，可以简单地用 $\delta$ 角的大小来区别不同的常规晶粒界面，并把它们划分成两大类：$\delta$ 很小时，称为小角度晶界；通常 $\delta$ 超过 20° 时，称为大角度晶界。图 5.41 示意性地给出了多晶体中的小角度晶界和大角度晶界的实例。可以看出，原子的规则排列在晶界处被一定程度地破坏，并导致体系能量相应升高，因晶界的出现而产生的能量称为晶界能。

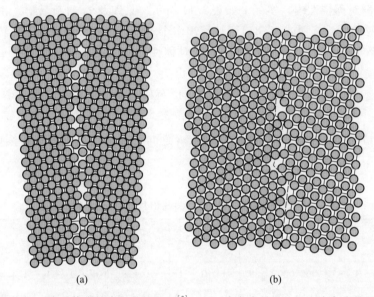

(a)　　　　　　　　　　　　　(b)

**图 5.41**　多晶体中的常规晶粒界面[3]：（a）小角度晶界；（b）大角度晶界

　　晶体内位错的适当组合就可以构成小角度晶界。由图 5.41a 可以看出，其小角度晶界由一些互相平行刃型位错沿纵向规则排列而构成。参照位错的应力场分析（参见 5.2.2 节），刃型位错的这种排列使晶界处于低能量稳定状态。因此，小角度晶界通常不容易借助热激活而迁移。由图 5.41b 可以看出，两种取向差异很大的晶粒间形成了大角度晶界。在晶界区域附近，大的取向差异，即不同方向原子排列规则的差异使得相邻原子排列的规则性受到较大破坏，介于两侧晶粒间的原子很难就近进入对两侧晶粒来说均是低能量状态的排列位置。因此，大角度晶界的晶界能一般会比较高。晶界区原子的高能状态，使得大角度晶界容易在热激活的帮助下借助某种推动力而迁移。

　　图 5.42 给出了多晶体铝常规倾转晶界实测的相对晶界能。图 5.42 显示，两相邻铝晶粒有共同的 [110] 晶向。当两晶粒取向相互绕共有的 [110] 转某一角度 $\delta$ 后，二者间可形成倾转晶界，这时倾转角 $\delta$ 就表示两晶粒的取向差。可以看出，当取向差很小时，晶界的相对晶界能很低。由于晶体 [110] 的 2 次对

称性，这种低能量的小角度晶界在倾转角为 180° 时再次出现。除了一些特殊重合点阵的取向差位置，在多数大角度倾转取向差处的晶界能都比较高。

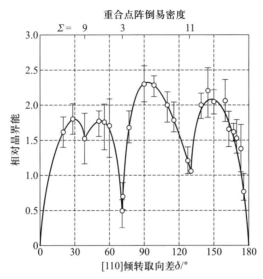

**图 5.42** 多晶体铝常规倾转晶界[110]倾转取向差 $\delta$ 与相对晶界能的关系[13]

## 5.6.4 重合点阵晶界及特殊晶界的取向差

重合点阵是人们用来描述晶界某些特征的重要概念。设某单质立方晶体内一晶体学平面 $(hkl)$ 上的原子如图 5.43a 的灰圆圈所示，且过原子面中心原子有法线方向 $[hkl]$。令这个晶体绕该 $[hkl]$ 方向转一个很小的 $\delta$ 角，则所观察面上除了中心原子以外的所有原子（如图 5.43a 所示）到达了白圆圈的位置，即它们都偏离了原来的位置。假如把图 5.43a 中灰圆圈和白圆圈分别看做两晶体原子的位置，并互相穿插在一起，则可以发现两晶体中大多数原子的位置并不重合。如果适当提高转角 $\delta$ 值，则可使灰圆圈和白圆圈所代表的两晶体原子中的某些原子位置出现周期性规则重合的现象，这些重合的原子位置在图 5.43b 中用黑圆圈标识出来。继续适当提高转角 $\delta$ 值，可以改变原子重合位置的重合周期（图 5.43c）。图 5.43b 和 c 所显示原子位置周期重合特性的黑圆圈构成了新的点阵，称为重合位置点阵，或简称为重合点阵。

可以用所有原子位置中重合原子位置所占的分数表示重合点阵的密度。如果每 $\Sigma$ 个原子位置中有一个处于重合原子位置，则 $1/\Sigma$ 即为重合点阵的密度，而 $\Sigma$ 则为重合点阵的倒易密度。

参照图 5.43，设想多晶体内两个相邻晶粒的取向可以构成图 5.43c 所示的

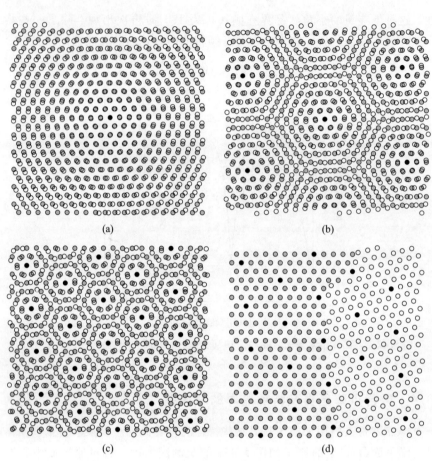

**图 5.43**　两晶粒的原子（$hkl$）面重叠并绕［$hkl$］方向偏转构成重合点阵示意图：
（a）偏转一个小角；（b）偏转至形成特定重合点阵；（c）偏转至形成高密度重合
点阵；（d）高密度重合点阵晶界

重合点阵，则两晶粒间的晶界可如图 5.43d 的形式存在。可以看到，晶界走向
倾向于沿重合点阵的密排面，即构成特定的高密度重合点阵晶界。界面上重合
点阵位置的原子同时处于晶界两侧晶粒点阵的低能量平衡位置，因此重合点阵
密排面容易成为晶界。这也是图 5.42 中非小角度晶界范围内一些低倒易密度
处晶界能较低的重要原因。

　　实际多晶体内任何随机相邻的两个晶粒一般都很难构成严格的低倒易密度
重合点阵，往往两晶粒取向差只是非常接近某一低倒易密度重合点阵的两取向
的取向差。另一方面，图 5.43d 所显示的晶界结构表明，重合点阵晶界确可促
进保持晶界的低能状态。因此，如果两晶粒取向差非常接近某一低倒易密度重

合点阵的两取向的取向差,则两晶粒间晶界附近原子占位状态会作适当调整,以获得该重合点阵晶界并避免高能大角度晶界;调整方式包括引入位错、空位等局部或周期性缺陷,并保证晶界主体仍维持低能量状态的低倒易密度重合点阵特征。由此可见,多晶体中可能出现的重合点阵晶界往往都包含一定缺陷结构。通常所讨论的两晶粒构成的重合点阵及相应晶界实际上包括了两晶粒构成的理想重合点阵及偏离该理想点阵一定范围内的点阵结构。如果考虑到晶体内缺陷的调整作用以及原子选择占据低能位置的自发倾向,可以粗略地认为,任何取向差均可以构成重合点阵,但通常人们只关心低倒易密度的重合点阵。

孪晶结构是晶体中常见的一种缺陷结构。可以借助机械孪生的方式在金属中生成孪晶。孪晶生成后,原子以晶体中某一晶面为对称元素呈镜面对称分布,该镜面称为孪生面,也称为孪晶界。此时原晶粒被孪生面划分成取向不同的两个晶粒。面心立方晶体常见的孪生面为 $\{111\}$ 面,体心立方晶体常见的孪生面为 $\{112\}$ 面,许多密排六方晶体的孪生面可以是 $\{10\bar{1}2\}$ 面。

晶体也可以借助其他方式生成孪晶,当两个晶粒具有孪晶取向关系时,二者之间的晶界并不一定是孪生面,即虽然孪晶取向关系使得晶界 5 个自由变量中涉及取向差的 3 个变量已经确定,但决定晶界方位的 2 个变量仍可调整,并导致出现不同类型的晶界(参见图 5.39)。由于孪晶有固定的取向关系,因此其取向差和相应的重合点阵是确定的。对于立方晶体有孪晶取向差 <111>60°,或 60°;相应的倒易点阵密度为 $\Sigma = 3$。表 5.7 所列出的两立方晶体的取向关系实际上就是孪晶关系。

如图 5.23 所示,全位错分解成两个部分位错后,其间夹着一个堆垛层错区,两个部分位错就是层错区的边缘。如果两分位错长距离扩展,则层错区就转变成把晶体划分成两部分的堆垛层错界面。层错面的出现虽然会造成一定的层错界面能,但界面上下的晶体只发生了相对的平移,并没有发生相对转动,因此上下晶体间取向差为 $\delta = 0$。此时,界面两侧晶体构成的重合点阵的倒易密度可以被看做 $\Sigma = 1$;两晶体结构的相对平移可借助引入部分位错而消除,或恢复到无缺陷状态。同理,图 5.29、图 5.30、图 5.31b 所示的非单质晶体中反相畴界两侧的晶体也只发生了相对的平移,而没有发生相对转动,因此上下晶体间取向差也为 $\delta = 0$,即有 $\Sigma = 1$。类似地,$\delta = 0$、$\Sigma = 1$ 晶界也可以推广应用到六方晶体及其他晶体中。

## 5.6.5 多晶体晶界的取向差分布

在多晶体内任意两个相邻晶粒都有一定的取向差,因此多晶体内会有一个统计性的取向差分布情况。取向差会影响到晶界的特性,因此多晶体取向差分布也会对其宏观性能产生重要影响，值得引起关注。多晶体晶界的取向差分布可以理解成单相多晶体内总的晶界面积中不同取向差特征的晶界所占据的分数。

当多晶体的取向分布为随机分布，即多晶体没有织构且不同取向的晶粒与任何其他取向的晶粒均有同等的邻接机会时，通常可以认为其晶粒间的取向差分布也呈现随机分布，或称取向差随机分布。采用晶体学点群的方法可以计算出晶粒取向随机分布时的取向差随机分布。

图 5.44 给出了多晶体取向随机分布时计算出的取向差分布概率（图中曲线）。图 5.44 中的直方图是取向随机分布的 Al-2.8%Ag-1.0%Ga（原子分数）合金 535 对取向差进行实际测量后得出的取向差分布，与理论计算出的随机分布吻合得很好。可以看出，多晶体取向差随机分布呈单峰状态，在 $\delta$ 略高于 40° 的位置出现峰值。$\delta$ 低于 10° 的小角度晶界所占的分数较少。

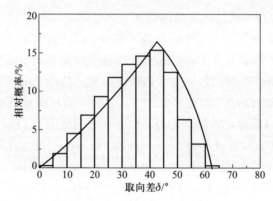

**图 5.44**　取向随机分布时的晶粒取向差统计分布（曲线）及实验 Al-2.8%Ag-1.0%Ga（原子分数）合金中 535 对取向差的分布（直方图）

图 5.45a 给出了统计检测 CVD 金刚石薄膜晶粒间的取向差分布的结果。图 5.45a 中连续的虚线表示多晶体随机的取向差分布。检测结果显示，实测取向差（直方图）偏离了随机分布（虚线），但在 $\delta = 60°$ 附近有一个明显的高分布概率。取向差分布中旋转角 $\delta$ 为 57°~63° 范围内的旋转轴 $[r_1 r_2 r_3]$ 的分布情况绘于图 5.45b 所示的反极图中。结果发现，这些旋转轴集中分布于 <111> 晶向附近。如前面分析可知，<111>60° 所表示取向差是典型的孪晶取向差，相应的晶界则往往是孪晶界。因此，可以判定该金刚石组织中应存在许多孪晶。实际的组织观察中也确实发现了该金刚石膜中大量的孪晶界。观察发现，取向差在 $\delta = 36°~42°$ 附近也存在较高的分布概率，该范围内的旋转轴 $[r_1 r_2 r_3]$ 的分布情况绘于图 5.45c 所示的反极图中。结果表明，这些旋转轴较多分布于 <110>

晶向附近，反映出金刚石膜内还存在着一些二阶孪晶，典型取相差为<110>38.9°。

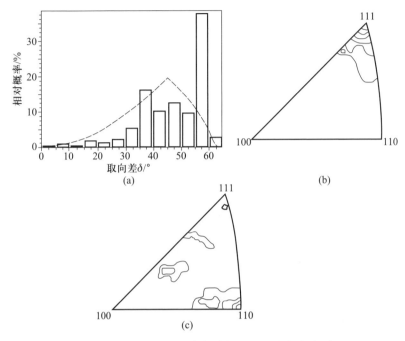

**图 5.45** 金刚石薄膜多晶组织的取向差分布分析(反极图密度水平：1，2，4，8，16，32)：(a) 取向差分布(虚线表示随机分布)；(b) $\delta = 57° \sim 63°$时旋转轴的反极图分布；(c) $\delta = 36° \sim 42°$时旋转轴的反极图分布

实践表明，多晶体取向差分布分析可以对组织结构分析发挥重要的辅助作用。然而，实际的取向差分布的分布及相关检测数据的分析往往是很复杂的。例如，通常采用背散射电子技术检测多晶体的取向差分布以及晶粒尺寸。如图4.16所示，对试样扫描检测获得的每一个点的取向都会多少区别于其他点的取向。此时，需要仔细斟酌两点间取向差最低限是多少时可以认作两点间存在晶界。如果最低限设得过低则会获得更小的晶粒尺寸，同时取向差分布结果中小角度区域会呈现很高的分布概率。此时的结果未必反映真实情况。所以，实际分析研究需谨慎、细致对待。

# 本章重点

注意点缺陷对材料行为的重要影响及其检测方法。重视位错承受各种类型应力的定量估算方法及其在材料科技中的实际应用，包括位错密度的估算及其不准确性、位错滑移临界分切应力的估计、表面氧化薄膜对金属基体位错分布的影响等。掌握不同类型晶体结构中位错的结构和力学行为特征，及其与有序结构和概率占位的联系。注意归纳塑性变形过程中晶体取向变化的规律及其与塑性变形外应力的关系。熟悉晶粒取向差的概念和计算方法，以及多晶体取向差分布的基本特征和在材料科技中的应用。

## 参考文献

［1］　余永宁. 材料科学基础. 北京：高等教育出版社，2006.
［2］　余永宁，毛卫民. 材料的结构. 北京：冶金工业出版社，2001.
［3］　毛卫民. 材料的晶体结构原理. 北京：冶金工业出版社，2007.
［4］　杨平，毛卫民. 工程材料结构原理. 北京：高等教育出版社，2016.
［5］　田莳. 材料物理性能. 北京：北京航空航天大学出版社，2001.
［6］　毛卫民. 电容器铝箔加工的材料学原理. 北京：高等教育出版社，2012.
［7］　赵新兵，凌国平，钱国栋. 材料的性能. 北京：高等教育出版社，2006.
［8］　刘国权. 材料科学与工程基础：上册. 北京：高等教育出版社，2015.
［9］　王龙甫. 弹性理论. 2 版. 北京：科学出版社，1984.
［10］　任怀亮. 金相实验技术. 北京：冶金工业出版社，1986.
［11］　毛卫民. 金属材料的晶体学织构与各向异性. 北京：科学出版社，2002.
［12］　Reid，C. N. Deformation geometry for materials scientists. Pergamon Press，1973.
［13］　Hornbogen E. Warlimont H. Metallkunde. 2 版. Springer-Verlag，1991.

## 思考题

5.1　根据空位产生的热力学原理探讨是否可能制备出没有空位的晶体物质？为什么？

5.2　比较结构空位和热空位两个概念，二者的本质差异和内在联系是什么？

5.3　应怎样理解有序合金中三重的空位缺陷结构？

5.4　受电子辐照和受中子辐照的晶体在随后加热过程中的回复行为有什么差异？差异产生的原因？

5.5　为什么当刃位错沿垂直于其滑移面方向排列成行并构成小角度晶界时很难迁移？

5.6　设某滑移面上有一个周长不变的位错环，位错环最稳定时应具有什么样的几何形状，此时沿位错线各段的线张力是否相同？

5.7　多晶体的晶粒尺寸减小到纳米尺度后是否会出现晶粒内无位错的现象，为什么？

5.8　当一根位错的位错线垂直于晶体表面时，该位错线在表面附近是否仍会受到力的作用，为什么？

5.9　体心立方金属同一滑移面上的位错为什么在正反两个方向上滑移的阻力不相等？

5.10 与理想有序合金相比，容易出现概率占位的有序合金其塑性变形能力如何，为什么？

5.11 如何根据孪生的晶体学原理计算孪生造成的取向变化？

# 练习题

5.1 选择题(可有 1~2 个正确答案)

1. 与有少量点缺陷的晶体比，没有点缺陷的晶体有哪些特点？

    A. 热力学稳定，                      B. 热力学不稳定，

    C. 很难自发产生空位浓度，      D. 室温会自发产生空位

2. 测得某有序晶体在液氮温度持续承受中子辐照的条件下的空位浓度，该浓度包括哪类空位？

    A. 只有热空位，                   B. 只有结构空位，

    C. 只有超额空位，                 D. 热空位和结构空位

3. 用热力学平衡公式可算出某温度下保温时 $B2$ 结构的 AB 有序合金中空位形成自由能更低的 A 原子所占 $1a$ 位置的空位浓度 $x^A$。试判断 A 原子所占 $1a$ 位置实际的空位浓度？

    A. 高于 $x^A$，                   B. 低于 $x^A$，

    C. 等于 $x^A$，                  D. 无法判断

4. 一滑移面上的位错环吸附点缺陷后位错线会发生怎样的变化？

    A. 吸收空位会收缩，           B. 吸收自间隙原子会收缩，

    C. 会发生长度变化，           D. 吸收空位会造成收缩或扩张

5. 金属晶体受中子或电子持续辐照或经历严重塑性变形后，哪个过程使体积变化最大？

    A. 电子辐照，                     B. 中子辐照，

    C. 中子和电子辐照近似，      D. 塑性变形

6. 晶体材料受到中子持续辐照后，其体积会比辐照前发生何种变化？

    A. 收缩，                       B. 膨胀，

    C. 保持不变，                   D. 在低温下保持不变

7. 各向同性 W 和 MgO 的剪切模量 $G$ 约为 130 GPa 和 100 GPa，伯氏矢量约为 0.27 nm 和 0.3 nm，二者位错如何比较？

    A. MgO 螺位错能量低，      B. W 螺位错能量低，

    C. 高温 W 的位错能量低，     D. 高温 MgO 的位错能量低

8. 下列哪些因素不能造成位错攀移？

    A. 温度，      B. 辐照，      C. 正应力，      D. 切应力

9. 设 $A2$ 结构钒(V)比 $B2$ 结构 FeV 的点阵常数高 10% 而剪切模量低 10%，如何评估全位错能量 $E$？

    A. 螺位错 $E_{FeV}$ 大于刃位错 $E_V$，    B. $E_{FeV}$ 大于 $E_V$，

    C. $E_{FeV}$ 小于 $E_V$，                          D. 螺位错 $E_{FeV}$ 小于刃位错 $E_V$

    注：A2 结构空间群 $Im3m$，原子占据 $2a$ 位置，B2 结构空间群 $Pm3m$，Cu、Zn 原子分别占据 $1a$、$1b$ 位置。

10. 将晶体加热到高温并冷却，在下列何种升降温条件下晶体内刃位错承受最大的化学力？

    A. 慢升不降（高温保持），         B. 慢升慢降，

    C. 慢升快降，                   D. 快升快降

11. 受力晶体内一位错线的矢量与该位错伯氏矢量的夹角为 $\varphi$，判断该位错线的受力方向？

    A. $\varphi = 90°$ 时垂直于位错线，     B. $\varphi = 90°$ 时平行于位错线，

    C. $\varphi = 0°$ 时平行于位错线，      D. 与 $\varphi$ 角无关

12. 体心立方金属的某（110）滑移面上，位错在正、反两个方向滑移所需要的应力有何特点？

    A. 切应力大小相同，

    B. 切应力大小不同，

    C. 切应力大小是否相同取决于外应力状态，

    D. 正应力会促进正向滑移

13. 用电子显微镜观察从大块金属切割出的薄试样，与大块金属比其位错会有哪些特征？

    A. 位错密度降低，            B. 位错增殖，

    C. 位错结构稳定，            D. 位错会继续逸出试样表面

14. 剪切模量分别为 $G_A$、$G_B$ 的 A、B 两种 A1 结构金属，其伯氏矢量长分别为 0.289 nm 和 0.286 nm，且在电镜下观察到弯曲位错曲率半径的最小值分别为 25 $\mu$m 和 10 $\mu$m，试确定下列正确的判断？

    A. $G_B$ 值更高，             B. A 金属的 $\tau_c$ 值更高，

    C. B 金属的 $G_B/\tau_c$ 比值更高，     D. A 金属的 $G_A/\tau_c$ 比值更高

15. 纯铝表面会形成很薄的 $Al_2O_3$ 膜，纯铝内的位错承受 $Al_2O_3$ 膜怎样的映像力？

    A. 始终受排斥力，           B. 很靠近时受吸引力，

    C. 始终受吸引力，           D. 远离时受吸引力

16. 还原气氛中 $Al_2O_3$ 表面形成了很薄的纯铝膜，$Al_2O_3$ 内靠近铝膜的位错受何方向的映像力？

    A. 始终受铝膜排斥，        B. 很靠近铝膜时受排斥，

    C. 铝膜厚度适当时受排斥，     D. 始终受铝膜吸引

17. 剪切模量为 161 GPa 的纯钨基体表面形成了很薄的剪切模量为 30 GPa 的 $WO_{1-3}$ 膜，钨基体内 $WO_{1-3}$ 膜附近的位错受 $WO_{1-3}$ 膜怎样的映像力？

    A. 始终受吸引力，           B. 很靠近时受排斥力，

    C. 远离时受排斥力，         D. 始终受排斥力

18. 有序合金完整位错自发分解成若干部分位错而组成超位错后，如何看待超位错的

总能量？

    A. 等于未分解时的能量，        B. 低于未分解时的能量，

    C. 为各部分位错能量和，        D. 高于各部分位错能量和

19. 设有 $m$、$n$ 两种 B2 结构合金，其 $\{110\}$ 面上全位错伯氏矢量的长度相同，且反相畴界能的关系为 $\gamma_m = 2\gamma_n$，试判断位错分解后两位错的平衡间距 $d_m$ 与 $d_n$ 的关系？

    A. $d_m$ 一定不大于 $d_n$，        B. $d_m$ 一定不小于 $d_n$，

    C. 理论上 $d_m$ 有可能等于 $d_n$，    D. 无法准确判断

20. 下列哪种对位错的描述更符合有序晶体结构中的位错特点？

    A. 位错密度较低，        B. 因反相畴界能而不易分解，

    C. 比较容易滑移，         D. 位错密度较高

21. 与金属晶体结构比较，无机非金属晶体结构中的位错通常有哪种特点？

    A. 比较难滑移，         B. 位错能量较高，

    C. 位错密度较高，        D. 位错容易借助热激活而湮灭

22. 一个密排六方金属晶体内独立滑移系的数目通常可能是下列哪些选择？

    A. 1个，      B. 2个，      C. 5个，      D. 6个

23. 六方晶体 $a$ 轴矢量为可在基面和 $a \times c$ 面上滑移的位错伯氏矢量，此类滑移系数目是多少？

    A. 6个滑移系，        B. 不超过 5 个滑移系，

    C. 超过 3 个独立滑移系，      D. 2 个独立滑移系

24. 多晶体内晶粒间界面的自由度是多少？

    A. 2，      B. 3，      C. 5，      D.6

25. 晶体所对应点群为 222 的多晶体内，可以有多少种晶体学方式表达任意两晶粒的取向差？

    A. 8 种，      B. 4 种，      C. 24 种，      D. 6 种

26. 单斜晶体对应点群为 $2/m$，可以有多少种晶体学方式表达任意两晶粒的取向差？

    A. 8 种，      B. 6 种，      C. 4 种，      D. 2 种

27. 两相邻晶粒的取向构成 $\Sigma = 7$ 的重合点阵，该取向差可表达为 $[111]38.2°$，如何判断其晶界法向？

    A. 必平行于 $[111]$，        B. 必垂直于 $[111]$，

    C. 必与 $[111]$ 成 $38.2°$ 夹角，    D. 可以是任意方向

28. 多晶体内晶粒间取向差的随机分布有哪些特征？

    A. 取向差约为 $60°$ 的出现概率特别高，

    B. 取向差大于 $70°$ 的出现概率较高，

    C. 取向差小于 $10°$ 的出现概率很低，

    D. 大角度晶界的出现概率较高

29. 经强辐照后 AB 二元晶体内自间隙原子在表面 $(d = 0)$ 湮灭并形成浓度梯度 $C_1$（图 L5.1），其间 A 原子比 B 原子以更快速度扩散，图 L5.1 中空心箭头所指实线表示何种浓度分布？

A. 可能是 A 原子浓度分布 $C_A$，

B. 可能是 B 原子浓度分布 $C_B$，

C. 可能是自间隙原子 A 的浓度分布 $C_{1A}$，

D. 不会是空位浓度分布 $C_V$

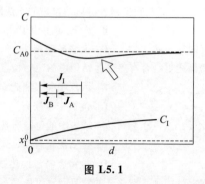

图 L5.1

30. 经强辐照后 AB 二元晶体内自间隙原子在表面($d=0$)湮灭并形成浓度梯度 $C_1$(图 L5.2)，其间 A 原子比 B 原子以更快速度扩散，图中空心箭头所指实线表示何种浓度分布？

A. 可能是 A 原子浓度分布 $C_A$，

B. 可能是空位浓度分布 $C_V$，

C. 不可能是自间隙原子 A 的浓度分布 $C_{1A}$，

D. 可能是 B 原子浓度分布 $C_B$

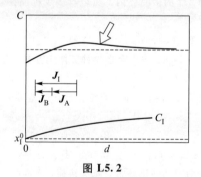

图 L5.2

5.2　将一根铜棒从 0 ℃缓慢加热到不同温度，并用精确的热膨胀仪和高温 X 射线衍射仪测得各温度下铜棒的延伸率 $\Delta L/L$ 及其点阵常数的延伸率 $\Delta a/a$ 如表 L5.1 所示。试回归计算出铜棒内空位形成熔和空位振动熵，并借此估算出铜棒在室温 20 ℃、100 ℃和接近熔点 1 080 ℃时的平衡空位浓度。

**表 L5.1 实测铜棒的延伸率**

| $T/℃$ | $\Delta L/L$ | $\Delta a/a$ |
|---|---|---|
| 400 | $7.148\,062×10^{-3}$ | $7.148\,061×10^{-3}$ |
| 500 | $9.084\,121×10^{-3}$ | $9.084\,117×10^{-3}$ |
| 600 | $1.106\,3×10^{-2}$ | $1.106\,2×10^{-2}$ |
| 700 | $1.307\,9×10^{-2}$ | $1.307\,8×10^{-2}$ |
| 800 | $1.513\,0×10^{-2}$ | $1.512\,8×10^{-2}$ |
| 900 | $1.721\,2×10^{-2}$ | $1.720\,6×10^{-2}$ |
| 1\,000 | $1.932\,2×10^{-2}$ | $1.930\,6×10^{-2}$ |

5.3　在透射电子显微镜下观察到约 300 nm 厚不锈钢薄膜中的位错，如图 L5.3 所示。试在所观察的范围内测量位错的总长度并估算位错密度；探讨所估算位错密度的准确度及原因（设不锈钢的剪切模量 $G$ 为 62.5 GPa，伯氏矢量长度 $b$ 为 0.248 nm，泊松比 $\nu$ 为 0.473，临界分切应力 $\tau_c$ 为 27.4 MPa）。

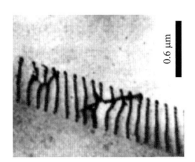

**图 L5.3　透射电子显微镜下观察不锈钢中的位错密度**

5.4　在透射电子显微镜下观察到约 300 nm 厚不锈钢薄膜中若干弯曲位错，如图 L5.4 所示。设不锈钢的剪切模量 $G$ 为 62.5 GPa，伯氏矢量长度 $b$ 为 0.248 nm；试推算该不锈钢内推动位错滑移所需的临界分切应力的大致范围。

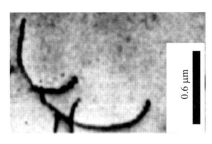

**图 L5.4　透射电子显微镜下观察不锈钢中的位错线张力**

5.5　参照题 5.2，将铜棒加热到 1 000 ℃，适当保温后淬火至室温 20 ℃，试计算此时铜棒中的刃位错因此可能承受的最大室温攀移应力。

5.6　一含 99.99%Ti 的纯钛板表面形成了厚度 $t$ 为 6 nm 的 $TiO_2$ 氧化薄膜。纯钛的剪切模量 $G_{\mathrm{I}}$ = 45.6 GPa，位错伯氏矢量的长度 $b$ = 0.295 nm，位错滑移的临界分切应力 $\tau_c$ = 14 MPa，$TiO_2$ 的剪切模量 $G_{\mathrm{II}} \approx 90$ GPa。试估算从纯钛板表面与 $TiO_2$ 氧化薄膜的接触面起向内其低位错密度区域的深度。

5.7　（选作）假设对一块长、宽、厚分别为 200 mm、20 mm、5 mm 的长条状纯铝单晶体薄片作模拟轧制变形，其中长向为轧向，宽向为轧板横向，变形前单晶体取向为 $\{\varphi_1 = 8°，\Phi = 44.5°，\varphi_2 = 0°\}$。纯铝中可能开动的滑移系及其序号如表 L5.2 所示。以步长 $\Delta\varepsilon = 0.01$ 模拟计算 70 步至轧制变形量达到 $\varepsilon = 0.7$，每步只允许取向因子最高的滑移系开动；试计算每步模拟变形过程中开动滑移系的序号及变形后的取向，尝试用 $\{100\}$ 或 $\{111\}$ 极图表达取向的变化。

**表 L5.2**　纯铝中可能开动的滑移系（序号）及其滑移面 $\{111\}$
（法向为 <111>）和滑移方向 <110>

| 滑移系 | 1 | 2 | 3 | 4 | 5 | 6 | 7 | 8 |
|---|---|---|---|---|---|---|---|---|
| 滑移面 | (111) | (111) | (111) | $(\bar{1}\bar{1}1)$ | $(\bar{1}\bar{1}1)$ | $(\bar{1}\bar{1}1)$ | $(\bar{1}11)$ | $(\bar{1}11)$ |
| 滑移方向 | $[01\bar{1}]$ | $[\bar{1}01]$ | $[1\bar{1}0]$ | $[01\bar{1}]$ | $[101]$ | $[\bar{1}10]$ | $[01\bar{1}]$ | $[101]$ |
| 滑移系 | 9 | 10 | 11 | 12 | 13 | 14 | 15 | 16 |
| 滑移面 | $(\bar{1}11)$ | $(1\bar{1}1)$ | $(1\bar{1}1)$ | $(1\bar{1}1)$ | $(\bar{1}\bar{1}1)$ | $(\bar{1}\bar{1}1)$ | $(\bar{1}\bar{1}1)$ | $(11\bar{1})$ |
| 滑移方向 | $[\bar{1}10]$ | $[01\bar{1}]$ | $[\bar{1}01]$ | $[110]$ | $[01\bar{1}]$ | $[\bar{1}01]$ | $[1\bar{1}0]$ | $[0\bar{1}\bar{1}]$ |
| 滑移系 | 17 | 18 | 19 | 20 | 21 | 22 | 23 | 24 |
| 滑移面 | $(11\bar{1})$ | $(11\bar{1})$ | $(11\bar{1})$ | $(1\bar{1}\bar{1})$ | $(1\bar{1}\bar{1})$ | $(1\bar{1}\bar{1})$ | $(\bar{1}1\bar{1})$ | $(\bar{1}1\bar{1})$ |
| 滑移方向 | $[101]$ | $[\bar{1}10]$ | $[01\bar{1}]$ | $[101]$ | $[\bar{1}10]$ | $[01\bar{1}]$ | $[\bar{1}01]$ | $[110]$ |

5.8　试分别计算 A2 结构纯铁两取向 (001)[100] 与 (123)[63$\bar{4}$] 之间以及两取向 (30°，54.74°，45°) 与 (0°，45°，0°) 之间的取向差（给出计算过程）。

# 思考题与练习题参考答案

## 第 1 章思考题参考答案

1.1 答：晶体定义为结构基元三维长程有序排列的固体物质，晶体平移对称性（均匀性）、各向异性、自限性（规则几何外形）、旋转对称性、固定的熔点等基本共性都与三维长程有序的排列密切相关，即基本共性与三维长程有序排列是内在联系在一起的。

1.2 答：对物体或位置坐标在三维空间作点操作使其变换位置，当变换过程中只存在旋转操作时变换前后的两个物体或位置是同宇的；当变换过程中出现了奇数次反演操作（包括复合操作中的反演操作）时变换前后的两个物体或位置是不同宇的。同宇与否实际上是在观察和判断：三维空间中被操作物体坐标系 $x$、$y$、$z$ 3 个坐标轴正向的相对旋转排列的顺序是否发生了变化；如 $x \rightarrow y \rightarrow z$ 3 个坐标轴正向的旋转排列顺序在操作后是否仍保持顺时针，还是旋转排列变成了逆时针顺序，或顺时针 $x \rightarrow z \rightarrow y$ 顺序。是否同宇的问题仅出现在三维空间，二维空间不存在是否同宇的问题。因为二维空间只涉及 $x \rightarrow y$ 两个坐标轴，其反向顺序 $y \rightarrow x$ 可以通过旋转实现。

1.3 答：划分晶系的依据是看相关晶系具备何种主要的点对称性，如果不了解晶体所具备的点对称性就无从了解其所属的晶系。获知晶体单胞的边角常数并不能因此确切获知其点对称性。但点对称性却对单胞边角常数有一定约束，因此根据单胞边角常数可以排除一些与相关约束不符的晶系。

1.4 答：点阵表达了晶体的平移对称规律。尽管三方 $P$ 点阵与六方 $P$ 点阵对应的是不同点对称性的两个晶系，但从点阵只表达平移对称性出发，可发现这两个点阵同样的平移规律：$a=b\neq c$、$\alpha=\beta=90°$，$\gamma=120°$，因而可以说两者实际是同一点阵；通常统一标示为六方 $P$ 点阵。

1.5 答：点阵表达了晶体的平移对称规律。三方 $P$ 点阵与三方 $R$ 点阵都是三方晶系的点阵，但二者所表达的平移规律有所不同。三方 $P$ 点阵的平移规律为 $a=b\neq c$、$\alpha=\beta=90°$，$\gamma=120°$，且与六方 $P$ 点阵的平移规律相同；三方 $R$ 点阵的平移规律为 $a=b=c$、$\alpha=\beta=\gamma$。将三方 $R$ 点阵的单胞用六角坐标系表达并与三方 $P$ 点阵比较可以看出，三方 $R$ 点阵即为特殊有心化后的三方 $P$ 点阵。

1.6 答：根据晶系的定义，晶体具备 $c$ 向 2 次轴时可能归属的晶系包括单斜晶系、正交晶系、四方晶系、六方晶系和立方晶系。

1.7 答：题中没有给出晶体的主要点对称特征，难以判断该晶体所属的晶系。但单胞边角关系可以排除其为六方晶系以及 $P$ 单胞三方晶系的可能性；但不能排除该晶体属于三斜晶系、单斜晶系、正交晶系、四方晶系、$R$ 单胞三方晶系或立方晶系的可能性。查阅资料可知 $FeS_2$ 的这种晶体结构有可能属于三斜晶系或立方晶系；还需借助进一步的检测来最终确认。

1.8 答：阵点之间的相对平移一定是相应晶体内原子之间的相对平移。但不仅如此，阵点之间的相对平移还反映出晶体内原子间各种键的平移、各种间隙位置的平移乃至晶体内一切几何点的平移规律。或者说，点阵平移是晶体内一切几何点平移规律的抽象，阵点之间的矢量即是反映平移规律的各种平移矢量。因此，不宜把点阵单胞简单理解成晶体单胞，更不宜把阵点位置仅仅理解成晶体原子的位置。点阵仅反映平移规律，晶体单胞则反映出晶体的结构，并包含了晶体所有的对称信息。

1.9 答：任何晶体都具备点对称和平移对称两大类对称特性，当人们着重从某一类对称性的角度观察晶体时，另一类对称性的存在始终会影响人们的观察视野。如表 1.2 所示，分析 7 种晶系时给出了晶系对相应单胞常数的限制条件。这种限制条件反映出相应晶体主要点对称条件约束下可能的平移规律，即平移对称性。也就是说，单胞常数的限制条件确定后虽然不能决定其所属晶系，但一旦所属晶系确定了，其单胞常数的限制条件即平移特征一定是已知的。一般来说，只有一个阵点的平行六面体初基单胞可以表示任何点阵的平移规律。之所以要划分出 14 种布拉维点阵的一个重要的着眼点在于，所选择点阵在显示晶体平移对称性特征的同时也要尽可能直接表现出晶系主要的点对称特征对点阵单胞边角关系的限制，即需保持晶体的点对称特征明显可辨。因此如表 1.3 所示，从 7 种晶系出发推导 14 种布拉维点阵时使用的是惯用单胞，即所选择单胞平行六面体 **a**、**b**、**c** 矢量的长度尽量相等，同时使其夹角 $\alpha$、$\beta$、$\gamma$ 尽量相等，且尽量等于 $\pi/2$；由此，可以通过单胞参数尽可能与晶体可能的点对称性联系起来。可见，划分晶系和点阵的出发点虽然不同，但必须不同程度地兼顾晶体的点对称性和平移对称性。这同时也反映出晶体两种对称性密不可分的内在联系。

# 第 1 章练习题参考答案

1.1 选择题

| 序号 | 答 | 备注 |
| --- | --- | --- |
| 1 | B | 参见 1.1.3 节 |
| 2 | C | 参见 1.2.7 节 |
| 3 | A | 参见 1.2.2 节 |
| 4 | A | 参见 1.2.5 节 |
| 5 | BD | 参见表 1.2 及思考题 1.3 的参考答案 |
| 6 | AD | 参见表 1.2 及思考题 1.3 的参考答案 |
| 7 | BD | 参见表 1.2 及思考题 1.3 的参考答案 |
| 8 | D | 参见表 1.2 |
| 9 | D | 参见 1.2.5 节 |
| 10 | D | 参见表 1.3 及表 1.2 |
| 11 | D | 参见表 1.3 |
| 12 | BD | 参见表 1.2 |
| 13 | C | 参见 1.1.1 节及思考题 1.9 的参考答案 |
| 14 | C | 参见表 1.3 |
| 15 | C | 参见 1.4.1 节 |
| 16 | CD | 参见 1.4.2 节，结构因子还取决于单胞内原子坐标位置，吸收因子与试样形状有关，二者都可使高阶 $00L$ 衍射强度明显提高 |
| 17 | A | 参见图 1.22 及式 (1.22)，并作分析 |
| 18 | A | 参照式 (1.22) 计算，并作设想、分析与思考 |

1.2 答 1、答 2：按照 $\theta_i$ 角从低到高的顺序，将图 L1.1 中 8 个衍射线的 $\theta$ 角取 $\sin^2\theta_i$ 值。同时，将所有 $\sin^2\theta_i$ 值分别相对于第 1、第 2、第 3 $\sin^2\theta_i$ 值，

即分别相对于 $\sin^2\theta_1$、$\sin^2\theta_2$、$\sin^2\theta_3$ 计算比值，并列于表 D1.1 中。

**表 D1.1  某多晶粉末试样所属晶系分析**

| $i$ | $\theta/°$ | $\sin^2\theta$ | $\sin^2\theta_i/\sin^2\theta_1$ | $\sin^2\theta_i/\sin^2\theta_2$ | $\sin^2\theta_i/\sin^2\theta_3$ | 归整 | $HKL$ |
|---|---|---|---|---|---|---|---|
| 1 | 19.301 | 0.109 | 1.000 | 2.000 | 3.000 | 3 | 111 |
| 2 | 22.444 | 0.146 | 1.334 | 2.668 | 4.003 | 4 | 200 |
| 3 | 32.621 | 0.291 | 2.660 | 5.320 | 7.980 | 8 | 220 |
| 4 | 39.179 | 0.399 | 3.653 | 7.307 | 10.960 | 11 | 311 |
| 5 | 41.289 | 0.435 | 3.986 | 7.971 | 11.957 | 12 | 222 |
| 6 | 49.591 | 0.580 | 5.307 | 10.614 | 15.922 | 16 | 400 |
| 7 | 56.056 | 0.688 | 6.300 | 12.599 | 18.899 | 19 | 331 |
| 8 | 58.324 | 0.724 | 6.630 | 13.259 | 19.889 | 20 | 420 |

观察 $\sin^2\theta_i/\sin^2\theta_1$、$\sin^2\theta_i/\sin^2\theta_2$、$\sin^2\theta_i/\sin^2\theta_3$ 各系列比值发现，$\sin^2\theta_i/\sin^2\theta_3$ 出现全部非常接近整数的情况；考虑少许实验误差的存在，四舍五入取整后的结果如表 D1.1。根据式(1.36)的分析可知，$\sin^2\theta_i$ 比可以全部归纳成整数比的衍射应出自立方晶系，因此所分析的晶体属于立方晶系。根据化成整数比的整数值与 $H^2+K^2+L^2$ 对应的关系可以换算出每个衍射线所对应的 $HKL$ 晶面指数，如表 D1.1 所示，并标于图 D1.1 中。

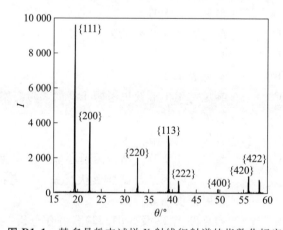

**图 D1.1  某多晶粉末试样 X 射线衍射谱的指数化标定**

答 3：观察每个衍射线的 $HKL$ 晶面指数发现，其 $H$、$K$、$L$ 值均呈现全部为奇数或全部为偶数的现象。根据 1.4.6 节所述点阵的系统消光规律可知,该多晶体所属的布拉维点阵为面心立方 $F$ 点阵。

答 4:根据式(1.22)可以计算出每个衍射线所对应 $HKL$ 晶面的面间距 $d_{HKL}$,并根据立方晶系的点阵常数公式,即式(1.11)计算出相应的单胞常数 $a$,如表 D1.2 所示。可以看出,由于实验误差,所计算的每个单胞常数 $a$ 略有差异,取平均值后有 $a = 0.404\ 6$ nm

**表 D1.2** 某立方多晶粉每个衍射峰所对应的面间距 $d_{HKL}$ 和单胞常数 $a$

| $\theta/°$ | 19.323 | 22.444 | 32.621 | 39.179 | 41.289 | 49.591 | 56.056 | 58.324 |
|---|---|---|---|---|---|---|---|---|
| $d_{HKL}/$nm | 0.233 | 0.202 | 0.143 | 0.122 | 0.117 | 0.101 | 0.093 | 0.091 |
| $a/$nm | 0.404 0 | 0.403 8 | 0.404 5 | 0.404 7 | 0.404 7 | 0.405 0 | 0.405 1 | 0.405 1 |

答 5:如果该多晶体为纯铝,一单胞内 4 个铝原子的位置坐标分别为$(0, 0, 0)$、$(0, 1/2, 1/2)$、$(1/2, 0, 1/2)$、$(1/2, 1/2, 0)$,则每个衍射线的多重性因子 $P_{HKL}$、角度因子 $f(\theta)$、温度因子 $\exp[-2M(\theta)]$、吸收因子 $A(\theta)$、结构因子 $F_{HKL}^2$ 及最终的理论归百强度 $I_{HKL-B}^*$ 如表 D1.3 所示。

**表 D1.3** 立方多晶铝粉各衍射峰的理论归百强度计算

| | | | | | | | | |
|---|---|---|---|---|---|---|---|---|
| $\theta/°$ | 19.323 | 22.444 | 32.621 | 39.179 | 41.289 | 49.591 | 56.056 | 58.324 |
| $P_{HKL}$ | 8 | 6 | 12 | 24 | 8 | 6 | 24 | 24 |
| $f(\theta)$ | 18.337 | 13.764 | 6.984 | 5.175 | 4.782 | 3.779 | 3.414 | 3.354 |
| $M(\theta)$ | 0.052 1 | 0.069 5 | 0.138 5 | 0.190 2 | 0.207 5 | 0.276 4 | 0.328 0 | 0.345 2 |
| $\exp[-2M(\theta)]$ | 18.337 | 13.764 | 6.984 | 5.175 | 4.782 | 3.779 | 3.414 | 3.354 |
| $A(\theta)$ | 0.010 3 | 0.010 3 | 0.010 3 | 0.010 3 | 0.010 3 | 0.010 3 | 0.010 3 | 0.010 3 |
| $\sin\theta/\lambda/$nm$^{-1}$ | 2.143 8 | 2.476 2 | 3.496 5 | 4.097 5 | 4.279 8 | 4.938 7 | 5.380 7 | 5.519 8 |
| $f_{Al}$ | 8.777 4 | 8.378 5 | 7.179 1 | 6.492 7 | 6.292 2 | 5.567 4 | 5.119 3 | 4.980 2 |
| $F_{HKL}^2$ | 1 232.69 | 1 123.19 | 824.62 | 674.49 | 633.46 | 495.94 | 419.32 | 396.84 |
| $I_{HKL-B}^*$ | 100 | 49.5 | 32.1 | 35.1 | 9.8 | 4.0 | 10.9 | 9.8 |
| $I_{HKL-B}$ | 100 | 42.1 | 21.7 | 35.5 | 8.2 | 2.7 | 14.4 | 12.6 |

各计算方式如下:多重性因子 $P_{HKL}$ 可在表 1.4 中查到。角度因子 $f(\theta)$ 可参照式(1.25)计算。由表 1.5 查得铝的特征温度 $\Theta$ 为 400 K,测量温度 $T$ 为

293 K；根据所计算的 $\Theta/T$ 值，参照表 1.6 内插计算出 $\Phi(\Theta/T)+\Theta/(4T)$ 值为 1.453，代入式(1.29)并查阅已知常数和各计算值，可求得函数值 $M(\theta)$，因而求得温度因子 $\exp[-2\,M(\theta)]$。待测试样为板状，参照 1.4.4 节试样的吸收因子表现为 $A(\theta)=1/2\mu_r$，X 射线波长为 $\lambda=0.154\,2$ nm 时铝的 $\mu_r$ 值为 48.7(表 1.7)，由此可计算出吸收因子 $A(\theta)$。可直接计算出各衍射线的 $\sin\theta/\lambda$ 值，据此在表 1.10 中 Al 的一行内插计算出各衍射线条件下铝的原子散射因子 $f_{Al}$。把铝原子各位置坐标以及铝的原子散射因子 $f_{Al}$ 代入式(1.35)，即可计算出结构因子 $F_{HKL}^2$。参照式(1.27)和式(1.28)可计算出理论归百强度 $I_{HKL-B}^*$。

答 6：表 D1.3 最后一行给出了实测归百强度 $I_{HKL-B}$。与理论归百强度相比较，二者基本一致，显示出所进行的强度计算符合实验观测。实验检测的数据难免会出现一些实验因素导致的偏差。例如，试样的致密度、均匀性、表面平整度、表面氧化状态、残余应力状态及其均匀性等都会对实验衍射强度带来理论计算各因素之外的某些影响，造成衍射强度的偏差。另外，X 射线衍射仪器的状态、参数、稳定性等情况也可能会影响实验衍射强度的精度。

1.3 答 1：按照 $\theta_i$ 角从低到高的顺序，将图 L1.2 中 25 个衍射线的 $\theta$ 角取 $\sin^2\theta_j$ 值。同时，将所有 $\sin^2\theta_j$ 值分别相对于第 1、第 2、第 3、第 4 $\sin^2\theta_i$ 值，即分别相对于 $\sin^2\theta_1$、$\sin^2\theta_2$、$\sin^2\theta_3$、$\sin^2\theta_4$ 计算比值，并列于表 D1.4 中。

表 D1.4 纯镁多晶粉末试样所属晶系分析

| $j$ | $\theta/°$ | $\sin^2\theta$ | $\sin^2\theta_j/\sin^2\theta_1$ | $\sin^2\theta_j/\sin^2\theta_2$ | $\sin^2\theta_j/\sin^2\theta_3$ | $\sin^2\theta_j/\sin^2\theta_4$ | $HKiL$ |
|---|---|---|---|---|---|---|---|
| 1 | 16.12 | 0.077 | **1.000** | | | | $10\bar{1}0$ |
| 2 | 17.22 | 0.088 | 1.137 | **1.000** | | | |
| 3 | 18.33 | 0.099 | 1.283 | 1.129 | **1.000** | | |
| 4 | 23.93 | 0.165 | 2.134 | 1.877 | 1.664 | **1.000** | |
| 5 | 28.71 | 0.231 | **2.993** | | | | $11\bar{2}0$ |
| 6 | 31.56 | 0.274 | 3.554 | 3.126 | 2.770 | 1.665 | |
| 7 | 33.7 | 0.308 | **3.993** | | | | $20\bar{2}0$ |
| 8 | 34.34 | 0.318 | 4.128 | 3.631 | 3.217 | 1.934 | |
| 9 | 35.03 | 0.329 | 4.274 | 3.759 | 3.331 | 2.003 | |
| 10 | 36.29 | 0.350 | 4.544 | **3.997** | 3.542 | 2.129 | |

| $j$ | $\theta/°$ | $\sin^2\theta$ | $\sin^2\theta_j/\sin^2\theta_1$ | $\sin^2\theta_j/\sin^2\theta_2$ | $\sin^2\theta_j/\sin^2\theta_3$ | $\sin^2\theta_j/\sin^2\theta_4$ | $HKiL$ |
|---|---|---|---|---|---|---|---|
| 11 | 38.94 | 0.395 | 5.124 | 4.507 | **3.994** | 2.401 | |
| 12 | 40.8 | 0.427 | 5.538 | 4.872 | 4.317 | 2.595 | |
| 13 | 45.24 | 0.504 | 6.540 | 5.753 | 5.098 | 3.064 | |
| 14 | 47.2 | 0.538 | **6.984** | | | | $21\bar{3}0$ |
| 15 | 48.43 | 0.560 | 7.261 | 6.387 | 5.659 | 3.402 | |
| 16 | 49.62 | 0.580 | 7.527 | 6.621 | 5.867 | 3.527 | |
| 17 | 52.16 | 0.624 | 8.090 | 7.116 | 6.306 | 3.791 | |
| 18 | 54.17 | 0.657 | 8.527 | 7.500 | 6.646 | **3.995** | |
| 19 | 56.23 | 0.691 | **8.964** | 7.885 | | | $30\bar{3}0$ |
| 20 | 58.98 | 0.734 | 9.527 | 8.380 | 7.426 | 4.464 | |
| 21 | 61.94 | 0.779 | 10.102 | 8.885 | 7.874 | 4.733 | |
| 22 | 62.53 | 0.787 | 10.212 | **8.982** | 7.959 | 4.785 | |
| 23 | 67.52 | 0.854 | 11.075 | 9.742 | 8.633 | 5.189 | |
| 24 | 68.34 | 0.864 | 11.205 | 9.856 | 8.733 | 5.250 | |
| 25 | 70.4 | 0.887 | 11.512 | 10.126 | **8.973** | 5.394 | |

晶面指数规律显示，同样 $HKL$ 晶面指数的前提下，（$HKL$）、（$2H$，$2K$，$2L$）、（$3H$，$3K$，$3L$）、…晶面为互相平行、不同面间距的干涉面［式（1.22）］，参照式（1.36）~ 式（1.40）有 $\sin^2\theta_{HKL}:\sin^2\theta_{2H,2K,2L}:\sin^2\theta_{3H,3K,3L}:\sin^2\theta_{4H,4K,4L}:\sin^2\theta_{5H,5K,5L}:\cdots = 1^2:2^2:3^2:\cdots = 1:4:9:\cdots$，即在 $\theta_{HKL}$、$\theta_{2H,2K,2L}$、$\theta_{3H,3K,3L}$、…半衍射角处出现的衍射为一组互相平行且面间距不同的不同干涉面指数的衍射。根据式（1.36），立方晶系各 $HKL$ 晶面衍射的 $\sin^2\theta$ 之间的比值表现为 $\sin^2\theta_{100}:\sin^2\theta_{110}:\sin^2\theta_{111}:\sin^2\theta_{200}:\sin^2\theta_{210}:\sin^2\theta_{211}:\sin^2\theta_{220}:\cdots = 1:2:3:4:5:6:8:\cdots$，即所有晶面 $\sin^2\theta$ 之间的比值均可转化为整数之间的比值关系。当某个衍射线未出现时，在各 $\sin^2\theta$ 比值关系中的该整数值会因消失而出现空缺。根据式（1.37）或式（1.39），四方晶系或六方晶系各 $HKL$ 晶面中当恒有 $L=0$ 时各 $HK0$ 晶面衍射的 $\sin^2\theta$ 之间的比值分别为四方晶系的 $\sin^2\theta_{100}:\sin^2\theta_{110}:\sin^2\theta_{200}:\sin^2\theta_{210}:\sin^2\theta_{220}:\cdots = 1:2:4:5:\cdots$ 或六方晶系的 $\sin^2\theta_{100}:$

$\sin^2\theta_{110} : \sin^2\theta_{200} : \sin^2\theta_{210} : \cdots = 1 : 3 : 4 : 7 : \cdots$。

观察表 D1.4，$\sin^2\theta_j / \sin^2\theta_1$、$\sin^2\theta_j / \sin^2\theta_2$、$\sin^2\theta_j / \sin^2\theta_3$、$\sin^2\theta_j / \sin^2\theta_4$ 各系列比值中均未出现全部为整数的情况。因此，图 L1.2 衍射谱所显示的衍射规律排除了出自立方晶系的可能。在 $\sin^2\theta_j / \sin^2\theta_1$ 和 $\sin^2\theta_j / \sin^2\theta_3$ 两个系列比值中观察到非常接近 $1 : 4 : 9$ 的现象，在 $\sin^2\theta_j / \sin^2\theta_2$ 和 $\sin^2\theta_j / \sin^2\theta_4$ 两个系列比值中观察到 $1 : 4$ 的现象，它们都应出自一组互相平行且面间距不同的不同干涉面。关键在于，$\sin^2\theta_j / \sin^2\theta_1$ 系列比值中出现了非常接近 $1 : 3 : 4 : 7$ 的现象。考虑少许实验误差的存在，参照式 (1.39) 可以判断图 L1.2 衍射谱出自六方或三方晶系。由此可以确认，表 D1.4 中 $\theta_1$、$\theta_5$、$\theta_7$、$\theta_{14}$、$\theta_{19}$ 所对应晶面分别为 (100)、(110)、(200)、(210) 和 (300)，若用 4 轴坐标系表达则为 $(10\bar{1}0)$、$(11\bar{2}0)$、$(20\bar{2}0)$、$(21\bar{3}0)$ 和 $(30\bar{3}0)$，结果标示于表 D1.4。

答 2：参照式 (1.22) 可以计算出 $(10\bar{1}0)$、$(11\bar{2}0)$、$(20\bar{2}0)$、$(21\bar{3}0)$ 和 $(30\bar{3}0)$ 的面间距 $d_{HKL}$，进一步参照式 (1.12) 可以计算相应的点阵常数 $a$；相应计算结果列于表 D1.5。由于实验误差，各 $\{HK0\}$ 衍射获得的点阵常数 $a$ 略有差异，其平均值为 $a = 0.320\,93$ nm。

**表 D1.5**　纯镁多晶粉末试样 $\{HK0\}$ 衍射分析

| $j$ | $\theta/°$ | $\sin\theta$ | $H$ | $K$ | $L$ | $d_{HKL}/$nm | $a/$nm |
|---|---|---|---|---|---|---|---|
| 1 | 16.12 | 0.278 | 1 | 0 | 0 | 0.277 65 | 0.320 6 |
| 5 | 28.71 | 0.480 | 1 | 1 | 0 | 0.160 48 | 0.321 0 |
| 7 | 33.7 | 0.555 | 2 | 0 | 0 | 0.138 94 | 0.320 9 |
| 14 | 47.2 | 0.734 | 2 | 1 | 0 | 0.105 06 | 0.321 0 |
| 19 | 56.23 | 0.831 | 3 | 0 | 0 | 0.092 74 | 0.321 2 |

参看表 D1.4，$\theta_2$、$\theta_3$、$\theta_4$ 各半衍射角所对应 $\{HKL\}$ 晶面的面间距应低于 $d_{100}$ 而高于 $d_{110}$。其可能的晶面包括 (001)、(002)、(101)、(102)$\cdots$，且有 $\theta_{001} < \theta_{101}$、$\theta_{002} < \theta_{102}$、$\cdots$，或 $d_{001} > d_{101}$、$d_{002} > d_{102}$、$\cdots$；这里只能是以穷举的方式尝试性分析 $\theta_2$、$\theta_3$、$\theta_4$ 可能对应的面指数。先把面间距较大的 $\theta_2$、$\theta_3$ 分别设为 $\theta_{001}$、$\theta_{002}$，计算相应的数值 (表 D1.6)，并与 $\theta_2$、$\theta_3$、$\theta_4$ 的面间距对比，看是否能相符并找出 (00L) 面。结果显示，只有 $\theta_2$ 设为 $\theta_{002}$ 时所计算的 $d_{101}$、$d_{102}$ 可与 $\theta_3$ 和 $\theta_4$ 所对应的面间距大体相符，并可完成前 5 个衍射线的指数化。此时，可初步算得单胞常数 $c = 0.520\,80$ nm。

**表 D1.6  纯镁多晶粉末试样(00L)衍射分析**

| $j$ | $\theta/°$ | $\sin\theta$ | $d/\text{nm}$ | $HKL$ | $d_{101}/\text{nm}$ | $d_{102}/\text{nm}$ |
|---|---|---|---|---|---|---|
| 2 | 17.22 | 0.296 | 0.260 40 | 001 | 0.190 0 | 0.117 9 |
|   |       |       |          | 002 | 0.245 2 | 0.190 0 |
| 3 | 18.33 | 0.314 | 0.245 12 | 001 | 0.183 8 | 0.112 1 |
|   |       |       |          | 002 | 0.241 8 | 0.183 8 |
| 4 | 23.93 | 0.165 | 0.190 05 |     |         |         |

根据 $a=0.320\,93$ nm 和 $c=0.520\,80$ nm, 可以借助式(1.12)逐一计算所有可能(HKL)晶面的面间距, 并与利用实测半衍射角 $\theta_i$ 和式(1.22)计算的面间距对照, 从而逐一完成 25 个晶面的指数化标定, 如表 D1.7 和图 D1.2 所示。结果显示, 00L 衍射当中 L 为奇数时不出现衍射; 因而, 可以排除三方晶系的可能(参见第 2 章表 2.17 的 00L 衍射消光规律及相关阐述)。

**表 D1.7  纯镁多晶粉末试样各衍射线的(HKL)标定**

| $j$ | $\theta/°$ | $d/\text{nm}$ | $HKL$ | $j$ | $\theta/°$ | $d/\text{nm}$ | $HKL$ | $j$ | $\theta/°$ | $d/\text{nm}$ | $HKL$ |
|---|---|---|---|---|---|---|---|---|---|---|---|
| 1 | 16.12 | 0.077 | 100 | 10 | 36.29 | 0.350 | 004 | 19 | 56.23 | 0.691 | 300 |
| 2 | 17.22 | 0.088 | 002 | 11 | 38.94 | 0.395 | 202 | 20 | 58.98 | 0.734 | 213 |
| 3 | 18.33 | 0.099 | 101 | 12 | 40.8 | 0.427 | 104 | 21 | 61.94 | 0.779 | 302 |
| 4 | 23.93 | 0.165 | 102 | 13 | 45.24 | 0.504 | 203 | 22 | 62.53 | 0.787 | 006 |
| 5 | 28.71 | 0.231 | 110 | 14 | 47.2 | 0.538 | 210 | 23 | 67.52 | 0.854 | 205 |
| 6 | 31.56 | 0.274 | 103 | 15 | 48.43 | 0.560 | 211 | 24 | 68.34 | 0.864 | 106 |
| 7 | 33.7 | 0.308 | 200 | 16 | 49.62 | 0.580 | 114 | 25 | 70.4 | 0.887 | 214 |
| 8 | 34.34 | 0.318 | 112 | 17 | 52.16 | 0.624 | 105 |   |   |   |   |
| 9 | 35.03 | 0.329 | 201 | 18 | 54.17 | 0.657 | 204 |   |   |   |   |

答3: 确定晶体属于六方晶系后, 参照表 1.3 可知六方晶系初基 P 是一种布拉维点阵, 即为六方 P 点阵。

答4: 根据式(1.22)可以计算出每个半衍射线角对应 HKL 晶面的面间距 $d_{HKL}$, 并根据六方晶系的点阵常数公式, 即式(1.12), 以及 $a=0.320\,93$ nm 和 $c=0.520\,80$ nm 计算出每个 HKL 晶面的理论面间距。逐一计算这两个面间距差的平方, 并求和。由于用解析法求使差的平方和最小的 $a$ 和 $c$ 非常繁杂, 可尝

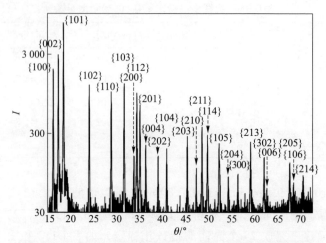

**图 D1. 2**　纯镁多晶粉末试样 X 射线衍射谱的指数化标定

试微调 $a$ 和 $c$，求得使差的平方和为最小的 $a$ 和 $c$ 值，即 $a = 0.32085$ nm 和 $c = 0.52118$ nm。

答 5：如果该多晶体镁一单胞内 2 个镁原子的位置坐标分别为 $(0, 0, 0)$、$(1/3, 2/3, 1/2)$，则每个衍射线的多重性因子 $P_{HKL}$、角度因子 $f(\theta)$、温度因子 $\exp[-2M(\theta)]$、吸收因子 $A(\theta)$、结构因子 $F_{HKL}^2$ 以及最终的理论归百强度 $I_{HKL-B}^*$ 如表 D1.8 所示。具体计算方式与第 1 章练习题 1.2 类似，其中镁的特征温度 $\Theta$ 为 320 K（表 1.5），测量温度 $T$ 为 293 K；根据所计算的 $\Theta/T$ 值，参照表 1.6 内插计算出 $\Phi(\Theta/T) + \Theta/(4T)$ 值为 1.0335，代入式（1.29）求得函数值 $M(\theta)$。X 射线波长 $\lambda = 0.1542$ nm 时，镁的 $\mu_r$ 值为 40.6（表 1.7）。最后，参照式（1.27）和式（1.28）可计算出理论归百强度 $I_{HKL-B}^*$。

**表 D1. 8**　六方多晶镁粉各衍射峰的理论归百强度计算

| $\theta/°$ | 16.12 | 17.22 | 18.33 | 23.93 | 28.71 | 31.56 | 33.7 | 34.34 | 35.03 |
|---|---|---|---|---|---|---|---|---|---|
| $P_{HKL}$ | 6 | 2 | 12 | 12 | 6 | 12 | 6 | 12 | 12 |
| $f(\theta)$ | 25.965 | 22.844 | 20.249 | 12.205 | 8.742 | 7.395 | 6.607 | 6.401 | 6.192 |
| $M(\theta)$ | 0.0453 | 0.0515 | 0.0582 | 0.0968 | 0.1357 | 0.1611 | 0.1811 | 0.1872 | 0.1938 |
| $\exp[-2M(\theta)]$ | 0.9133 | 0.9020 | 0.8902 | 0.8240 | 0.7623 | 0.7245 | 0.6962 | 0.6878 | 0.6787 |
| $A(\theta)$ | 0.0123 | 0.0123 | 0.0123 | 0.0123 | 0.0123 | 0.0123 | 0.0123 | 0.0123 | 0.0123 |
| $\sin\theta/\lambda/\mathrm{nm}^{-1}$ | 1.8008 | 1.9201 | 2.0398 | 2.6309 | 3.1157 | 3.3947 | 3.5987 | 3.6588 | 3.7230 |

续表

| $f_{Al}$ | 8.978 4 | 8.751 8 | 8.546 3 | 7.748 3 | 7.099 6 | 6.736 9 | 6.471 7 | 6.393 6 | 6.310 1 |
|---|---|---|---|---|---|---|---|---|---|
| $F_{HKL}^2$ | 80.61 | 306.37 | 219.12 | 60.04 | 201.61 | 136.16 | 41.88 | 163.51 | 119.45 |
| $I_{HKL-B}^*$ | 24.2 | 26.6 | 100.0 | 15.3 | 17.0 | 18.5 | 2.4 | 18.2 | 12.7 |
| $I_{HKL-B}$ | 24.6 | 37.8 | 100.0 | 16.0 | 14.8 | 19.2 | 2.4 | 16.4 | 10.3 |

| $\theta/°$ | 36.29 | 38.94 | 40.80 | 45.24 | 47.20 | 48.43 | 49.62 | 52.16 | 54.17 |
|---|---|---|---|---|---|---|---|---|---|
| $P_{HKL}$ | 2 | 12 | 12 | 12 | 12 | 24 | 12 | 12 | 12 |
| $f(\theta)$ | 5.842 | 5.224 | 4.867 | 4.213 | 3.996 | 3.878 | 3.776 | 3.597 | 3.489 |
| $M(\theta)$ | 0.206 0 | 0.232 3 | 0.251 1 | 0.296 5 | 0.316 6 | 0.329 2 | 0.341 3 | 0.366 8 | 0.386 6 |
| $\exp[-2M(\theta)]$ | 0.662 3 | 0.628 4 | 0.605 2 | 0.552 6 | 0.530 9 | 0.517 7 | 0.505 3 | 0.480 2 | 0.461 5 |
| $A(\theta)$ | 0.012 3 | 0.012 3 | 0.012 3 | 0.012 3 | 0.012 3 | 0.012 3 | 0.012 3 | 0.012 3 | 0.012 3 |
| $\sin\theta/\lambda/\mathrm{nm}^{-1}$ | 3.838 9 | 4.076 5 | 4.238 1 | 4.605 5 | 4.759 0 | 4.852 5 | 4.940 8 | 5.122 2 | 5.258 6 |
| $f_{Al}$ | 6.159 4 | 5.862 0 | 5.676 2 | 5.253 7 | 5.077 2 | 4.969 6 | 4.868 1 | 4.683 9 | 4.554 3 |
| $F_{HKL}^2$ | 151.75 | 34.36 | 32.22 | 82.80 | 25.78 | 74.09 | 94.79 | 65.82 | 20.74 |
| $I_{HKL-B}^*$ | 2.5 | 2.9 | 2.4 | 4.9 | 1.4 | 7.5 | 4.6 | 2.9 | 0.8 |
| $I_{HKL-B}$ | 3.3 | 2.6 | 2.8 | 4.4 | 1.4 | 6.7 | 5 | 5.3 | 1.4 |

| $\theta/°$ | 56.23 | 58.98 | 61.94 | 62.53 | 67.52 | 68.34 | 70.40 |
|---|---|---|---|---|---|---|---|
| $P_{HKL}$ | 6 | 24 | 12 | 2 | 12 | 12 | 24 |
| $f(\theta)$ | 3.408 | 3.344 | 3.334 | 3.340 | 3.511 | 3.564 | 3.737 |
| $M(\theta)$ | 0.406 4 | 0.431 9 | 0.458 0 | 0.463 0 | 0.502 2 | 0.508 0 | 0.522 0 |
| $\exp[-2M(\theta)]$ | 0.443 6 | 0.421 5 | 0.400 1 | 0.396 1 | 0.366 3 | 0.362 0 | 0.352 1 |
| $A(\theta)$ | 0.012 3 | 0.012 3 | 0.012 3 | 0.012 3 | 0.012 3 | 0.012 3 | 0.012 3 |
| $\sin\theta/\lambda/\mathrm{nm}^{-1}$ | 5.391 7 | 5.558 4 | 5.723 6 | 5.754 7 | 5.993 2 | 6.028 0 | 6.110 2 |
| $f_{Al}$ | 4.427 9 | 4.269 5 | 4.112 6 | 4.083 0 | 3.856 5 | 3.830 4 | 3.772 9 |
| $F_{HKL}^2$ | 78.43 | 54.69 | 67.65 | 66.68 | 44.62 | 14.67 | 14.23 |
| $I_{HKL-B}^*$ | 1.5 | 3.9 | 2.3 | 0.4 | 1.5 | 0.5 | 0.9 |
| $I_{HKL-B}$ | 1.5 | 4.7 | 3.1 | 0.7 | 3.1 | 1.1 | 1.7 |

答 6：表 D1.8 最后一行给出了实测归百强度 $I_{HKL-B}$。与理论归百强度比较，二者基本一致，显示出所进行的强度计算符合实验观测。实验检测数据出现的偏差与第 1 章练习题 1.2 的相关讨论类似。

## 第 2 章思考题参考答案

2.1 答：晶体应被抽象地理解成存在点对称性的三维无限大物体，或三维很大的物体；围绕一个不动点可对晶体作各种点对称操作，使晶体内各点位置变化，其点对称操作前后晶体原子的排列状态不变。点群作为数学"群"的种种特征刚好能全面反映晶体全部的点对称性；借助矩阵可以抽象地描述点对称变化规律，进而使点群中各种点对称操作转化为以数学计算的方式表达，促进抽象地想象和理解实际晶体的点对称性及相应的几何图形变化。因此，掌握点群需进行抽象的想象和思考，即忽略掉晶体中原子等各种真实组成，将其点对称性用抽象的几何和数学规律表达和理解。

2.2 答：当一晶体具有两个互相不平行的 3 次轴时，该晶体属于立方晶系的晶体，并可以形成对其单胞的 $a=b=c$、$\alpha=\beta=\gamma=90°$ 的限制。因此，从定义出发，立方晶体无须必备 4 次对称性。尽管常见的立方晶体往往具有 4 次对称性，本章理论推导证实确实存在没有 4 次对称轴的立方晶体点群，实际观察立方晶体结构也发现了与这些点群对应的、没有 4 次对称轴的立方晶体，如其点对称性为点群 23 的 $Ga_4Ni$ 晶体就没有 4 次对称轴。

2.3 答：对比晶体对称性的高低主要是观察其对称元素的数目和相应点群阶数的高低。因此，同为立方晶系的各种立方晶体也会有对称性高低的差别。点群 $23(h=12)$ 的立方晶体，其对称性就低于点群为 $6/mmm(h=24)$ 立方晶体和点群为 $4/mmm$ $(h=16)$ 四方晶体。

2.4 答：只由纯旋转操作组成的点群称为旋转群，其中不存在反演操作，因此旋转群内所有的对称操作都不会造成操作前后的几何位置不同字的现象。

2.5 答：根据 X 射线的中心对称定律，常规 X 射线照射任何晶体时其衍射花样都会表现出中心对称性，与被照射单晶体是否存在中心对称性没有一一对应的联系。因此，这个单晶体不一定是中心对称的，还需要采用其他方法判定是否存在中心对称性。

2.6 答：真实晶体具备平移对称性和点对称性，因此客观上需要一种完整表达晶体平移对称性和点对称性的方法。以往的点群和点阵往往强调从一种对称性的角度分析和观察晶体的对称性，引入空间群的概念后即可实现完整表达晶体平移对称性和点对称性。在空间群的概念之下，人们系统推演了晶体可能存在的全部不同类型的 230 种对称性，发现了非点式对称操作在晶体对称性中的作用，拓展了认识晶体对称性的视野。

2.7 答：根据晶体对称性的特点，可以按照空间群基本对称操作的组成划分出两大类对称操作集合；全部基本操作均为点式对称操作，或全部基本操作中包含至少一个非点式对称操作。全部基本操作均为点式对称操作所构成的商群即为点群，因此具备点群应有的封闭性。当全部基本操作中包含非点式对称操作时，非点式对称操作会使被操作对象内所有点都改变位置，即没有不动点。非点式螺旋对称操作的旋转部分一定是 $n=2$、$3$、$4$、$6$ 次的，且经 $n$ 个非点式操作使总旋转到 $360°$ 后所累计的非点式平移量刚好是平移方向单位点阵平移的整数倍。非点式滑移对称操作的平面反映部分是 $2$ 次的旋转反演，且经两个滑移操作后所累计的非点式平移量也刚好是平移方向的单位点阵平移。由于晶体必定存在的点阵平移对称性，点阵单位平移整数倍的平移等同于未平移，进而使 $n$ 个累加的 $n$ 次螺旋操作或两个累加的滑移操作后与未操作等价，从而造成非点式对称操作集合的封闭性，即商群的封闭性。可见，商群是以点阵平移为背景条件下的对称操作集合，因此成为具有封闭性的群。

2.8 答：$P$ 点阵点式空间群的基本操作的集合（即其商群）是一个点群，其中的不动点为原点，且乌科夫符号为 $a$；任何基本操作都不会使原点移动，因此 $a$ 位置的位置数为 $1$。$P$ 点阵非点式空间群的基本操作中存在非点式对称操作，并至少会使 $a$ 位置发生一次非点阵平移，因此 $P$ 点阵非点式空间群的最低值不会低于 $2$。点式空间群 $a$ 位置的位置数只与单胞内阵点的数目有关，非基本操作不是确定 $a$ 位置位置数的因素。

2.9 答：空间群内的各点具备平移对称性、点对称性或商群对称性、位置对称性等。空间群内不同乌科夫符号表示的单胞内所有的点都应具备与空间群所设定点阵一致的平移对称性，否则会破坏点阵平移规律。从晶体整体角度考虑，空间群内不同乌科夫符号表示的单胞内所有的点都应具备与空间群所设定点群或商群一致的点对称性，否则会破坏商群对称规律。其中各点的位置对称性是去除非点式空间群中商群的非点式操作后所获得的缩小了的点群对称性。在都具备商群对称性的同时，单胞内位置不同各点满足整体商群对称性的方式有所不同。不在对称元素上的各点需要以较多的等价位置数实现整体商群对称性；位于对称元素上、甚至多个对称元素交叉位置上的各点则仅以较少、甚至唯一的等价位置数实现整体商群对称性。因此，在所有点都满足商群对称性的前提下，空间群内不同乌科夫符号表示的单胞内所有的点一定有相同的平移对称性和点对称性。

# 第 2 章练习题参考答案

2.1　选择题

| 序号 | 答 | 备注 |
| --- | --- | --- |
| 1 | AC | 参见 2.1.3.7 节 |

| | | |
|---|---|---|
| 2 | C | 参见表 2.7 |
| 3 | AC | 参见表 2.11 |
| 4 | C | 参见表 2.12 |
| 5 | AC | 参见表 2.13 |
| 6 | BD | 参见表 2.13 |
| 7 | AD | 参见 2.1.3.6 节 |
| 8 | C | 参见表 2.7 和表 2.8 |
| 9 | B | 参见附录 2.1 并作适当计算 |
| 10 | CD | 参见 2.3.2.2 节 |
| 11 | BD | 参见 2.1.3.1 节关于同宇的分析以及 1.2.2 节同宇的定义 |
| 12 | D | 参见 2.3.4 节 |
| 13 | A | 参见 2.3.4 节 |
| 14 | D | 参见表 2.15 |
| 15 | D | 参见表 1.1 并作适当思考 |
| 16 | B | 参见表 2.15 |
| 17 | A | 参见 2.3.2.2 节 |
| 18 | B | 参见表 1.3 并作适当思考 |
| 19 | BD | 参见 2.3.4 节 |
| 20 | AC | 参见 2.3.4 节 |
| 21 | A | 参见 2.3.6.1 节 |
| 22 | AC | 参见 2.3.4 节 |
| 23 | A | 参见 2.1.2 节和 2.3.3 节 |
| 24 | B | 参见图 2.16 并作相应分析推演 |
| 25 | B | 参见图 2.16 并作相应分析推演 |
| 26 | D | 参见 2.3.8 节和图 2.33 并作相应分析推演 |
| 27 | D | 参见表 2.8 和图 2.33 并作相应分析推演 |
| 28 | A | 参见表 2.8 和图 2.33 并作相应分析推演 |

2.2 答：参照 2.2.4 节的方法计算 $BaCrF_5$ 和 $Fe_2B$ 多晶粉衍射强度统计函数值 $N(z)$，如表 D2.1 所示；与中心对称 $\bar{1}$ 及非中心对称 $1$ 的 $N(z)$ 函数值的对比图如图 D2.1 所示。结果显示，$BaCrF_5$ 应属于非中心对称晶体，$Fe_2B$ 应属于中心对称晶体。

**表 D2.1**　$BaCrF_5$ 和 $Fe_2B$ 多晶粉衍射强度统计函数值 $N(z)$

| $z$ | 0.1 | 0.2 | 0.3 | 0.4 | 0.5 | 0.6 | 0.7 | 0.8 | 0.9 | 1.0 |
|---|---|---|---|---|---|---|---|---|---|---|
| $BaCrF_5$ | 0 | 0.28 | 0.28 | 0.38 | 0.38 | 0.48 | 0.48 | 0.52 | 0.56 | 0.58 |
| $Fe_2B$ | 0.3125 | 0.4063 | 0.4688 | 0.5625 | 0.6250 | 0.6563 | 0.6563 | 0.7188 | 0.7188 | 0.7500 |
| 1 | 0.0952 | 0.1813 | 0.2592 | 0.3297 | 0.3935 | 0.4512 | 0.5034 | 0.5507 | 0.5934 | 0.6321 |
| $\bar{1}$ | 0.2481 | 0.3453 | 0.4187 | 0.4738 | 0.5205 | 0.5614 | 0.5972 | 0.6289 | 0.6572 | 0.6833 |

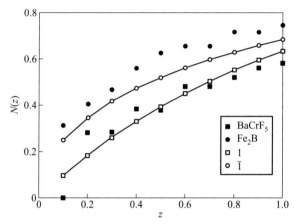

**图 D2.1**　$BaCrF_5$ 和 $Fe_2B$ 多晶粉 $N(z)$ 函数值与中心对称 $\bar{1}$ 及

非中心对称 1 的 $N(z)$ 函数值的对比

2.3 答 1：铀元素的原子量为 238.029，原子质量单位 u 为 1.66054×$10^{-27}$ kg，因此，一个铀原子质量为 238.029×u = 3.9526×$10^{-25}$ kg。正交晶系铀单胞的质量为单胞体积乘以其密度，即有 $abc$×19.05 kg/dm³ = 0.28537 nm×0.58695 nm×0.49548 nm×19.05 kg/dm³ = 1.581×$10^{-24}$ kg。由此算得一个单胞内铀原子的个数为 1.581×$10^{-24}$ kg/3.9526×$10^{-25}$ kg = 4 个。

答 2：将不同的 $H$、$K$、$L$ 值代入式(1.9)计算正交晶系面间距，并把该面间距和波长 $\lambda$ = 0.154178 nm 代入式(1.22)计算半衍射角 $\theta$，并与表 L2.3 中的半衍射角对比，以确认 6 个半衍射角 $\theta$ 所对应的 $HKL$ 值，如表 D2.2 和图 D2.2 所示。6 个 $HKL$ 值显示不存在 $H+K$ = 奇数的情况，符合表 2.17 所示 $C$ 点阵应有的系统消光规律。

**表 D2. 2   金属铀多晶粉 6 个较强衍射峰的 HKL 值**

| $\theta/°$ | 17. 49 | 17. 77 | 18. 09 | 19. 76 | 25. 59 | 30. 12 |
|---|---|---|---|---|---|---|
| HKL | 110 | 021 | 002 | 111 | 112 | 131 |

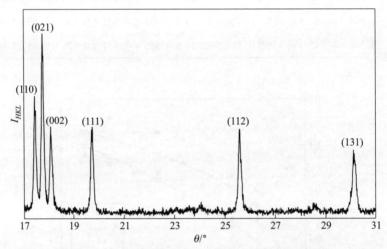

**图 D2. 2   金属铀多晶粉 6 个较强衍射峰的指数化标定**

答 3：借助实验检测半衍射角 $\theta_{HKL}$ 和布拉格方程［式（1.22）］计算各面间距，用 $\tilde{d}_{HKL}$ 表示；用 $d_{HKL}$ 表示参照式（1.9）计算的各（HKL）理论面间距。两者之间存在偏差。将由 6 个衍射造成的每一个 $\tilde{d}_{HKL}-d_{HKL}$ 差值取平方，累加后得到的总方差 $D$ 为

$$D = \sum_{HKL}^{6} [\tilde{d}_{HKL} - d_{HKL}]^2 = \sum_{HKL}^{6} \left[ \frac{\lambda_{Cu}}{2\sin\theta_{HKL}} - \frac{1}{\sqrt{\dfrac{H^2}{a^2} + \dfrac{K^2}{b^2} + \dfrac{L^2}{c^2}}} \right]^2$$

把已知的 $a = 0.285\ 37$ nm、$b = 0.586\ 95$ nm、$c = 0.495\ 48$ nm、$\lambda = 0.154\ 178$ nm 以及表 D2.2 中的 HKL 代入，可求得总方差 $D = 40.794\ 58 \times 10^{-26}$ nm$^2$。依次尝试微调 $a$、$b$ 与 $c$ 的数值，借助计算机软件计算 $D$ 值，当 $a = 0.285\ 298$ nm、$b = 0.586\ 981$ nm、$c = 0.496\ 570$ nm 时得到最小的总方差 $D = 4.565\ 6 \times 10^{-26}$ nm$^2$，即以实测数据为依据微调单胞常数后可使误差降低一个数量级。

答 4：设 $\tilde{F}_{HKL}$ 为实测各衍射线的结构因子，参照第 1 章式（1.27）有

$$\tilde{F}_{HKL}^2 = \frac{1}{\kappa} \frac{I_{HKL}}{P_{HKL} f(\theta) \exp[-2M(\theta)] A(\theta)} = \frac{1}{\kappa} \tilde{\tilde{F}}_{HKL}^2$$

式中，$\tilde{\tilde{F}}_{HKL}^2 = \kappa\,\tilde{F}_{HKL}^2$ 为包含 $\kappa$ 值影响的实测结构因子平方。若铀原子占据 $4c$ 位置 $(0,\,y,\,1/4)$、$(0,\,-y,\,3/4)$、$(1/2,\,y+1/2,\,1/4)$、$(1/2,\,-y+1/2,\,3/4)$，把这些坐标值代入式 $(1.35)$ 后可推导出其理论结构因子为 $y$ 的函数，即

$$F_{HKL}^2 = 4f_U^2\cos^2 2\pi\left(Ky - \frac{L}{4}\right)\left[\cos\pi L + \cos\pi(H+K+L)\right]^2$$

参照第 1 章练习题 1.2 答案介绍的类似过程，对铀的 6 条衍射线作如下计算：多重性因子 $P_{HKL}$ 可在表 1.4 中查到。角度因子 $f(\theta)$ 可参照式 $(1.25)$ 计算。由表 1.5 查得铀的特征温度 $\Theta$ 为 229 K，测量温度 $T$ 为 293 K；根据所计算的 $\Theta/T$ 值，参照表 1.6 内插计算出 $\Phi(\Theta/T) + \Theta/(4T)$ 的值为 1.017 3，代入式 $(1.29)$，并查阅已知常数和各计算值可求得函数值 $M(\theta)$，因而求得温度因子 $\exp[-2M(\theta)]$。待测试样为板状，参照 1.4.4 节试样的吸收因子表现为 $A(\theta)=1/2\mu_r$，X 射线波长 $\lambda = 0.154\,2$ nm 时铀的 $\mu_r$ 值为 352（表 1.7），由此可计算出吸收因子 $A(\theta)$。可直接计算出各衍射线的 $\sin\theta/\lambda$ 值，据此在表 1.11 中 U 的一行内插计算出各衍射线条件下铀的原子散射因子 $f_U$。$I_{HKL}$ 除以 $P_{HKL}$、$f(\theta)$、$\exp[-2M(\theta)]$、$A(\theta)$ 即可获得 $\tilde{\tilde{F}}_{HKL}^2$ 值。把铀原子各位置坐标以及铀的原子散射因子 $f_U$ 代入式 $(1.35)$ 并给出 $y$ 值，即可计算出结构因子 $F_{HKL}^2$。6 条衍射线的相关计算结果如表 D2.3 所示。

**表 D2.3  正交多晶铀粉 6 条衍射线与强度相关参数的计算**

| $\theta/°$ | 19.323 | 22.444 | 32.621 | 39.179 | 41.289 | 49.591 |
|---|---|---|---|---|---|---|
| $I_{HKL}$ | 4 678 | 6 883 | 3 784 | 3 587 | 3 908 | 3 912 |
| $P_{HKL}$ | 4 | 4 | 2 | 8 | 8 | 8 |
| $f(\theta)$ | 22.167 34 | 21.497 55 | 20.769 93 | 17.530 24 | 10.777 48 | 8.026 009 |
| $M(\theta)$ | 0.010 426 5 | 0.010 752 2 | 0.011 129 8 | 0.013 194 0 | 0.021 535 7 | 0.029 068 3 |
| $\exp[-2M(\theta)]$ | 0.979 363 | 0.978 725 | 0.977 986 | 0.973 957 | 0.957 843 | 0.943 521 |
| $A(\theta)$ | 0.001 42 | 0.001 42 | 0.001 42 | 0.001 42 | 0.001 42 | 0.001 42 |
| $\sin\theta/\lambda/\text{nm}^{-1}$ | 1.949 301 1 | 1.979 508 9 | 2.013 974 3 | 2.192 796 5 | 2.801 491 4 | 3.254 762 |
| $f_U$ | 77.361 36 | 77.086 468 6 | 76.774 231 | 75.164 831 | 69.686 577 | 65.785 475 |
| $\tilde{\tilde{F}}_{HKL}^2$ | 38 017.36 | 57 594.34 | 65 594.15 | 18 493.77 | 33 324.58 | 45 474.64 |
| $F_{HKL}^2(y=0.1)$ | 62 673.43 | 85 998.10 | 94 308.52 | 31 231.06 | 50 854.99 | 62 631.48 |
| $I_{HKL}^*(y=0.1)$ | 7 793 | 10 206 | 5 442 | 5 967 | 6 014 | 5 446 |

针对 6 个衍射强度，实测结构因子与理论结构因子之间的总方差 $D$ 为

$$D = \sum_{i=1}^{6} (\tilde{F}_{HKL}^2 - F_{HKL}^2)^2 = \sum_{i=1}^{6} \left( \frac{\tilde{\tilde{F}}_{HKL}^2}{\kappa} - F_{HKL}^2(y) \right)^2$$

可见，总方差 $D$ 是 $\kappa$ 和 $y$ 的函数。依次尝试微调 $\kappa$ 与 $y$ 的数值，借助计算机软件计算 $D$ 值；$\kappa = 0.670\,49$、$y = 0.099\,12$ 时获得了最小的总方差 $D$。因此，$y$ 确定为 $0.099\,12$。

答 5：根据已知强度数据，参照式（1.28）可计算出实测归百强度 $I_{HKL\text{-}B}$，如表 D2.4 所示。参照式（1.27）可利用表 D2.3 内参数计算出理论相对强度 $I_{HKL}^*$（表 D2.3），并借助式（1.28）计算 $y = 0.099\,12$ 时的理论归百强度 $I_{HKL\text{-}B}^*$（表 D2.4）。结果显示，两组归百强度比较相符。

**表 D2.4**　金属铀多晶粉 6 个较强衍射峰的归百相对强度

| $\theta/°$ | 17.49 | 17.77 | 18.09 | 19.76 | 25.59 | 30.12 |
|---|---|---|---|---|---|---|
| $I_{HKL\text{-}B}$ | 68.0 | 100 | 55.0 | 52.1 | 56.8 | 56.8 |
| $I_{HKL\text{-}B}^*$ | 76.4 | 100 | 53.3 | 58.5 | 58.9 | 53.4 |

2.4 答：$Al_2Cu$ 晶体 $z=0$、$z=1/4$、$z=1/2$ 和 $z=3/4$ 处 Cu 和 Al 原子位置分布的截面图如图 D2.3 所示。

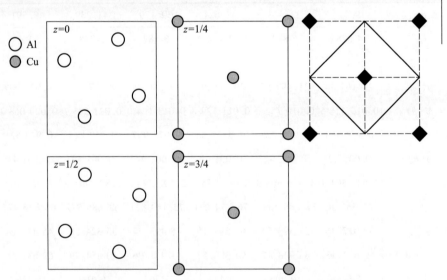

**图 D2.3**　$Al_2Cu$ 晶体中 Cu 和 Al 原子位置分布截面图

# 第 3 章思考题参考答案

3.1 答：从晶体学理论出发，空间群是全面、完整、科学、严谨描述和表达晶体对称性的数学工具。在传统无机材料学科范围，人们所能接触到或所需分析的往往是一些已知的简单晶体结构；因而，通常不需要空间群的知识，甚至对晶体结构知识的某些误解和以讹传讹也不敏感。然而，随着材料科技的发展，人们所面对材料结构研究和分析的挑战日益复杂化和高科技化。材料科技的创新发展也使得材料专业学者越来越多地面对复杂结构、完全或部分未知晶体结构的分析和研究问题。这种情况下，不仅任何对材料结构的误解和以讹传讹都会导致无法预料的恶果，而且任何对晶体结构不全面、不完整、不科学严谨的认知都可能妨碍高新材料科技的进步。因此，在材料领域从事科学研究的学者需要掌握空间群的知识，以便在需要时用于科研实践，同时也可避免对晶体结构的误解。

3.2 答：一晶体单胞内某乌科夫符号所表示原子的一个位置上通常会占有一个确定的原子。该晶体的平移对称性导致这个位置上的原子以平移群的形式在三维空间大量单胞的同一位置重复出现。晶体中这个乌科夫符号位置上大量的这种原子的占位情况就具备了一定的统计意义。在一些非单质的有序晶体结构中，尤其是具备可交换行的金属键性较强的结构中，许多不同的原子往往会出现部分地交换位置的现象，因而偏离了理想的有序晶体结构。此时，上述在确定乌科夫符号位置上大量出现的原子不再是 100% 地为一种原子，而是呈现出以一定百分比为该原子、其余为其他类原子的现象；以一定百分比占位的状况即为概率占位。大量单胞同一位置上的大量原子由不同类型原子按一定比例占位，即为原子占位的统计特征；且刚好可以被以大量单胞内原子统计性散射为特征的 X 射线衍射技术所检测。非单质有序结构中各原子位置上原子的占位概率会依相关物质的制备过程、热机械处理的参数等条件而发生改变，并会从不同角度和层次影响到物质的各种工程性能。因此，了解和检测物质晶体结构中概率占位的状况、变化规律、控制方法及其与工程性能的内在联系对于材料的研究和改进具有重要的实用价值。

3.3 答：晶体结构受到 X 射线照射时，其衍射强度会受到很多因素的影响，包括多重性因子、角度因子、温度因子、吸收因子、原子散射因子、结构因子等。其中，温度因子、吸收因子、原子散射因子涉及晶体结构的化学成分信息，多重性因子涉及晶体结构的结构信息；尤其是结构因子涉及晶体结构的化学组成和结构信息，包括晶体内原子的种类、数量、坐标位置、系统消光规律、概率占位情况等极为重要的晶体结构信息。只有按照 X 射线衍射的规则计算衍射强度并与实测强度进行对比分析，才有可能从中分解出晶体单胞内原子种类、数量、坐标位置、概率占位等信息。另一方面，对 X 射线衍射强度定量的计算与分析也有利于避免衍射数据分析中的误判。

# 第 3 章练习题参考答案

3.1 选择题

| 序号 | 答 | 备注 |
|---|---|---|
| 1 | C | 参见表 3.1 并作适当思考 |
| 2 | A | 参见第 3 章思考题 3.3 解答 |
| 3 | B | 参见表 3.1 的 A9 结构并作适当思考 |
| 4 | BD | 参见 1.4.6 节和表 3.2 并作适当思考与分析 |
| 5 | AB | 参见 1.4.6 节和表 3.2 并作适当思考 |
| 6 | BC | 参见 3.4 节和第 3 章思考题 3.2 解答 |
| 7 | BC | 参见图 2.32 |
| 8 | BC | 图 D3.1 |
| 9 | CD | 图 D3.2 |
| 10 | AB | 参见图 2.28 |
| 11 | BD | 图 D3.3 |
| 12 | BD | 参见图 2.32 |
| 13 | BC | 图 D3.4 |

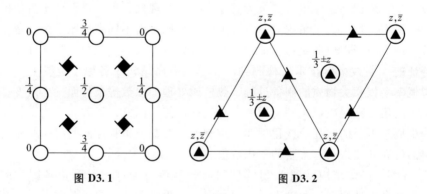

图 D3.1　　　　　　　　　　图 D3.2

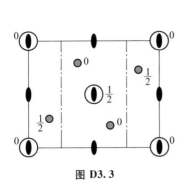

图 **D3.3**

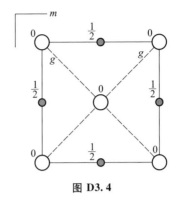

图 **D3.4**

3.2 答：见图 D3.5。

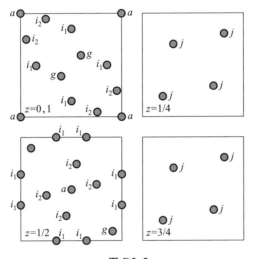

图 **D3.5**

3.3 答 1：令以原点为不动点的点群 $4/mmm$ 作用于各位置，考虑到可能的点阵平移有

2a：$(0, 0, 0)$；$(1/2, 1/2, 1/2)$

4c：$(0, 1/2, 0)$；$(1/2, 0, 1/2)$；$(1/2, 0, 0)$；$(0, 1/2, 1/2)$

4d：$(0, 1/2, 1/4)$；$(1/2, 0, 3/4)$；$(1/2, 0, 1/4)$；$(0, 1/2, 3/4)$

答 2：空间群 $I4/mmm$ 中 A 原子占据 $a$ 位置及 B 原子占据 $c$ 或 $d$ 位置时有结构因子

$$F_{00L} = \sum_{j=1}^{6} f_j \exp\left[i2\pi(0x_j + 0y_j + Lz_j)\right] = 2f_A + 4f_B \bigg|_{\substack{L=2,\ B\ at\ 4c \\ L=4,\ B\ at\ 4d}}$$

答3：B 原子占据 $c$ 位置时可获得很强的 $F_{002}$，B 原子占据 $d$ 位置时可获得很强的 $F_{004}$，因此实测（004）衍射的强度明显高于（002）衍射的强度时 B 原子应占据 $d$ 位置。

3.4 答1：令以原点为不动点的点群 $m3m$ 作用于各位置，考虑到可能的点阵平移有

4a：$(0, 0, 0)$；$(0, 1/2, 1/2)$；$(1/2, 0, 1/2)$；$(1/2, 1/2, 0)$

8c：$(1/4, 1/4, 1/4)$；$(1/4, 1/4, 3/4)$；$(1/4, 3/4, 1/4)$；$(1/4, 3/4, 3/4)$；$(3/4, 1/4, 1/4)$；$(3/4, 1/4, 3/4)$；$(3/4, 3/4, 1/4)$；$(3/4, 3/4, 3/4)$

答2：空间群 $Fm3m$ 中 A 原子占据 $a$ 位置及 C 原子占据 $c$ 位置时有结构因子

$$F_{002} = \sum_{j=1}^{12} f_j \exp\left[i2\pi(0x_j + 0y_j + 2z_j)\right] = 4f_A - 8f_C$$

3.5 答1：$(0, 0, z)$。

答2：$(x, x, z)$。

答3：$(x, y, 0)$。

# 第 4 章思考题参考答案

4.1 答：空间中任一晶体的几何状态需要用取向和位置这两个参量描述；它们都需要用 3 个自由度表达晶体的特定几何状态，但观察的角度不同。位置表达了晶体相对于参考坐标系的平移状态，表达位置的参数通常为 3 个独立的平移量；而取向则表达了晶体相对于参考坐标系的转动状态，表达取向的参数通常为 3 个独立的转动量。两者的共同点还在于在描述各自的概念过程中都需要引入一个参考坐标系，以分别表达相对于参考坐标系的移动和转动状态。

4.2 答：晶体取向表达了晶体的旋转状态，需要由具备 3 个独立变量的参数表达。因此，在采用极射赤面投影的 $\{HKL\}$ 极图表达取向时，需要注意到这种表达方式是否能够确定出该取向 3 个独立变量的数值。任何 $\{HKL\}$ 极图上的一个投影点反映了一个空间矢量的方位，空间几何表明需要有两个独立变量来确定一个空间矢量。如果一个晶体有若干 $\{HKL\}$ 晶面和与之对应的法线方向，则在相应的 $\{HKL\}$ 极图上会出现同样数量的投影点，且每个投影点之间的夹角由晶体的结构约束，是已知的。当投影点数量达到 2 个或 2 个以上时，每个投影点由 2 个独立变量确定，且两投影点之间的几何关系是固定的，使得 2×2 个

独立变量之间出现了一个约束条件，使得独立变量数变为 $2 \times 2 - 1 = 3$，刚好满足确定晶体取向的变量数。可见 $\{HKL\}$ 极图是否能确定一个晶体的取向关键在于该晶体 $\{HKL\}$ 极图上投影点的个数是否达到 2 个或 2 个以上；或者与该晶体 $\{HKL\}$ 面的多重性因子 $P_{HKL}$ 相关。如 4.2.1 节所述，每个晶体在 $\{HKL\}$ 极图上投影点的个数为 $P_{HKL}/2$，因此 $\{HKL\}$ 极图能够确定晶体取向的条件是 $P_{HKL}/2 \geq 2$。例如，六方晶体的 $P_{00L}/2 = 1$，无法确定晶体取向；而其 $P_{H00}/2 = 3$，就可以确定晶体取向。

4.3 答：多晶体是由大量晶粒构成的聚集体，在取向空间中每个晶粒都有自己的取向。取向空间中每个取向上分布晶粒取向的密集程度可以用取向密度表示，因而取向密度是取向的函数，即为取向分布函数。任何多晶体中各晶粒的取向分布状态都可以用取向分布函数描述。在取向空间内当取向分布函数值随取向的改变而剧烈变化时，多晶材料内就存在织构；当取向分布函数值随取向的改变而基本保持不变，即晶粒取向基本呈随机分布时，多晶材料内就基本没有织构。晶体学织构是用取向分布函数描述多晶体取向分布时取向分布函数的某种特征分布状态。

4.4 答：取向需要 3 个独立的变量参数来描述。取向分布函数是由 3 个独立的转动量决定的函数。极图或极密度分布函数只包含了两个独立的变量，因此尤其在描述复杂的三维取向分布时会出现一定的局限（参见对图 4.9 的描述），这种局限在取向分布函数中并不存在。但是，极图数据是可以直接实验测量的数据，而取向分布函数则是借助多组极图数据计算而获得的间接数据。对取向分布函数无穷级数展开式必须实施的断尾处理、经常选取 1/4 极图数据计算取向分布函数的对称化处理（即把极图数据按试样对称性拆分为 4、一一对应叠加、再除以 4，参见图 4.21 的描述）以及相应计算等，都难免造成所得取向分布函数与真实取向分布之间的偏差。当多晶体的织构比较锋锐、结构比较简单，例如只有一种 $\{HKL\} <UVW>$ 织构时，用极图通常可以简洁、明确地表达织构（参见第 4 章思考题 4.2 的参考答案），此时仍常用极图分析织构，或对织构作定量计算。

4.5 答：测量极图并获得实测极密度分布函数数据，以此为基础借助极密度分布函数的级数展开式 [式(4.15)] 解出展开式的常系数组 $F_{l(HKL)}^n$；借助 $F_{l(HKL)}^n$ 与取向分布函数级数展开式常系数组 $C_l^{mn}$ 的关系式 [式(4.17)] 解出 $C_l^{mn}$；最后把 $C_l^{mn}$ 代入取向分布函数级数展开式 [式(4.16)] 计算出取向分布函数。

# 第 4 章练习题参考答案

4.1 选择题

| 序号 | 答 | 备注 |
|------|-----|------|
| 1 | B | 参见 4.1.1 节 |
| 2 | D | 参见 4.1.3 节 |
| 3 | D | 参见 4.2.3 节 |
| 4 | AC | 参见第 4 章思考题 4.2 参考答案及表 1.4 |
| 5 | A | 参见第 4 章思考题 4.2 参考答案及表 1.4 |
| 6 | CD | 参见第 4 章思考题 4.2 参考答案及表 1.4 |
| 7 | B | 参见第 4 章思考题 4.2 参考答案及表 1.4 |
| 8 | D | 参见 4.2.3 节 |
| 9 | AB | 参见 4.2.4 节及 4.3.3 节 |
| 10 | AC | 参见 4.2.5 节 |

4.2 答：观察图 L4.1 所示{200}极图中心，有较明显的极密度分布，表明所检测试样存在{200}面平行于试样表面的织构。参照式(4.24)，这里极密度分布函数 $p(\alpha)$ 应表现为

$$p(\alpha) = S_o \exp\left(-\frac{\alpha^2}{\psi_{200}^2}\right)$$

该等式中各参数与式(4.24)一致。参照式(4.26)取靠近极图中心的 5 个 $p(\alpha_i)$ 值，由此式(4.28)与式(4.29)转变为

$$\psi_{200} = \sqrt{-\frac{\sum\limits_{i=1}^{5}\left(\alpha_i^2 - \frac{1}{5}\sum\limits_{i=1}^{5}\alpha_i^2\right)^2}{\sum\limits_{i=1}^{5}\left\{\left(\alpha_i^2 - \frac{1}{5}\sum\limits_{i=1}^{5}\alpha_i^2\right)\left[\ln p(\alpha_i) - \frac{1}{5}\sum\limits_{i=1}^{5}\ln p(\alpha_i)\right]\right\}}}$$

以及

$$S_o = \exp\left\{\frac{1}{5}\sum_{i=1}^{5}\ln p(\alpha_i) - \frac{1}{5}\sum_{i=1}^{5}\alpha_i^2 \frac{\sum\limits_{i=1}^{5}\left(\alpha_i^2 - \frac{1}{5}\sum\limits_{i=1}^{5}\alpha_i^2\right)\sum\limits_{i=1}^{5}\left[\ln p(\alpha_i) - \frac{1}{5}\sum\limits_{i=1}^{5}\ln p(\alpha_i)\right]}{\sum\limits_{i=1}^{5}\left(\alpha_i^2 - \frac{1}{5}\sum\limits_{i=1}^{5}\alpha_i^2\right)^2}\right\}$$

参照式(4.28)与式(4.29)需作如下计算，如表 D4.1 所示：

**表 D4.1**  {200}极图测量数据 $p(\alpha)$ 的一元线性回归计算

| $i$ | $\alpha_i/°$ | $\alpha_i^2$ | $p(\alpha_i)$ | $\ln p(\alpha_i)$ |
|---|---|---|---|---|
| 1 | 0 | 0 | 15.05 | 2.711 4 |
| 2 | 5 | 25 | 10.12 | 2.314 5 |
| 3 | 10 | 100 | 3.17 | 1.153 7 |
| 4 | 15 | 225 | 0.46 | −0.776 5 |
| 5 | 20 | 400 | 0.03 | −3.506 6 |

将表 D4.1 中的数据代入式(4.28)与式(4.29)，即代入以上两式，可求得散布宽度 $\psi_{200} = 8.025°$，以及 $S_o = 15.005$。参考式(4.26)，将表 L4.1 中所有实测数据 $p(\alpha_i)$ 代入式(4.23)可求得 $v_p = 1.003$。此时，式(4.30)转变为

$$v_{200} = \left. \frac{S_o P_{200} \sum_{i=1}^{19} \exp\left(-\dfrac{\alpha^2}{\psi_{200}^2}\right) \sin\alpha \Delta\alpha}{2v_p} \right|_{\substack{\Delta\alpha = \pi/36 \\ \alpha = (i-1)\Delta\alpha}}$$

将已有的 $\psi_{200} = 8.025°$、$S_o = 15.005$、$v_p = 1.003$ 以及 $P_{200} = 6$ 等代入，求得 {200}织构体积分数 $v_{200} = 40.89\%$。

# 第 5 章思考题参考答案

5.1 答：参照式(5.2)可知，影响晶体物质空位浓度的因素有空位形成焓 $\Delta H_V^f$、空位振动熵 $\Delta S_V^f$ 和温度 $T$。只有在 $\Delta H_V^f$ 为无穷大、$\Delta S_V^f$ 为负无穷大或 $T = 0$ K 时空位浓度才会为 0，即没有空位。实际上，$\Delta S_V^f$ 不可能为负无穷大，$\Delta H_V^f$ 也不可能是无穷大，事实上也无法获得绝对零度，因此从原理上看尚无法制备出没有空位的晶体物质。

5.2 答：所有晶体物质的温度大于 0 K 时就会因热激活而产生热空位。结构空位是针对有序合金中单胞内不同类型乌科夫符号位置上各自空位浓度偏离合金平均热空位浓度的情况，或为保持合金体系特定价电子浓度而引起的某乌科夫位置上空位浓度相对于合金平均空位浓度的偏离值。合金平均空位浓度即为热空位，而不同位置上空位浓度相对于整体热空位的偏离值即为结构空位。

5.3 答：有序合金中往往存在结构空位。首先，从简单的热力学角度考虑，当有序合金内不同乌科夫位置上的空位形成焓有差异时，会造成不同位置上空位浓度的差异。其次，较低空位形成焓位置上的原子进入相邻的乌科夫位置以保持原位置上的较高的空位浓度时，促使合金偏离了理想有序结构。最后，不

同位置空位形成焓差异造成原子换位产生的多余原子会新增单胞个数，且新增单胞原乌科夫位置上往往是空位，从而提高了该位置的空位浓度，并进一步降低相邻乌科夫位置的空位浓度。由上述 3 个因素造成的结构缺陷即为三重的空位结构缺陷。可见，不同乌科夫位置上的实际空位浓度不仅仅取决于其空位形成焓。另外，有序合金不同乌科夫位置上的实际空位浓度还与合金的成分有关，即与合金实际成分偏离理想有序结构成分的程度有关。

5.4 答：电子辐照和中子辐照主要差异在于所造成反冲能数百倍以上的巨大差异。电子辐照的反冲能很低，往往只能造成一个空位-自间隙原子对；而中子辐照的反冲能很高，往往会造成级联现象、挤列子、大量空位和自间隙原子乃至低密度区等多种辐照损伤。由此在辐照后的加热过程中，经电子轰击的晶体在以空位-自间隙原子对湮灭为主的第 I 阶段较低温度下即能出现大幅度的回复。而中子轰击晶在第 I 阶段的回复则较少，其中很大部分的辐照缺陷需要在更高的温度下经点缺陷长程迁移才会湮没。

5.5 答：由刃位错构成的小角度晶界迁移时需要借助刃位错的滑移或攀移来实现。参照图 5.11 所展示的刃位错应力场分布可知，当刃位错沿垂直于其滑移面方向排列成行并构成小角度晶界时，如果在某种晶界迁移驱动力作用下小角度晶界内任一刃位错在其滑移面上开始滑移以带动晶界迁移时，该刃位错上、下邻接位错的应力场都会明显阻碍其所要展开的滑移，因而此位错很难迁移。通常的大角度晶界主要依靠原子依次相对独立的跳动而迁移，并不存在小角度晶界迁移的这种阻碍。

5.6 答：滑移面上一个周长不变的位错环的伯氏矢量是唯一的。当位错环的弧段与伯氏矢量平行时为螺位错段，当位错环的弧段与伯氏矢量垂直时为刃位错段。单位长度螺位错的能量低于单位长度刃位错的能量，因此沿位错线各段的线张力并不相同，刃位错段的线张力高于螺位错段的线张力。在周长不变的情况下，位错环会倾向于保持椭圆形状，以适当压缩刃位错段、增长螺位错段，进而使整体位错能量保持最低。实际上，当位错环可以借助位错线迁移而调整其形状时，首先倾向于收缩周长，直至整体消失。

5.7 答：按照位错映像力的原理，当晶界两侧为同质物质且弹性趋于各向同性时，靠近晶界的位错所受到的映像力为 0，不会对晶内位错状态造成明显影响。但是当晶粒尺寸减小到纳米尺度时，多晶体内晶界的密度大幅度增加，此时晶界能的作用会非常显著；因此，不能排除晶界能造成对晶内位错的吸附，由此降低体系的自由能。至于是否会出现晶粒内无位错的现象，还有待针对具体材料和晶界性质作具体分析。

5.8 答：一根位错可能受到的作用力包括：外力、线张力、化学力、映像力等。当没有外加载荷，位错附近也没有其他位错的应力场时，外力为 0。一根位错的位错线垂直于晶体表面时不会产生垂直于表面的映像力。当晶体内部的点缺陷密度处于平衡状态时也不会产生明显的化学力。但一根位错线垂直于晶体表面的位错始终会受到线张力的作用，这种线张力不会造成直位错线向与位错线垂直方向迁移的趋势，但会造成使其沿位错线收缩的趋势。

5.9 答：参照图 5.25，体心立方金属内一滑移面上的螺位错可能会在 3 个同类滑移面的交线上沿这 3 个滑移面松弛（调整）其核心结构，从而造成三叶位错。任意含有螺位错分量的位错都存在形成三叶位错的可能。参照图 5.26 所描述的机制，三叶位错滑移的特征为：在正反两个方向上所遭遇的滑移阻力不相等。

5.10 答：若有序合金容易出现概率占位，表明合金内完全有序与适当无序化两种状态时的焓值差别并不特别大，以致合金会以一定概率占位的形式提高合金的组态熵，从而使得其吉普斯自由能保持更低的水平。有序合金的超位错由若干部分位错及其间的反相畴界组成。参照反相畴界能的定义，有序结构中较高的概率占位也会明显降低反相畴界能，促使超位错中的各部分位错比较容易克服超位错将各部分位错束缚在一起的桎梏而独立滑移，进而可保持合金的塑性变形能力。另一方面，塑性变形时大量位错的滑移会新增很多反相畴界，并降低合金的有序度。有序与适当无序化之间焓值差别较低，使得塑性变形引起的无序化不会遭遇很大障碍。当合金无序化达到一定程度后，位错的继续滑移不再明显改变合金的有序度，进而有序与否不再妨碍合金的塑性变形；合金变形主要受加工硬化的影响。因此，有序合金中容易出现概率占位时有利于合金保持较高的塑性变形能力。

5.11 答：当获知晶体实际开动的机械孪生诸如表 5.6 所示的要素后，其开动所造成的切应变 $\delta$ 是固定的值，且可借助 5.5.2 节介绍的方法计算；其中，令孪生的 $K_1$ 面法线单位矢量为 $n$，孪生方向 $\eta_1$ 的单位矢量为 $b$。可借助式 (5.71) 以及拉伸或压缩变形时拉伸方向或压缩面法线方向 $d$ 计算出变形后的方向 $D$。若为轧制变形时，可借助式 (5.71)~式 (5.73) 计算轧制变形过程中机械孪生造成的轧制试样坐标系的偏转及相应未切变部分的取向变化，再叠加上孪生取向变化，即可获得切变部分的取向变化。

# 第 5 章练习题参考答案

5.1 选择题

| 序号 | 答 | 备注 |
| --- | --- | --- |
| 1 | BD | 参见 5.1.1 节 |
| 2 | D | 参见 5.1.1 节与 5.1.4 节 |

| 3 | A | 参见 5.1.4 节 |
|---|---|---|
| 4 | CD | 参见 5.2.3 节 |
| 5 | B | 参见 5.1.5 节与 5.1.6 节 |
| 6 | B | 参见 5.1.1 节与 5.1.4 节 |
| 7 | A | 参见 5.2.2 节并适当计算 |
| 8 | D | 参见 5.3.1 节与 5.3.3 节 |
| 9 | AB | 参见 5.2.2 节并适当计算 |
| 10 | C | 参见 5.1.1 节与 5.3.3 节 |
| 11 | AD | 参见 5.3.1 节 |
| 12 | B | 参见 5.4.2 节 |
| 13 | AD | 参见 5.3.2 节与 5.3.4 节 |
| 14 | D | 参见 5.3.2 节并适当计算 |
| 15 | D | 参见 5.3.5 节并适当推算 |
| 16 | D | 参见 5.3.5 节并适当推算 |
| 17 | A | 参见 5.3.5 节并适当反向思考 |
| 18 | BD | 参见 5.4.3 节 |
| 19 | CD | 参见 5.4.3 节 |
| 20 | A | 参见 5.4.3 节 |
| 21 | AB | 参见 5.4.3 节 |
| 22 | BC | 参见 5.5.1 节并适当考虑晶体可能的对称性 |
| 23 | AC | 参见 5.5.1 节并适当考虑晶体可能的对称性 |
| 24 | C | 参见 5.6.1 节 |
| 25 | B | 参见 5.6.1 节与表 2.11 |
| 26 | D | 参见 5.6.1 节与表 2.11 |
| 27 | D | 参见 5.6.1 节 |
| 28 | CD | 参见图 5.44 |
| 29 | AD | 参见 5.1.5 节 |
| 30 | CD | 参见 5.1.5 节 |

5.2 答：将式(5.4)转换成 $\ln x_v = \dfrac{\Delta S_v}{k} - \Delta H_v \dfrac{1}{kT}$，进而可形成线性方程 $y = a+bx$；且有 $y = \ln x_v$，$a = \Delta S_v/k$，$b = -\Delta H_v$，$x = 1/kT$。参照表 L5.1 所示实验数据及式(5.5)可获得用于一元线性回归计算的数据，如表 D5.1 所示。

表 **D5.1**　铜棒空位热力学参数的一元线性回归计算

| $i$ | $T/℃$ | $T/K$ | $x = 1/kT$ | $x_V$ | $y = \ln x_V$ |
|---|---|---|---|---|---|
| 1 | 400 | 673 | $1.075\,97×10^{20}$ | $3.0×10^{-9}$ | $-19.624\,65$ |
| 2 | 500 | 773 | $9.368\,07×10^{19}$ | $1.2×10^{-8}$ | $-18.238\,36$ |
| 3 | 600 | 873 | $8.295\,16×10^{19}$ | $3.0×10^{-6}$ | $-12.716\,9$ |
| 4 | 700 | 973 | $7.442\,76×10^{19}$ | $3.0×10^{-6}$ | $-12.716\,9$ |
| 5 | 800 | 1\,073 | $6.749\,22×10^{19}$ | $6.0×10^{-6}$ | $-12.023\,75$ |
| 6 | 900 | 1\,173 | $6.173\,91×10^{19}$ | $1.8×10^{-5}$ | $-10.925\,14$ |
| 7 | 1\,000 | 1\,273 | $5.688\,98×10^{19}$ | $4.8×10^{-5}$ | $-19.624\,65$ |

根据数理统计学原理，参照式 $\ln x_V = \dfrac{\Delta S_V}{k} - \Delta H_V \dfrac{1}{kT}$ 和表 D5.1 中的数据，对理论和实验数据的总平方差 $D$ 有

$$D = \sum_{i=1}^{7} \left[ \tilde{y} - a - b\tilde{x} \right]^2$$

由此根据一元线性回归的方法可借助 $D$ 对 $a$ 和 $b$ 的偏微分为 0，解析地获得空位形成焓 $\Delta H_V$，即

$$\Delta H_V = - \frac{\sum\limits_{i=1}^{7} \left[ \left( \dfrac{1}{kT_i} - \dfrac{1}{7}\sum\limits_{i=1}^{7}\dfrac{1}{kT_i} \right) \left( \ln x_{Vi} - \dfrac{1}{7}\sum\limits_{i=1}^{7}\ln x_{Vi} \right) \right]}{\sum\limits_{i=1}^{7} \left( \dfrac{1}{kT_i} - \dfrac{1}{7}\sum\limits_{i=1}^{7}\dfrac{1}{kT_i} \right)^2}$$

同时，也可以解出空位振动熵 $\Delta S_V$，即

$$\Delta S_V = \frac{k}{7} \left\{ \sum_{i=1}^{7}\frac{1}{kT_i} - \sum_{i=1}^{7}\ln x_{Vi} \frac{\sum\limits_{i=1}^{7}\left[ \left( \dfrac{1}{kT_i} - \dfrac{1}{7}\sum\limits_{i=1}^{7}\dfrac{1}{kT_i} \right) \left( \ln x_{Vi} - \dfrac{1}{7}\sum\limits_{i=1}^{7}\ln x_{Vi} \right) \right]}{\sum\limits_{i=1}^{7}\left( \dfrac{1}{kT_i} - \dfrac{1}{7}\sum\limits_{i=1}^{7}\dfrac{1}{kT_i} \right)^2} \right\}$$

由此算得 $\Delta H_V = 1.956\,3$ J，$\Delta S_V = 2.408\,1$ J/K，或 $\Delta S_V/k = 1.483\,4$。将 $\Delta H_V$ 和 $\Delta S_V$ 代入式(5.5)可估算出不同温度下棒内的平衡空位浓度 $x_{oV}$，如表 D5.2 所示。

表 **D5.2**　铜棒不同温度空位浓度的估算值

| $T/℃$ | $x_{oV}$ |
|---|---|
| 20 | $4.497\,1×10^{-21}$ |
| 100 | $1.423\,3×10^{-16}$ |
| 1\,080 | $1.249\,20×10^{-4}$ |

5.3 答：参照图 L5.3 透射电子显微镜照片，根据照片的比例尺，所观察的范围内有 18 根平均长度约 0.52 μm 的位错线。测得观察视场范围的宽为 1.859 μm，高为 1.501 μm，已知观察试样的厚度为 0.3 μm；求得观察体积为 1.859 μm×1.501 μm×0.3 μm = 0.837 11 μm³。参照图 5.9b，每根位错线应该在试样上、下表面各有一个露头，所观察的只是位错线的水平投影；利用勾股定理，0.3 μm 厚试样中的真实总长度应约为 $18\sqrt{0.52^2+0.3^2}$ μm = 10.806 μm。由此，所观察的范围内实际观察到的位错密度为 0.557 μm/0.558 μm³ = 12.908 7 μm⁻²，或 1.290 87×10¹³ m⁻²。根据文献，这一密度值大约是完全退火金属内位错密度的水平。已知剪切模量 $G$ 为 62.5 GPa，伯氏矢量长度 $b$ 为 0.248 nm，泊松比 $\nu$ 为 0.473，临界分切应力 $\tau_c$ 为 27.4 MPa；代入式（5.44）后可算得，距表面临界距离 $d_o$ = 85.42 nm（表 5.4）以内的位错有可能会滑动，即位错距试样表面的距离低于 85.42 nm 时就有可能在映像力的作用下向表面滑动，最终溢出表面；并因此降低试样的位错密度。300 nm 厚不锈钢薄膜在两侧各有一个自由表面。由此推算，其总厚度中 170 nm 内的位错有可能溢出薄膜，因此总有一些位错会溢出表面。另一方面，透射电子显微镜观察时持续的电子束轰击也会激发位错移动，增加了位错溢出的概率。只有那些严重缠结或上、下表面各有露头而稳定化的位错才容易保留在试样内。因此，透射电子显微镜观察的位错密度通常并不准确，且所获得的密度值往往会明显低于其处于三维体材料状态下的密度值。

5.4 答：在图 L5.3 透射电子显微镜照片中观察到两条弯曲的弓形位错线，根据照片的比例尺，直接测量所观察的两条弓形位错线的弦长×拱高，分别为 0.903 37 μm×0.283 15 μm 和 0.674 16 μm×0.310 11 μm。观察可判断位错弦长两端在试样上、下表面各有一个露头，因此弓形位错线在三维空间的弦长会略长，而拱高则基本不变。利用勾股定理，0.3 μm 厚试样中的真实弦长应约为 $\sqrt{0.903\ 37^2+0.3^2}$ μm = 0.951 88 μm 和 $\sqrt{0.674\ 16^2+0.3^2}$ μm = 0.737 9 μm。根据弓形的几何原理可计算出两条弓形位错线的弯曲半径 $R$ 大约为 $[(0.951\ 88/2)^2+0.283\ 15^2]/(2×0.283\ 15)$ = 0.541 57 μm 和 $[(0.737\ 9/2)^2+0.310\ 11^2]/(2×0.310\ 11)$ = 0.374 53 μm。将这两个 $R$ 值以及已知的 $G$ = 62.5 GPa 和 $b$ = 0.248 nm 代入式（5.31），其中参照式（5.18）有 $k_d$ 约为 0.5～1.0。由此可大致计算出这两条弓形位错线所承受的切应力，大约为 14～28 MPa 或 20～40 MPa。如果这两个弓形位错停留在其滑移面上，则这里所估算的切应力应该不高于该位错滑移的临界分切应力，或者就保持在临界分切应力 $\tau_c$ 附近。如果不作复杂讨论，可用两位错承受切应力范围的重叠部分简单推测：该不锈钢内推动位错滑移所需的临界分切应力为 20～28 MPa。

5.5 答：设铜棒室温 20℃ 和 1 000 ℃ 时的空位浓度分别为 $x_。$ 和 $x$；参照表 D5.1 和表 D5.2，它们分别为 4.497 1×10$^{-21}$ 和 4.8×10$^{-5}$。参照表 5.4，铜棒的伯氏矢量长 $b$ = 0.256 nm。$b$ 可视为原子或空位的直径，由此空位的体积 $\Omega$ = $\pi b^3/6$。参照式（5.39），位错攀移时有 $\psi$ = $3\pi/2$。将所有这些参数代入式（5.39）可算得化学力 $f_{ch}$ = 3.795 3 N/m。这即是在 1 000 ℃ 加热时所获得的空位浓度全部保留到室温后能够实现的化学力。如果铜棒冷却过程中其空位浓度有所降低，则室温化学力会降低，因此不会超过 $f_{ch}$ = 3.795 3 N/m。如果用 $\Omega$ = $b^3$ 或 $\Omega$ = $a^3/2$ = $8b^3/3^{3/2}$ 估算空位体积，则有 $f_{ch}$ = 1.987 3 N/m 或 $f_{ch}$ = 1.290 8 N/m。

5.6 答：纯钛板计算参数有 $b$ = 0.295 nm，$G_1$ = 45.6 GPa，$\tau_c$ = 14 MPa，对 TiO$_2$ 氧化薄膜有 $G_{II}$ = 90 GPa，$t$ = 6 nm；由此参照式（5.46）可计算出 $\gamma$ = 0.327 43。将所有这些参数代入式（5.48），并取 $n$ = 300。计算结果显示，从纯钛板表面与 TiO$_2$ 氧化薄膜的接触面起向内 0.5 nm 处氧化薄膜在钛板内造成的映像切应力 $\sigma_{23}$ 约为 450 MPa，远高于钛板 $\tau_c$；向内至 2.164 56 nm 处时映像切应力 $\sigma_{23}$ 降低到钛板 $\tau_c$ 的 14 MPa。即从 0 nm 至 2 nm 的范围内，映像切应力 $\sigma_{23}$ 高于钛板 $\tau_c$，会驱动可动位错向钛板内部迁移。因此，钛板表层低位错密度区域的深度约为 2 nm。实际上，当取 $n$ = 30 时计算结果已经比较稳定，因此不必对式（5.48）作过高阶的级数计算。

5.7 答：将表 L5.2 中 24 个滑移系的滑移面法向<111>和滑移方向<110>作归一化处理并求得横向指数，即对式（5.69）有

$$\boldsymbol{n}_c = \left\langle \frac{1}{\sqrt{3}}, \frac{1}{\sqrt{3}}, \frac{1}{\sqrt{3}} \right\rangle; \qquad \boldsymbol{b}_c = \left\langle \frac{1}{\sqrt{2}}, \frac{1}{\sqrt{2}}, \frac{0}{\sqrt{2}} \right\rangle; \qquad \boldsymbol{n}_c \times \boldsymbol{b}_c = \boldsymbol{t}_c$$

由此获得表 L5.2 中 24 个滑移系在晶体坐标系中的 24 个表达矩阵［式（5.69）］。根据作为起始取向的单晶体取向｛8°，44.5°，0°｝和式（4.6）求得取向的（$hkl$）、［$uvw$］、［$rst$］米勒指数表达式。把这 24 个滑移系矩阵与米勒指数取向矩阵代入式（5.70），求得 24 个滑移系在轧制试样坐标系中的 24 个表达矩阵。在式（5.77）所示的轧制应力状态下作滑移系受力状态计算，并借助式（5.78）算出每个滑移系的取向因子 $\mu$。选择取向因子最大的那个滑移系，令其在轧制变形过程中开动。计算要求轧制压下的步长 $\Delta\varepsilon$ = 0.01，在轧制试样坐标系中 $\Delta\varepsilon$ 即为 $\Delta\varepsilon_{33}$。参照式（5.63）有 $\Delta\varepsilon_{33} = \delta b_3 n_3$，随即求出 $\delta$ = 0.01/$b_3 n_3$，其中 $b_3$、$n_3$ 为所选择开动滑移系的参数。借助式（5.71）算出一个 $\Delta\varepsilon_{33}$ = 0.01 步长变形后的［$\boldsymbol{RD'}$ $\boldsymbol{TD'}$ $\boldsymbol{ND'}$］，并经式（5.72）调整成互相垂直的 3 个轧制变形后的方向，最后经式（5.73）计算出这一步长变形后晶体的新取向［$\boldsymbol{g'}$］，并把新取向［$\boldsymbol{g'}$］设置为后一计算步长的起始取向。由此，完成了从起始取向到

一个新起始取向的模拟计算过程。70 次循环实施这个计算过程，即可完成总变形 $\varepsilon_{33}=0.7$ 的计算要求。表 D5.3 给出了如此 70 次循环计算和应变 $\varepsilon_{33}$ 累积过程中起始为纯铝单晶 $\{8°，44.5°，0°\}$ 取向体轧制过程中开动的滑移系（序号）及其取向演变。可以看出，这个变形过程是由第 20 滑移系 $(1\bar{1}\bar{1})[101]$ 和第 3 滑移系 $(111)[1\bar{1}0]$ 交替开动完成的。

表 D5.3　取向为 $\{8°，44.5°，0°\}$ 纯铝单晶体轧制过程中开动的
滑移系（序号）及其取向演变

| 步序 | 滑移系 | $\varepsilon_{33}$ | $\varphi_1/°$ | $\Phi/°$ | $\varphi_2/°$ | 步序 | 滑移系 | $\varepsilon_{33}$ | $\varphi_1/°$ | $\Phi/°$ | $\varphi_2/°$ |
|---|---|---|---|---|---|---|---|---|---|---|---|
| 0 | — | 0 | 8 | 44.5 | 0 | 21 | 20 | 0.21 | 14.324 | 44.597 | -0.502 |
| 1 | 20 | 0.01 | 8.725 | 44.508 | -0.578 | 22 | 3 | 0.22 | 14.16 | 44.599 | 0.083 |
| 2 | 3 | 0.02 | 8.629 | 44.51 | 0.009 | 23 | 20 | 0.23 | 14.813 | 44.605 | -0.495 |
| 3 | 20 | 0.03 | 9.347 | 44.517 | -0.569 | 24 | 3 | 0.24 | 14.643 | 44.607 | 0.089 |
| 4 | 3 | 0.04 | 9.243 | 44.52 | 0.017 | 25 | 20 | 0.25 | 15.29 | 44.613 | -0.489 |
| 5 | 20 | 0.05 | 9.954 | 44.527 | -0.561 | 26 | 3 | 0.26 | 15.115 | 44.615 | 0.095 |
| 6 | 3 | 0.06 | 9.843 | 44.529 | 0.025 | 27 | 20 | 0.27 | 15.756 | 44.62 | -0.483 |
| 7 | 20 | 0.07 | 10.547 | 44.536 | -0.553 | 28 | 3 | 0.28 | 15.575 | 44.622 | 0.101 |
| 8 | 3 | 0.08 | 10.429 | 44.539 | 0.033 | 29 | 20 | 0.29 | 16.21 | 44.628 | -0.477 |
| 9 | 20 | 0.09 | 11.126 | 44.545 | -0.545 | 30 | 3 | 0.3 | 16.024 | 44.63 | 0.107 |
| 10 | 3 | 0.1 | 11.001 | 44.548 | 0.041 | 31 | 20 | 0.31 | 16.654 | 44.635 | -0.472 |
| 11 | 20 | 0.11 | 11.692 | 44.554 | -0.537 | 32 | 3 | 0.32 | 16.462 | 44.637 | 0.112 |
| 12 | 3 | 0.12 | 11.56 | 44.557 | 0.049 | 33 | 20 | 0.33 | 17.086 | 44.643 | -0.466 |
| 13 | 20 | 0.13 | 12.244 | 44.563 | -0.529 | 34 | 3 | 0.34 | 16.889 | 44.644 | 0.118 |
| 14 | 3 | 0.14 | 12.106 | 44.565 | 0.056 | 35 | 20 | 0.35 | 17.508 | 44.65 | -0.461 |
| 15 | 20 | 0.15 | 12.783 | 44.572 | -0.522 | 36 | 3 | 0.36 | 17.306 | 44.652 | 0.123 |
| 16 | 3 | 0.16 | 12.638 | 44.574 | 0.063 | 37 | 20 | 0.37 | 17.92 | 44.657 | -0.456 |
| 17 | 20 | 0.17 | 13.309 | 44.58 | -0.515 | 38 | 3 | 0.38 | 17.713 | 44.658 | 0.128 |
| 18 | 3 | 0.18 | 13.158 | 44.583 | 0.07 | 39 | 20 | 0.39 | 18.322 | 44.663 | -0.451 |
| 19 | 20 | 0.19 | 13.822 | 44.589 | -0.508 | 40 | 3 | 0.4 | 18.109 | 44.665 | 0.133 |
| 20 | 3 | 0.2 | 13.665 | 44.591 | 0.076 | 41 | 20 | 0.41 | 18.714 | 44.67 | -0.446 |

| 步序 | 滑移系 | $\varepsilon_{33}$ | $\varphi_1/°$ | $\Phi/°$ | $\varphi_2/°$ | 步序 | 滑移系 | $\varepsilon_{33}$ | $\varphi_1/°$ | $\Phi/°$ | $\varphi_2/°$ |
|---|---|---|---|---|---|---|---|---|---|---|---|
| 42 | 3 | 0.42 | 18.497 | 44.672 | 0.137 | 57 | 20 | 0.57 | 21.527 | 44.719 | -0.412 |
| 43 | 20 | 0.43 | 19.097 | 44.677 | -0.441 | 58 | 3 | 0.58 | 21.275 | 44.721 | 0.17 |
| 44 | 3 | 0.44 | 18.875 | 44.678 | 0.142 | 59 | 20 | 0.59 | 21.841 | 44.725 | -0.408 |
| 45 | 20 | 0.45 | 19.47 | 44.683 | -0.436 | 60 | 3 | 0.6 | 21.586 | 44.726 | 0.174 |
| 46 | 3 | 0.46 | 19.243 | 44.685 | 0.146 | 61 | 20 | 0.61 | 22.148 | 44.73 | -0.404 |
| 47 | 20 | 0.47 | 19.834 | 44.689 | -0.432 | 62 | 3 | 0.62 | 21.889 | 44.732 | 0.177 |
| 48 | 3 | 0.48 | 19.603 | 44.691 | 0.151 | 63 | 20 | 0.63 | 22.447 | 44.735 | -0.401 |
| 49 | 20 | 0.49 | 20.189 | 44.696 | -0.428 | 64 | 3 | 0.64 | 22.184 | 44.737 | 0.181 |
| 50 | 3 | 0.5 | 19.954 | 44.697 | 0.155 | 65 | 20 | 0.65 | 22.739 | 44.741 | -0.398 |
| 51 | 20 | 0.51 | 20.536 | 44.702 | -0.423 | 66 | 3 | 0.66 | 22.473 | 44.742 | 0.184 |
| 52 | 3 | 0.52 | 20.296 | 44.703 | 0.159 | 67 | 20 | 0.67 | 23.025 | 44.746 | -0.394 |
| 53 | 20 | 0.53 | 20.874 | 44.707 | -0.419 | 68 | 3 | 0.68 | 22.755 | 44.747 | 0.187 |
| 54 | 3 | 0.54 | 20.631 | 44.709 | 0.163 | 69 | 20 | 0.69 | 23.303 | 44.751 | -0.391 |
| 55 | 20 | 0.55 | 21.204 | 44.713 | -0.416 | 70 | 3 | 0.7 | 23.03 | 44.752 | 0.19 |
| 56 | 3 | 0.56 | 20.957 | 44.715 | 0.167 | | | | | | |

对轧板中的晶体取向有 **RD**//[ *uvw* ]、**ND**//[ *hkl* ]、**TD**//[ *rst* ]；由此可算出晶体各<100>和<111>方向与 **RD**、**ND**、**TD** 的夹角。再借助 4.2.1 节所介绍的极射赤面投影的原理，可以在｛100｝和｛111｝极图中展示各<100>和<111>方向在如上轧制变形过程中的变化，即取向的演变路径，如图 D5.1 所示。观察发现，该晶体取向在轧制过程中沿轧板法线方向（**ND**）发生了偏转。

5.8 答：A2 结构纯铁的空间群为 *Im3m*，其点群为 *m3m*，所对应的旋转群是阶数为 24 的 432（表 2.11），包含 24 个旋转对称操作。在点群 432 中的所有旋转对称操作中可以筛选出独立的 24 种旋转对称操作的矩阵（参照第 2 章附录 2.1），其筛选方法和相应矩阵如表 D5.4 所示。

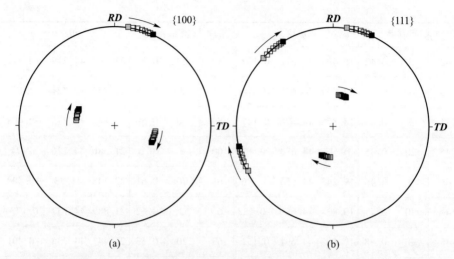

**图 D5.1** {8°, 44.5°, 0°}取向纯铝单晶体在轧制过程中的取向演变：（a）{100}；
（b）{111}；浅灰色符号表示变形前的起始位置；黑色符号表示变形 $\varepsilon_{33}=0.7$ 时的
位置；空心符号表示变形过程中的中间位置；每 10 步 $\Delta\varepsilon_{33}$ 标示一次位置

**表 D5.4** 立方晶体 432 旋转群的 24 种旋转对称操作矩阵的获取（行×列）

| 旋转对称 | 1 | $3_{[111]}$ | $3^2_{[111]}$ | $2_{[1\bar{1}0]}$ | $2_{[1\bar{1}0]}3_{[111]}$ | $2_{[1\bar{1}0]}3^2_{[111]}$ |
|---|---|---|---|---|---|---|
| 1 | $\begin{bmatrix}1&0&0\\0&1&0\\0&0&1\end{bmatrix}$ | $\begin{bmatrix}0&0&1\\1&0&0\\0&1&0\end{bmatrix}$ | $\begin{bmatrix}0&1&0\\0&0&1\\1&0&0\end{bmatrix}$ | $\begin{bmatrix}0&-1&0\\-1&0&0\\0&0&-1\end{bmatrix}$ | $\begin{bmatrix}-1&0&0\\0&0&-1\\0&-1&0\end{bmatrix}$ | $\begin{bmatrix}0&0&-1\\0&-1&0\\-1&0&0\end{bmatrix}$ |
| $4_{[100]}$ | $\begin{bmatrix}1&0&0\\0&0&-1\\0&1&0\end{bmatrix}$ | $\begin{bmatrix}0&1&0\\1&0&0\\0&0&-1\end{bmatrix}$ | $\begin{bmatrix}0&0&-1\\0&1&0\\1&0&0\end{bmatrix}$ | $\begin{bmatrix}0&0&1\\-1&0&0\\0&-1&0\end{bmatrix}$ | $\begin{bmatrix}-1&0&0\\0&-1&0\\0&0&1\end{bmatrix}$ | $\begin{bmatrix}0&-1&0\\0&0&1\\-1&0&0\end{bmatrix}$ |
| $4^2_{[100]}$ | $\begin{bmatrix}1&0&0\\0&-1&0\\0&0&-1\end{bmatrix}$ | $\begin{bmatrix}0&0&-1\\1&0&0\\0&-1&0\end{bmatrix}$ | $\begin{bmatrix}0&-1&0\\0&0&-1\\1&0&0\end{bmatrix}$ | $\begin{bmatrix}0&1&0\\-1&0&0\\0&0&1\end{bmatrix}$ | $\begin{bmatrix}-1&0&0\\0&0&1\\0&1&0\end{bmatrix}$ | $\begin{bmatrix}0&0&1\\0&1&0\\-1&0&0\end{bmatrix}$ |
| $4^3_{[100]}$ | $\begin{bmatrix}1&0&0\\0&0&1\\0&-1&0\end{bmatrix}$ | $\begin{bmatrix}0&-1&0\\1&0&0\\0&0&1\end{bmatrix}$ | $\begin{bmatrix}0&0&1\\0&-1&0\\-1&0&0\end{bmatrix}$ | $\begin{bmatrix}0&0&-1\\-1&0&0\\0&1&0\end{bmatrix}$ | $\begin{bmatrix}-1&0&0\\0&1&0\\0&0&-1\end{bmatrix}$ | $\begin{bmatrix}0&1&0\\0&0&-1\\-1&0&0\end{bmatrix}$ |

取向 $(001)[100]$ 的晶面晶向指数已经是归一化状态，对取向 $(123)[63\bar{4}]$
作归一化处理，有

$$\begin{bmatrix} h & k & l \end{bmatrix} = \begin{bmatrix} \dfrac{1}{\sqrt{14}}, & \dfrac{2}{\sqrt{14}}, & \dfrac{3}{\sqrt{14}} \end{bmatrix}; \qquad \begin{bmatrix} u & v & w \end{bmatrix} = \begin{bmatrix} \dfrac{6}{\sqrt{61}}, & \dfrac{3}{\sqrt{61}}, & \dfrac{-4}{\sqrt{61}} \end{bmatrix}$$

对两取向有 $\begin{bmatrix} r & s & t \end{bmatrix} = \begin{bmatrix} h & k & l \end{bmatrix} \times \begin{bmatrix} u & v & w \end{bmatrix}$，以求得横向指数。令 (001)[100] 为初始取向，归一化的 (123)[63$\bar{4}$] 为目标取向，将初始取向依次乘以表 D5.4 中的 24 个对称矩阵后仍作为初始取向与 (123)[63$\bar{4}$] 目标取向一起代入式 (5.82)，并由此计算出 24 个取向差的转轴 $[r_1 r_2 r_3]$ 和转角 $\delta$，如表 D5.5 所示。可以看出，最小的取向差角为 48.59°，相应的转轴为 [0.56, -0.52, -0.64]，近似表达时可简略地写成 [6$\bar{5}\bar{6}$]49°。

表 D5.5　旋转群 432 立方晶体 (001)[100] 与 (123)[63$\bar{4}$] 的取向差计算

| 序号 | $r_1$ | $r_2$ | $r_3$ | $\delta/°$ | 序号 | $r_1$ | $r_2$ | $r_3$ | $\delta/°$ |
|---|---|---|---|---|---|---|---|---|---|
| 1 | 0.56 | -0.52 | -0.64 | 48.59 | 13 | -0.48 | 0.88 | 0.01 | 143.33 |
| 2 | -0.82 | 0.06 | -0.57 | 72.22 | 14 | 0.36 | -0.87 | 0.34 | 137.09 |
| 3 | -0.94 | 0.27 | -0.22 | 153.28 | 15 | 0.02 | -0.57 | 0.82 | 67.43 |
| 4 | 0.92 | -0.39 | -0.04 | 122.49 | 16 | -0.54 | 0.62 | 0.57 | 71.69 |
| 5 | -0.39 | -0.33 | -0.86 | 141.23 | 17 | -0.34 | -0.81 | 0.48 | 175.86 |
| 6 | -0.83 | -0.46 | -0.31 | 178.60 | 18 | -0.22 | -0.24 | 0.95 | 149.28 |
| 7 | 0.85 | 0.35 | -0.39 | 143.33 | 19 | 0.04 | 0.51 | 0.86 | 140.43 |
| 8 | 0.35 | 0.01 | -0.94 | 125.59 | 20 | 0.27 | 0.93 | 0.24 | 155.31 |
| 9 | 0.73 | 0.12 | 0.67 | 109.17 | 21 | -0.85 | 0.03 | 0.53 | 138.94 |
| 10 | 0.58 | 0.81 | -0.04 | 74.57 | 22 | 0.55 | -0.58 | -0.60 | 168.43 |
| 11 | -0.12 | 0.71 | -0.69 | 113.86 | 23 | -0.03 | -0.91 | -0.40 | 120.88 |
| 12 | 0.49 | -0.35 | 0.80 | 177.26 | 24 | -0.72 | -0.68 | 0.13 | 106.71 |

把取向 (30°, 54.74°, 45°) 作为初始取向，把 (0°, 45°, 0°) 作为目标取向，分别代入式 (4.6) 求得两取向的 [$hkl$]、[$uvw$]、[$rst$] 指数，然后按照如上述计算方法求得 24 个取向差的转轴 $[r_1 r_2 r_3]$ 和转角 $\delta$，如表 D5.6 所示。可以看出，最小的取向差角为 35.27°，相应的转轴为 [0, 0.71, -0.71]，近似表达时可简略地写成 [01$\bar{1}$]35°。

**表 D5.6** 旋转群 432 立方晶体(30°，54.74°，45°)与(0°，45°，0°)的取向差计算

| 序号 | $r_1$ | $r_2$ | $r_3$ | $\delta/°$ | 序号 | $r_1$ | $r_2$ | $r_3$ | $\delta/°$ |
|------|-------|-------|-------|------------|------|-------|-------|-------|------------|
| 1 | 0.27 | 0.27 | 0.93 | 68.75 | 13 | −0.95 | 0.21 | 0.21 | 180.00 |
| 2 | −0.66 | −0.36 | 0.66 | 92.63 | 14 | 0.83 | −0.15 | 0.53 | 162.58 |
| 3 | −0.83 | −0.53 | 0.15 | 162.57 | 15 | 0.22 | 0.00 | 0.98 | 155.26 |
| 4 | 0.79 | 0.54 | 0.30 | 123.09 | 16 | −0.53 | 0.15 | 0.83 | 162.57 |
| 5 | −0.27 | −0.93 | −0.27 | 68.75 | 17 | −0.49 | 0.72 | −0.49 | 149.58 |
| 6 | −0.22 | −0.98 | 0.00 | 155.26 | 18 | −0.18 | 0.18 | −0.97 | 117.01 |
| 7 | 0.18 | 0.97 | −0.18 | 117.01 | 19 | 0.30 | −0.54 | −0.79 | 123.09 |
| 8 | 0.00 | 0.71 | −0.71 | 35.27 | 20 | 0.53 | −0.83 | −0.15 | 162.58 |
| 9 | −0.30 | −0.67 | −0.67 | 180.00 | 21 | 0.49 | 0.49 | −0.72 | 149.59 |
| 10 | −0.30 | 0.79 | 0.54 | 123.08 | 22 | 0.91 | 0.00 | −0.41 | 95.27 |
| 11 | −0.91 | 0.41 | 0.00 | 95.26 | 23 | 0.66 | −0.66 | 0.36 | 92.63 |
| 12 | −0.79 | −0.30 | −0.54 | 123.08 | 24 | 0.00 | −0.71 | 0.71 | 144.73 |

# 索引

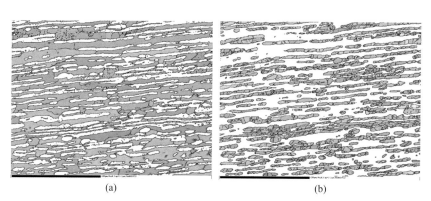

(a)                                                    (b)

**图 4. 20** 用 EBSD 技术测定同一视场的体心立方和面心立方双相铁基合金的
相组织分布：（a）体心立方 A2 相；（b）面心立方 A1 相

**HEP MSE**

# 材料科学与工程著作系列
## HEP Series in Materials Science and Engineering

已出书目－2

□ 材料分析方法
　董建新
ISBN 978-7-04-039048-3

□ 相图理论及其应用（修订版）
　王崇琳
ISBN 978-7-04-038511-3

□ 材料科学研究中的经典案例（第一卷）
　师昌绪、郭可信、孔庆平、马秀良、叶恒强、王中光
ISBN 978-7-04-040190-5

□ 屈服准则与塑性应力－应变关系理论及应用
　王仲仁、胡卫龙、胡蓝 著
ISBN 978-7-04-039504-4

□ 材料与人类社会：材料科学与工程入门
　毛卫民 编著
ISBN 978-7-04-040807-2

□ 分析电子显微学导论（第二版）
　戎咏华 编著
ISBN 978-7-04-041356-4

□ 金属塑性成形数值模拟
　洪慧平 编著
ISBN 978-7-04-041234-5

□ 工程材料学
　堵永国 编著
ISBN 978-7-04-043938-0

□ 工程材料结构原理
　杨平、毛卫民 编著
ISBN 978-7-04-046434-4

□ 合金钢显微组织辨识
　刘宗昌 等 著
ISBN 978-7-04-046868-7

□ 光电功能材料与器件
　周忠祥、田浩、孟庆鑫、宫德维、李均 编著
ISBN 978-7-04-047315-5

□ 工程塑性理论及其在金属成形中的应用（英文版）
　王仲仁、胡卫龙、苑世剑、王小松 著
ISBN 978-7-04-050587-0

□ 先进高强度钢及其工艺发展
　戎咏华、陈乃录、金学军、郭正洪、万见峰、王晓东、左训伟 著
ISBN 978-7-04-051837-5

■ 无机材料晶体结构学概论
　毛卫民 编著
ISBN 978-7-04-052999-9